LES AVIATRICES

DU MÊME AUTEUR

Il était une foi : Mermoz
Jean Picollec Éd., 1986

Le Dernier Vol de Guynemer
Acropole, 1991

BERNARD MARCK

LES AVIATRICES

l'Archipel

13, rue Chapon
75003 Paris

Si vous désirez recevoir notre catalogue et être tenu au courant de nos publications, envoyez vos nom et adresse, en citant ce livre, aux Éditions de l'Archipel,
13, rue Chapon, 75003 Paris.
Et, pour le Canada, à
Édipresse Inc., 945, avenue Beaumont, Montréal, Québec H3N 1W3.

ISBN 2-909-241-26-2

À Gregory et Hugo,
mes fils,
mes espoirs,
mes racines dans l'avenir...
Et à toutes les petites filles qui rêvent.
En particulier, à Isabelle Chapuis,
Maud Argant et Charlotte Dufourc.
À mes parents.

SOMMAIRE

Introduction

Femme peut ce que femme veut !

Bousculez les préjugés, secouez les a priori, balayez les stéréotypes ! Peut-être alors – et enfin – découvrirez-vous que les femmes, après tout, ne sont pas si différentes des hommes, du moins professionnellement parlant. Et, mieux, les surpassèrent parfois dans des domaines réputés « physiques » comme l'aviation, surtout à la Belle Époque et durant les Années Folles.

Si, aujourd'hui, des femmes sont commandants de bord, elles le doivent, certes, à leurs compétences et à leur ténacité, mais assurément aussi à leurs aînées, qui eurent à franchir nombre d'obstacles (et à s'en affranchir). Outre les réticences de leurs machines et l'inconstance de la météo, elles durent affronter la bêtise, la jalousie, voire la haine de certains de leurs collègues masculins qui n'admettaient la femme qu'au foyer ou dans leur lit, et supportaient difficilement cette intrusion dans leur domaine réservé. Ces attitudes, aujourd'hui encore répandues, n'excluaient pas, fort heureusement, la camaraderie et même l'admiration. Farman, Blériot, Védrines et, plus tard, Mermoz, Doret, Lindbergh ou Détroyat, pour ne citer qu'eux, ne ménagèrent pas leurs conseils à ces jeunes femmes qu'ils considéraient comme leurs égales.

La plupart d'entre elles ont exercé sur le grand public une fascination proche de la vénération, au point de lui faire oublier qu'elles étaient femmes avant d'être aviatrices. N'allez pas croire, en effet, que leur passion pour les choses de l'air, une passion dévorante, leur interdisait des plaisirs plus terre à terre. Pas plus que les hommes, ces dames n'ont eu un comportement de saintes asexuées, confites de dévotion. Au contraire, les aviatrices cultivaient la féminité comme un jardin secret, ce qui ne les empêchait pas, de temps à autre, de se laisser aller à un « coup de gueule ». Main d'acier dans gant de velours, elles furent souvent de vrais « mecs », le charme en plus. Certains anciens avouent, non sans nostalgie, le plaisir qu'ils ressentaient à déceler un effluve de parfum parmi les odeurs d'huile et de cuir.

*
* *

A considérer les divers récits qui constituent la formidable Geste de l'Aviation depuis ses origines déjà lointaines, il semble que cette Histoire soit uniquement affaire d'hommes, ou presque... Les chroniqueurs, tous masculins, n'accordent aux aviatrices qu'une place secondaire, un strapontin, bien étroit au regard des exploits accomplis. D'elles ne subsiste qu'un nom de lycée ou une citation lue le jour anniversaire de leur disparition. Pourtant, on peut affirmer que ces filles décidées, souvent qualifiées de garçons manqués et montrées du doigt, ont imprimé à l'aviation un élan, une vitalité que leur seul courage n'explique pas.

Ces femmes avaient gagné l'estime de contemporains prestigieux qui savaient la valeur de leurs efforts dans un métier que des hommes de valeur abandonnaient parfois en raison de sa dureté : certains, même d'anciens pilotes de guerre, ont préféré quitter la ligne plutôt que de perdre leur foi dans l'aviation. Ces démissions se justifiaient : après avoir tant de fois risqué leur vie en transportant du courrier, des hommes craquaient et succombaient à la raison qui leur dictait de se retirer sagement du circuit. La peur finit en effet par instiller le doute, et le doute déclenche le danger. Là où des hommes au caractère bien trempé renonçaient, des femmes s'accrochaient malgré tout, faisant ainsi la preuve de qualités physiques et mentales hors pair.

*
* *

A l'époque des premières envolées, les femmes n'ont pas accès aux urnes. Quant à l'Église, elle ne leur accorde que depuis peu le droit de posséder une âme. Se hissant dans une carlingue, elles bravent les interdits, affrontent le scandale. Pour quelle contrepartie ? Une élévation, dans tous les sens du terme ! Bousculer les tabous millénaires et s'imposer dans le royaume de la virilité par excellence – l'aviation – nécessite un beau culot et même de l'inconscience.

Certes, l'homme gouverne le monde, mais la femme gouverne l'homme... Éminence grise, elle paie très cher ce rôle puisqu'on lui refuse d'abord l'accès aux études supérieures, clef de la libération professionnelle, puis aux métiers qui, en principe n'admettent alors que le qualificatif masculin : médecin, avocat et, plus tard, aviateur...

L'arrivée d'une femme dans un secteur tenu jusque-là par les hommes se fait rarement sous les vivats : la comparaison avec la prise d'un bastion s'impose. Le temps et l'habitude finissent par entériner ce haut fait. Prenez le baccalauréat : au siècle dernier, en cette époque où le mariage s'apparentait à un véritable viol légal, il fallut une belle ténacité à Julie Daubié pour décrocher enfin la dérogation qui lui permit, en 1861, de devenir la première bachelière. Pour suivre les études requises, elle dut intégrer un lycée de garçons puisque les établissements réservés aux filles n'enseignaient ni la philosophie ni les maths, et ne préparaient qu'à un brevet d'études. Pareille victoire peut sembler dérisoire de nos jours, mais elle illustre la misère des femmes et leurs efforts pour obtenir – arracher, en fait – un semblant de dignité. En 1900, Olga Petit (née Balachwski) et Jeanne Chauvin prêtent serment en tant qu'avocates, non sans avoir remué ciel et terre. La robe leur ira beaucoup mieux qu'à certains de leurs collègues masculins... Le mouvement ne fait que s'amplifier, relayé par *La Fronde*, premier quotidien rédigé, administré et composé par des femmes, qui, en 1903, après six années d'une existence mouvementée, comme son nom le laisse d'ailleurs supposer, devra se contenter d'une périodicité mensuelle avant de disparaître pour de bon (on ne lui connaît de brefs sursauts qu'en 1914 et 1926). Dirigé par Marguerite Durand, ce journal va apporter un soutien efficace à Jeanne Chauvin et à Madeleine Pelletier, première femme psychiatre. Mathilde Méliot, l'économiste du journal, réussit même à forcer les portes de la Bourse, forteresse masculine inexpugnable, du moins le croyait-on, un lien pourtant *interdit* aux femmes et où, assurément, n'entraient pas les valeurs... morales.

L'émancipation ne se fait pas en un jour mais possède des pionnières dans tous les secteurs d'activité : pour le cinéma, ce titre revient à Alice Guy (1875-1968) : cette créatrice originale, metteuse en scène remarquée, aura notamment pour assistant un certain Louis Feuillade qu'elle recommandera à Léon Gaumont, en 1907, pour lui succéder. En 1907, toujours, Mmes Dufaut et Charnier intègrent la corporation des cochers de fiacre : minirévolution des transports qui sera accentuée, en 1908, par l'arrivée de Mme Decourcelle, première femme « chauffeuse » de taxi. Pour sa part, le législateur ne reste pas insensible à ce phénomène de féminisation de l'emploi puisque, le 1er juillet 1907, les femmes mariées peuvent enfin disposer de leur salaire. Du moins, en principe. En effet, le texte, particulièrement restrictif, se révèle d'application difficile. Il n'empêche que la femme retrouve dans la société une liberté de mouvement qui étonnait déjà Romains et Grecs dans la civilisation étrusque : elle est l'égale de l'homme !

De nos jours encore, si l'on évoque fréquemment les grands voyageurs du siècle passé, qui se souvient de Mary Kingsley, exploratrice britannique spécialiste de l'Afrique de l'Ouest, qu'elle parcourut en 1893 et 1895, et qui fut emportée par la typhoïde à trente-huit ans ?

Non contentes de s'infiltrer et de s'imposer dans des professions masculines, les femmes n'hésitèrent pas à employer la provocation : on sait ainsi que, grâce à une dérogation municipale, George Sand put porter des vêtements d'homme, tout comme Rosa Bonheur, peintre animalier célèbre en son temps, qui n'accepta de revêtir une robe qu'en une seule occasion, le 14 juin 1864, lorsqu'elle reçut l'impératrice Eugénie dans sa propriété de By, à Thomery (Seine-et-Marne), où elle filait le parfait amour avec Nathalie Micas, indifférente aux rumeurs et au scandale que suscitait cette relation sulfureuse. Le talent, alors, fait déjà tout pardonner. Ou presque. Lorsque Nathalie inventa un frein à patin capable d'arrêter les trains à pleine vitesse et dont l'essai officiel eut lieu, le 13 juillet 1862, dans le parc du « château » de By, les ingénieurs opposèrent un véto formel – et un peu hâtif – au développement de cette innovation... féminine, que les Anglais adoptèrent illico.

Si, au fil des siècles, les femmes (citons pour mémoire Christine de Pisan, Madame de La Fayette, George Sand, Colette) ont écrit quelques-unes des plus belles pages de la littérature, elles réagissent très vite contre les prix littéraires qui les ignorent la plupart du temps : en 1904, Mme de Broutelles, animatrice du magazine *Vie heureuse,* crée le prix Femina ; l'anti-Goncourt, comme on l'appelle, va couronner des hommes, entre autres

Romain Rolland pour le deuxième tome de *Jean-Christophe*, Roland Dorgelès pour *les Croix de Bois*, en 1919, et Antoine de Saint-Exupéry pour *Vol de nuit*, en 1931.

Outre la force et la volonté dont elles font la démonstration en maints domaines, les femmes prouvent aussi qu'elles ne manquent ni de courage ni de générosité : en 1907, Florence Nightingale est la première d'entre elles à inscrire son nom à l'Ordre du Mérite. Il est vrai que « la dame à la lampe », connue pour son dévouement auprès des blessés pendant la Guerre de Crimée, où naîtra également la vocation de Henri Dunand, fondateur de la Croix Rouge, a créé, en 1860, la première école d'infirmières, une profession intimement liée à l'histoire des aviatrices.

La grande aventure de l'Air ne saurait se lire sans une référence permanente à ces femmes aérostières, pilotes ou cosmonautes, qui ont contribué à son essor. Voici donc le récit de ces passions unies par un lien solide qui s'exprime au féminin : la foi !

Prologue

« Non mais, regardez-le ! »

En proie à une vive excitation, le vieux mécanicien venait d'abandonner le moteur du Stampe pour river ses yeux sur le monoplan qui, là-haut, réussissait une superbe ressource.

Il avait raison. Un fameux pilote, en vérité, se trouvait aux commandes !

Dirigé de main de maître, avec grâce surtout, l'avion amorça une chandelle, suivie bientôt d'une feuille morte.

Impeccables.

Sur le terrain, d'autres spectateurs avaient rejoint le mécano : pilotes, badauds, curieux des choses de l'air, qui ne perdaient pas une miette des évolutions hardies du petit appareil, avec une admiration non feinte et croissante.

« Quel pilote ! » commenta le mécanicien, alors qu'un éclair argenté piquait vers le sol et se préparait à atterrir.

« Celui-là, c'est un sacré mec », ajouta-t-il en levant un pouce noir de cambouis. Et d'insister encore, d'un ton bourru qui n'admettait pas la contradiction : «Un mec comme ça ! »

Entre-temps, l'appareil, après avoir roulé sur le gazon, venait de s'immobiliser à quelques mètres du groupe, silencieux derrière les barrières.

« Quelle classe », murmura quelqu'un, tandis qu'une mince silhouette casquée de cuir brun, en combinaison blanche, se hissait hors de la carlingue.

D'un geste élégant, le pilote ôta le serre-tête, révélant une cascade de cheveux bruns roulant sur un visage aux traits agréables.

Le « sacré mec » en question ?

Une femme !

Hélène Boucher.

1

LA LÉGENDE

La chance, cette belle fille
au sourire céleste.
Pierre Weiss

L'été.

Une falaise blanche, cuisant sous le soleil, léchée par une mer bleue, languissante.

Au sommet, des jeunes femmes scrutent l'horizon en quête de l'augure favorable. Dans la cité, en contrebas, les hommes travaillent.

L'été paresse.

Un souffle d'air léger s'engouffre soudain sous une robe ample qui enfle. Une fille pousse un cri. La surprise d'être transportée, enlevée sur un pas, puis deux, telle une plume...

Excitée autant que ravie de ce qu'elle pense être une facétie des dieux, la jeune femme rit, un peu inquiète tout de même.

Une autre saute de vent, mutin dirait-on, retrousse la belle et la pousse sans brutalité.

A l'écart, un homme observe la scène avec intérêt. Ce qu'il voit, il en rêve souvent : voler, mais voler pour de bon, au-delà de ces falaises, par-delà cette mer sans fin, au-dessus des montagnes. Il sait, non sans éprouver un frisson rétrospectif, que certains ont tenté d'imiter les oiseaux pour aller s'écraser sur la grève. La pensée de ces corps disloqués au pied des falaises brise en un instant le songe d'une aspiration de toujours.

L'humanité n'en peut plus de regarder vers les étoiles : elle veut les atteindre. Mais peut-elle échapper à sa condition, défier impunément les dieux dans leur domaine ?

Alors, avec résignation, l'homme se détourne des filles à la démarche souple et s'éloigne, troublé et amer. Après lui, d'autres hommes vont partager la même frustration jusqu'à ce que, plus tard, bien plus tard, la robe de la jeune Hélène se transforme en une enveloppe de papier ou de tissu qu'un air chaud poussera vers le ciel...

*

* *

La France du XVIIIe siècle semble un gigantesque creuset où se préparent les plus incroyables mutations : philosophies, sciences et religions atteignent un seuil critique, et les progrès très rapides dépassent parfois de loin la capacité de l'homme à les comprendre. En cette fin du siècle, dit des Lumières, Joseph Montgolfier [1] fait monter d'étranges volutes de papier dans l'espace. Selon une légende vivaroise [2], il se promenait solitaire sur le mont Pilat, entre Vidalon et Saint-Étienne, charmé par l'environnement sauvage, lorsqu'il découvrit soudain, au détour de sa route, une fillette dont le manège l'intrigua vivement : la petite soufflait dans une paille pour former des bulles de savon, lesquelles, gonflées de son haleine chaude, s'élevaient, puis redescendaient. La scène, dit-on, se déroule vers 1780. Papetier de son état, Montgolfier va se mettre à l'ouvrage, avec d'heureux résultats.

Tout commence véritablement avec Jean-François Pilâtre du Rozier, né à Metz le 30 mars 1754, un jeune homme que rien ne destine à devenir le premier aéronaute. Trop sensible pour embrasser la carrière de chirurgien, il s'oriente vers d'autres activités moins sanglantes et s'enthousiasme pour les découvertes de Montgolfier. L'aventure le tente, mais le roi interdit à quiconque de s'élever en ballon, à moins qu'il ne s'agisse d'animaux ou, à la rigueur, de condamnés. Cette royale prudence repose sur le fait peu encourageant que l'enveloppe de la montgolfière s'enflamme aisément : or, on ne peut entretenir l'air chaud qu'à l'aide du feu. Jean-François s'entête néanmoins et fait jouer ses relations. Tant et si bien que, le 21 novembre 1783, il quitte le sol avec le marquis d'Arlandes pour *« une ascension à jamais mémorable dans l'histoire des sciences».* Louis XVI, en souverain éclairé, apprécie cette première qui rapproche les hommes de leur rêve le plus ancien : le ciel !

A la suite de cet exploit, l'Américain Benjamin Franklin, alors en visite au château de la Muette où les membres de l'Académie des sciences attendent les héros, déclare : *«Il y a quelques mois, on aurait trouvé aussi impossible et ridicule l'idée de voir des sorcières s'élevant dans l'atmosphère sur un manche à balai que celle de savants montant dans l'air attachés à un sac de fumées...»*

De son côté, Pilâtre, tout à son succès, entend bien relever de nouveaux défis. Cette fois, de nombreuses femmes se bousculent pour grimper dans la nacelle et goûter elles aussi à l'ivresse de l'altitude, quitte à partager, avec l'aéronaute, le risque d'une chute mortelle. Pilâtre n'y tient pas. Ces dames insistent. Et, le 20 mai 1784, quatre d'entre elles, issues de la plus haute noblesse, s'élèvent à quelques centaines de mètres au-dessus du jardin carré de la manufacture royale de papiers Réveillon, rue de Montreuil à Paris, à bord d'un ballon captif de taffetas bleu, condition imposée par Pilâtre, qui avoue avoir cédé à son amour-propre, conquis par une rafale de sourires enjôleurs. La marquise et la comtesse de Montalembert, la comtesse de Podenas et mademoiselle de Lagarde, qui s'envolent en compagnie du marquis de Montalembert et d'Artaud de Bellevue, semblent à ce point gagnées par l'euphorie que, loin de montrer une appréhension bien naturelle, ces exaltées demandent que l'on coupe la corde afin de pouvoir jouir pleinement de la liberté de voler. Au lendemain de cet exploit, le pilote du premier charter sélectif, Pilâtre lui-même, qui ne passe pas pour avoir froid aux yeux, écrit : *«Le contentement et la joie de ces dames me permirent de tenter plusieurs fois de descendre et remonter à volonté. Enfin, la tranquillité qu'elles ont conservée durant plus d'une heure que dura cette promenade me fit regretter de ne pouvoir répondre au vœu qu'elles faisaient sans cesse de voir abandonner leur char au gré du vent, entreprise hardie pour le sexe aimable, qui n'avait pas besoin de ce nouveau moyen pour nous convaincre qu'il n'est pas moins intéressant par son courage que par ses grâces.»*

Hélas, le malheureux Pilâtre n'aura pas le loisir de savourer sa gloire toute neuve : le 15 juin 1785, il trouve la mort, avec son passager Pierre-Ange Romain, au cours d'une tentative de traversée de la Manche : sa montgolfière s'enflamme non loin de Boulogne et chute dans un tourbillon d'étincelles. Ce drame n'entrave en rien le mouvement de l'Histoire. Après tout, comme le déclarera plus tard Otto Lilienthal, pionnier du plus lourd que l'air et future victime de sa passion : *« Nous devons voler et tomber, voler et tomber jusqu'à ce que nous puissions voler sans tomber. »*

De leur côté, les femmes attendent, toujours plus nombreuses, de chevaucher aussi les nuages. L'occasion se présente le 4 juin 1784 à Lyon, où doit avoir lieu l'ascension d'un ballon libre en présence de Gustave III, roi de Suède, et devant une foule immense, au premier rang de laquelle se tient le corps municipal de la ville au grand complet. Au dernier moment, tandis que les feux sont allumés et que la grosse sphère de papier et de soie se balance doucement, Joseph de Montgolfier, pris d'un malaise, doit renoncer à monter. Une jeune Lyonnaise, Élizabeth Thible, née Estrieux, retroussant sa jupe à panier, saute alors dans la nacelle où s'active le pilote Fleurant. On crie. Trop tard ! *Le Gustave*, grand et beau ballon à gorge cannelée, s'élève du parc des Brotteaux dans la fièvre et par temps idéal. Élisabeth rayonne dans sa robe de dentelles, fière sous son chapeau à plumes [3]. C'est, pour cette première passagère en ballon libre, une belle revanche sur un passé quelque peu cruel : en effet, la jeune femme, mariée au peintre Thible, aurait été abandonnée par ce dernier [4]. Également peintre, concepteur de ce « globe » – ainsi dénommait-on alors les ballons –, Fleurant va le tenir en l'air pendant quarante-cinq minutes, à près de 1 500 mètres d'altitude, et lui faire parcourir trois kilomètres. Le plaisir d'Élisabeth est si grand qu'elle se met à chanter. On sait même, par les gazettes de l'époque, qu'elle possède un beau filet de voix, qui ajoute à sa beauté. Elle agite un mouchoir en direction de la foule et entame à tue-tête une ariette tirée de *la Belle Arsène*, un opéra comique très à la mode : « Je triomphe, je suis une reine ! » déclame-t-elle. Fleurant, son compagnon d'aventure, ne manque pas de repartie : il réplique avec l'air d'Ali, extrait de *Zemire et Azor* : « Quoi ! Vous voyagez dans les nuages ? » Le voyage prend des allures de comédie musicale ! Cependant, le retour aux réalités terrestres s'effectue de façon si rude que Madame Thible se foule une cheville. Puis, la montgolfière en papier entoilé prend feu et s'effondre sur un spectateur, qui s'en sort roussi, mais indemne. Consciente d'avoir assisté à un événement d'importance historique, sept mois seulement après le premier vol humain devant un Paris émerveillé, la foule porte en triomphe ses deux aéronautes jusqu'à la Comédie de Lyon où les a précédés Gustave III, d'ailleurs parrain de l'aérostat, pour les recevoir avec chaleur.

Un autre homme exulte. C'est Jean Espérance, comte de Laurencin, qui a volontiers cédé sa place à Élisabeth, se justifiant par un hommage vibrant : *« Mille personnes de son sexe ont su nous prouver que le courage n'est pas un attribut exclusif du nôtre ; mais je réponds que nulle ne l'a prouvé mieux que Madame Thible, que nulle n'a mis plus de sang-froid, plus de vérité dans sa détermination, que nulle, fière d'un péril inconnu, n'a goûté plus de plaisir à le braver. »* Hélas, chacun ne partage pas cet avis : en effet, la brillante démonstration d'Élisabeth, qui vaut à la « nymphe aérostatique » d'être comblée d'honneurs par l'Académie royale des sciences de Lyon, donne des aigreurs aux misogynes et aux braves maris qu'inquiète ce dangereux enthousiasme féminin. Aux sarcasmes se mêlent bientôt des propos égrillards que répand une presse peu scrupuleuse. D'aucuns n'hésitent pas à peindre Élisabeth sous les traits d'une femme légère, mais à la santé suffisamment robuste pour satisfaire l'appétit sensuel de Laurencin, et surtout de Fleurant, avec lequel elle monterait dans la nacelle plus *« pour goûter les plaisirs renouvelés de l'amour* [5] *»* que pour éprouver le grand frisson des hauteurs.

Outre des envieux, le phénomène Thible fait des émules. Après tout, Élisabeth restera au regard de l'Histoire la première femme à s'être élevée dans les airs à bord d'un ballon libre. Encore eût-elle souhaité voler plus tôt. Dans la foulée de son expérience aérienne, elle répond aux nombreuses félicitations et, à l'une de ses amies, écrit : *« Si ma santé défaillante depuis quatre ans me l'eût permis, à l'origine des montgolfières, j'aurais peut-être donné l'exemple aux hommes qui m'ont tracé la route des cieux. »* La charmante madame Thible désire ardemment récidiver. Elle se rend à Paris où, à la suite d'une série d'essais encourageants menés dans les jardins de l'Observatoire, un ballon va de nouveau survoler la capitale. La belle Lyonnaise, précédée il est vrai par une réputation justifiée de courage, suite à son aventure de juin, sait se montrer persuasive : elle obtient de l'abbé Miolan, par ailleurs physicien (tout comme Fleurant), et du graveur Janinet, à l'origine de ce projet, l'autorisation de faire partie de l'équipage où figure, notamment, le marquis d'Arlandes.

Le 11 juillet 1784, une foule importante se bouscule dans les jardins du Luxembourg. Au premier rang, Gustave, roi de Suède, qui, décidément, effectue en France une véritable tournée de l'aérostation : après Lyon, il a assisté à Versailles à l'ascension de *la Marie-Antoinette* de Pilâtre du Rozier et du chimiste Proust. L'événement des jardins du Luxembourg promet d'être d'autant plus intéressant que de nombreux membres de l'Académie des sciences, parmi lesquels l'astronome Cassini et le duc de Chaulnes, lui accordent le plus grand crédit. Malheureusement, l'affaire tourne mal. La température extérieure, trop élevée, provoque une surchauffe de l'aérostat. Or, pour permettre à celui-ci de monter, il convient de le gonfler avec un air quasiment brûlant. Les hommes s'y emploient en vain pendant des heures et finissent par déclencher un incendie. Ce spectacle ne fut absolument pas du goût de la foule qui, frustrée, assommée par le soleil et par l'alcool, déborda les cordons de la Garde, puis brisa et incendia tout ce qui s'offrait à sa colère. De féroces caricaturistes s'en prirent à Miolan et Janinet, présentés respectivement sous les traits d'un chat (miaulant, bien sûr) et d'un âne. Quant à Élisabeth Thible, elle voyait là s'évanouir la perspective d'un beau rêve qui lui eût assuré la célébrité pour de bon, quoiqu'elle fût déjà entrée dans l'Histoire par la grande porte.

On ne pouvait rêver meilleure émulation ! A Londres, le 14 septembre suivant, Madame Sage, qui entend renouveler l'exploit d'Élisabeth avec l'aéronaute italien Vincent Lunardi [6], doit renoncer, la mort dans l'âme : le cubage trop faible du ballon réclame un changement radical de la composition de l'équipage. Le globe s'envole avec, aux côtés de Lunardi, un pigeon, un chien et un chat. Mais la jeune Anglaise renommée pour sa beauté, ne manque pas non plus de volonté : pas question pour elle d'être la passagère qui faillit faire un beau voyage. Elle n'attend d'ailleurs pas longtemps pour réaliser son ambition et, le 29 juin 1785, s'élève au-dessus des plaines de Saint-George, près de Londres, en compagnie de Lunardi et d'un certain M. Biggin, pour atterrir trois heures plus tard à 48 kilomètres de là, à Harrow, dans le Middlesex.

A partir de cette époque, montgolfières, charlottes, charlières, robertes et autres ballons ou globes aux formes les plus diverses, en melon, en poire ou en pomme, se multiplient dans les cieux d'Europe. L'engouement gagne les provinces les plus reculées : chacun veut y monter. Surtout les femmes. Une particularité qui éveille l'esprit naturellement coquin des chansonniers.

LUI

Dieu ! que de charmes je découvre
Dans cet oiseau traversant l'air !
Est-ce un Palais-Royal ? Est-ce un Louvre ?
Ma foi, je n'y vois pas trop clair.

ELLE

J'offre aux yeux éblouis,
A la Cour, à la Ville,
La Beauté.
Du Bonheur je jouis.

Et j'offre à l'imbécillité
La Rareté.
Je fais pour quatre louis
Payer en femme habile ma Curiosité.

Décidément en verve, ils dessinent de jolies femmes envolées des toits et des fenêtres, ailes au chapeau et aux chevilles, ombrelles-papillons, ceintures et foulards flottant, robes gonflées. Voilà spectacle qui attire et réjouit les foules, mais plus particulièrement des messieurs armés de lorgnettes qui observent la scène par en dessous...

L'histoire ne dit pas si les belles en question se formalisent de ce voyeurisme facile. En revanche, elles rechignent de plus en plus souvent à assumer leur rôle passif de simples passagères : elles veulent à leur tour mener la barque, seules ou, en tout cas, maîtresses à bord. « *Sans doute, ces aéronautes en dentelles ont-elles usé un peu de leur charme, beaucoup de leur position, pour décrocher le brevet d'audace et de modernisme dont s'auréole leur* enlèvement. *Il n'en reste pas moins qu'au snobisme, à l'attrait du risque, à celui de la sensation inédite, elles joignaient un fameux courage*[7] . »

Néanmoins, malgré le véritable engouement qui se développe parmi les dames, lesquelles se recrutent surtout dans la bonne société, rares pour elles sont les occasions d'accéder, par le ballon, à la félicité des cieux. De plus, les autorités n'encouragent pas ces envolées et n'hésitent pas à mener la vie dure aux aéronautes qui se laissent convaincre. A son grand étonnement, André-Jacques Garnerin, premier parachutiste de l'Histoire et pilote de « globe », rencontre quelques tracas avec l'Académie des sciences qui, de manière formelle, proscrit l'embarquement d'une personne du sexe dit faible afin d'épargner *« les organes délicats que la dépression de l'air risque d'affecter »* ! A cela s'ajoute un souci de moralité forcenée à une époque où la République assimile expérience aérostatique et extase. Car une interdiction de police frappe également l'aérostier au nom de la morale. On ne veut pas voir s'envoler ensemble deux personnes de sexe opposé. Le citoyen Garnerin passe outre, bien sûr, et s'envole avec Ernestine Henry, sa compagne du moment, une jeune comédienne bien faite de sa personne, à laquelle un peu de réclame ne fera pas de mal... Garnerin défie la maréchaussée, non sans avoir brandi la Déclaration des droits de l'homme et du citoyen qui, après tout, est aussi celle de la femme et de la citoyenne. En outre, il alerte la presse et provoque un tel tapage qu'il crée un différend entre le ministère de l'Intérieur, empêtré dans le flou d'une réglementation inexistante, et l'Académie des sciences. L'affaire est à ce point inextricable que l'administration centrale finit par accéder au souhait de l'aéronaute obstiné et lui accorde son autorisation, certainement pour s'en débarrasser : *« Citoyen, d'après la réclamation que vous nous avez adressée contre l'avis du bureau central qui vous défend de voyager dans un aérostat avec une jeune citoyenne, nous avons consulté le ministre de l'Intérieur et celui de la Police, qui tous les deux sont d'un avis conforme au nôtre, et pensent qu'il n'y a pas plus de scandale à voir deux personnes s'élever ensemble dans l'air dans une même voiture, et que d'ailleurs on ne peut empêcher une femme majeure de faire, à cet égard, ce que l'on permet aux hommes et de donner, en s'élevant dans les airs, une preuve à la fois de confiance dans les procédés et d'intrépidité. En conséquence, nous avons invité le bureau central à rapporter son arrêté ; ainsi, vous pourrez, quand vous le jugerez convenable, faire l'expérience que vous proposez, en nous avertissant du jour où elle aura lieu. »*

Homme de décision, André-Jacques répond aussitôt : *« La jeune citoyenne qui m'accompagne est d'une joie extrême de voir approcher le jour du voyage. Notre ascension sera précédée de celle de plusieurs ballons d'essai, de l'expérience d'un ballon détonant et de celle d'un parachute sur les animaux qui redes-*

cendront dans le parc de Mousseaux même[8]. *La citoyenne Henry, âgée de vingt et un ans, qui va m'accompagner dans mon voyage, n'est mue que par la gloire et non par aucun motif d'intérêt. Après l'épouse de l'aéronaute Blanchard qui avait eu le courage de suivre son mari dans l'empyrée, elle est la première femme qui ose monter dans un char terrestre.* »

L'enthousiasme semble égarer l'audacieux Garnerin qui ignore, volontairement ou non, que d'autres représentantes du beau sexe ont défié le ciel avant Sophie Blanchard et Ernestine. La performance qu'il s'apprête à accomplir n'en perd pas pour autant sa valeur exemplaire : le 11 juillet 1798 (23 messidor an VI), il enlève, au sens réel du terme, sa belle passagère non sans que le très galant physicien Lalande l'ait auparavant aidée à s'installer dans la nacelle juponnée. Les vivats accompagnent le couple qui décolle du parc des Mousseaux, théâtre des Folies du jour. Quoique un peu troublée, la jeune femme a paru, aux yeux d'un chroniqueur de l'époque, « *la seule qui n'eût point frémi du danger qui la menaçait* ». Après un vol très court, les deux aéronautes devaient se poser en douceur à Dugny, près du Bourget. Garnerin observera que sa compagne paraissait éprouver de l'étonnement et de l'admiration. Et de préciser à son propos, à la suite de la description de leur périple aérien : « *Son courage et son désintéressement lui ont fait braver tous les dangers du voyage et tous les dégoûts des obstacles qui l'ont précédé et surtout ceux d'un long et ennuyeux interrogatoire que le bureau central s'est cru en droit de lui faire subir quelques jours avant notre départ.* »

Ernestine Henry effectuera ainsi deux ascensions, sous le Directoire, avant d'être enfin lâchée. En l'an VII, elle reprend l'air en aéronaute aguerrie – du moins pourrait-on le croire –, en compagnie de la citoyenne Jeanne-Geneviève Labrosse, qui fait là son premier bond initiatique dans l'azur. Cette dernière se révèle tellement douée et, apparemment, plus compétente que sa partenaire, qu'elle va piloter le ballon. Si l'on excepte ce détail, l'importance de ce vol doit beaucoup à la qualité de son équipage : pour la première fois, deux femmes seules à bord mènent l'aventure à leur guise. Jeanne-Geneviève, vive d'esprit, se montre pressée d'apprendre ; elle assimile si vite les rudiments nécessaires pour combler son retard sur sa rivale qu'elle finit par la détrôner dans le cœur de Garnerin, et épouse son cher aéronaute dans le ciel de Paris. Le bon peuple de la capitale a d'ailleurs le privilège d'assister à sa première démonstration en solitaire, le 10 novembre 1798.

Ainsi naissent les vocations. Jeanne-Geneviève Labrosse, à son tour possédée par le démon des airs, renouvellera son expérience enivrante, avant de devenir la première femme au monde à sauter en parachute. Cette carrière hors du commun durera six ans et l'entraînera dans toutes les cours d'Europe.

Tandis que Jeanne l'intrépide alterne montées en ballon et descentes en parachute, une jeune fille dont la vie se confond avec un mauvais conte de fées, se prépare à lui emboîter le pas. Marie-Madeleine Sophie Armant croise le chemin de Jean-Baptiste Blanchard auquel, à en croire la légende, elle semblait destinée dès avant sa naissance, le 25 mars 1778, près de La Rochelle. Cette année-là, Blanchard, malade, séjourne à la station des Trois-Canons, entre La Rochelle et Rochefort, où le soigne avec dévouement Madame Armant, une robuste paysanne, alors enceinte. Le jeune homme – il n'a pas vingt-cinq ans [9] – tient à son hôtesse un étrange discours prémonitoire et peut-être dicté par le délire, conclu sur une étrange promesse: *« Si vous donnez le jour à une fille, souvenez-vous que je reviendrai l'épouser quand elle aura seize ans ! »* Aussi incroyable que cela puisse paraître, Blanchard, fidèle à sa parole, revient à la date prévue et convole avec la jeune fille, en 1794 [10], avant de l'initier aux joies de l'aérostation. La différence d'âge n'affecte pas leurs sentiments, qui reposent sur une forte passion commune : le ballon.

Les premiers temps, néanmoins, Sophie refuse de monter tant elle craint pour une éventuelle maternité. Il lui faut hélas affronter la cruelle réalité: le couple ne peut pas avoir d'enfants. Elle va donc se consacrer au ballon, science à laquelle l'initie son mari le 27 décembre 1804, à Marseille, baptême de l'air qui la comble. *« C'est inouï !* déclare-t-elle à Blanchard. *La sensation est incomparable, elle ne peut être décrite. C'est comme si je revenais d'un autre monde. Je veux y retourner, vite, souvent... »* Ce qu'elle fait, seule pour la première fois, le 18 août 1805 : elle s'élève du jardin des Jacobins, à Toulouse, acclamée par une foule considérable. Au terme d'un vol mouvementé pendant lequel elle souffre du froid – elle grimpe à plus de 4 000 mètres ! –, elle se pose, encore frigorifiée et les membres engourdis, à Lux, une bourgade distante de trente-cinq kilomètres environ de son point de départ, où l'attendent d'autres ennuis, rapportés par le *Journal de la Haute-Garonne*, dans son édition du 4 fructidor an XIII (22 août 1805): *« Les habitants de la commune de Lux, peu versés sans doute dans la science aérostatique, ont pensé en la voyant paroître et descendre, que quelque esprit surnaturel venoit leur faire visite. Ils se sont en conséquence armés les uns de bâtons, d'autres de fusils, etc., et lorsque l'intéressante voyageuse, occupée à la conservation de son ballon, réclamoit assistance pour lui aider à fixer la nacelle, trois hommes se sont lancés sur elle, l'un d'eux armé d'un fusil chargé à balle, et l'ont menacée plusieurs fois de lui faire perdre la vie. Heureusement pour Madame Blanchard que quelques pièces d'argent jetées par elle ont un peu calmé le premier effet de terreur, et comme cet argent étoit marqué comme celui de Lux, ils ont pensé que le diable pouvoit n'être pour rien dans cette apparition. Le maire de la commune, par mesure de sûreté publique, a voulu néanmoins retenir le ballon jusqu'à ce que Madame Blanchard lui justifie le droit qu'elle a d'arriver sur son territoire.* »

Il fallut tout de même l'intervention des gendarmes pour récupérer le ballon et le restituer à l'aéronaute. L'affaire ne se termine donc pas trop mal pour la jeune femme qui vient de prouver, après trois heures d'émotions diverses, qu'elle se débrouille quand même plutôt bien.

Il faut croire que l'âge échappe à la pesanteur car le couple s'entend à merveille. Blanchard ne doit pas regretter son choix étonnant. Mais la roue tourne, et à la fortune succèdent les revers que peuvent expliquer plus de vingt-trois ans d'une vie rude faite d'ascensions et... de banquets. En février 1808, alors qu'il évoluait à bord d'une montgolfière au-dessus du château de Bois, près de La Haye, Jean-Baptiste est soudain frappé d'apoplexie : la chaleur du foyer et la rapide décompression n'arrangent pas son état. Faute d'être entretenu, le feu qui fournit l'air chaud s'éteint. Le ballon tombe. Des débris de la nacelle, on extrait Blanchard grièvement blessé au moment du contact brutal avec le sol, et très malade. Malgré les soins prodigués par les médecins de Louis Bonaparte, roi de Hollande, l'aérostatier regagne la France, paralysé et déprimé. De plus, cet incident le laisse en proie à de violentes névralgies. On peut parler de délivrance quand cet homme, diminué physiquement, mais aussi blessé dans son amour-propre, s'éteint à Paris, rue Cassette, le 7 mars 1809. Depuis quelque temps déjà, il connaissait des déboires professionnels : Blanchard semblait passé de mode, détrôné dans le cœur du public versatile par Garnerin, le parachutiste vedette, nouvelle coqueluche de la Cour. Ainsi, gloire et argent dissipés, il meurt dans la misère. Peu avant, il rassemble ses ultimes forces pour murmurer, amer, à l'oreille de Sophie : *« Ma pauvre amie, il ne te restera plus d'autre ressource que de te pendre ou de te noyer, moi disparu. »* Ce qui est sans doute trop demander à une femme jeune qui caresse des projets moins sombres. Quitte à monter au ciel, elle choisit de s'y rendre dans la nacelle d'un globe.

Car Madame veuve Blanchard ne se laisse pas démonter, malgré un chagrin sincère. Petite mais la taille bien prise, pas coquette pour un sou, elle possède assurément un caractère bien trempé et irradie l'énergie. Des yeux noirs pétillants, un visage expressif, encadré de boucles brunes, dénotent une forte personnalité. En outre, elle s'exprime avec passion. Mais, pardessus tout, ce petit bout de femme recèle deux qualités parmi les plus grandes : la bonté et la générosité. Pour l'heure, cependant, la voici seule avec 12 000 francs de dettes. En ce funeste jour de mars, tandis que l'âme de son défunt mari entame sa dernière ascension, elle décide de prendre le relais et d'être la première femme à faire de l'art aérostatique sa profession. Elle multiplie les vols, affronte tous les risques et accumule les péripéties : ainsi, après une nuit en ballon, lors d'un voyage commencé à Paris, elle amorce sa descente au lever du jour vers une grande rivière qui lui semble être le Rhin. Un paysan ébahi lui révèle qu'elle se trouve en fait à Saint-Maur, à deux petites lieues de la capitale ! En dépit de ces amusantes mésaventures, sa maîtrise du plus léger que l'air devient telle qu'elle dort parfois dans la nacelle et attend l'aube pour se poser sans danger. Quand Garnerin perfectionne le parachute inventé par Blanchard, elle n'hésite pas à l'utiliser. Très vite, son dynamisme et sa hardiesse vont séduire le public, mieux en tout cas que ne saurait le faire son visage, décrit par certains témoins, peu indulgents, comme étant dépourvu de *« la grâce et de la douceur qui constituent principalement dans une femme la beauté »*. Elle brûle si bien les étapes que sa notoriété égale bientôt celle de son mari, qui avait pourtant réussi en son temps un pari des plus fous : la traversée de la Manche, exploit dont la tentative avait coûté la vie à Pilâtre du Rozier et qui avait rebuté plus d'un aéronaute courageux. A nouveau, gloire et fortune sourient à un nom décidément prédestiné.

Mais la consécration suprême, Sophie l'a déjà obtenue de Napoléon Ier, à la suite d'une affaire tragi-comique : en effet, au lendemain du 16 décembre 1804, l'empereur l'a nommée au poste officiel d'« aéronaute des fêtes publiques », après en avoir congédié sèchement le titulaire, André-Jacques Garnerin. La disgrâce de l'aérostier repose sur un déplorable concours de circonstances lié aux facéties de la météorologie : à l'occasion de son couronnement, Napoléon avait chargé Garnerin de lâcher un énorme ballon au milieu d'un feu d'artifice, le soir du fameux 16 décembre. Sûr de son art, André-Jacques fabrique un gigantesque globe surmonté d'une fastueuse couronne impériale illuminée par trois mille verres de couleur. A l'heure dite, tout se passe comme prévu : l'énorme aérostat s'élève majestueusement, ceint de gerbes de lumière. Puis le spectacle dégénère ou plutôt échappe à son ordonnateur : le vent emporte le ballon jusqu'en Italie, à Rome, où il frôle le tombeau de Néron, laisse un morceau de sa couronne, rase les toits, sème frayeur et désordre dans les rues, bouscule des cheminées et termine sa course dans le lac Bracciano. L'inscription repêchée avec l'enveloppe dégonflée déclenche un beau tollé dans la presse italienne. On y lit : « Paris, 25 frimaire an XIII, couronnement de l'Empereur Napoléon Ier par sa Sainteté Pie XIII. » A l'époque où Bonaparte convoite le trône d'Italie, pareille intrusion frise la provocation, surtout l'intermède de Néron. Ce que l'empereur prend très mal et interprète comme un signe néfaste. Il passe sa colère sur le pauvre Garnerin, et voici Sophie Blanchard promue à une place que lui envient bien des hommes.

Il est rare, en ce temps-là, qu'une femme, autre qu'une courtisane, connaisse une promotion sociale aussi rapide. Sophie remplit son office avec courage, d'autant que son mari meurt entre-temps et qu'il lui faut redoubler d'ardeur pour rembourser les créanciers et assurer le quotidien. Elle ne veut pas non plus que la mémoire de Blanchard soit ternie. Alors, elle se prive de café, une gourmandise très à la mode dont elle raffole, et de jolies toilettes. Elle qui aime tant l'art, doit également limiter ses visites aux galeries de peinture et réfréner ses envies d'acquérir des tableaux. Ce qui est dur quand on sait qu'elle trouvait, par le biais de ses promenades culturelles, un excellent moyen d'améliorer une instruction pour le moins rudimentaire. Mais les beaux jours reviennent, et Sophie Blanchard se produit maintenant dans des cérémonies officielles, en particulier le 24 juin 1810, lors de la grande fête donnée par la garde impériale en l'honneur du mariage de Napoléon et de Marie-Louise, l'archiduchesse d'Autriche. Pour la jeune femme, s'élever devant le monarque le plus puissant de l'univers tient de l'apothéose. A bord d'un superbe ballon blanc, richement décoré, elle réalise une ascension sans surprise juste devant le balcon d'où la saluent l'empereur et l'impératrice. Satisfait, Napoléon avoue ne pas regretter son choix en ayant préféré Madame Blanchard à Garnerin, lequel n'en poursuit pas moins une belle carrière, malgré le courroux impérial. De lui, Sophie n'a pas à attendre le moindre tracas. En revanche, la menace va venir de sa nièce, Élisa Garnerin, qui se pose rapidement en une redoutable rivale. La « Vénus aérostatique » s'impose avec beaucoup de talent, ce qui stimule Madame Blanchard qui multiplie les démonstrations et entame une tournée à travers l'Europe, à Turin, Naples, Pise, Rome...

A plusieurs reprises Sophie connaît la peur, notamment à Naples, le 26 avril 1812 : pour être montée très haut, trop haut, elle est victime d'une hémorragie due au grand froid et doit précipiter la descente afin de ne pas mourir exsangue. Elle oublie ce coup dur et, le 3 mai 1814, au moment du retour en France de Louis XVIII, Sophie l'opportuniste décide d'accueillir à sa façon le souverain et réussit une belle envolée tandis que le roi franchit le Pont-Neuf. Toutefois, si le vent tourne pour l'Empire, il ne semble guère souffler en sa faveur. Le 27 août 1816, à la nuit, elle s'envole au-dessus de Paris, au milieu d'un feu d'artifice, secouée par un vent assez violent, pour ce qui va ressembler étrangement à la répétition de sa mort, trois ans plus tard. L'intrépide aéronaute grimpait rapidement, environnée d'explosions, quand une des bombes frôla le ballon, si près, relate le *Journal de Paris*, « *que l'on a cru un instant qu'il n'en eût été atteint. Arrivée à une certaine hauteur, Madame Blanchard a paru entourée de feux qui partaient de tous les côtés et, bientôt après, s'est éclipsée aux yeux des spectateurs...* » Ce n'était heureusement qu'une illusion, car Sophie devait redescendre sans encombre et sans mal, vers onze heures, à Boulogne. Un nouvel avertissement du destin la frappe néanmoins le 21 septembre 1817, au cours de sa cinquante-troisième ascension : à la suite d'une erreur d'appréciation, elle manque de se noyer, près de Nantes, pour avoir confondu un marais avec une prairie, et ne réchappe qu'in extremis de cette situation délicate.

Ces signes avant-coureurs d'un revivrement du sort vont déboucher sur le drame inévitable, le 6 juillet 1819, à l'occasion d'une fête organisée dans le célèbre jardin du Tivoli, rue Saint-Lazare. Peu avant vingt et une heures, Sophie grimpe dans la nacelle en forme de berceau d'enfant pour préparer sa soixante-septième ascension. A elle revient le bouquet final, un feu d'artifice déclenché à partir du ballon. Des feux de Bengale et un système de pluie d'or ont été disposés sur une couronne suspendue par un fil de fer de dix mètres de long sous la nacelle. Par un dispositif d'allumage très simple, en fait une mèche enflammée que Sophie emporte avec elle, les fusées doivent être mises à feu dès que le ballon atteindra l'altitude voulue. Il fait alors presque nuit, une situation que ne redoute pas Madame Blanchard. Elle est prête. Au signal de la fanfare, le globe s'élève, accompagné par la lueur vive et colorée des feux de Bengale et les applaudissements du public. En cet instant solennel, d'aucuns se laissent envahir par une émotion compréhensible : *« Le char de Vénus pouvait être plus gracieux, il n'était pas plus aérien... »*, s'exclameront les plus poètes.

La fête bat déjà son plein, mais la féerie commence vraiment avec l'envolée du ballon : le spectacle, alternance d'obscurité et d'explosions de lumière, promet d'être grandiose. Soudain, un cri de surprise et d'extase jaillit des poitrines à la vue des cascades dorées que déverse la montgolfière. Tous les regards sont braqués vers le ciel. Une pause. La pluie merveilleuse cesse. On distingue à peine la forme du sphérique. On y devine, cependant, des mouvements. Madame Blanchard s'active. La foule retient son souffle et clame sa joie lorsqu'une flamme bleue, inattendue, surgit de l'aérostat. On applaudit cette attraction inédite, pour découvrir aussitôt après, avec horreur, que le feu commence à consumer la nacelle. Certains aperçoivent nettement Sophie aux prises avec l'incendie ; ils assistent impuissants à ses efforts pour tenter de l'étouffer en comprimant l'orifice intérieur du ballon, mais la flamme réapparaît plus haut et l'on voit une longue colonne de fumée s'élever au-dessus de l'aérostat et s'épanouir sur le velours sombre de la nuit. Le drame devient évident, de même que sa cause : Sophie a malencontreusement placé sa « lance à feu » – la mèche – trop près de l'appendice du ballon. Et l'hydrogène s'est aussitôt embrasé.

Beaucoup, le cœur serré, garderont longtemps la vision de la jeune femme luttant contre la mort. La suite se déroule dans un silence hallucinant, comme au ralenti. A part le crépitement de l'incendie, atténué par l'altitude pourtant peu élevée, l'on n'entend plus rien. Les fanfares ne jouent plus. Là-haut, Sophie Blanchard se résigne et s'assoit dans la nacelle tandis que le ballon se dégonfle et tombe lentement vers la terre, déroulant dans son sillage une traînée rouge. Quelques instants plus tard, l'enveloppe flasque s'abat sur un immeuble, à l'angle de la rue Chauchat et de la rue de Provence [11]. Le choc est terrible et la nacelle en osier entame une glissade accélérée sur la pente du toit, tandis que Madame Blanchard appelle au secours. Un banal crampon de fer utilisé par des couvreurs précipite le dénouement de la tragédie : la brutalité de l'arrêt éjecte l'aéronaute dont le crâne porte rudement sur une cheminée, puis son corps bascule dans le vide, tête en avant, et s'écrase dans la rue. La mort est instantanée.

La triste nouvelle mit un terme à la fête et répandit stupeur et consternation, éteignant d'un coup la joie générale, comme la flamme d'une bougie. Les cent louis recueillis au cours d'une souscription spontanée couvrirent les frais de l'enterrement de Madame Blanchard au cimetière du Père-Lachaise, ainsi que l'érection d'un monument funéraire. Une inscription y figure, précisant que la femme inhumée là a été *« victime de son art et de son intrépidité »*. L'Histoire retiendra surtout qu'en ce haut lieu de la paix retrouvée gît la première femme victime des airs. Prévoyante bien que sans descendance, Sophie Blanchard, généreuse jusqu'au bout, laissait 1 200 francs de rente à la fillette d'une de ses amies, âgée de sept ans. Elle laissait aussi un regret : celui de n'avoir pas accompli la traversée de la Manche en hommage à son mari.

Le public la pleure, un temps, avant d'aduler Élisa Garnerin, l'étoile montante, la « Vénus aérostatique », nièce d'André-Jacques, l'aéronaute-parachutiste bien connu, et fille de Jean-Baptiste, figure nettement moins emblématique. Cette famille qui a le ciel pour vocation et pour scène, vit dans la religion du ballon et va réussir la gageure de transformer en fête brillante ou émouvante la moindre ascension. Élisa, élevée dans cette atmosphère très particulière où domine la passion, ne déroge pas à la tradition : elle se produit pour la première fois en 1815, au Champ-de-Mars, à l'occasion de la Saint-Louis, devant le Tout-Paris légitimiste. En la circonstance, la foule se rend à une évidence : cette beauté vigoureuse et pulpeuse, qui allie la souplesse à la grâce souriante, réunit l'ensemble des qualités qui font d'elle une professionnelle soucieuse de sécurité et pointilleuse quant à l'état du matériel et aux conditions d'évolution de sa démonstration. Assurément, elle ne déçoit pas André-Jacques, qui retrouve en elle les élans de sa propre jeunesse, à l'époque révolutionnaire où, commissaire de la Convention, fait prisonnier par les Anglais à Marchiennes, dans le nord de la France, avant d'être livré aux Autrichiens, il tenta en vain de s'évader à l'aide d'un parachute de fortune [12]. L'homme ne manque pas de hardiesse puisque le 22 octobre 1797 (1er brumaire an VI), onze jours après une ascension à la verticale du parc de Mousseaux, il effectue le premier vrai saut en parachute de l'Histoire, ce que Wilbur Wright, pionnier du plus lourd que l'air au début du XXe siècle, considérera comme l'un des sommets du courage humain. Pour la première fois, on parle de descente et non plus de chute. Pour la première fois également, on ne ramasse pas un corps inerte et désarticulé : après ce saut de mille mètres, André-Jacques se redresse, indemne, le visage éclairé par un grand sourire. Il a gagné ! Dès lors, Garnerin se dépense beaucoup, multiplie les voyages, réalise en Angleterre une descente en parachute le 21 septembre 1802, introduit l'aérostation en Russie en 1803, et le parachutisme à Saint-Pétersbourg en 1805. La disgrâce impériale qui le frappe, lors des fêtes du couronnement de Napoléon, relance son goût pour les exhibitions à l'étranger. En un sens, il soupire : le voici libéré d'un Bonaparte exigeant.

Élisa admire cet oncle doué, plus certainement que Jean-Baptiste qui passe pour être cupide et traîne une réputation détestable : le frère aîné d'André-Jacques, ancien commis de la Convention, ne s'est-il pas fait tristement remarquer par ses dépositions contre la reine Marie-Antoinette ? Les deux hommes ne se ressemblent pas vraiment. Si l'un va de l'avant, ingénieux et aimé du public, l'autre n'attire guère la sympathie. Et leur association en affaires, souhaitée par André-Jacques, ne vaut guère à ce dernier que déboires et désenchantement : Jean-Baptiste s'attribue ses mérites et jusqu'à ses lauriers. Par exemple, il se donne le titre de physicien-aéronaute, mais sans voler lui-même. Un seul élément favorable peut lui être attribué : sa fille, née en 1795, qu'il pousse à enchaîner les exercices périlleux, notamment les sauts en parachute dont elle effectue la première démonstration, devant le roi de Prusse, le 21 septembre 1815. Son père la proclame alors « aéroportiste », un titre, un statut qu'elle s'emploie à justifier : le 20 juin 1816, jour du mariage du duc de Berry et de la distribution des drapeaux à la garde royale, Élisa réussit une nouvelle fois à déployer son ombrelle céleste. Auparavant, pendant l'ascension, elle avait ravi le public, rassemblé sur la place Louis XV, en semant des roses et des lis.

Ce jour-là, le spectacle était gratuit. Cette précision s'impose quand on connaît l'esprit d'entreprise de Jean-Baptiste et de sa fille. Bien avant l'heure de la publicité reine, les Garnerin ont compris tous les avantages qu'ils pourraient tirer de la réclame. Ils jouissent d'une certaine faveur à la Cour et d'une grande popularité au sein du public, enthousiasmé par ces progrès enfin tangibles de la Science. Pourquoi ne pas jouer de ces facteurs ? se disent les Garnerin. Ce qui ne les empêche pas de tricher un peu pour arrondir le plus possible leur magot : en effet, ils n'hésitent pas à provoquer l'événement, à inventer des œuvres de bienfaisance pour produire leur numéro. La police n'ignore rien de cette forme d'escroquerie, à en juger par l'abondance des documents conservés aux Archives Nationales[13]. En clair, charité bien ordonnée commence par soi-même, et le tandem Garnerin empoche la plus grosse part des recettes.

Pendant que la « Vénus aérostatique » prouve qu'un ange peut se parer de tous les attributs propres au sexe féminin, André-Jacques poursuit sa carrière tambour battant jusqu'à ce 18 août 1823 où, à Paris, il rencontre la fatalité sous la forme d'une pièce de bois. La mort brutale du « premier aéronaute du Nord », ainsi qu'il se qualifiait lui-même, fait sortir Jeanne-Geneviève Labrosse, son épouse, de sa retraite volontaire. Elle reprend le flambeau et le chemin du ciel. De son côté, Jean-Baptiste perfectionne le parachute de son frère et conçoit, avec Élisa, un flotteur que la jeune femme expérimentera à Venise, à l'occasion d'un saut au-dessus de la lagune. Les Garnerin voyagent beaucoup, répondent aux invitations des cours européennes qui se disputent leurs exploits. Pour sa part, Élisa s'entiche de l'Italie, et l'Italie s'embrase pour l'*« aeroportista »,* cette belle fille au franc-parler et qui n'a pas froid aux yeux. En tout cas, la « Vénus » ne manque pas de chance, à en juger par les quelque quarante sauts réalisés en moins de vingt ans, dans des conditions qui rebuteraient les parachutistes modernes.

Vers 1834, alors que s'achève la carrière d'Élisa, on dénombre pas moins de vingt-deux femmes à avoir piloté leur propre ballon. Certaines, à l'image des Garnerin, font même preuve d'un étonnant esprit d'entreprise. En Angleterre, Margaret Graham emmène des passagers payants : elle va vivre correctement de cette activité grâce aux quatre-vingts ascensions étalées entre 1824 et 1854, malgré des accidents parfois graves, dont la succession va un instant semer le doute quant à ses capacités d'aéronaute... Cette digne émule commerciale de Jean-Baptiste et Élisa Garnerin n'éclipse pourtant pas la célèbre famille Green, dont la personnalité la plus connue reste Mrs. Charles Green. On se doit aussi de signaler, au début du XIXe siècle, en Autriche et en Allemagne, les exhibitions aérostatiques de Whilelmine Reichardt. L'aventure aérostatique amorcée en France fait maintenant tache d'huile en Europe. Après avoir permis aux hommes ce premier pas formidable de la réalité du vol, le ballon, objet de curiosité, symbole du progrès en marche, devient la garantie des spectacles à la mode, que ce soit au Champ-de-Mars, aux arènes de la Bastille ou à l'hippodrome de l'Alma. Dans ce domaine où, désormais, plus de concurrence implique plus de risques, la France continue de tenir le haut du pavé : entre 1840 et 1850, une certaine dame Lartet donne le frisson aux foules en effectuant des ascensions qui, selon un journaliste de l'époque, se présentent presque toujours *« comme une tentative de suicide »*, en raison du type de ballon utilisé, à savoir des montgolfières sans foyer, totalement ingouvernables, qui se posent au hasard. Cette casse-cou tombait régulièrement sur les toits, dans les arbres et les cours d'eau, ce qui ne refroidissait pas son ardeur. Ce n'est pourtant pas à elle que revient la palme de l'excentricité, en dépit d'un parcours plutôt original. Un tandem lui dame le pion, et de loin : Eugène et Louise Poitevin, qui drainent les amateurs de sensations fortes grâce au *Globe*, un ballon géant capable de soulever d'étranges équipages, chevaux et valets compris...

Née Goujon, à Paris, le 8 juin 1819, Louise épouse d'abord le sculpteur Duté, en 1843, accouche ensuite d'un garçon, Adrien, et se retrouve finalement veuve trois ans plus tard. En 1848, elle convole avec Eugène Poitevin, le plus célèbre aéronaute du moment, et le plus original, puisqu'il soulève des attelages entiers. D'emblée, Louise s'adonne corps et âme à l'aérostation, habilement conseillée par son mari, lequel passe pour un expert dans l'art de construire ses ballons de façon rationnelle. Ici, toutefois, la nacelle classique perd son utilité : Louise s'élève dans les airs, mais juchée sur un taureau, un cheval ou un âne. En amazone bleu nuit, bottes vernies, catogan et haut-de-forme, la jeune femme ne manque pas d'attirer les regards, à l'aise sur son alezan que le ballon emporte, quel que soit le temps, pluie ou soleil. Aussi incroyable que cela puisse paraître, ces ascensions se terminent sans casse malgré leur caractère aléatoire, en particulier celle du 27 juillet 1851 qui va stupéfier les spectateurs : cette fois, outre les aéronautes, le gros ballon emmène dans les airs une calèche et ses deux chevaux ; l'étonnant équipage remonte la Seine, la vallée de l'Yerres et se pose à Mormant-en-Brie, avant de regagner Paris le lendemain matin. Évidemment, il y a bien quelques alertes, par exemple le jour où Louise atterrit dans un champ, à califourchon sur un taureau. Des paysans, effrayés et rendus furieux par ce « pied fourchu », synonyme de diablerie, veulent faire un mauvais parti à la « sorcière » que la force publique sauve opportunément. S'en effraie-t-elle seulement, elle qui pimente de sauts en parachute une existence déjà turbulente ?

En 1848, pourtant, à la mort d'Eugène, elle décide de tout abandonner et de se retirer auprès de son père, à Romainville, avec ses deux enfants, Adrien et Marie Poitevin, née de son second mariage. Sans doute l'inaction lui pèse-t-elle, ou bien a-t-elle besoin d'améliorer sa situation matérielle, en tout cas elle part seule pour le Midi et recommence ses ascensions. Là, vers 1866, elle fait la connaissance d'un ancien capitaine au long cours, passionné de ballon au point qu'il sacrifiera plus tard sa vie à cette passion. En attendant, Marie Poitevin épouse Théodore Sivel, tandis qu'Adrien Duté, parti faire fortune en Espagne, revient auprès de sa mère et s'initie à l'aérostation. La guerre qui éclate en juillet 1870 change encore les habitudes de la famille. Louise, alors en Espagne, franchit aussitôt les Pyrénées pour offrir ses services au gouvernement de la Défense nationale replié à Tours. Elle va construire des aérostats que les circonstances – la conclusion rapide du conflit – ne permettront pas d'utiliser. Il en faut plus pour décourager cette femme endurcie par les épreuves. Elle reprend ses tournées aérostatiques. Avec son fils et son gendre, elle crée une affaire d'initiation à l'aérostation où l'on se contente de promenades tranquilles et de baptêmes de l'air classiques.

L'époque des envolées à cheval semble révolue. Il est vrai que Louise entretient la famille, sans oublier sa petite-fille Marie qu'elle a adoptée, à la suite du décès de sa fille, en 1868. Si l'âme demeure aventureuse, le corps a été malheureusement rattrapé par l'âge, et Louise, qui vient de passer le cap de la cinquantaine, ralentit son activité. Ses deux dernières ascensions l'entraînent à Copenhague, en 1874, et à Bordeaux, où sa carrière – l'une des plus belles de l'aérostation – s'achève sur un toit des allées de Chartres. A cheval, bien sûr ! Elle se sortira de cette position délicate avec l'aide des pompiers et, on peut l'écrire, en beauté : à cinquante-cinq ans, Louise détenait un superbe palmarès, avec cinq cent soixante et onze ascensions, souvent d'une rare originalité.

La grand-mère volante pourrait se reposer sur ses lauriers, mais la fatalité ne lui en laisse pas le loisir : Théodore Sivel, son gendre, meurt asphyxié, en compagnie de l'aéronaute Crocé Spinelli, lorsque le *Zénith*, leur ballon, atteint l'altitude stupéfiante pour l'époque de 10 000 mètres environ [14]. Seul Gaston Tissandier, autre personnalité forte de l'aérostation, sortit indemne de cette catastrophe qui suscita un vaste élan de solidarité. Les dons recueillis servirent à édifier, au Père-Lachaise, un monument à la mémoire des deux victimes de la science. Le reliquat de cette somme – qui avait été considérable, en raison de l'émotion produite par ces disparitions brutales – permit à Louise Poitevin d'assurer sa sécurité matérielle et de disposer de moyens financiers suffisants pour élever sa petite-fille, Marie Sivel. Quant à Adrien Duté-Poitevin, il perpétue la tradition familiale, puisqu'il devient l'un des plus précieux collaborateurs du capitaine Charles Renard, à Chalais, près de Meudon, où vont être formés les aérostiers militaires. Tout naturellement, se sentant vieillir et ne voulant plus être éloignée de son cher fils, Louise choisit de s'installer à Meudon, une commune verdoyante où elle résidera trente ans. Hélas ! Il est écrit que le torrent d'une vie tumultueuse ne se transformera pas en cours d'eau paisible, à savoir une retraite méritée. La fatalité s'acharne sur cette femme qui a pourtant si souvent eu de la chance : outre les centaines d'ascensions sans égratignures ou presque, Louise a réussi trente-deux descentes en parachute et a été repêchée six ou sept fois en mer. La mort lui enlève Adrien, lui infligeant sans doute la plus cruelle des souffrances qu'elle ait eu à subir. Qu'importent alors les souvenirs déjà anciens, les ivresses d'antan, les vols, suspendue sous un ou plusieurs ballons, assise sur un taureau, un âne ou un cheval, qu'importent les vivats d'une foule éblouie, les hommages de Napoléon III ou du pape Pie IX ! Qu'importe enfin cette réputation d'invulnérabilité qui lui est désormais odieuse ! Louise, solitaire, indifférente aux reconnaissances officielles, s'éteindra en 1908, au seuil de ses quatre-vingt-dix ans.

De telles épreuves ne fléchissent pas l'élan irrésistible des femmes vers le ciel. Au contraire, les sacrifices et les exploits des unes renforcent la résolution des autres. Le mouvement amorcé à la fin du XVIIIe siècle prend de l'ampleur. Là encore, tout commence parfois par un mariage : avec Claude-Jules Dufour dit Duruof, Caroline Morière a épousé aussi l'aérostation. Ce Jules et ses activités, elle les ne les connaît que trop bien, étant la voisine de sa mère. Outre sa qualité de « constructeur de ballons en tous genres », installé au 214 rue Saint-Maur, à Paris, le sieur Duruof porte également le titre envié de premier aéronaute du Siège de Paris, preuve de son engagement et de son courage. Au plus noir de la guerre civile, en 1871, la Commune de Paris, soucieuse de briser le blocus de l'information imposé par l'ex-gouvernement de la Défense nationale, décide la création d'une « Compagnie d'aérostiers civils et militaires » commandée par Claude-Jules Duruof [15]. Plusieurs ascensions sans grand succès permettent de lancer seulement quelques centaines de tracts hors de la capitale assiégée. Puis la nasse se referme autour de la Commune et l'enserre. Nadal, l'un des adjoints de Duruof à la Compagnie des aérostiers, est fusillé sans autre forme de procès.

Claude-Jules se soustrait de justesse à la vindicte des Versaillais et s'enfuit en Belgique où il retrouve l'aéronaute Bunelle qu'il accompagnera en Italie, tout en entretenant une correspondance suivie avec le photographe Nadar. Enfin, après bien des tribulations, Claude-Jules peut regagner Paris, en octobre 1872, pour revoir sa mère et la belle Caroline, fille d'un fabricant de bronze. Mais si l'amour lui apporte une agréable compensation, des ennuis l'attendent aussi car on ne l'a pas oublié. On l'arrête, il se défend, explique qu'on l'a contraint à organiser le parc aérostatique pour la Commune et à mener diverses missions. On le relâche, puis on l'appréhende de nouveau, le 16 décembre 1873. L'interrogatoire reprend, plus serré. Cette fois, l'affaire pourrait tourner au vinaigre. Inquiète, mais sans perdre son sang-froid, Caroline avertit Nadar : « *Vous n'ignorez pas,* lui déclare-t-elle [16], *que mon mari a été appelé, il y a quelque temps, à Versailles. Il n'avait rien entendu dire depuis. Ce matin, on est venu faire perquisition. Ensuite, on a emmené Jules. Je compte sur vous pour lui.* » Caroline a frappé à la bonne porte. Nadar, dès lors, se démène pour sauver son ami, rappelle, s'il le fallait, ses qualités d'aéronaute, minimise son rôle dans la tourmente communarde, d'ailleurs encore difficile à comprendre, déclenche une véritable chaîne de solidarité en l'espace de quelques jours. Le pouvoir en place va écouter le plaidoyer du photographe-aéronaute, même s'il ne le porte pas vraiment dans son cœur. Après tout, dans les derniers jours de la Commune, Nadar et Alexandre Dumas fils n'ont-ils pas poussé l'insolence jusqu'à se rendre à Versailles pour narguer Thiers ? Cependant, Nadar jouit d'une immense popularité qu'il met à la disposition de Duruof. Sans doute impressionné par cette défense véhémente, le 4e Conseil de guerre, réuni à Versailles le 5 janvier 1874, prononce l'acquittement de Duruof au milieu des acclamations.

Libre, Claude-Jules se remet à l'ouvrage et, le 31 août 1874, présente à Calais le *Tricolore*, un nouveau ballon conçu avec un soin particulier et avec l'aide de Caroline, laquelle n'a pas hésité à coudre et à recoudre quatre fois les fils qui retenaient la corde de déchirure, l'un des éléments essentiels de l'aérostat. Vient le moment tant attendu de l'envolée, mais celle-ci est retardée et Calais s'impatiente. Le public n'accorde même pas aux aéronautes la circonstance atténuante d'un vent violent qui bouscule tout vers la mer. Tout va de mal en pis, au point que le maire, pour apaiser la colère croissante, confisque la nacelle. Il ne fait que jeter de l'huile sur le feu des passions : les spectateurs, qui ont payé pour assister à l'envolée, croient celle-ci irrémédiablement compromise par l'initiative de leur premier représentant, et s'accordent à penser que les Duruof vont empocher la mise sur une volte-face. La rumeur pique les intéressés dans leur amour-propre. Caroline et Claude-Jules récupèrent la nacelle, l'arriment au ballon que, le matin encore, Duruof vernissait, grimpent à l'intérieur, apparemment insensibles aux conditions météorologiques peu favorables, et coupent la corde. Ils sont presque aussitôt emportés vers la mer. Dans la foule qui a assisté, silencieuse ou presque, à l'ensemble de l'opération, l'anxiété succède d'un coup à la mauvaise humeur, et peut-être aussi un peu de honte... Avec raison ! Pendant quatre jours, on n'entend plus parler du couple, à croire qu'il s'est volatilisé dans l'espace. On finit par imaginer que les Duruof ont péri quelque part au large, engloutis avec le *Tricolore*. La presse s'en mêle, aggravant l'intolérable attente, et n'hésite pas à annoncer la mort de l'équipage. Heureusement, la réalité oppose à la tragique nouvelle le meilleur des démentis : après être effectivement tombés en mer, les Duruof, trempés jusqu'à la moelle mais quittes pour une grande frayeur, ont été repêchés sains et saufs, le lendemain de leur tentative, par un navire anglais, non loin de Dogger Bank, à mi-chemin entre l'Écosse et la Norvège. De fait, ils doivent une sacrée reconnaissance au capitaine William Oxley, patron du *Great Charge* : il a fallu en effet plus d'une heure de manœuvres délicates à la chaloupe mise à l'eau par le chalutier pour tirer les Duruof d'une position qui devenait réellement précaire : l'aéronaute se cramponnait à la nacelle et s'efforçait de maintenir hors de l'eau la tête de sa femme évanouie. Après cet épisode mouvementé, le navire mit le cap sur Grimsby, en Angleterre, d'où le récit du sauvetage put enfin être diffusé par télégraphe en direction du vieux continent. Calais et sa population repentante pavoisèrent pour le retour des Duruof qui allaient profiter de cette notoriété accrue pour mener leurs expériences aérostatiques à travers toute l'Europe. Caroline suit fidèlement son époux dans ses escapades aériennes : elle continue de coudre l'enveloppe des aérostats, notamment celle d'un des premiers dirigeables – un ballon muni de roues à aube spéciales et de rames – qui sera exposé au palais de l'Industrie.

On ne saura jamais ce qui cassa la belle mécanique Duruof : pratiquement du jour au lendemain, au savant entreprenant et aventureux succède un homme sombre, rongé par la maladie, qui va rompre, un à un, tous les ponts avec l'extérieur. L'amitié sera la première sacrifiée, puis l'amour et une complicité qui avaient résisté à bien des tourmentes : en 1884, un an après son ultime ascension à Calais, à bord du *Neptune n° 2*, Duruof obtient le divorce, le premier à être accordé en vertu de la nouvelle législation. La chute d'un des plus grands aéronautes confine alors à la déchéance : son état s'aggrave et sa situation matérielle frôle le dénuement complet. Alerté, Nadar, l'ami de toujours, intervient au cours de l'été 1894 et ouvre, dans *Le Figaro*, une souscription en faveur de cet innovateur auquel on doit d'avoir inauguré le service postal aérien. Cette démarche ne recevra pas le moindre écho ; le nom de Duruof ne signifie plus rien pour un public qui se voue à de nouvelles idoles : deux ans auparavant, Clément Ader a piloté le premier appareil plus lourd que l'air, l'*Éole*. La religion de l'espace change et se trouve de nouveaux prophètes. Le 12 février 1898, Claude-Jules rend le dernier soupir, non sans avoir eu l'espoir, dans les derniers mois de sa vie, de tirer quelque profit des terres qu'il avait acquises pour une bouchée de pain au lieu-dit Le Grand Wé, à Esqueheries, dans l'Aisne.

Caroline va lui survivre jusqu'en 1933 : elle expire à Paris à l'âge de 88 ans, une performance si l'on pense à sa carrière risquée. Cette longévité lui aura permis d'assister à la féminisation de l'aérostation et de l'aviation. Si elle peut se féliciter de cette évolution, celle-ci doit également beaucoup à l'exemple des Blanchard, Garnerin, Godard, mais également de Nadar, Flammarion, Lartet et Arban, entre autres, qui associent leurs femmes, filles et sœurs à leurs ascensions. Félix Tournachon, dit Nadar, ami de Victor Hugo et partisan comme lui du plus lourd que l'air, ne peut, faute de mieux, que voler en ballon en attendant l'avion dont il pressent pour bientôt les incroyables possibilités. On ne saurait être plus frustré que le célèbre photographe qui déclare, avec raison : *« Vouloir lutter contre l'air en étant plus léger que l'air, c'est folie. »* Pour se consoler de ne pouvoir réaliser une machine plus lourde que l'air, il va construire le ballon le plus gros, qu'il baptisera justement *le Géant* : une sphère de 6 000 m^3, haute de 40 mètres, susceptible de soulever une nacelle à deux étages. La construction de ce monument aérien devient vite un événement national, dont Victor Hugo s'empare, avec son lyrisme habituel. Inutile de dire que chacun scrute le ciel avec attention lorsque, le 18 octobre 1864, Nadar s'envole de Paris pour Frehen (Hanovre), avec sa femme, F. de Montgolfier, L. Thirion Saint-Félix, Yon et J. Godard. Le gigantesque ballon parcourt les 700 kilomètres de distance en seize heures, ce qui est honorable, mais manque son atterrissage à cause des caprices d'un ouragan, qui transforme la nacelle en traîneau. Néanmoins, tout se termine bien, quoique de manière rocambolesque et imprévue : voilà une aventure qui ne s'oublie pas. Pour sa part, Godard en a vu d'autres. Avec ses deux frères, Eugène et Louis, il pratique l'aérostation depuis toujours. A lui seul, Eugène totalisera 2 500 ascensions ! Toutefois, la fièvre aérienne qui agite ces trois-là a aussi gagné les éléments féminins de la famille : Eugénie, Élise, Marie-Amélie, Léontine, Adèle et, la plus débrouillarde, Fanny, qui pratique également le parachutisme.

En dépit des dangers, les femmes aéronautes ne manquent pas, dans la France euphorique de la Belle Époque : les progrès deviennent tangibles dans tous les domaines et la conquête de l'air n'a plus rien d'un rêve. Ce qui n'exclut pas les mésaventures, qui offrent parfois l'occasion de révéler le sang-froid du sexe dit faible. Ainsi, le 7 juillet 1895, à la verticale de la place de la Nation, Madame Camille du Gast, une charmante musicienne qui volait en compagnie du célèbre aéronaute Capazza, inventeur du ballon-parachute, connaît les secondes les plus longues de son existence lorsque, contre toute attente, le système s'enraye : l'enveloppe du ballon bloque l'ouverture du parachute. Comme le déclenchement devait se produire à une altitude de 3 000 mètres, les aéronautes croient leur dernière heure arrivée. Pourtant, l'étrange hybride que forment le parachute et le ballon freine la chute. La chance se présente ensuite, sous la forme d'une terrasse à laquelle, fort opportunément, les deux aérostiers se retrouvent suspendus : ils seront délivrés de leur posture inconfortable grâce à une échelle dressée à partir de l'étage inférieur...

Le ballon recrute bientôt ses adeptes au sein de la communauté scientifique : en 1898, une jeune femme hardie, Mademoiselle Dorothée Klumpke, astronome attachée à l'Observatoire de Paris, conçoit l'idée ingénieuse de grimper plus haut pour mieux étudier les étoiles... A l'en croire, elle jouit là d'une situation idéale, surtout à la mi-novembre, pour observer, de nuit, les fugaces Léonides... De son côté, après avoir surmonté sa peur, l'Anglaise Gertrude Bacon effectue des reportages photographiques aériens, à la façon de Nadar le précurseur, et assiste son père dans ses expériences de radiotélégraphie dans les nuages.

Et puis, il y a la quête de la meilleure performance : déjà, en 1886, tandis que les conquérants de l'Ouest massacraient les Indiens, l'Américaine Mary H. Myers établit un record mondial d'altitude : plus de 6 000 mètres au-dessus de Franklin, en Pennsylvanie, sans le moindre équipement respiratoire. Poussés par le goût du risque, par une curiosité naturelle, ou motivés par un souci de réclame, des politiciens et des artistes se laissent emporter dans la nacelle d'un de ces ballons dont on parle tant. Certains espèrent secrètement que ce souffle qui les emmène par-dessus les foules, parfois pour un unique baptême de l'air, se transformera en vent de popularité. D'autres acceptent de braver les interdits et de monter en ballon afin de bien montrer leur sens de la provocation. Sarah Bernhardt prouve qu'elle a de réelles dispositions pour mener ce petit jeu-là, ce qui agace les directeurs de théâtre... Fille d'une demi-mondaine, elle a de quoi retenir l'attention avec sa silhouette androgyne, son corps nerveux, trop mince au regard des canons de l'époque qui privilégient la femme grassouillette – *« elle remplit mieux ses rôles que ses corsets »*, dit-on alors –, et des yeux d'un bleu magnétique. Surtout, elle possède le talent ou plutôt le talent la possède. Son physique, qui lui vaut d'interpréter des rôles de travestis, dont *L'Aiglon* demeure le plus célèbre, ne l'empêche pas de s'inscrire dans la lignée de Marie Dorval, de Rachel ou de Mesdemoiselles George et Mars. Cependant, pareil génie a ses exigences : elle n'hésite pas à entretenir des liaisons tapageuses, à dormir dans un cercueil capitonné, et à connaître toutes sortes de frasques que les amoureux du théâtre lui pardonnent volontiers dès que le rideau se lève, enchantés qu'ils sont par sa seule présence.

Sarah ne se contente pas de donner du fil à retordre à la cantatrice italienne Eleonora Duse, son éternelle rivale, ou aux responsables des théâtres ; elle conduit sa vie à sa guise et à un train d'enfer. A la fois peintre, sculpteur, écrivain, tragédienne et... aéronaute, elle ne passe vraiment pas inaperçue, et se soucie peu d'envoyer promener la morale. En 1878, pendant l'Exposition de Paris, Sarah s'enflamme devant les ascensions du gros ballon captif de l'ingénieur Henri Giffard. La suite se devine aisément : Sarah reçoit un baptême de l'air qui la porte aux nues, si l'on ose dire. Puis, le 22 août, elle va effectuer un vol en ballon libre, voyage dont elle fera le récit pittoresque, intitulé *Dans les nuages*. Elle s'envole des Tuileries en compagnie du peintre Georges Clairin, qui illustrera le texte, avec Louis Godard comme pilote. Après avoir atteint une altitude maximum de 1 780 mètres et parcouru trente-deux kilomètres, le ballon, baptisé le *Doña Sol*, devait se poser près de Boulères, non loin d'Émerainville, en Seine-et-Marne. A peine au sol, les aéronautes subirent une pluie violente, avant de regagner Paris vers 22 heures. Ce que n'apprécia pas Émile Perrin, administrateur général de la Comédie-Française, qui ne décolérait pas depuis qu'il avait été informé de la nouvelle extravagance de sa sociétaire. Il lui dit froidement qu'il n'aimait pas *« cette audacieuse fantaisie »* [17]. D'autres artistes du théâtre s'empressèrent de partager cet avis. Et Sarah Bernhardt de noter dans ses mémoires, qu'elle confiera à *Je sais tout* [18] : *« On me reprochait tout, ma peinture, ma sculpture, ma santé, et, enfin, j'eus avec Perrin une terrible scène qui fut la dernière car, à partir de là, nous ne nous parlions plus ; à peine un salut froid de part et d'autre. »* Sarah fait preuve d'humour quand elle évoque ce voyage à bord du *Doña Sol*, joli ballon orange où avait failli embarquer le prince Jérôme Napoléon. Mais, remarque-t-elle avec une légère ironie, *« il était un peu lourd, un peu maladroit et je ne prenais pas plaisir à sa conversation malgré son merveilleux esprit, car il était méchant et tapait volontiers sur l'empereur Napoléon III que j'aimais beaucoup »*.

Bref, poursuit-elle, *« nous partîmes seuls, Georges Clairin, Godard et moi. Le bruit s'en était quand même répandu, mais trop tard pour que la presse s'en emparât. J'étais dans les airs depuis cinq minutes quand un de mes amis croisa Perrin sur le pont des Saints-Pères :*

– Tenez, dit-il, regardez dans le ciel, voilà votre étoile qui file.

Perrin leva la tête, et montrant le ballon qui s'élevait :

– Qui est là-dedans ?

– Sarah Bernhardt.

Il paraît que Perrin devint pourpre et serrait les dents, et il murmura : « Encore un de ses mauvais tours, mais celui-là, elle me le paiera. »

Quand je rentrai la nuit assez tard de ma promenade dans les airs, ma femme de chambre me dit qu'on était venu deux fois de la Comédie pour demander si j'étais rentrée.

– Est-ce qu'il y a eu un changement de spectacle ?

– Non, je ne crois pas, répondit la jeune femme, mais il paraît que Monsieur Perrin est furieux et qu'ils sont tous en rage contre vous. Du reste, voici le mot qu'on vous a laissé.

J'ouvris la lettre. J'étais convoquée le lendemain à deux heures.

J'arrive chez Perrin à l'heure indiquée. Je fus reçue avec une politesse exagérée, pleine de sévérité. Puis, commença la série de récriminations sur mes boutades, mes caprices, mes excentricités, et il termina son discours en disant que j'aurais mille francs d'amende pour avoir voyagé sans l'autorisation de l'administrateur. Je pouffais de rire.

Le cas « ballon », lui dis-je, n'est pas prévu, et je jure bien que je ne paierai pas mon amende. Je fais ce qu'il me plaît en dehors du théâtre, et cela ne vous regarde pas, mon cher Monsieur Perrin, tant que je ne porte pas atteinte au service. Et puis, vous m'assommez. Je vous donne ma démission, soyez heureux !

Je le laissai penaud et inquiet. Le lendemain, j'envoie ma démission par écrit à Monsieur Perrin et quelques heures après je fus mandée par Monsieur Turquet, ministre des Beaux-Arts. Je refusai de m'y rendre et on m'expédia un ami commun qui me déclara que Monsieur Perrin avait dépassé ses droits, que l'amende était levée, et que je devais reprendre ma démission. Ainsi fut fait. » [19]

A l'époque parut *Un flot de dentelles*, une valse pour piano d'Antonio Vinici destinée à commémorer une ascension qui avait fait grand bruit et fleurait le scandale. La couverture de la partition s'ornait d'un superbe sphérique, le *Doña Sol*. Une fois encore, l'affaire se terminait à la française, c'est-à-dire en musique. Une fois de plus, les femmes avaient le dernier mot. Et cela ne faisait que commencer car, si l'aérostation de papa portait allègrement son premier centenaire, dirigeables et avions allaient bientôt se disputer le ciel...

2

RÊVES D'OISEAU

Ainsi vont les demoiselles
Toujours belles,
Toujours pures,
A tire d'ailes,
Dans l'Azur...
Marc Daucun,
Ode à une aviatrice aperçue.

Désormais, l'homme vole. La femme aussi, bien sûr... Après tant d'années de tâtonnements et d'expérimentations savantes, une ascension en ballon ne pose bientôt plus de problème, si l'on excepte le risque du feu et le fait de devoir se soumettre aux caprices du vent. Pour se soustraire à cette contrainte, le dirigeable s'impose ! Et les solutions les plus originales germent dans les esprits bouillonnants d'un siècle qui ne l'est pas moins. Dès 1783, année historique de la première envolée d'un ballon, le général Meusnier expose les conditions d'équilibre d'un dirigeable et imagine ses organes de direction. Mais l'idée en reste à ce stade : il faut un moteur ! En 1825, le physicien français Edmond-Charles Genet croit régler cette question épineuse et publie un projet d'aérostat peu orthodoxe : son navire aérien comporte une partie supérieure – le ballon proprement dit, mais en forme de coupole allongée, plate par en dessous – qui se superpose parfaitement à la nacelle. Cependant, la grande innovation tient surtout à l'appareil propulseur actionné par deux chevaux et constitué d'immenses roues à aubes, lesquelles, en principe, ne devaient agir sur l'air que dans un sens. Original mais peu pratique, moins en tout cas que les ballons ovoïdes créés par Henri Giffard et Dupuy de Lôme, respectivement en 1852 et 1872, et mus par des machines à vapeur... Hélas, tout cet équipement pèse lourd. Tissandier essaie d'y remédier à sa façon et, pour sa part, adopte, en 1883, un moteur électrique.

Cette progression difficile, qui montre l'acharnement des hommes à maîtriser le voyage aérien, débouche sur le *France* des capitaines Charles Renard et Krebs, premier ballon dirigeable propulsé par un moteur électrique qui soit revenu à son point de départ, à Meudon, le 9 août 1884. L'expérience va être reproduite avec succès. Désormais, on sait générer et maintenir une vitesse supérieure à celle du vent. De plus, Charles Renard a découvert qu'il existe une vitesse critique à partir de laquelle les mouvements de tangage rendent la navigation dangereuse. Ce constat exige une solution : la disposition, à l'arrière du dirigeable, d'empennages destinés à assurer la stabilité longitudinale [1].

L'affaire prend enfin une bonne tournure, ce qui peut sembler normal après plusieurs milliers d'années de rêves d'oiseau. Pendant que Clément Ader couve l'*Éole*, le premier avion de l'Histoire, et s'apprête à effectuer, dans le parc du château d'Armainvilliers, ce petit saut de puce qui va délivrer l'humanité de sa frustration de toujours, les frères Lebaudy et l'ingénieur Julliot conçoivent plusieurs dirigeables propulsés par des moteurs à explosion (*Lebaudy, Paris, République* et *Liberté*) et dotés de gouvernails de profondeur et de plans stabilisateurs.

Si l'homme apprend vite, sa compagne ne demande qu'à le suivre. A condition, toutefois, de s'affranchir au préalable de contraintes sociales aussi étriquées que le corset qui leur comprime la taille. A l'époque dite Belle, seules les dames de la haute société, par souci de briller, ou les demi-mondaines, pour se faire remarquer, ou encore les artistes, qui voient là une excellente réclame, peuvent prétendre grimper dans un dirigeable. Les gens de l'air apprécient depuis toujours de voler en galante compagnie... Toutefois, cela n'est pas convenable, en particulier aux yeux de l'Angleterre victorienne, qui en parle beaucoup à l'heure du thé. Quant à Madame Tout-le-Monde, à supposer qu'il lui reste un peu de temps pour satisfaire sa curiosité naturelle, une fois achevées les tâches ménagères et assouvis les désirs de son mari, elle ne peut guère encore espérer monter un jour dans l'un de ces engins étranges, même si l'envie la tenaille de vagabonder parmi les nuages. Mais patience, patience... Car le dirigeable se féminise à son tour : en effet, des femmes vont le piloter.

En 1903, le 29 juin, après s'être élevée de Bagatelle, l'Américaine Aïda de Acosta (ou Da Costa) survole Paris dans la nacelle de l'un de ces cigares en toile caoutchoutée, le *Santos Dumont IX*, un exploit qu'elle accomplit avant le premier vol des frères Wright à Kitty Hawk. La belle n'en est pas à son coup d'essai et l'on ne saurait dire que ses études au Sacré-Cœur ont tempéré son fougueux caractère. Peut-être doit-on attribuer ce tempérament ardent à son origine cubaine. D'une beauté peu commune qui, à ce qu'il paraît, faisait balbutier les séducteurs les plus téméraires, Aïda ne passe pas inaperçue, que ce soit à New York où vit sa famille, confortablement installée au sein de la haute société, ou en France, dans les salons les mieux fréquentés. Après des débuts remarqués dans le Paris de la Belle Époque où elle goûte à bien des plaisirs, elle s'enflamme très vite pour le plus léger que l'air, s'obstine à grimper à bord de la *Baladeuse*, petit nom du dirigeable n° 9 dont elle séduit le génial constructeur, Albert Santos-Dumont, qui jusque-là avait pourtant la réputation de ne s'intéresser à rien d'autre qu'à la mécanique. Les Parisiens n'ignorent pas que le Brésilien n'entretient qu'une seule maîtresse, mais tellement passionnée et exigeante : l'aviation ! Ils ont même pris l'habitude de le voir circuler au-dessus de leurs têtes, à bord du *n° 9*, sa « voiturette » comme il l'appelle, notamment quand il survole l'Arc de Triomphe en direction de son domicile, à l'angle des Champs-Elysées et de la rue Washington. Un détail mérite d'être souligné : Santos effectue toujours ses escapades aériennes en solitaire. Mais l'arrivée de la troublante Aïda le perturbe, d'autant plus que la jeune fille lui a déjà rendu plusieurs visites, avant de lui avouer, le feu dans le regard, *« être possédée du désir de voler »*. Bien malin quiconque aurait pu affirmer si Aïda brûlait pour l'aérostation ou pour l'homme qui l'incarnait. Santos, lui, retient – ou fait semblant de retenir – de ces conversations l'envie peu compromettante de la *« très belle Cubaine »*. Il la considère dès lors d'un œil nouveau, hésite tout de même, puis se décide enfin à l'inviter : *« Auriez-vous le courage de faire une ascension avec moi sans que le dirigeable soit maintenu par le guiderope ?* lui propose-t-il. Devant la mine réjouie de la New-Yorkaise, pensant qu'elle est heureuse à l'idée de ce voyage, il ajoute : *« Je vous remercie de votre confiance, Mademoiselle. »* En réalité, Santos plaisante : comment, en effet, pourrait-il emmener Aïda dans une nacelle conçue pour une seule personne ? Mais la demoiselle a pris l'affaire au sérieux et, de plus, il n'entre pas dans ses intentions de voler comme un sac de sable. *« Oh ! non,* réplique-t-elle vivement à Santos-Dumont médusé, *je ne veux pas être passagère. Je veux monter seule et diriger le ballon comme vous le faites. »*

Contre toute attente, le Brésilien, jusque-là imperméable aux séductions féminines les plus insidieuses, tombe sous le charme, à la stupéfaction de ses proches et amis. Cet homme fluet, connu pour sa gentillesse, sa voix aiguë et son panama, accepte de donner trois leçons à cette élève pressée d'apprendre, afin de la familiariser avec les commandes du moteur et du gouvernail. Quand il la sent prête, Santos lui permet de s'élever seule, à quinze mètres du sol, à bord du dirigeable encore retenu par sa corde, le guiderope, et dont le moteur tourne. Le grand jour arrive enfin, celui du *« Lâchez tout ! »* crié par *« l'intrépide navigatrice »*. A ce signal, l'équipe de lancement s'écarte, tandis que les amis de la nouvelle initiée commencent à regretter de l'avoir encouragée à persévérer dans sa folie. De son côté, Santos n'écoute pas les commentaires ; il trotte à côté du guiderope, pendant qu'Aïda pilote prudemment la *Baladeuse* sur une distance de huit cents mètres. La jeune femme se débrouille si bien qu'elle devient, pour reprendre le mot de Santos-Dumont, la première « aérochauffeuse » du monde, en juin 1903. Sa promenade entre Neuilly-Saint-James et le Polo de Bagatelle où elle se pose, non sans qu'on ait dû interrompre le match de polo Amérique-Angleterre, tout cela est du plus bel effet. Le soir même, le tout-Paris ne parle que de la jolie Créole froufroutante et de son apparition devant les chevaux écumants des joueurs de polo.

La nouvelle de la prestation aérienne fait sensation partout, sauf chez la famille d'Aïda qui lui ordonne d'abandonner sur-le-champ toute idée d'une carrière d'aérochauffeuse et de regagner New York. L'attitude de Santos-Dumont va hâter sa décision : malgré des visites répétées chez l'inventeur, notamment à Neuilly où il construit et gonfle ses aérostats, elle n'obtient plus l'autorisation de monter. Et si, d'aventure, elle espérait officialiser leur liaison, il lui faut là aussi déchanter. Pas un seul instant le Brésilien volant ne laisse filtrer la moindre rumeur de mariage. Apparemment, Santos semble se désintéresser de sa

« très belle Cubaine », qui en conçoit une profonde déception. Elle retourne donc aux États-Unis et rentre dans le rang, se marie, se remarie, vit de rentes plus qu'honorables, préside des œuvres dites bonnes, devient respectable et ne fera plus parler d'elle, sinon à l'occasion de ses mariages successifs et de sa mort. Assurément, les parents d'Aïda – et peut-être Santos lui-même – avaient tué dans l'œuf une réelle vocation, et le dirigeable avait probablement perdu une de ses figures les plus prometteuses.

Cet engouement pour le ballon à moteur ne signifie pas la fin du bon vieux sphérique, qui continue d'avoir ses adeptes et de battre des records. De la sorte, si la Manche a été vaincue, le 17 janvier 1785, par Blanchard et son passager, l'Américain Jeffries, c'est une femme, une Anglaise, qui renouvelle l'exploit, le 20 février 1906 : avec un sang-froid tout professionnel qu'applaudissent ses deux passagers, les honorables F.H. Butler et R. Spencer, Miss Griffith-Brever réalise un Londres / Boulogne-sur-Mer exemplaire. Il ne s'agit pas d'un hasard : une femme prouve qu'elle réussit aussi bien qu'un homme dans un domaine qui tient de l'exploration pure. Et ce n'est pas fini : partie de Saint-Cloud, le 18 mars 1913 à 23 h 15, en compagnie de René Rumpelmayer, pour se poser le 21 mars à 16 h à Voltchy, en Russie, Madame Goldschmidt établit le premier record de durée en ballon avec 2 400 km parcourus non sans quelques émotions quand, peu avant Cracovie, passant juste au-dessus d'une garnison, les aéronautes se font tirer comme des lapins par des sentinelles qui croyaient à une intrusion d'espions !

Les risques, loin de tempérer les ardeurs et les vocations, alimentent l'excitation des apprenties aérostières. Ainsi, le 2 octobre 1906, à bord de *l'Aéro-Club II*, le Français Jacques Faure emmène la princesse Vittoria Di Teano, Lady Harbor et Lord Royston entre Paris et la Hollande, un voyage qui ne manque pas d'être mouvementé. A un moment, en effet, une trombe d'eau s'abat sur les aéronautes, sans noyer leur bonne humeur. La princesse Di Teano rit aux éclats tandis que Lord Royston retire son veston, attache son chapeau au bout d'une ficelle et le laisse pendre à dix mètres sous la nacelle, soi-disant pour le faire sécher. De son côté, quoique trempée jusqu'à la mœlle, Lady Harbor, un vétéran avec ses quinze ascensions, pose à leur pilote les questions les plus techniques, *« avec autant de tranquillité que si elle était dans son salon de Londres».* Cette attitude, fruit de l'expérience autant que reflet d'une grande maîtrise de soi, séduit le correspondant à Londres de *L'Aérophile*: en janvier 1907, dans son compte rendu enthousiaste de la performance, il loue *«le charme et la grâce [qui] n'ont jamais exclu l'esprit de décision et la volonté nécessaires à des semblables équipées».* Jacques Faure ne l'aurait pas contredit. Déjà, le 8 octobre 1903, il avait effectué un vol similaire, c'est-à-dire très turbulent, avec la duchesse d'Uzès au comble du bonheur, accompagnée de son mari et du célèbre caricaturiste Sem.

On revient généralement changé d'un tel périple, et souvent, pour les passagères, le jeu se transforme en passion: elles veulent apprendre, savoir à leur tour, piloter enfin. Le 21 février 1907, peu après 23 h 30, Lady Harbor décolle de Chelsea, à Londres, accompagnée de M.C. Pollock, membre de l'Aéro-Club d'Angleterre, pour atterrir le lendemain à Stavelot, dans la province de Liège en Belgique, sous une violente tempête de neige, après avoir parcouru 350 kilomètres en dix heures et dix minutes. Ce qui ne constitue pas un exploit à proprement parler, surtout quand on a filé à la moyenne plus qu'honorable de cent kilomètres à l'heure, entre Paris et la Hollande, avec Faure. Pour la première fois, cependant, une femme traversait de nuit la mer du Nord. Et là, il ne s'agit pas d'une mince affaire, car l'obscurité amplifie les dangers et le froid rend le ballon moins manœuvrable.

Lady Harbor n'hésite pas: elle fonce ! Elle n'est pas la seule à défier le sort pour le plaisir d'effleurer le ventre des nuages: Marie-Anne Lafaurie, dont les débuts aériens remontent à 1905, totalise bientôt dix ascensions, accomplies parfois dans de rudes conditions atmosphériques. Entre autres sorties, elle s'offre une promenade nocturne entre Paris et Poitiers, par moins 18°C, puis, une semaine plus tard, relie Paris à Bourges en six heures. Femme aux talents multiples, sculpteur – on lui doit un buste de Santos-Dumont –, écrivain et peintre, Madame Lafaurie parle couramment l'anglais, l'allemand et l'italien. Autant de dispositions naturelles mises en valeur par une éducation soignée et rehaussées encore par un don certain pour la musique, auquel succombe notamment François Peyrey, journaliste à *L'Aérophile*. Publié en juillet 1907, son récit d'une rencontre avec la jeune femme semble incongru dans un magazine aéronautique et plus digne de figurer dans une revue artistique ou littéraire. Qu'on en juge : *« Madame Marie-Anne Lafaurie prit une guitare aux notes graves et, sous ses doigts fins, s'évoqua une petite chanson triste dont la plainte emplit le vaste et tiède atelier. Entre les tentures, et noyant peu à peu les maquettes juchées sur les sellettes, les toiles ébauchées sur les chevalets, filtrait la cendre fine du crépuscule. Il flottait là une poésie intense, un songe vague, indistinct comme la chanson musicale, atténuée, décroissante ainsi que la lumière, la douceur rythmique d'un poème de Baudelaire ou de Samain... Et je crus comprendre que Madame Marie-Anne Lafaurie rêvait à son dernier voyage en haute mer aérienne, par la nuit la plus froide assurément du dernier hiver heureusement défunt. »*

A l'époque, tout le monde rêve de s'élever dans l'atmosphère, comme cette dame Bomblin, une accorte grand-mère âgée de quatre-vingt quatre ans, veuve de l'inventeur des échelles à coulisse utilisées par les pompiers, qui, en 1908, se démène avec vigueur pour grimper en sphérique et dans tout appareil capable de naviguer dans les airs. Les suffragettes anglaises s'en remettent également au progrès pour faire prendre de la hauteur à leurs revendications. Le 15 février 1909, pendant que les militantes se massent devant le Parlement britannique, l'une d'elles, Muriel Matters, choisit de haranguer ses troupes à partir d'un ballon piloté par l'aéronaute Spencer. Tout irait bien si Éole ne jouait pas soudain les trouble-fête et n'entraînait à vive allure, au-dessus de Londres, une machine devenue incontrôlable. Partie de Hendon à 14 h pour arriver, en principe, une demi-heure plus tard à la verticale de la manifestation, Miss Matters, à défaut de prononcer un discours et de lâcher des tracts, dut se contenter d'un passage certes remarqué mais par trop rapide, avant de disparaître hors de la vue d'une foule immense qui l'attendait, et d'aller se poser sans dommage non loin de là, à Coulsdon. L'incident inspira aux humoristes ce jugement ironique : *« Pas plus que le suffrage des femmes, le ballon de Monsieur Spencer n'est dirigeable. »* Voire... En attendant, les femmes se bousculent sur les pelouses, le chapeau attaché sur la tête, impatientes d'explorer le monde du silence, de le partager avec les oiseaux et, en cette première décennie du XXe siècle, avec les quelques aéroplanes qui se hasardent maintenant à l'extérieur du périmètre de leur terrain.

Donc, le ballon fait recette et pour longtemps encore. La preuve : en 1920, l'Aéro-Club de France a décerné treize brevets de pilote de « globes aérostatiques » à des femmes, et autant de brevets de pilote-aviatrice, mais un seul de pilote de « ballon automobile », c'est-à-dire de dirigeable. La femme qui se distingue ainsi s'appelle Gaby Morlay, de son nom de scène. Tour à tour Gaby de Morlaix, puis Gaby Morlaix et enfin Gaby Morlay, Blanche Fumoleau, avant de démontrer un réel talent d'actrice, déploie une imagination et un savoir-faire étonnants pour se faire remarquer : elle remporte une course à chameau, ce qui n'est pas vraiment habituel pour une jeune fille, peu après avoir gagné, au Parc des Princes, la course des midinettes devant près de mille concurrentes. Les spectateurs, notamment masculins, découvrent avec plaisir ses jolies jambes longues et fuselées, admirablement musclées. Un atout qui a de quoi, certes, enchanter le public et retenir l'attention d'un producteur...

Sollicité avec une telle ardeur, le succès finit par lui sourire, d'autant plus que la demoiselle possède d'excellentes dispositions. Sans tarder, Gaby se taille un franc succès au théâtre, une occupation qui ne suffit pourtant pas à remplir son temps. Elle se plaint de ne travailler que de 20 h 30 à 23 h, *« et encore pas tous les soirs de l'année »*, confie-t-elle à un journaliste de *L'Aérophile* [2]. Et d'expliquer que cela *« est réellement insuffisant à employer toute l'activité d'une jeune fille brune, donc robuste (sic)... »* Assurément, ce bout de femme au visage tourmenté, aux sourcils et aux lèvres trop minces, déborde d'énergie. Les petites boucles châtain, séparées par une sage raie médiane, n'atténuent pas l'impression de caractère décidé ni le charme, plutôt que la beauté, qui émanent d'elle. Bref, déclare-t-elle, *« je m'étais rendu compte que le théâtre était insuffisant à occuper mes loisirs ; il n'y a guère que l'Odéon, où on joue six pièces par semaine, qui soit capable de vous meubler toute la vie. J'aurais pu me mettre dactylographe, pensez-vous ?... Autant être pianiste tout de suite. Peintre ?... Trop long. J'avais bien pensé à me porter à la députation, mais si je prenais une autre profession, c'était pour être occupée et non pas pour ne rien faire (...). J'ai été, comme toutes les femmes, tentée par l'inconnu ; je désirai follement faire du sphérique. Je me voyais déjà traversant la France à des 20 000 mètres d'altitude, saluant les villes au passage, Lyon, Dijon... C'était une perspective ravissante, mais pendant la guerre il n'y fallait pas songer. Un jour, des amis me demandèrent s'il me plairait de faire une ascension en dirigeable. Si cela me plairait... c'est-à-dire que je saute de joie à cette pensée. J'acceptai d'enthousiasme.* [3] »

A quelque temps de là, à Saint-Cyr, on lui présente le pilote Debroutelle, qui l'interroge sur son souhait de voler: « *Vous voulez monter en ballon, Mademoiselle ?* »

La réponse tient de la réplique théâtrale. A croire que, pour Gaby, la représentation ne cesse jamais: « *J'ai débuté comme petite femme de revue,* répond-elle à l'aéronaute un peu surpris par le ton, *je joue maintenant des rôles de 1 200 lignes, c'est la même profession. On peut se contenter de monter en ascenseur pendant quelques années, il arrive un moment où il faut autre chose. Toujours plus haut ! C'est la devise des artistes. Voulez-vous me conduire à votre nacelle, s'il vous plaît ?* »

La suite du récit n'évoque pas la vocation future, ni même l'enthousiasme précédent: « *On me fait monter dans la nacelle, je ne suis pas du tout à mon aise, je dissimule autant que je peux ma peur – car j'ai peur – pour ne donner prise en rien à l'ironie de ces messieurs. C'est déjà risible pour eux de voir un petit bout de femme s'occuper d'une chose aussi robuste et aussi mâle. J'affecte une pose nonchalante, le coude appuyé au bastingage, l'air calme et satisfait d'une femme qui n'aurait fait que cela toute sa vie. Mais ce que je considère comme un exploit magnifique (pensez !... être montée, comme ça, sans se flanquer trois fois par terre, sans se prendre dans les fils) a l'air de passer tout à fait inaperçu.*

On sort le ballon du hangar, puis on part. Comme sensation physique, celle qui domine, c'est... le mal de tête. Et dire que j'ai fait deux ascensions le jour même ! Je n'ai pas osé dire non quand, après un premier atterrissage, on m'a demandé si je voulais refaire un tour. Le pilote avait un petit sourire ironique en me disant ça, que pour une pile de crêpes, et Dieu sait si je les aime, je n'aurais pas dit non.

Une fois descendue, ça va mieux, pas trop étourdie. Allons ! le cœur est bon, l'estomac aussi, bonne constitution somme toute, je n'ai pas à me plaindre de mes père et mère.

Je rentre chez moi triomphante, je raconte ma journée à tout le monde, je me réconcilierais presque avec mes ennemis pour avoir l'occasion de la raconter plus souvent, et puis quand je n'ai plus personne à qui parler je cours à la cuisine trouver ma bonne, et je lui en dis, et je lui en dis. (...) Passons.

Ça a trop bien marché pour que je ne continue pas. Il faut que je devienne pilote pour de vrai. Chacun sa spécialité (en dehors du théâtre, s'entend): Balthy a ses gros mots, Sorel ses relations, Gémier ses escaliers, Yvonne de Bray a Bataille, et Berthez ses cocktails; moi, j'aurai mes ballons.

Le soir, je me mettrai du rouge
Et tutoierai des mentons bleus,
Le matin, un panier qui bouge
M'emportera dans le ciel bleu.

Être pilote, ça ne consiste pas à mettre sur ses cartes de visite: Gaby Morlay, pilote de dirigeable, si parla italiano.

C'est du travail et de la persévérance, c'est se lever tous les matins à 6 heures, et je me rappellerai longtemps la première fois où j'ai piloté en profondeur.

On m'avait dit – pour me mettre à l'aise – qu'un seul moment d'inattention pouvait conduire aux pires catastrophes, de surveiller constamment la pression qui devait varier autour de 25m/m. Je n'ai pas quitté le manomètre des yeux pendant toute l'ascension, à tel point que j'en louchais – une sensation fort désagréable. Quand je suis redescendue, je voyais partout des petits numéros, 10, 20, 30, 40, comme quand on a trop regardé le soleil on voit des ronds marrons, mais je vous affirme que la pression n'a pas varié de 5 m/m !

Et puis, des préoccupations ! Vais-je arriver à faire mon nombre d'ascensions réglementaires ? Il en faut vingt-cinq. Quelqu'un m'a dit avoir mis sept ans pour le faire !... Enfin, tout marchait bien et je me croyais tranquille; il me restait sept ascensions à effectuer lorsqu'on vint m'avertir que le ballon allait être dégonflé. Il fallait de la place pour le gonflement de l'A.T.16. Je ne pouvais pas faire mes sept ascensions le même jour, non pas que cela m'effrayât. »

Finalement, Gaby réalise six ascensions supplémentaires, ce qui porte son total à trente-deux, plus, donc, que les vingt-cinq exigées par le règlement. Sonne l'heure de l'examen. « *Ah !* se souvient-elle, *cette préparation... Pendant quinze jours, je n'ai entendu parler que de force ascensionnelle, densité des gaz: tout était prétexte à comparaison scientifique. Ô Mariotte, et toi, Archimède, quel cauchemar vous avez été pour moi durant cette période ! Le jour de l'examen (fichue journée !), je suis arrivée pâle, défigurée, tremblant comme une feuille. Je me cramponnais à tout le monde. Quand le président de la Commission des dirigeables, Monsieur Capazza, est venu au-devant de moi pour m'introduire devant la Commission, j'ai eu une envie de m'enfuir, de courir à toutes jambes. Enfin, je suis entrée la tête un peu enfoncée dans les épaules, l'air d'une bête traquée.(...)*

Je me rappelle seulement un conseil que m'a donné Monsieur Capazza, sans doute parce que, très intimidée, je regardais souvent par terre :

– Mademoiselle, en ballon, il faut regarder devant soi.

J'ai trouvé la force de lui répondre :

– Dans la vie aussi, Monsieur... Voyez ce qui est arrivé à la femme de Loth qui s'était retournée.

Ainsi, le trac né de circonstances solennelles n'empêche pas l'humour de pointer le bout de son nez. Et ne paralyse pas tout à fait Gaby, laquelle, bonne actrice, se souvient de son texte et satisfait à l'interrogatoire serré de ses examinateurs. La jeune femme croit rêver : « *Et maintenant,* se persuade-t-elle, aux anges, *j'ai le droit reconnu par les autorités compétentes de voyager par un moyen de locomotion absolument inaccessible au vulgaire. Je suis pilote, j'ai piloté moi-même, j'ai même dû piloter par très mauvais temps, puisqu'un certain ballon d'Issy-les-Moulineaux, que tout le monde a connu, n'a pu réussir à faire une seule sortie alors que j'en ai fait trente-deux. L'impression la plus nette que j'en retire (...), c'est la fierté. Je ne sais pas pourquoi je ferais de la fausse modestie et ne l'avouerais pas. J'aime faire les choses que tout le monde ne peut pas faire ; c'en est une et une très belle...* »

Cette réussite débouche sur le brevet de « ballon automobile » n° 40 que Gaby Morlay reçoit le 21 novembre 1919 et qui, le 8 avril 1920, lui vaut les félicitations du lieutenant-colonel Paul Renard, titulaire, quant à lui, du premier brevet de pilote de dirigeable décerné par l'Aéro-Club de France. Si l'actrice a su prendre de la hauteur, au vrai sens du terme, elle ne s'est jamais éloignée de sa profession : son précieux brevet en poche, elle va très vite reprendre le chemin des planches et des studios de cinéma, avec un égal succès [4].

Les émotions de Gaby semblent calquées sur celles des belles frivoles, non dénuées de courage, qui se prêtaient aux envolées de jadis, avec les premiers aéronautes. Cependant, au fil des décennies se tissent des liens, lesquels créent des habitudes qui se renforcent à leur tour : on se réunit, on s'écoute, on s'associe. Au seuil du XXe siècle, les dames de l'air se font plus nombreuses et, si elles continuent d'apprécier les ascensions individuelles, elles n'en prônent pas moins des rencontres à caractère souvent mondain, au cours desquelles elles échangent leurs impressions, revivent l'ivresse de leurs envolées et ébauchent des projets. Ainsi, le 10 février 1909, dans une atmosphère enthousiaste, exactement celle qui a accompagné la naissance de l'Aéro-Club de France, en 1898 [5], les amoureuses du ciel se rassemblent au sein de la Stella, un aéro-club féminin mieux structuré que son prédécesseur, le Femina Club aéronautique créé le 1er septembre 1908. Elles choisissent des parrains parmi les personnages les plus huppés et puissants de l'époque : Louis Barthou, alors ministre des Travaux publics, partage d'abord la présidence d'honneur avec le mécène Henry Deutsch de la Meurthe, puis, à partir de novembre 1909, avec la princesse de Polignac [6].

Si, le jour de sa constitution, ce club très distingué rassemblait 19 sociétaires résolues, il en comptait 122, dont 43 membres participants, après une année d'existence particulièrement bien remplie. Entre le thé et les petits fours, les dames de la Stella ne perdent pas de temps : elles adoptent, pour emblème, une étoile d'or à cinq branches. Ensuite, elles décident et votent leur affiliation à l'Aéro-Club de France, devenue effective le 15 avril 1909. Ces messieurs les accueillent à bras ouverts et d'autant plus volontiers qu'il existe déjà des relations solides entre les deux associations : Léon Barthou, vice-président de l'Aéro-Club, figure au nombre des membres d'honneur de la Stella avec, par ailleurs, le comte de La Valette, du comité de l'Automobile-Club de France ; précisons enfin que Madame Max-Vincent, épouse du vice-président du Touring-Club de France, a été désignée vice-présidente du club féminin.

Bref, les soutiens ne manquent pas à une organisation jeune mais déjà structurée, dont le bulletin officiel paraît chaque mois dans *L'Aérophile*, le premier journal vraiment attaché à relater les divers événements de la vie aérienne. D'ailleurs, dans son édition n° 25, datée du 18 février 1909, il annonce la naissance de la Stella avec cet encouragement quelque peu ironique : *« Et maintenant, mesdames, continuez, non comme le nègre, mais comme les charmantes dames très vingtième siècle que vous êtes. »*

Toutefois, le ton va rapidement changer, à tel point que, suite à une conférence de l'aéro-club féminin, un journaliste de *L'Aéro* écrit, admiratif, dans le numéro 67 du 9 décembre 1909 : *« Le triomphe de la locomotion aérienne sera l'œuvre de la femme... et certes principalement de la Stella, club féminin plus actif que bien des clubs masculins. »*

Ce même jour, ces dames, qui ne parlent pas chiffons, ni

gâteaux, ni amants, écoutent P. Soreau leur démontrer que l'aéroplane – un nom barbare – serait, de tous les moyens de locomotion, le plus pratique et le moins dangereux, en raison de sa vitesse... Quand elles ne planchent pas sur les techniques nouvelles, elles volent. Ce qui ne leur interdit pas de se retrouver au cours de réunions mondaines, autour d'un thé, à l'hôtel Crillon ou à l'Astoria. Lors de leurs premiers mois d'activité, elles évoquent sans doute les avantages qui découlent de leur adhésion à la Stella, surtout pour les membres fondateurs et les sociétaires, qui peuvent effectuer une ascension gratuite par an. Toutes, cependant, bénéficient d'un abonnement gratuit au bimensuel *L'Aérophile* et reçoivent des cartes ou des insignes qui leur donnent le droit d'accès à l'ensemble des manifestations aéronautiques. Si toutes mesurent l'importance de leur rôle au sein de la révolution aéronautique qui s'accélère, elles prennent également conscience d'elles mêmes en tant que femmes et responsables. A l'égal de l'homme ! Selon leur porte-parole, Madame Airault, secrétaire-générale du club, «*Stella, école d'énergie, de poésie, de douceur* [*dont*] *le nom évoque les cieux et tout le charme des joies engendrées par l'aéronautique, est un mouvement de féminisme bien compris. Et le ballon, qu'il soit sphérique ou dirigeable, et l'aéroplane quelle que soit la forme qu'il affecte, touchant à la science qui le meut, qui impressionne, sont l'exemple de l'adresse et de l'audace de l'aviateur; tout le sport aérien est une attirance parce qu'il aide à développer les belles qualités d'initiative, de puissante volonté et de mépris du danger, devenues indispensables aux aspirations féminines actuelles.*»

Cette aspiration féminine déclarée trouve des échos favorables dans la presse. Déjà, le 28 janvier 1909, à la veille de la création de l'Aéro-Club féminin, *L'Aéro*, dans son n° 22, n'hésitait pas à présenter la femme comme un porte-bonheur du progrès, sa plus sûre garantie. «*Sans la femme,* écrit le journaliste, *l'automobile n'aurait jamais connu sa vogue actuelle, c'est à la femme aussi que le cyclisme a dû son succès. La femme s'intéressant maintenant aux choses de l'air, c'est la partie gagnée.*»

L'article reproduit une déclaration ferme, extraite d'une circulaire adressée aux dames par Marie Surcouf, présidente de la Stella. On ne saurait être plus directe: «*La femme, comme l'homme, a le devoir impérieux d'être sportive,* affirme-t-elle, *et, si elle doit faire une sélection dans les sports si nombreux, aujourd'hui pratiqués, l'aérostation est certainement celui qu'elle désignera tout d'abord. Il est, sans contredit, celui dont l'imprévu, la poésie et la sécurité le désignent nettement à ses suffrages... Nul, mieux que la femme, n'est à même d'aider à la propagation de l'idée aérienne. C'est pourquoi un groupe de ferventes adeptes du sport aéronautique a décidé de créer un "club féminin de l'aérostation".* »

Tout a été soigneusement élaboré car, à la suite de son intervention, Madame Surcouf, non contente de proposer un exemplaire du projet des statuts et des règlements, précise aussi « *les moyens qu'emploiera ce club pour faciliter les voyages aériens à ses adhérentes, qui auront la possibilité de se faire accompagner de leur mari, père, frère ou fils* ».

On se demande si la présidente n'a pas omis intentionnellement la mère, la sœur, la fille et la grand-mère pour bien insister sur un fait révolutionnaire dans le contexte des mœurs de l'époque : cette fois, enfin, la femme peut montrer ses aptitudes à diriger la barque... aérienne !

D'emblée, l'Aéro-Club de France, encore un gamin avec ses onze années d'existence, apporte sa caution et son aide à sa cadette, laquelle « *pourra effectuer les départs de ses excursions aériennes au parc des Coteaux de Saint-Cloud* ».

Bientôt, le fanion, frappé blanc sur or d'une étoile, flotte effectivement sur le parc d'aérostation des Coteaux de Saint-Cloud. Et, à l'image de Marie Surcouf, une « battante » à la manière de son ancêtre, le corsaire Robert Surcouf, la Stella monte à l'abordage du ciel. Marie va jusqu'à organiser des concours de ballons-fleurs : les *Bleuets*, les *Pivoines*, les *Pâquerettes* s'épanouissent dans le ciel d'Île-de-France, montés par des sportives en guêpière, longue jupe et canotier, qui emmènent dans leur nacelle des passagers souvent chers à leur cœur et prêts à partager un grand frisson, prometteur d'autres plus tendres...

Le 16 juin 1909, au parc de Saint-Cloud, la Stella donne une fête d'inauguration, « *par un temps splendide et dans un enchantement de toilettes esquises* », ainsi que le relatera Madame Airault dans son rapport du 17 mars 1910. Les femmes font la démonstration de leur bonne volonté puisque, parmi les onze dames qui vont embarquer dans les six ballons prévus pour l'occasion, beaucoup vont recevoir leur baptême de l'air. Toutes vont en conserver un souvenir ému, notamment de l'instant précis où l'aéronaute crie « *Lâchez-tout !* » Et puis surgissent des sensations nouvelles. « *Le sang monte à la figure, les oreilles bourdonnent et le cœur bat un peu fort* », expliquera Claire L.-F. Monnot, à l'issue de sa première ascension, mais l'attrait du paysage environnant l'emporte car, poursuivra la jeune femme, « *la terre m'est apparue si belle, si propre, si douce, que je me demande quels êtres peuvent habiter ce pays de féerie. Combien ils doivent être heureux : car, certainement, leurs cerveaux et leurs corps doivent être en harmonie avec ces limpidités. Cette terre que je viens de quitter, je ne la reconnais plus, c'est un beau joujou clair et propre, les routes n'ont plus de sinuosité, les rivières sont des rubans d'argent, les maisons paraissent des petites bergeries d'enfant, mais surtout le sentiment du tout droit domine* ».

Voilà un spectacle dont on ne se repaît jamais complètement, à moins de repartir le plus souvent possible. Et encore ! Il se produit alors un phénomène surprenant : chaque envolée génère une envie toujours plus intense. Et la coquetterie ne perd jamais ses droits, comme en témoigne cette préoccupation de Madame Griffié au moment de son premier vol : « *Comment devais-je m'habiller pour obtenir une note juste d'élégance sportive ; comment assurer qu'on n'a pas peur, alors qu'on a le trac ; comment paraître naturelle, alors qu'on tend à perdre son assurance ; comment monter en nacelle sans trop de gaucherie, et mille autres petits riens qui prennent tant de place dans notre vie féminine suivant les circonstances.* » Les Stelliennes n'en ont donc pas fini avec la passion de l'air [7].

« *Bravo pour leur crânerie !* » s'exclamera Madame Airault, au soir du fameux 16 juin. Le mot, synonyme de courage, va revenir fréquemment dans la bouche de personnalités présentes, parmi lesquelles on remarque des pionniers de l'air et, notamment, Robert Esnault-Pelterie, Ernest Archdeacon et Louis Blériot qui, dans un mois exactement, le 25 juillet 1909, réussira la traversée historique de la Manche, à bord de son monoplan. A leurs côtés, dans ce rassemblement chic, digne d'un défilé de mode tant robes et atours ont été soignés, d'aucuns reconnaissent Madame Raymond Poincaré, l'épouse du sénateur et futur président de la République, ainsi que MM. Desfossés-Dalloz, directeur du *Monde Illustré* et Henry Deutsch de la Meurthe, bienfaiteur de l'aviation. Le lendemain de cette journée mémorable, l'Aéro-Club de France remettait à Marie Surcouf le premier brevet de pilote aéronaute jamais décerné à une femme.

La Stella peut se vanter de vivre de beaux débuts au milieu

d'un concert de louanges. Malheureusement, l'argent se mêle déjà de contrarier les vocations. Dans une lettre datée du 25 octobre 1909, une jeune femme ne dissimule pas son amertume, mais choisit l'anonymat pour l'exprimer [8] : « (...) *Nous avons un club féminin qui compte parmi ses membres des pilotes de réelle valeur,* reconnaît-elle tout d'abord ; *mais ne trouvez-vous pas que ce club est bien plutôt mondain que sportif ? Je suis convaincue qu'il existe des femmes capables de mettre de côté toute frivolité pour se consacrer au sport lui-même, sans aucune préoccupation mondaine. Mais, où les trouver ? Est-ce dans une classe de la société plutôt que dans une autre ? (...)*

En dehors des femmes que leur fortune et leur situation mettent à même de vivre à leur guise, il en est qui sont obligées de rester à l'écart par suite de l'exiguïté de leurs ressources, ou même de la nécessité de gagner leur vie et qui, cependant, s'intéressent à l'aérostation de toute leur âme. J'irai même jusqu'à dire que beaucoup sont plus instruites à ce sujet que les trois quarts des hommes.

Celles-là devront-elles toujours vivre uniquement de leurs rêves et de leurs illusions ? Ne serait-il pas possible d'instituer un club purement sportif qui serait accessible à toutes celles qui ont la foi, sans qu'on exige d'elles d'être femme ou fille de telle ou telle personnalité notoire ?

Pourquoi l'Aéro-Club de France n'ouvrirait-il pas ses portes au féminisme bien compris ?

Pour ma part, oubliant les impossibilités matérielles et dépassant le sphérique, j'avais rêvé – mais ce n'était qu'un rêve – de fendre l'azur sur un monoplan piloté par moi. Une femme de courage vient de s'inscrire en tête du livre d'or du féminisme sportif ; d'autres la suivront sans doute ; et c'est la rage du désespoir en face de ces joies qui me sont interdites, qui me pousse à vous dévoiler mes pensées, certaine qu'elles sont partagées par bien d'autres femmes s'intéressant à ce sport magnifique, comme moi, sans espoir de le pratiquer. Je le fais évidemment avec une arrière-pensée : celle *de vous demander vos conseils et votre appui pour essayer de combler cette lacune. Me les refuserez-vous ? En tout cas, merci de l'accueil que vous voudrez bien faire à cette audacieuse missive d'une "Enthousiaste qui gémit de n'avoir pas d'ailes". Et qui ne reçoit qu'une réponse de normand de la part de Monsieur Fafiotte, le journaliste de* L'Aéro, *lequel considère qu'elle est une personne mal renseignée. A la Stella, affirme-t-il, les membres sont sportives au premier chef tout en étant mondaines. Ensuite, l'Aéronautique Club de France possède une section féminine, et c'est un club ouvert à toutes. Enfin, le Femina Club est aussi un club très ouvert. Quant à posséder des aéroplanes à la disposition des membres de ces clubs, c'est autre chose. Vous gémirez peut-être encore, Madame, mais nous n'y pouvons rien.*

Il est vrai que les assemblées de ces dames n'accueilleront pas de sitôt des lavandières, des petites bourgeoises ou des commerçantes avides, elles aussi, de savourer les joies du ciel. La mondanité est un club très fermé et l'aviation de cette époque n'ouvre ses portes qu'aux privilégiés de la fortune et du rang. L'aviation est sélective ! »

La jeune femme ne se trompe pas. Fafiotte non plus, d'ailleurs. Il voit même très loin, plus loin en tout cas que le simple aspect mondain. Quelques semaines plus tôt, en effet, dans un article aussi étonnant qu'inspiré [9], le journaliste a loué la hardiesse des aventurières du ciel, rendant un hommage appuyé aux Françaises, véritables porte-bonheur du progrès. Chaque fois que la femme pose son regard sur une innovation, cette dernière s'impose. Or, à l'en croire, il paraîtrait que le mouvement en faveur de la locomotion aérienne soit plus intense chez « *la femme française* » car « *à l'étranger, sauf en Angleterre où quelques femmes ont pratiqué le ballon sphérique, seuls les hommes sont intéressés aux choses de l'air. L'Allemande, l'Italienne, l'Espagnole, voire l'Américaine semblent ignorer la conquête de l'atmosphère. C'est peut-être là une des raisons de l'ampleur du mouvement actuel, c'est probablement parce que femmes, mères, sœurs, filles s'intéressent à la moindre envolée ou à la plus courte ascension et y prennent bravement part, que le sport de l'air est devenu une préoccupation générale chez nous.* »

Fafiotte pousse le lyrisme jusqu'à parler de « *l'élan de la plus belle moitié du genre humain pour l'idéale locomotion, élan qui fait bien prévoir son succès définitif* ».

« *La femme française est brave* », ajoute-t-il, avant de rappeler des évidences, par exemple : « *Lorsque le bicycle à grande roue s'humanisa et devint la bicyclette, la femme s'y intéressa et finit par s'y risquer. Bravant le qu'en-dira-t-on, elle enfourcha la petite machine à deux roues vite arrangée pour elle. Et le cyclisme prit le développement que l'on sait.*

Bruyantes, trépidantes, tressautantes, sales, les premières voi-

tures automobiles ne payaient pas de mine, la femme pressentit qu'elles se perfectionneraient et risqua hardiment les taches d'huile pour prendre place aux côtés du chauffeur. Là encore son intervention conduisit l'automobile au succès. On ne fait rien sans la femme. C'est elle qui consacre tout, qui prononce l'admission d'une nouveauté dans les choses usuelles. Et celles-ci le leur rendent en avançant de plus en plus l'émancipation féminine.

La femme moderne doit beaucoup à ces sports, à ces locomotions rapides qui multiplient la vie. Et qui peut prévoir combien la locomotion aérienne lui donnera de liberté nouvelle ?

Les esprits chagrins dont la femme idéale est ravaudeuse de chaussettes voient évidemment d'un mauvais œil cette émancipation, mais ils en seront pour leurs lamentations (...).

La tendance vers la vie libre est innée chez la femme comme chez l'homme, et il est à supposer qu'elle sera plus vive chez la femme que chez l'homme en ce qui concerne la circulation aérienne qui échappe à tant de contingences basses, ennuyeuses et malpropres. Il ne faudrait pas qu'à vingt ans nous leur ayons dit et redit qu'elles étaient des anges pour les empêcher de prendre des ailes quand elles n'auront qu'à les saisir (...).

Certains ont dit : c'est une mode, les femmes en reviendront.

Non ! La femme éprise du mouvement aérien le demeurera, s'y passionnera de plus en plus. Et en fait de mode, il n'y aura que celle que nos tailleurs, nos couturiers ne vont pas tarder à lancer pour les voyages. Au reste, à quoi pensent-ils ? Ils sont bien en retard.

Déjà, le ballon a servi comme chambre nuptiale, il a été le véhicule du voyage de noces (...). Il est la poésie et le charme, et c'est pourquoi il sera éternel, même lorsque les dirigeables et les aéroplanes seront plus nombreux que les cycles et les automobiles (...).

Ève est dans le vrai. La locomotion aérienne est faite pour elle. »

Inutile de dire que les filles d'Ève croquent la pomme du progrès à belles dents et s'en donnent à cœur joie. Elles égalent Adam dans leur persévérance à monter au ciel autrement que par la prière... Tout ce beau monde se retrouve ensuite dans les salons de la Stella pour commenter les derniers exploits. Le 11 novembre 1909, au cours d'une de ces réunions mondaines qu'elles savent rendre brillantes, les Stelliennes applaudissent leur centième membre en la personne de la comtesse de Lambert dont le mari, présent, vient d'effectuer le tour de... la tour Eiffel, à une altitude de 400 mètres, à bord d'un biplan Wright. Auréolé de sa gloire nouvelle, le comte n'en n'avoue pas moins n'avoir jamais eu l'honneur de monter dans une nacelle, ce à quoi l'encouragent Marie Surcouf et Léon Barthou, deux « sphéristes » acharnées.

Une autre femme achève de le convaincre – s'il en était besoin – par le récit pimenté qu'elle fait de ses récentes tribulations aériennes entre Nancy et l'Angleterre. Artiste et sportive accomplie, Marie Marvingt excelle également dans l'art de tenir un auditoire en haleine. Elle raconte comment, en compagnie du commandant Émile Garnier, dont c'était la première ascension, elle a entrepris son périple avec *l'Étoile filante,* un superbe ballon de 900 m^3 en étoffé caoutchouté. Après s'être élevé vers onze heures du matin, l'équipage atteignait le Zuiderzee à la tombée de la nuit, avant d'affronter la mer du Nord. Ici commencent les difficultés, car le largage des cinq sacs de lest ne suffit pas à empêcher la descente inexorable de la nacelle vers les flots. Les aéronautes se débarrassent alors de tout ce qui peut être jeté par-dessus bord. Néanmoins, vers minuit, ils frôlent la mer. Leur destin semble scellé et se résumer à une fin atroce : l'engloutissement et la noyade. A ce moment précis, alors que la petite aiguille et sa grande sœur se rejoignent sur 1 h du matin, ils aperçoivent la côte britannique qu'ils rasent de justesse, au point de heurter un arbre. Le choc a pour effet d'éjecter Marie, qui chute sans mal sur la terre détrempée, tandis que le ballon, repris par le vent, emporte le malheureux Garnier trois kilomètres plus loin et le dépose à proximité d'un hameau. Transie, mouillée, Marie interpelle un Anglais, éberlué de trouver là cette Française tombée du ciel. Tout d'abord, il ne la croit pas : *« Mais, commence-t-il par argumenter, un soupçon de doute dans la voix, les transatlantiques mettent onze heures et demie pour venir de Hollande... »* Or, explique Marie, *« nous n'avons été que cinq heures pour faire ces deux cents kilomètres de mer*[10] ». La jeune femme ne noircit pas le tableau, mais ces cinq heures passées dans un sphérique poussé sur la mer du Nord par une tempête de neige durent paraître une éternité aux deux aéronautes, d'autant plus que le ballon, alourdi par l'humidité, devait plonger cinquante-deux fois vers les flots... *« Pour un baptême, ce fut un baptême salé »,* s'écriera l'aérostière avec enthousiasme, prête à repartir.

D'un certaine manière, *l'Étoile filante* mérite son nom, si l'on considère qu'il a volé de Nancy au comté de Kent, via l'Allemagne, le Luxembourg et la Belgique, en quatorze heures trente ! Si le brave commandant Garnier peut se vanter d'avoir fait le plein d'émotions pour le reste de sa vie, Marie confirme sa réputation de risque-tout et la pertinence d'un surnom à sa démesure : « la fiancée du danger » ! Curieuse insatiable, elle touche à tout, en particulier aux sports : nageuse douée dès l'âge de cinq ans, elle pratique le grand bicycle à onze ans, puis la bicyclette, bien sûr, ce qui la conduit naturellement à suivre les épreuves reines, notamment le Nancy-Bordeaux de 1904, le Nancy-Milan, l'année suivante, et le Nancy-Toulouse en 1906. Le fait de pédaler sur les routes de France, à califourchon sur la petite ou la grande roue, lui laisse le loisir de s'imposer comme tireuse à la carabine et au fusil de guerre, spécialité où elle se montre meilleure que bien des champions à moustaches dans la plupart des compétitions de haut niveau auxquelles elle s'inscrit à partir de 1900. D'autres s'arrêteraient à un tel palmarès. Pas elle ! Avec une facilité déconcertante, elle manie le fleuret et le sabre comme un mousquetaire ou un vieux briscard. Elle se souvient aussi de ses talents de naïade et, par conséquent, n'hésite pas à se jeter dans la Seine pour remporter la traversée de Paris à la nage. Parle-t-on de la magie des montagnes et de l'escalade : elle gravit les plus hauts sommets, se classe parmi les alpinistes les plus en vue, sans négliger les sports d'hiver au cours desquels elle rafle des coupes... Cette sacrée femme étonne même les plus blasés des casse-cou qu'elle côtoie. Et elle n'a pas fini de surprendre, d'autant plus que l'avion naissant l'attire : quel merveilleux tremplin vers le ciel et l'inconnu ! Bref, un instrument pour elle, dont elle jouera bientôt en virtuose.

Pour l'heure, place encore au ballon, dont il faut évoquer les vertus aphrodisiaques. Eh oui ! Les belles de 1900 aiment à s'y laisser emporter par leurs soupirants. La frénésie n'est pas dans le mouvement aérien, lent et souple comme une ondulation des hanches : elle brûle dans les prunelles. Le sphérique permet aux aérostières et à leurs compagnons d'envolée de prendre tout leur temps pour admirer le monde à des altitudes qui autorisent toutes les ivresses. Comment ne pas ressentir un pincement au cœur quand, sur ces pelouses inondées de lumière des dimanches d'alors, sous les énormes ballons, l'oreille du promeneur captait parfois d'étranges propos, tels ceux-ci, entendus à Saint-Cloud, en juin 1910, juste avant un lâcher. Une belle enjambait le rebord d'osier d'une nacelle, ce qui eut pour résultat de dévoiler un mollet charmant. Or, à cette seconde, la corde qui maintenait l'attelage aérien se détendit quelque peu et une légère poussée souleva le ballon. Surprise, la jeune femme s'accrocha, se rétablit prestement à l'intérieur de la corbeille, dans un froufrou de robe et de jupons gonflés par le vent, et, les joues rosies par l'effort, essoufflée, elle se tourna vers son chevalier servant pour lui confier en riant et avec une rare impudeur : *« Vous souhaitiez, avec moi, monter au ciel ; au moins aurez-vous eu déjà un aperçu de la lune, avant même de partir... »*

Nombre de demi-mondaines et de théâtreuses, ravageuses de cœurs dorés, plus habituées aux promenades en calèche et aux beaux hôtels particuliers qu'aux ascensions, en viennent à fréquenter les parcs à la mode où il paraît de bon ton de se montrer avec les aéronautes, ces héros modernes. Certaines franchissent le pas, non sans une légitime appréhension, et quelques-unes, à l'image de la troublante Suzanne de Vrigny, rêvent de rester au ciel, après y être montées, en ballon bien sûr. Suzanne revient sur terre, subjuguée par sa première expérience vécue avec Gaby Carter et un comte, lequel... compte beaucoup moins par la suite.

Si l'on excepte les folles aventures d'une Marie Marvingt ou de Madeleine Tissot, les réunions des Stelliennes, si elles contribuent à la conquête de l'air, ressemblent souvent à des garden-parties où l'on se fait plaisir. Rares sont les explorations lointaines. Les aéronautes demeurent prudentes, et les voyages se font, non sans une préparation minutieuse, sur des distances rassurantes. Le cas le plus typique pourrait être ce déplacement effectué en 1911 par Madame Georges Farcy, à bord du ballon *les Pavots,* piloté par Albert Omer-Decugis, entre Paris et Montmort, une petite commune tranquille, nichée dans un repli de forêt, non loin d'Épernay. En cette année d'insouciance où l'annuaire de la Stella nous fait plonger dans les coulisses féminines du bottin mondain, une Américaine y fait une entrée remarquée parce qu'elle porte un nom qui symbolise le progrès, ce progrès que l'on pense bénéfique : Madame Thomas Edison sera un membre d'honneur très inventif ! Mais la Belle Époque des femmes aérostières connaît surtout son apothéose lors de fêtes splendides où les ballons rivalisent de couleurs et de majesté. L'un de ces derniers grands rassemblements d'avant la déchirure de 1914 a lieu près de Paris, le 28 juin 1912. Maîtresses dans l'art de décorer, les Stelliennes alignent six magnifiques sphériques fleuris : *Les Œillets, Pois de Senteur, Les Hortensias, Les Bleuets, Fleurs des Champs* et *Les Roses.* Ainsi, avec un plaisir qu'on devine intense, les Parisiens ravis assistent au lent déploiement, sur le bleu de leur ciel, de ce bouquet géant.

Dans quelques années, ils vont déchanter et reconsidérer leur jugement sur le plus léger que l'air, quand les zeppelins allemands bombarderont la capitale, au plus fort de la Grande Guerre, et feront voler en éclats jusqu'au souvenir de la douceur de vivre d'antan. Pour l'heure, cependant, abandonnons-nous à la magie de cette belle journée de juin 1912, une *« journée désirée »* car, écrit un journaliste de *L'Aérophile* [11], *« le dieu Phébus nous répandit ses chauds et lumineux rayons. C'était merveille de voir les terrasses et la pelouse envahies par la société élégante qui s'y pressait. Les riches et claires toilettes s'harmonisaient à souhait avec ce joli cadre de verdure. Les sphériques, gonflés, appareillés, ornés de gerbes de fleurs, prêts à l'envol, étaient tous très entourés. Les invités les désignaient d'eux-mêmes du nom des fleurs qui les décoraient et qui se retrouvaient sur les jolis programmes illustrés que nos aimables Stelliennes distribuaient amplement. Les membres de la commission des fêtes s'acquittèrent de leurs attributions avec un joyeux empressement. Les éventails offerts aux dames recevaient le meilleur accueil par cette température élevée et les enfants tendaient leurs petites mains vers les boîtes de jouets qui leur étaient destinées. »*

Cette apparente légèreté traduit bien l'enthousiasme persistant d'une association passionnée, dont les adhérentes ont vraiment conscience de la révolution aéronautique en cours. Déjà, au sein de la Stella, souffle un vent de changement qui annonce une nouvelle génération de femmes pilotes, partagées entre le ballon, le dirigeable et l'aéroplane. Plus souvent, désormais, quand elles ne se livrent pas aux joies des ascensions, les Stelliennes courent encourager les aviateurs à Reims, Issy-les-Moulineaux, Betheny, Juvisy ou Brescia, partout où l'humanité vole de ses propres ailes, c'est-à-dire décolle et se dirige à son gré à bord de machines certes fragiles mais propulsées par un moteur et – ô miracle – plus lourdes que l'air. Ces dames ne se contentent pas de regarder les hommes bardés de cuir évoluer presque comme des oiseaux : elles se laissent aussi tenter par des promenades à bord de leurs drôles de machines. On apprend ainsi que, le 16 juillet 1910, Madame Blériot a effectué à Bournemouth, en Grande-Bretagne, une balade dans un Blériot piloté par Morane. A n'en pas douter, l'épouse du vainqueur de la Manche aime ces envolées car, deux jours auparavant, Morane l'avait entraînée dans le ciel de Reims, le temps de quelques minutes d'ivresse. Cependant, d'autres l'ont précédée, le cœur battant, à bord des fragiles assemblages de bois et de toile de ces aéroplanes dont les évolutions encore maladroites attirent des foules de plus en plus nombreuses. Sans être la première femme aviateur de l'Histoire – on ne dit pas encore aviatrice [12] –, Thérèse Peltier, si elle ne pilote pas, peut revendiquer l'honneur d'avoir été la première passagère à grimper dans un avion. Il faut dire qu'avant de franchir ce petit pas, et se retrouver assise auprès d'un homme volant mécanisé, la jeune femme n'a pas ménagé sa peine.

En réalité, Thérèse s'intéresse à tout, poussée par une curiosité insatiable. Très tôt, elle a manifesté de rares aptitudes pour la musique, la littérature et le dessin, avant de se révéler dans la sculpture, un art pourtant sévère et viril où excelle la « scandaleuse » Camille Claudel. Thérèse s'entête et, après une première exposition au Salon des Artistes français de 1900, y reçoit deux ans plus tard une mention honorable en reconnaissance de la maturité enfin acquise. Les critiques louent une artiste en pleine possession de son talent, à en juger par la grâce féminine qui jaillit des figures et des bustes, expression d'une énergie maîtrisée. Thérèse n'en reste pas là, se remet de plus belle à l'ouvrage et obtient la consécration avec le Grand Prix de l'Exposition des jeunes peintres et sculpteurs français. Toutefois, la sculpture ne canalise qu'une part de sa passion : elle explore la musique, la littérature et s'adonne à différents sports, comme l'équitation, le patinage, et même la chasse.

Et puis, il y a le plus nouveau : l'aviation. Thérèse s'enflamme, dévore dans la presse le récit des expériences de Santos-Dumont, Delagrange, Farman et Blériot. Évidemment, le rêve de voler l'obsède à son tour. Et elle le réalise enfin quand, le 8 juillet 1908, à Milan, Léon Delagrange lui fait parcourir deux cents mètres, à... deux mètres d'altitude, dans un frêle Voisin. Outre cette performance, la composition de l'équipage a de quoi étonner : une statuaire, élégante dans sa jupe plissée à carreaux et son rase-pet de surah, sans omettre le sac à main et l'ombrelle, et un sculpteur en culotte de cheval, leggins, panama et nœud papillon. Delagrange partage en effet le goût de Thérèse pour la glaise et la pierre, le bronze et le marbre, et possède d'ailleurs un talent reconnu. L'attrait pour l'aéroplane ne fait donc que conforter une entente solide, basée sur l'art. Pourtant, au terme de ce fameux jour de juillet, si la première passagère jouit de son privilège, une idée commence à la tourmenter : elle veut piloter son avion. Seule à bord ! Elle y arrivera, adoptant des tenues vestimentaires plus conformes et sans jamais tenter d'obtenir le brevet instauré depuis décembre 1908. Jusqu'à la mort de Delagrange, le 4 janvier 1910, une véritable frénésie de voler l'anime [13]. S'agirait-il d'un cas isolé ? Non, mais bien d'une contagion ! Dans le ciel de la Belle Époque finissante, alors que se forment les premiers nuages annonciateurs de la guerre, les femmes se lancent hardiment, ailes déployées, enfin libres d'évoluer à leur guise, du moins autant que le permet le cadre encore limité des performances de leurs machines. Le ballon, qui conservera toujours ses inconditionnelles, prend cette fois un sérieux coup de vieux, relégué sur l'étagère avec les accessoires des sports tranquilles.

L'aéroplane est là !

3

ENFIN L'AVION

Le ciel est aux vaillants qui livrent la bataille.
Marie Noël,
les Chansons et les Heures.

Les temps modernes démarrent sur les chapeaux de roue, grâce au formidable héritage du siècle précédent, berceau du rêve mécanique. De fait, comme le dira si joliment Colette, *« l'heure de la fin des découvertes ne sonne jamais »* [1]. L'invention, on le sait, précède l'indispensable organisation. Il en va ainsi pour l'aérien. Le 15 décembre 1908, la Commission d'aviation de l'Aéro-Club de France crée le brevet de pilote aviateur et édicte les premières règles. Elle décide également de donner à ce brevet des parrains d'envergure et, en 1909, désigne par ordre alphabétique des personnalités brillantes, dont le seul nom évoque la révolution aéronautique en cours : Louis Blériot, Glenn H. Curtiss, Léon Delagrange, Robert Esnault-Pelterie, Henry Farman, Maurice Farman, le capitaine Ferdinand Ferber, Jean Gobron, Charles de Lambert, Hubert Latham, Louis Paulhan, Paul Tissandier, Orville et Wilbur Wright [2]. Dans la foulée, le 1er janvier 1910, entre en vigueur le nouveau règlement destiné à tenir compte des progrès constants de l'aviation et des nécessités qui en découlent pour la conduite des appareils. Désormais, pour faire la preuve qu'il maîtrise son aéroplane, le candidat au brevet doit impérativement souscrire à une condition : il lui faut atterrir et s'arrêter à moins de cent cinquante mètres d'un point déterminé par lui. Parmi les premiers brevetés à se soumettre ainsi, signalons le prince Georges Bibesco, Charles Rolls, Jacques de Lesseps, fils du célèbre ingénieur, Roger Sommer, le constructeur d'aéroplanes qui sera trop vite oublié, Géo Chavez, futur vainqueur des Alpes en septembre 1910, Louis Breguet, Léon Morane et René Labouchère.

Et les femmes ? Dans ce panthéon d'aviateurs illustres, elles figurent en excellente place, mais en nombre limité. Sur les trois cent vingt-sept brevets délivrés en 1910, quatre seulement sont décernés à des représentantes du sexe dit faible : Mesdames de Laroche, Niel, Marvingt et Herveux. Si le titre de première femme pilote revient incontestablement à Thérèse Peltier, également première passagère à monter dans un avion – une élève attentive que la mort accidentelle de Léon Delagrange, son maître, écarte à jamais des terrains –, la baronne de Laroche restera, pour sa part, au regard de l'Histoire, la première aviatrice à avoir décroché le fameux brevet de l'Aéro-Club de France.

Déjà connue du gratin parisien pour ses talents de portraitiste et de sculptrice – encore une artiste ! –, Élise Deroche, alias Raymonde, baronne de Laroche ou de la Roche, conduit sa vie, comme son automobile, à belle allure. Née à Paris le 22 août 1886, la mode l'attire, l'aviation la tente. Elle n'a pas vingt ans, elle veut voler. Le constructeur Charles Voisin remarque cette jeune femme, au demeurant fort bien de sa personne, la conseille et la guide, du moins dans ses premiers battements d'ailes. En 1909, au camp de Châlons, fief de Charles et Gabriel Voisin, Élise entreprend donc son apprentissage sur biplan Voisin, avant d'être lâchée en solo le 22 octobre de la même année. En réalité, elle apprend avec une rapidité tellement stupéfiante que ses cours, de la connaissance des différentes parties de l'avion aux rudiments de pilotage, ne lui prennent qu'une poignée d'heures. Or, l'instruction pourrait être contrariée par le simple fait que le Voisin – deux cerfs-volants cellulaires réunis par un cadre haubané – ne comporte qu'un unique siège. Après avoir écouté les explications et les recommandations de Voisin, elle décolle seule et se pose avec une parfaite maîtrise. Devant le journaliste anglais Harry Harper, plusieurs mécaniciens et Charles Voisin béat, elle a mis les gaz, lancé résolument la machine sur la piste et s'est élevée à environ cinq mètres d'altitude pour parcourir quelques centaines de mètres. Le tout, sans hésitation.

Mademoiselle Deroche, actrice plutôt que baronne, va se révéler rapidement une excellente interprète de son rôle d'aviatrice. Et le ciel devient la scène préférée de la charmante artiste.

Quel spectacle en perspective et quel étonnant destin pour une fille de plombier !

Ces messieurs de l'Aéro-Club de France savent reconnaître une des leurs, sans considération de sexe, et, le 8 mars 1910, l'intègrent officiellement dans leur famille avec le brevet n° 36. Elle n'a pas vingt-quatre ans et déjà une solide réputation ; à la voir évoluer avec une telle précision, aviateurs et journalistes s'accordent volontiers pour affirmer que le métier de pilote peut être exercé par une femme. Ce que l'intéressée ne conteste pas, au contraire : *« Le vol est la meilleure chose possible pour une femme »*, déclare-t-elle à un reporter. Et de préciser, à l'attention d'un autre, lui désignant l'aéroplane : *« Nous autres, humains, avons été faits pour voyager là-dessus. »* De plus, conclut-elle, le vol convient aux femmes car *« il ne fait pas tant appel à la force physique qu'à la coordination mentale »*. Mais la presse insiste, cherche la faille dans le raisonnement de cette aviatrice jolie et intelligente qui s'exprime presque au nom de toutes les femmes. On frôle les revendications féministes, qui, à l'époque, fusent de partout. La société des femmes exige sa place et le respect du droit à la différence, qui ne doit pas empêcher l'égalité. Bref, il s'agit là d'une question très, très sensible.

L'aviation *« n'est-elle pas une activité trop dangereuse pour le sexe faible ? »* hasarde alors un rédacteur. Raymonde (ou Élise) répond, non sans logique : *« La plupart d'entre nous répartissent les risques de la vie sur un certain nombre d'années ; d'autres les ramassent sur quelques minutes ou quelques heures. Quoi qu'il en soit, ce qui doit arriver arrive. »*

La baronne appartient indubitablement à la seconde catégorie, celle qui dévore l'existence à belles dents. Elle participe à de nombreux meetings en tant que professionnelle : on la croise à Héliopolis, Saint-Pétersbourg où le tsar Nicolas II tient à la féliciter, Budapest, Rouen et Reims. Là, le 8 juillet 1910, au cours de la Seconde Grande Semaine qui réunit des pilotes prestigieux tels Hubert Latham et Louis Blériot, la mort la frôle de près. L'épreuve revêt une importance particulière pour Élise qui, à bord de son Voisin, concourt dans le cadre du Prix des Dames. Une marée de hauts-de-forme et de voilettes témoigne de la qualité du public, lequel retient son souffle à chaque passage osé des cages à poules. Survient le biplan d'Élise, très près d'un autre appareil. Soudain, la foule pousse une exclamation : prise dans les remous de l'hélice du concurrent qui la précède, la baronne sent que son avion échappe à son contrôle et, désemparé, glisse sur le côté avant de s'écraser au pied d'un pylône. Du Voisin en miettes, les secours extraient une femme inconsciente et brisée. Le diagnostic n'augure rien de bon : fractures du bras gauche, de la jambe droite, de la cuisse gauche et du bassin, sans oublier des blessures graves à la face et un lot de lésions internes, suffisantes pour la maintenir longtemps hors des circuits.

Élise demeure entre la vie et la mort pendant plusieurs semaines, et finit par déjouer les pronostics alarmistes, au point que sa guérison ressemble à une résurrection. *« C'est un véritable travail de mosaïque que les chirurgiens ont accompli,* confiera-t-elle, *tellement ma chair et mes membres étaient en piteux état. »* Elle ne se plaint pas et lance même, certaine de remonter dans un avion : *« Je recommencerai dès que je serai rétablie. Et si je retombe, on pourra encore dire que je l'ai cherché. »* Elle s'accroche à cet espoir, servie par une incroyable volonté qui ne laisse pas d'étonner médecins et infirmières durant ses longs mois d'immobilisation douloureuse. De ces handicaps, elle garde une faiblesse qui ne l'empêche cependant pas d'enfiler son sweater blanc d'aviatrice pour recevoir la rosette d'officier de l'Instruction publique, en 1911 : la Légion d'honneur n'est pas encore décernée aux femmes pilotes. Puis, moins de deux ans après sa terrible chute, elle se jette de nouveau dans la spirale infernale des courses et des meetings. Avec succès ! Ainsi, en 1913, elle remporte la coupe Femina, créée par le magazine du même nom. Elle enlèvera ce prix très convoité à deux reprises, sans se ménager un seul instant, animée par une sorte de frénésie. *« Peut-être défierai-je le destin une fois de trop,* explique-t-elle un jour à des amis, *mais j'ai consacré ma vie à l'aviation et je vole toujours sans appréhension. »*

Mais d'autres femmes déploient une égale énergie dans l'activité aérienne. Toutes, cependant, ne souhaitent pas révéler leur identité, par crainte de voir leur respectabilité entachée. Quoique émoustillées à l'idée de voler, elles se gardent bien de s'en vanter parce que *« cela ne se fait pas... »*

D'aucunes, comme Violet Ridgeway, jeune fille issue de la meilleure société de Philadelphie, embarquent même sous un nom d'emprunt et le visage dissimulé sous des voiles. Violet devient Miss Anna Brown le temps d'un petit tour en l'air, un matin d'octobre 1909. Si ces dames choisissent de cacher leur passion comme une liaison amoureuse, il en est, à l'inverse, qui l'affichent avec une ostentation qui frise l'impudeur.

Prototype de la femme émancipée, championne des casse-cou, garçon manqué, la Belge Hélène Dutrieu, née en 1874, détient un palmarès époustouflant avant même de grimper dans la carlingue d'un aéroplane. En effet, les journaux découvrent cette fille d'officier, au curieux regard un peu voilé et au visage très délicat, quand elle se met à courir à bicyclette, habillée comme un homme : maillot moulant décolleté, petites culottes courtes à mi-cuisse. Après avoir gagné plusieurs courses en Belgique et battu des records de vitesse sur la petite reine, la jeune femme amorce une carrière professionnelle d'acrobate, faisant de la voltige à bicyclette, et se produit dans les music-halls où, à partir de 1903, elle tient le public en haleine avec son *« looping the loop »*, une figure qui fait passer le frisson dans la salle et lui vaut le surnom de « flèche humaine ».

Héroïne des cascades en tous genres avant même de monter à bord d'un aéroplane, Hélène arrive à Paris au début de 1907 pour y présenter, à un public avide d'émotions, son numéro vedette de la « moto ailée ». Le spectacle a effectivement de quoi donner le vertige : à califourchon, genoux serrés, sur une motocyclette légère, la jeune femme s'élance d'un cintre situé à bonne hauteur, suit une piste étroite très inclinée qui, près du sol, se recourbe à la verticale et s'interrompt brutalement. Hélène se trouve alors propulsée en l'air, dans le vide, et vient – en principe – atterrir sur une plate-forme aménagée quinze mètres plus haut. Cette exhibition dangereuse, effectuée sans filet, fait courir les Parisiens pendant plusieurs jours, avant d'être interdite par la Préfecture de police. Il faut dire qu'un soir la moto a dévié de sa ligne de vol et manqué son but, pour aller s'écraser dans les fauteuils de l'orchestre. Hélène, quant à elle, a dû la vie sauve à sa présence d'esprit, à ses réflexes et à une corde qui pendait là fort opportunément et dont elle put se saisir in extremis.

Si ses admirateurs suaient à grosses gouttes lorsqu'elle fonçait sur le tremplin et s'envolait avec son deux-roues, la jeune casse-cou commençait à se lasser de son numéro et à rechercher des sensations plus fortes. La décision de la Préfecture lui donne le prétexte d'y mettre enfin un terme. Puis, en 1908, son appétit d'actions inédites la mène à Issy-les-Moulineaux, un site quasi mythique où se croisent les pionniers de l'aviation. Elle réussit à les épater par sa fougue et ses capacités, surtout Santos-Dumont qui va mettre à sa disposition *la Demoiselle,* un petit avion conçu par lui et qui offrait la particularité de ne pas posséder de train d'atterrissage : au pilote de faire appel à ses jambes, à la robustesse de ses cuisses et de ses mollets, ce qui, pour Hélène Dutrieu, musclée par des années de pratique de la bicyclette, ne posait pas de problème. Le jarret résiste, comme prévu, et la Belge progresse vite, sans perte de temps inutile.

Le 30 août 1910, moins de cinq mois après un premier vol de vingt minutes, elle rallie d'une seule traite Ostende à Bruges, distante de quarante-cinq kilomètres. Elle se paie le luxe de décrocher le record féminin d'altitude en s'élevant à environ 400 mètres, avant de terminer le voyage en beauté en contournant le beffroi, tandis que les cloches sonnent à la volée en son honneur et que dans les rues alentour s'amasse une foule enthousiaste. La voici promue héroïne des Belges. A la suite de ce triomphe, elle enchaîne les tournées et les compétitions à travers l'Europe, et, le 5 décembre, pour couronner le tout, ravit la coupe Femina à Marie Marvingt, battant différents records féminins, avec un vol de 60,8 km qu'elle porte à 167,2 km le 21 décembre.

Une seule fausse note ternit ce parcours : en août 1910, à Mourmelon, elle a échoué aux épreuves du brevet français. La jeune femme s'entraînait pourtant depuis plus d'un an, notamment sur *la Demoiselle,* à Issy-les-Moulineaux. Elle avait même emmené son premier passager en avril 1909... Peut-être estimait-on, au sein des instances de l'Aéro-Club de France, qu'une seule femme brevetée – en l'occurence, Élise Deroche – suffisait amplement pour l'heure. Après l'échec devant ses examinateurs français, et sans se démonter, elle a réussi son fameux vol triangulaire entre Blankenberg, Ostende et Bruges, et prouve ainsi ses aptitudes à piloter. Par conséquent, ce que les Français lui ont refusé, elle l'obtient avec justice de l'Aéro-Club de Belgique, le 25 novembre suivant, ce qui fait d'elle la première aviatrice brevetée dans son pays.

On n'interrompt pas aisément un tel élan : en 1911, elle s'engage dans une course de vitesse à Florence, seule parmi une quinzaine de concurrents masculins, et emporte haut la main la Copa del Rei (la coupe du roi d'Italie). Puis, avec cette frénésie de déplacements qui la caractérise, elle se rend aux États-Unis et, au meeting de Nassau Boulevard, obtient un prix féminin d'endurance. Rien ne l'arrête, ni personne... Toujours en 1911, en décembre, la « femme épervier » couvre 240 km en 2 h 58 mn et pulvérise ainsi le record mondial.

Ici se situe un détail croustillant dont s'empare la presse : Hélène vole sans corset, ce qui lui laisse plus de liberté de mouvement et réduit les risques de blessures en cas de chute. « *Une femme sans corset, quel laisser-aller !* », s'indigne-t-on dans les salons. A en croire de vieilles ligues conservatrices, « *c'est un scandale* ». Mais c'est également pratique pour piloter, même si d'aucuns interprètent cet abandon comme une première forme de libération féminine, un droit conquis sur l'homme. La « femme épervier » se fiche d'ailleurs des commentaires acerbes et continuera de voler, coiffée d'un béret en angora et vêtue d'une jupe-culotte grise – « inventée » par Marie Marvingt –, de guêtres blanches et de gants mousquetaires.

A chacune ses aises : pour sa part, la Britannique Edith Spencer-Kavanaugh a choisi une veste ajustée et une jupe rouge vif, un accoutrement auquel elle doit le sobriquet de « *cardinal des airs* ». Plus tard, les aviatrices vont opter pour d'amples culottes de golf, des sweaters, des bottes à revers et un passe-montagne, sans omettre de grosses lunettes. Marie Marvingt recommande un costume chaud, de coupe sportive, avec, pour le compléter, un feutre souple ou un passe-montagne et, pour les mains, de longues moufles. Elle insiste sur la fixation du couvre-chef : emporté par une rafale de vent ou par les turbulences, il pourrait occasionner des dégâts à l'hélice et compromettre le vol, avec des conséquences désastreuses pour l'avion, son pilote et son éventuel passager... Enfin, l'aviatrice conseille vivement l'emploi de grosses chaussures de marche dans la perspective d'un atterrissage forcé en rase campagne et, par conséquent, de longs retours à pied. De son côté, Mademoiselle Beby-Paris juge les tenues disgracieuses : le mieux, à l'en croire, serait de porter une culotte de serge descendant jusqu'au genou et prolongée par des guêtres et des leggins. Une jupe arrivant à mi-jambe recouvrirait l'ensemble, doublée, pour le haut, par un épais chandail. En clair, écrira l'historien de l'air Edmond Petit, non sans une pointe d'ironie amusée, « *l'aviatrice ressemble au zouave du pont de l'Alma*[3] ». Et se sent nettement plus à l'aise pour affronter une rude compétition.

En 1910 déjà, dans le cadre de la coupe Femina, on assiste, entre Marie Marvingt et Hélène Dutrieu, à la même course aux records que celle qui, quarante ans plus tard, va opposer la

Française Jacqueline Auriol à l'Américaine Jacqueline Cochran. La fondation du prix Femina, doté de 2 500 francs par Pierre Lafitte, propriétaire du magazine du même nom, contribue à exciter la fibre aéronautique féminine et favorise les exploits. De la sorte, stimulées par l'importance de l'enjeu, Marie et Hélène se surpassent, à l'avantage, toutefois, de la dernière qui, en outre, devient la première femme à franchir le cap de l'heure (1 h 09 mn) et reçoit la coupe, le 25 décembre 1910. L'avalanche de performances enregistrées alors fait écrire à un chroniqueur de *L'Aérophile*: *«Pas mal de pilotes à moustaches n'en ont jamais fait autant.»*

Et ne c'est pas fini ! Le mouvement fait tache d'huile : le 22 décembre 1911, l'aviatrice Jane Herveux ouvre une école d'aviation réservée exclusivement aux femmes. Les élèves françaises ne manquent pas de modèles, et pas uniquement en France : les Anglaises, notamment Miss Hilda Hewlett, Miss Spencer-Kavanaugh, Miss Brandon et Miss Davies, se ruent vers le ciel avec une réussite égale à celle d'Hélène Dutrieu, Marie Marvingt ou Élise Deroche. Et bientôt, l'annonce des records des Américaines Harriet Quimby et Blanche Stuart Scott ou de la Russe Lidia Zvereva confirme l'internationalisation de la fièvre aérienne féminine.

Mais le machisme existe, même chez les aviateurs. En toute mauvaise foi, des hommes estiment que la femme, dans l'aviation, «ça porte malheur». Hélas ! Ce rase-mottes intellectuel dépasse les simples mots. L'Allemande Melli Beese en fait l'expérience, le jour où elle passe les épreuves du brevet de pilote : elle échappe de justesse à un sabotage des commandes de son appareil. L'enquête révèle que la malveillance est le fait des autres candidats.

Outre ces mésaventures, la progression de l'aviation elle-même se heurte à des obstacles inattendus. Aux États-Unis, par exemple, un député de Saint-Louis dépose un projet de loi visant à interdire les vols à une altitude supérieure à 300 mètres. Au pays du puristanisme, on ne badine pas avec les contrevenants : si le texte avait été voté, toute infraction étant considérée comme une tentative de suicide aurait été punie d'une peine de cinq ans de prison. Ce genre de menace reste sans effet sur une certaine Mademoiselle Polaire qui, un soir à Buc, non loin de Paris, s'arrête devant un monoplan aux ailes rouges et déclare, du ton autoritaire qui lui est habituel : *«Je veux monter en aéroplane !»* Et, sans être gênée le moins du monde par ses hauts talons, elle monte dans l'appareil. Impressionné, le pilote Amerigo s'emploie à exécuter son ordre. Le vent les secoue, tandis qu'ils atteignent 800 mètres, ce qui, au regard de l'ex-future loi américaine, constitue presque un double suicide... L'exercice dure une trentaine de minutes très mouvementées, pendant lesquelles Mademoiselle Polaire ne se tient plus de joie. Là où d'autres passagers plus endurcis, voire des pilotes, auraient pu croire rendre leur âme à Dieu, ou tout simplement le contenu de leur estomac, la Polaire exulte et, une fois revenue à terre, s'exclame, en proie à l'extase : *«Je veux monter encore ! N'y a-t-il pas quelqu'un qui veuille m'y aider ?»* Un beau tempérament, en vérité.

Mais les femmes paient très cher leur passion, à commencer par Denise Moore, une élève de l'école d'aviation Farman qui, en juillet 1911, première entre toutes les aviatrices, inscrit son nom au martyrologue de la conquête de l'air, quand son Farman s'écrase à Mourmelon. Près d'une année auparavant, le 1er août 1910, au cours d'une de ces démonstrations très prisées par le public, un biplan piloté par Mademoiselle Franck s'était abattu au milieu de la foule après avoir heurté un mât : l'accident fit un mort – un jeune garçon – et plusieurs blessés, parmi lesquels l'aviatrice, qu'une fracture de la jambe devait immobiliser pendant plusieurs mois. Si on déplore un mort en 1908, trois en 1909, vingt-neuf en 1910, l'aviation tue presque cent pilotes en 1911, ce qui est énorme car, cette année-là, on dénombre 1 350 aéroplanes construits dans le monde.

La liste des souffrances et des deuils ne fera, hélas, que s'allonger, mais sans infléchir la cadence des vocations. Au contraire, les clubs féminins se démènent, en particulier la Stella qui, déjà reine de l'aérostation, fait preuve d'un enthousiasme égal pour la promotion de l'aéroplane auprès de ses membres. L'association sait se montrer persuasive et réussit à motiver de nouvelles adhérentes, telle Beatrix de Rik (ou Deryk), une jeune femme originaire de Sœrabaïa, dans l'île de Java, par ailleurs adepte de tennis, d'équitation et de sport automobile, et inscrite à la Stella en tant que «femme pilote aviateur», ce qui la différencie des pilotes de ballons. Elle possède indéniablement un instinct du vol très développé, puisqu'elle obtient son brevet avec une aisance déconcertante, à Reims, le 8 septembre 1911, et dans des conditions où elle révèle des qualités remarquées par un rédacteur de *L'Aérophile*. Conquis par la grâce et les évolutions de cette amazone ailée, le journaliste souligne *«son audace et son sang-froid que pourraient lui envier bien des aviateurs du sexe laid»* [4]. Beatrix, qui aime diversifier ses expériences et ses émotions, complète son registre de connaissances aériennes, le 12 novembre 1911, lorsqu'elle amorce son initiation d'aérostière sous la conduite de Madame Gustave Goldschmidt.

Chez les pilotes aéronautes de la Stella, on constate aussi une grande curiosité pour l'avion et une envie croissante d'aller faire une petite virée vers les nuages, une manière de se libérer un peu de la passivité imposée par le vent. Si l'impétueuse Marie Marvingt ouvre la voie à la pratique conjointe de l'avion et du sphérique, si elle donne le vertige par la seule énumération de ses centres d'intérêt, elle ne se pose pourtant pas en phénomène du genre. Au cours de la première décennie du XXe siècle, de fortes personnalités, sportives accomplies, se bousculent à la fois dans les nacelles de sphériques ou de dirigeables et dans les carlingues d'avions, afin de parcourir «l'océan atmosphérique». On ne devinerait jamais que sous une calme apparence bout parfois une formidable énergie que les pionnières du ciel, comme les sœurs Tissot, allient à une rare dextérité et un réel sang-froid. Marie Tissot monte au ciel comme on entre en religion, avec une ferveur qui gagne Madeleine. Le 11 octobre 1912, jour où cette dernière, formée par sa sœur, décroche le brevet attribué par la Commission sportive de la Stella, le club féminin en profite pour se féliciter : en effet, quatre ans seulement après sa création, il se suffit à lui-même pour le recrutement et l'instruction de ses pilotes.

Les Stelliennes savourent une position qui place enfin les femmes sur un pied d'égalité avec l'homme, résultat très appréciable puisqu'il ne s'obtient pas dans un salon mais, de haute lutte, sur le terrain plus risqué de la conquête du ciel, à bord de bizarres – et parfois dangereuses – machines. Dans le contexte de la nette séparation des sexes, alors favorable à l'homme, la performance confine à l'exploit, sans surprendre Madame Duchange, la nouvelle secrétaire générale de la Stella, qui, dans son rapport de 1912, constate avec une pointe d'exaltation : *«Au moment précis où l'aéroplane donne naissance à un type d'homme nouveau, l'aviateur, qui cueille, hélas ! trop souvent encore, des lauriers auprès des cyprès, nous voyons une femme regardée comme très originale, la femme pilote, qui reflète cependant bien le sens de notre époque de hardiesse, d'élévation et de fermeté. Elle est la femme moderne dans la vérité du mot, car elle s'associe aux belles idées, elle ne s'effraye pas de la lutte et sa réserve d'énergie la rend certaine de ne pas chanceler, ni manquer de souffle. Que ce soit en sciences ou en art, nous la trouvons en bonne place. A ces qualités universelles, il manquait celle de la volonté, vous l'avez créée, mesdames les aéronautes, pilotes, suivant l'élan donné par notre présidente, Madame Surcouf.* »

Pour la première fois – est-ce l'effet associatif ? – ces dames se sentent pousser des ailes et n'hésitent pas à afficher leurs ambitions. Le 17 décembre 1912, au Palais d'Orsay, lors du grand banquet annuel de la Stella, Marie Surcouf plaide ouvertement la cause des femmes auprès de la partie masculine de son auditoire. Diplomate jusqu'au bout des ongles et corsaire dans l'âme, la présidente manie les mots avec un art consommé qui lui gagne la sympathie des messieurs présents : « *Je voudrais,* leur dit-elle avec chaleur, *que vous compreniez bien la sincérité de l'accueil que nous vous faisons ici. Dans aucun milieu sportif, on n'a pu suivre vos exploits plus attentivement, avec plus d'espoir, avec plus d'angoisse pendant la lutte, avec plus d'enthousiasme après la victoire, car la femme de sport n'efface pas, croyez-le bien, les sentiments de la femme, tout simplement.* »

Après ces propos rassurants, aptes à calmer la méfiance d'éventuels récalcitrants, Madame Surcouf attaque le sujet-phare de la fête : l'égalité de la femme et de l'homme devant l'avion. Souriante, elle adopte un ton « patte de velours », mais les mots portent : « *Sans diminuer d'un atome la valeur incontestée de nos pilotes masculins, laissez-moi, messieurs, ou plutôt, joignez-vous à moi pour reconnaître aussi la crânerie de nos pilotes Stelliennes. L'empire des airs appartient à tous, et qui oserait contester que la femme n'a pas droit à la conquête des étoiles. Ce que l'homme parvient à acquérir par sa force musculaire, par son endurance physique, la femme le conquiert aussi par sa volonté, sa ténacité, sa persévérance et son courage, et en toute justice, reconnaissez avec moi que la femme pilote a droit à quelques encouragements.* »

Discours habile, car la plupart des gentlemen présents ne peuvent que l'applaudir, même si d'aucuns estiment que cette tirade s'envole plus haut que ces dames n'iront jamais. Néanmoins, le banquet se poursuit avec animation et se termine en apothéose grâce à la prestation remarquée de plusieurs artistes, parmi lesquels Valentine Tessier, qui lira un poème, *Païenne*, Savelli Scheftel, baryton de l'opéra russe, et une « danseuse hindoue », Mata-Hari, qui interprète *« la Légende de la princesse et la fleur magique »* avec un sentiment artistique évocateur de *« bien des beautés de l'Orient »* [5]. Comme l'art fait bon ménage avec l'aviation et que la musique compte beaucoup d'adeptes parmi les femmes pilotes, la Stella se dote d'un hymne composé par Jacques Birbal. Eh ! oui... un homme. Et à leur tour, les notes s'élèvent...

Après les agapes, le cirque aérien reprend avec une belle intensité, et les aviatrices font la brillante démonstration de ces qualités exprimées par Madame Surcouf. Les hommes ne sauraient rêver meilleure stimulation à l'heure où leurs compagnes se montrent, si l'on ose dire, à leur hauteur. De plus, l'aviation s'internationalise, fidèle en cela à sa vocation : les ailes n'ont pas de frontières. Le 16 avril 1912, moins de trois ans après l'exploit de Blériot, l'Américaine Harriet Quimby, brevetée seulement depuis le 2 août 1911, traverse la Manche à bord d'un monoplan Blériot. Partie de Douvres à 5 h 35, elle se pose à Hardelot, près de Calais, vers 6 h 30. Pour la première fois, une femme affrontait ce bras de mer en tant que pilote. Quant à Harriet, première aviatrice américaine à être brevetée sur Blériot, elle doit de pouvoir assouvir sa passion de l'air à ses revenus de critique d'art au *Leslie's Weekly*. Il est donc vrai que le journalisme mène à tout... En ces temps de découvertes du vaste domaine aérien, les performances se féminisent aussi et changent de pays, de continents. Le 22 novembre 1912, Mademoiselle Galantschnikoff, une aviatrice russe, ravit le record d'altitude à l'Allemande Melli Beese : en trente minutes, elle grimpe à une altitude de 2 200 m, aux commandes d'un monoplan militaire Fokker de 100 CV. Elle surpasse ainsi sans conteste sa rivale, qui n'avait atteint que 820 m à bord de son Pigeon Erich-Rumpler.

Rivale ! Voilà un mot appelé à revenir très souvent, à cause de la formidable émulation que suscitent ces « premières ». L'âge ne représente même pas une barrière à cet engouement. Pour les aérostières ou les aviatrices, la quarantaine n'a rien de *« ce moment de renoncement où il faut accepter le gris de nos êtres »*. La preuve ? Le 3 août 1912, Madame Jeanne Pallier, une femme de 48 ans, décroche le brevet de pilote, au terme d'un vol parfait à environ 700 m au-dessus de Paris. Le 10 septembre suivant, comme pour rattraper le temps perdu, elle s'envole de Villacoublay, à 7 h du matin, sur son biplan Astra de 50 CV, et va atterrir à Chartres vers 10 h, après une escale à Étampes. Elle rentre à Villacoublay le vendredi 13... Un tel voyage peut paraître banal ; à cette époque, cependant, il impressionne les foules par son audace. En effet, les aviateurs ne disposent d'aucun instrument de navigation, ni de repères. Il faut posséder l'instinct de l'oiseau. Et beaucoup de chance ! Cette ténacité finit par payer, car à Madame Pallier va revenir l'honneur d'emmener une passagère, en l'occurrence Madame Duchange, ce qui aura pour conséquence de donner à un aéroplane le premier équipage féminin de l'Histoire.

En la circonstance, on peut parler d'âge d'or, de la Belle Époque des femmes volantes, une période riche où au tourbillon des froufrous et des bals succède celui des ballets aériens. Actrices en tous genres, mondaines à la réputation flatteuse et sportives se disputent l'accès aux nuages. Une cantatrice se mêle bientôt à ce chœur ailé. Après avoir débuté brillamment en 1904, dans *Lakmé*, au Théâtre royal de La Haye, pour triompher en France et à travers l'Europe et s'imposer, en 1906, dans *Mireille*, à l'Opéra-Comique, Julienne Marchal devient, en septembre 1912, première chanteuse légère à l'Opéra-Comique où elle va interpréter *Lakmé, Manon, la Traviata, Louise, le Barbier de Séville* et *la Fille du Régiment*. L'évocation d'une carrière artistique aussi bien remplie suffit à désigner une belle réussite professionnelle. Mais la grande cantatrice vit également une passion dévorante pour l'aéroplane. En février 1912, au cours d'une représentation à Pau, elle fait ses débuts dans l'aviation, sous l'œil attentif d'Alfred Leblanc, vainqueur du Circuit de l'Est. Elle poursuit ensuite son instruction à Buc et clame vite son impatience : elle veut évoluer dans un espace moins étriqué que le simple cadre de l'aérodrome. De fait, elle ne tarde pas à voler en solo et à se lancer dans de longues excursions aériennes, à travers le pays. Grisée par ces promenades en avion, elle entend connaître également l'ivresse des balades en sphérique. Leblanc, encore lui, l'enlève dans un ballon, le 12 mai 1912, entre Saint-Cloud et les environs de Pierrefonds, soit une centaine de kilomètres parcourus en 55 minutes. Ce baptême, qui les lie un peu plus, entraîne une sorte d'association sportive : désormais, Julienne va seconder Alfred dans plusieurs compétitions, notamment à l'occasion du 9e Grand Prix de l'Aéro-Club de France, organisé à partir des Coteaux de Saint-Cloud, le dimanche 15 juin 1913, et qu'ils remportent à bord de l'*Île de France*, leur ballon. Leblanc pouvait être fier de son aide-pilote et de son assiduité. En effet, pour cette troisième ascension particulièrement éprouvante, Julienne avait dû se presser de quitter la scène où elle chantait.

Cette ardeur n'a d'égale que le courage et la présence d'esprit dont les pionnières de l'air savent faire preuve, le cas échéant. Ainsi, le 20 janvier 1913, tandis qu'elle s'apprête à battre le record féminin d'altitude, Bernetta Miller éprouve l'une des frayeurs de sa vie quand l'indicateur de pression d'huile se brise : la jeune aviatrice se retrouve soudain aveuglée par des projections poisseuses. Pourtant, elle ne s'affole pas, maîtrise ses émotions et son appareil qu'elle ramène au sol où elle se pose en catastrophe, de justesse, mais saine et sauve.

Ces incidents ne passent pas inaperçus, d'autant que le monde des aviateurs forme encore un cercle restreint, malgré le puissant intérêt qu'il provoque. Au 1er janvier 1913, la Fédération aéronautique internationale recense 2 490 pilotes brevetés, dont 966 en France, 382 en Grande-Bretagne, 345 en Allemagne, 193 aux États-Unis, 58 en Belgique, 27 en Suisse et 1 en Égypte. Si, dans ce total modeste, la proportion féminine est faible [6], la participation des femmes pilotes à l'essor de l'aéroplane souligne un dynamisme qui compense largement leur nombre encore peu important. Certaines, à l'image de Madame de Plagino, joueuse de tennis, de golf et de polo, n'attendent même pas d'avoir terminé leur instruction pour surprendre leur entourage : le 3 juin 1913, cette fille d'un ministre plénipotentiaire installé à Bucarest bat le record d'altitude, en compagnie du pilote Perreyon. Plus tard, elle passera son brevet avec *« une maestria et une aisance »* qui forceront l'admiration des commissaires de l'Aéro-Club de France chargés de contrôler l'épreuve. Le 27 mai 1913, une autre femme, Madame Richer, obtient le brevet après seulement quelques séances d'entraînement. Aviatrice dans l'âme, aussi à l'aise à cheval et dans une automobile que dans la carlingue de son aéroplane, elle confirmera ses qualités innées, cette facilité déconcertante à saisir rapidement les rudiments d'une nouvelle technique, d'un nouveau sport, en devenant l'un des meilleurs pilotes de Caudron, des avions racés, dessinés pour la course.

En réalité, les reines du ciel guettent les innovations, ce qui, le 29 juin 1912, permet à Hélène Dutrieu d'être la première femme à décoller d'un plan d'eau – le lac d'Enghein – à bord d'un biplan Henry Farman équipé de flotteurs. C'est là un exploit lorsqu'on sait combien la pratique de l'hydro-aéroplane est récente et présente des différences notables par rapport à celle de l'avion dit terrestre : le premier vol historique [7], effectué à partir de l'étang de Berre par Henri Fabre, date effectivement du 28 mars 1910.

La progression de l'aviation peut être qualifiée de foudroyante, même si, d'après les pessimistes, elle doit tuer un aviateur par jour pour exister. Il est remarquable, toutefois, de constater, avant la guerre de 14-18, la banalisation des voyages aériens sur quelques dizaines de kilomètres, d'autant plus que le premier kilomètre en circuit fermé a été accompli par Henry Farman le 13 janvier 1908. La veille, pour ainsi dire [8].

De même, la position sociale des femmes évolue, surtout en raison de l'industrialisation qui, depuis 1880, accentue leur arrivée sur le marché du travail. Toutefois, pour réussir à s'imposer et se maintenir, elles doivent déployer plus de qualités que les hommes. Cette inégalité favorise la multiplication des mouvements féministes entre 1900 et 1914. A sa façon, outre le plaisir qu'elle procure, l'aviation offre une tribune idéale et visible à ses adeptes femmes : à l'évidence, elles tiennent la comparaison avec les pilotes masculins. Certes, les aviatrices et les aérostières de l'époque, si on les rassemblait, ne rempliraient pas une salle de théâtre, mais quelle vitalité ! Leur courage et leur habilité ne font aucun doute : il reste seulement à admettre leur présence dans un aéroplane. La Belle Époque qui s'émerveille devant le style nouille et se risque dans la première rame du métropolitain, attrape des torticolis pour suivre les fous volants dans leurs drôles de machines, et surtout ces amazones qu'on devine belles et dont l'intrépidité arrache des exclamations de joie autant que des critiques venimeuses. *« Ce n'est pas leur place »*, s'indignent des messieurs – et parfois des dames –, aux yeux desquels ces originales trahissent leur véritable rôle : tenir le foyer, élever les enfants et se soumettre au chef de famille. Plus modérés, certains détracteurs estiment qu'il s'agit d'une mode et que *« ça leur passera... »* Y regarderaient-ils de plus près, ils s'apercevraient que les jolis minois reflètent une sacrée volonté, laquelle impressionne un journaliste de *L'Aéro* : *« Nous avons déjà des femmes avocates, des femmes médecins, des femmes cochères, des femmes chauffeuses, pourquoi n'aurions-nous pas des femmes pilotes ? »* interroge-t-il à juste titre [9].

Conscientes des froncements de sourcils et des commentaires qu'elles suscitent, les aviatrices se lancent plus souvent dans une quête de leurs propres limites physiques et psychologiques. Elles ne s'envolent pas forcément par simple goût de l'exploit : elles veulent accomplir les performances que les hommes jugent irréalisables par elles... En quelque sorte, elles se conditionnent pour aller jusqu'au bout de projets réputés délicats par des aviateurs chevronnés. Là, elles disposent d'un moteur dont la puissance compense leur faiblesse musculaire relative : l'amour-propre ! Elles se débrouillent si bien qu'il ne viendrait à personne l'idée de contester leur réussite. Après tout, ainsi que le souligne Madame Duchange, non sans lyrisme, *« les chevauchées de l'air ne comptent-elles pas de superbes amazones, la plupart Stelliennes ? »* La secrétaire générale de la Stella s'enhardit jusqu'à rappeler une évidence de toujours : *« Croyez,* lance-t-elle à ses troupes ravies, *que leurs victorieuses équipées ne peuvent qu'éveiller les ardeurs courageuses de l'être fort ! La femme n'est-elle pas souvent la cause de la brillante épopée du conquérant. »*

Inutile de préciser qu'à l'issue de ce discours, tenu le 17 mars 1914 à l'hôtel Astoria, dans le cadre de l'assemblée générale de l'association féminine, les applaudissements ont longtemps retenti. A cette date, pourtant, si la Stella rassemble de nombreuses adhérentes de cœur, elle aligne seulement sept pilotes d'aérostat et sept aviatrices [10], dont chacune se démène comme une escadrille ! Venue à l'aviation après avoir assisté, à Issy-les-Moulineaux, au départ de la course Paris-Rome, une compétition organisée par *Le Petit Parisien*, Carmen Damedoz, l'une de ces amazones, confirme la bonne santé et l'agressivité de son club en atteignant 1 020 m d'altitude. Ce record lui vaudra de recevoir le prix du sénateur Reymond, sous la forme d'une médaille d'or. On devine que ces exploits, dignes des aviateurs les plus virils, pimentent les dîners mensuels de la Stella, au Café de la Paix. La notoriété de l'Aéro-Club féminin grimpe encore de plusieurs crans lorsque l'épouse de Raymond Poincaré, président de la République, s'y inscrit comme membre sociétaire. Avec de tels appuis, rien ne semble devoir leur résister : le ciel leur appartient. Malheureusement, la guerre les oblige, contre leur volonté, à replier leurs ailes. Certaines embrassent des causes nobles, à l'exemple de Madame Mathieu-Sicaud, membre du comité de direction de la Stella, qui décide de se consacrer à différentes sociétés de secours aux blessés français. D'autres envisagent naturellement la création d'une aviation sanitaire, intention louable qui peut prêter à sourire à l'heure où l'aéroplane – encore peu fiable – pourrait bien ne pas représenter une garantie de survie pour les malheureux à évacuer [11]. Au nombre des femmes pilotes qui soutiennent cette idée généreuse, Hélène Dutrieu, et surtout Marie Marvingt, se heurtent néanmoins à un refus poli mais catégorique des autorités. Elles n'en ont pas moins travaillé dur, rivales sur la planche à dessin comme dans les épreuves de la coupe Femina, pour remporter le concours qui doit déterminer le choix d'un appareil destiné à l'évacuation sanitaire. Le moment semble opportun, car le sénateur Émile Reymond, médecin et pilote, bat alors la campagne en faveur d'une aviation spécialisée dans le repérage des blessés sur les champs de bataille [12]. Si l'intention des deux femmes leur attire la sympathie du jury, il convient de reconnaître que leurs esquisses pèchent par manque de données relatives au poids et à l'aérodynamisme, éléments indispensables aux calculs des ingénieurs.

Toutefois, Marie Marvingt ne s'en laisse pas facilement conter : elle sait ce qu'elle veut. Elle sait aussi ce qu'elle ne veut pas. Par exemple, si elle aime le ballon libre, elle déteste le dirigeable, qu'elle qualifie dédaigneusement d'engin... En revanche, elle adore l'avion, d'autant plus qu'elle a été initiée à ses mystères et à ses plaisirs par Hubert Latham, Charles Wachter, René Labouchère et Laffont, des experts. Marie ne pouvait rêver meilleur parrainage pour un apprentissage qu'elle fit dès 1909 sur un monoplan Antoinette, après avoir reçu son baptême de l'air à Nancy, le 10 septembre 1909, à bord d'une cage à poules construite par Roger Sommer. Toutefois, l'aviatrice, dont la collègue de terrain n'est autre que la baronne de Laroche, ne tarde pas à se donner des frissons sur son Antoinette, en particulier au cours d'un meeting à Saint-Étienne, lorsqu'une panne sèche la met soudain dans une situation inconfortable, à deux cents mètres au-dessus de la foule. Elle réussit à se poser tant bien que mal dans un jeu de boules, brise un petit acacia et « bousille son zinc ». Heureusement, l'assurance rembourse la note de la casse, estimée à vingt francs.

Cette héroïne plus vraie que nature vit dans un tourbillon d'activités dont l'inventaire nécessiterait la mobilisation d'un Jacques Prévert... Future détentrice de dix-sept records mondiaux et première femme à remporter la coupe Femina, Marie, déjà championne de tir à la carabine et de tir au fusil de guerre, de natation, de bicyclette, a également dominé les sports d'hiver en 1908, 1909 et 1910, raflant des médailles dans des disciplines aussi différentes que le ski, la luge, le patinage et le bobsleigh. Beaucoup se contenteraient d'une miette de ces records, mais elle préfère allonger son palmarès, augmenter un capital qui donne le vertige. De fait, elle va être considérée pendant des années comme la cinquième meilleure alpiniste du monde. En 1905, elle conduit une locomotive, des bateaux à vapeur et se rend de Paris à Coblence en... canoë ! Lui revient aussi l'honneur d'être la première femme de son temps à avoir réalisé un saut périlleux sur un cheval lancé au galop. Doit-on ajouter qu'elle parle cinq langues, plus l'espéranto, qu'elle détient un premier prix comme cordon-bleu, que dans la même journée elle a mené l'ascension des Grands Charmoz et du Grépon ? Encore s'agit-il là seulement d'un échantillon des prouesses accomplies dans ce bouillonnement permanent que l'âge ne tempère pas. Au contraire, l'exploit semble nourrir la curiosité insatiable de la jeune femme, née à Aurillac le 20 février 1875.

Devant un tel appétit, on ne s'étonnera pas de découvrir d'autres facettes à cette forte personnalité. Il existe en effet une Marie Marvingt infirmière chez les Dames Françaises et membre de la Croix-Rouge. Où a-t-elle trouvé le temps des études indispensables à une telle vocation ? C'est là une nouvelle énigme. En tout cas, en 1911, elle multiplie les conférences, au cours desquelles elle prêche les vertus indéniables de l'avion sanitaire dont elle passe commande l'année suivante. Cet emploi intelligent de l'avion ne reçoit pas l'accueil escompté, sans doute parce que l'on juge délicat de confier des blessés ou des malades à un moyen de transport encore peu fiable, voire dangereux, quoique prometteur. Marie Félicie Élisabeth Marvingt, créatrice des Ailes qui sauvent, ne désarme pas. Et l'avenir lui donnera raison. Le 20 mai 1929, avec l'ouverture à Paris du premier Congrès de l'aviation sanitaire, elle assistera enfin au couronnement de plusieurs années d'une action soutenue.

En attendant, rien n'indique une tendance favorable à son projet : envisager l'avion comme outil efficace pour l'aide humanitaire paraît utopique. Cependant, Marie sait insister et contourner éventuellement les interdits. Ainsi, au moment de la déclaration de la Première Guerre mondiale, elle entend bien faire son devoir patriotique et veut s'engager dans une escadrille. On l'éconduit chaque fois. La tuerie, ce n'est pas l'affaire des femmes, lui objecte-t-on dans les bureaux de recrutement. En 1915, elle finit par tromper tout le monde par le biais d'un subterfuge à son image, donc téméraire : elle intègre le 3e bataillon de chasseurs alpins sous une identité d'homme qui ne sera pas découverte. Ses traits relativement rudes et une allure masculine qui, il faut en convenir, ne doit rien à la grâce de Vénus, facilitent la métamorphose. Voici donc le « 2e classe Beaulieu » propulsé dans un enfer où ses qualités de tireur d'élite pourraient s'avérer utiles...

Cette petite victoire sur le plan personnel n'atténue pas la déconvenue de Marie Marvingt, suite à l'échec de son programme d'avion-ambulance. D'ailleurs, le conflit s'en passera cruellement. Comment pourrait-il en aller autrement puisque les appareils, monoplaces ou biplaces, ne possèdent pas d'espace suffisant pour installer une civière ? Les rares évacuations répertoriées se dérouleront souvent dans des conditions acrobatiques, loin d'être idéales : on enfourne le blessé dans le fuselage où on l'installe à la place de l'observateur. C'est à l'approche de l'Armistice que l'armée va se décider à mettre en service six avions sanitaires. Plus tard, soixante Bréguet 14A2 subiront les aménagements adéquats pour servir d'ambulances volantes, notamment au Levant. L'un des jeunes aviateurs affectés à leur pilotage se forgera un nom de légende, au sein de la fameuse Aéropostale, pendant les Années Folles : Jean Mermoz ! Quant à Marie – l'énergie faite femme –, elle demeurera fidèle à sa devise : « *Savoir vouloir avec le sourire et agir utilement*[13]. »

D'autres femmes savent également vouloir et agir. L'une d'elles, Marthe Betenfeld, va même connaître un destin peu banal. La jeune fille, née le 15 avril 1889 à Blamont, en Meurthe-et-Moselle, entend très tôt l'appel du ciel, en bonne Lorraine, ce qui lui permet d'oublier la présence allemande, imposée par la défaite de 1870, et d'être l'une des premières femmes au monde à obtenir le fameux brevet. Elle n'a pas vingt-deux ans et la chance lui sourirait plutôt puisque, peu avant la déclaration de guerre, elle épouse Henri Richer, un riche mandataire des Halles. A l'époque, elle propose la création d'une escadrille féminine au général Hirschauer, lequel repousse le projet, non sans avoir complimenté son auteur. « Je ne peux pas l'accepter », lui explique-t-il, car ce serait contraire à la Convention de La Haye. Bref, pas question d'exposer une femme au feu et à la folie des combats. Marthe voudrait pourtant jouer un tour à sa façon au Kaiser et user contre lui de son talent d'aviatrice.

A la mort de son mari, tué à Verdun, elle adopte un pseudonyme dont la postérité se souviendra : Marthe Richard. Puis elle se met à la disposition du capitaine Ladoux, l'un des responsables des services de renseignements français, qui lui confie une mission en Espagne. Devenue espionne sous le nom de code S.R. 32 Alouette, la jeune veuve aux yeux bleus séduit le baron von Krohn, l'attaché naval allemand, neveu du général Erich Ludendorff, et lui soutire des informations militaires vitales. Celle que la presse baptisera Madame la Vertu n'hésite pas à offrir son corps en échange des confidences. L'Alouette va ainsi plumer l'« Alboche », en lui interprétant la symphonie du bonheur. Il fallait à Marthe une grande maîtrise de soi et un don de comédienne pour mimer l'amour et ses abandons, car son chevalier servant n'a rien d'un jeune premier. Laid, borgne, édenté, mais aussi émoustillé, le baron profite de sa bonne fortune, parle, et révèle à sa conquête les routes des navires allemands et les détails du plan Tirpitz. En outre, la charmante aviatrice-espionne subtilise au baron indélicat un bocal au contenu redoutable que l'aviation allemande devait répandre sur nos récoltes : des charançons ! Ses exploits en font un agent apprécié ou redouté, selon le camp concerné. En tout cas, la France lui prouve sa reconnaissance en 1933, en la décorant d'un superbe ruban de la Légion d'honneur, du plus bel effet sur son tailleur Chanel. Si cette décoration très officielle revient de droit à la femme de devoir, l'aventurière auréolée de mystère reçoit l'hommage du cinéma en 1937 : l'espace d'un film à succès, Edwige Feuillère prête ses traits à l'aviatrice-espionne.

Une existence turbulente et périlleuse – excitante, aussi – déteint sur la vie sentimentale. Marthe ne perd pas le goût de la séduction acquis, si l'on ose dire, dans les alcôves ennemies, mais cette fois pour sa cause personnelle et pour le plaisir. Au lendemain de la guerre, elle refait l'Europe à sa façon en épousant un Britannique, Thomas Crampton, directeur de la Fondation Rockfeller, qui la laisse veuve au bout de quelques années. Femme de l'ombre un jour, femme de l'ombre toujours, elle reprendra du service dans le renseignement pendant la Seconde Guerre mondiale, au sein de la Résistance où, jusqu'à la victoire, elle confirme ses aptitudes d'agent intelligent.

L'avion semble ne plus la préoccuper, moins que la condition féminine dont elle devient l'avocate écoutée à la Libération. Élue conseillère municipale de Paris, sur une liste MRP, elle soutient le projet de loi déposé par le député Pierre Dominjon, visant à interdire les maisons de tolérance dans lesquelles *« les filles engraissent, à longueur de temps, rabatteurs, placiers, tôliers et macs »*. Le conseil municipal de Paris la suit si bien que l'année 1946 sonne le glas des établissements spécialisés dans le septième ciel tarifé, avec, en tête des condamnés, le One-Two-Two et le Chabanais. Marthe déchante vite, en particulier quand elle découvre qu'elle vient d'aider à la prolifération de la prostitution sauvage qui échappe plus facilement aux contrôles sanitaires. Les rues chaudes vont offrir le spectacle cru d'un étalage de chairs louées aux convoitises les plus troubles. La morale ne sort pas non plus indemne de cet arrangement qui ne contribue pas à rendre Marthe populaire. Comme le dira Arletty avec sa gouaille piquante, *« fermer les maisons closes, c'est plus qu'un crime, c'est un pléonasme »*. Assurément, elle résume là le mécontentement de nombreux Français issus de toutes les couches sociales, qui se voient privés d'une petite habitude agréable. Il est amusant de noter que certains des députés favorables à la loi passaient pour être les visiteurs les plus assidus des maisons dites de tolérance. Ce n'est donc pas seulement d'un crime qu'il s'agit, mais d'un suicide ! Jusqu'à la fin de ses jours, en 1982, Madame la Vertu regrettera « sa » loi, la reniera même et s'efforcera en vain d'en obtenir l'abrogation [14]. Cette femme, qui aimait gagner le ciel, de préférence en galante compagnie, dut soupirer bien souvent après l'aviation, son premier amour, le seul qui eût pu lui faciliter l'accession à une gloire moins tapageuse et plus à la hauteur de son goût pour le mystère et les sensations inédites.

Son amertume pourrait se comparer à la hargne avec laquelle les filles du ciel, de plus en plus nombreuses dès 1918, s'empressent de répondre au cri de ralliement lancé par Marie Surcouf dix ans plus tôt, lors de la création de la Stella, un vrai cri du cœur : *« La femme a le devoir impérieux d'être sportive. »* Sportive, Marthe a prouvé qu'elle l'était, mais en plaçant son talent, son sang-froid et son courage au service de l'espionnage, un monde secret comme elle les aimait, fertile en émotions fortes et dont la défaite du Kaiser l'a écartée pour un temps. L'Armistice la prive de l'enivrant parfum du danger, mélange de peur et d'excitation qui accompagne les actions menées dans l'ombre et que l'aviation pouvait lui offrir de respirer à nouveau. Pourtant, à l'heure où s'ouvrent les ailes de la paix, où l'aventure promet des rendez-vous surprenants, Marthe Richard ne s'engage pas dans cette voie, contrairement aux autres aviatrices de la Belle Époque, interdites de ciel par la guerre et, quant à elles, frustrées par quatre années de passion insatisfaite.

Remise de ses blessures, mais non guérie de sa fièvre de l'air, Raymonde de Laroche a rongé son frein pendant la Grande Guerre, impatiente de remonter dans un aéroplane. A peine réinstallée dans son élément naturel, en l'occurrence un Caudron G3, la baronne volante, qui a remporté la coupe Femina à deux reprises, se spécialise dans les vols d'altitude et, le 7 juin 1919, après s'être envolée d'Issy-les-Moulineaux, atteint 3 900 m et établit un premier record que lui ravit aussitôt Ruth Law, en le portant à 4 270 m. La belle Américaine ne savoure pas longtemps la griserie de sa victoire, tant sa rivale s'emploie vite à lui gâcher son plaisir : Élise-Raymonde grimpe à 4 800 m et goûte à son tour un juste triomphe. Rien de tel que l'émulation pour réaliser ces prouesses en cascade, des performances d'ailleurs saluées par les aviateurs mais qui ne seront pas homologuées officiellement, car la Fédération aéronautique internationale (F.A.I.) ne prévoit pas encore de catégorie spéciale pour les records féminins...

Qu'importe ! Élise renoue avec sa vraie vie. Jolie, quoique d'une beauté voilée par la tristesse – ou est-ce de la gravité –, cette femme de trente-trois ans a renoué avac sa passion, à force de volonté. En ce mois de juillet 1919, tandis que le défilé de la victoire, sur les Champs-Élysées, rehausse l'éclat d'un été splendide, la baronne oublie ses cicatrices pour se lancer dans la préparation de la coupe Femina. Cassée de partout, elle reste entière dans sa détermination. Elle incarne le plaisir de voler et s'attire le respect de la gent moustachue qui – compliment rare dans le monde de l'aviation, bastion du machisme – reconnaît son professionnalisme et son sérieux. Bien mal avisé quiconque essaierait d'assimiler la baronne à ces théâtreuses en quête de réclame, à ces tourterelles sans ailes, qui pensent tirer un peu de gloire de leurs voyages en sphérique ou en aéroplane, petits sauts dans l'espace et souvent sans lendemain. Non, Élise Deroche ne saurait être comparée à ces tendrons dévorés par l'ambition. A la voir évoluer de nouveau, sans marquer la moindre hésitation, les spectateurs avisés constatent qu'elle n'a rien perdu des leçons de son maître pilote, l'ingénieur Château. Afin de parfaire sa préparation, elle se rend au Crotoy, dans la baie de la Somme. Le 18 juillet, elle s'envole à bord d'un avion expérimental, comme passagère du pilote Barrault. Quelques instants plus tard, pour une raison inexpliquée, le biplan léger bascule, ainsi que les rêves de l'aviatrice. Cette fois, les secours ne pourront rien : la vie a quitté ce corps charmant qui gît maintenant sur le sable, non loin de celui de Barrault, tué lui aussi.

Comme pour donner un écho sinistre à cette tragédie, le grand mécène de l'aviation, Henry Deutsch de la Meurthe, s'éteint à 73 ans, le 24 novembre suivant, au château de Romainville, à Ecquevilly.

Une page se tourne. En fait, beaucoup de pages du livre de l'humanité viennent d'être tournées très vite. Trop vite ! La Belle Époque est bien finie et, avec elle, cette croyance naïve, répandue à la fin du XIXe siècle, selon laquelle l'homme, rendu plus heureux sur terre grâce au mouvement des sciences, s'abandonnerait moins aux passions qui le dégradent. Trop de deuils et trop de pertes ont changé le monde. Le progrès, dont on attendait tant, et qui confortait la société dans son apparente confiance en l'avenir, a engendré des armes terrifiantes. Surtout, la démonstration a été faite qu'un vernis de civilisation, si brillant soit-il, ne résistait pas devant la barbarie.

La boucherie de 14-18 allait donc être la « der des ders ». Et des hommes s'attachent à ouvrir une nouvelle ère, notamment grâce à l'avion qui, favorisé de façon spectaculaire par quatre années de guerre, s'apprête à ouvrir ses ailes au service de la paix. Ils entendent développer la solidarité qui, en principe, les unit aux autres hommes. Généreux, ils pensent que les préjugés vont tomber à mesure que se réduiront les distances, que le combat contre l'ignorance dissipera les superstitions. Ainsi, l'aviation devient commerciale. Alors que les tranchées restent nettes dans les terres tourmentées du Nord et de l'Est, que les cicatrices demeurent douloureuses dans l'âme des veuves, les premières compagnies aériennes s'organisent à partir des premiers aérodromes. Les temps anciens sont bien révolus. En 1919-1920, on vit déjà à des siècles de l'avant-guerre, de cette époque où la société Antoinette louait l'île de Tournedos, sur la Seine, près des Andelys, pour essayer ses prototypes, où Louis Blériot cherchait un champ d'essai en Beauce, où l'horizon paraissait si loin aux yeux du plus téméraire des aviateurs...

Malgré leur formidable dévouement pendant le conflit, après avoir occupé avec compétence les postes laissés vacants par les hommes mobilisés, les femmes déchantent : à défaut de reconnaissance de leurs droits, elles obtiennent seulement de réintégrer leur foyer, et sont invitées à reprendre le cycle ménage-cuisine-enfants. D'elles, on attend surtout qu'elles soient mères. Or, elles veulent s'impliquer, s'engager, décider, voter, s'émanciper et en profiter. Bref, exister ! Il faut s'appeler Damia, Fréhel, Lys Gauty, Mistinguett pour s'affranchir du terrible carcan. Et qui, sinon Suzy Solidor, oserait chanter tout haut et fort, pour secouer et défier une morale rigide : *« Tu me plais, ce soir, je t'adore. Quand viendra l'aurore, tu riras, tu m'oublieras ; moi, mon chéri, sans doute aussi. Tu me plais et je te désire, et si demain nous devons en rire, aujourd'hui, pour une nuit, tu me plais, chéri. Viens dans mes bras pour mon plaisir. »* Pareille déclaration publique frise la provocation. Les femmes ne se contentent pas de chanter : cheveux coupés court, allure désinvolte, elles dégrafent également le corset de principes par trop puritains. En particulier, les « garçonnes » s'opposent vivement au mot d'ordre qui consiste à faire des enfants et non des exploits.

Cette résistance, à l'origine d'une casse de vaisselle impressionnante et de belles scènes de ménage, et qui traduit pourtant une aspiration collective – quoique souvent maladroite – à l'égalité, va déboucher parfois sur une répression terrible comme en Chine, par exemple, où, en 1927, le Kuo-min-tang fait exécuter plusieurs centaines de « ces dangereuses déviationnistes ».

Les femmes pouvaient-elles imaginer meilleur symbole que l'aviation pour appuyer leur mouvement ? Cependant, toutes les aviatrices ne militent pas ouvertement pour le féminisme, et l'on pourrait même parler de récupération de l'image qu'elles donnent d'une certaine libération de leur sexe ; mais toutes, en revanche, partagent la passion de l'air. Là encore, on s'éloigne de la Belle Époque où, si l'on excepte les mordues telles Élise Deroche, Marie Marvingt et une poignée d'autres, l'attrait pour les choses de l'air tenait plutôt du besoin de s'offrir en spectacle, de s'attirer de la réclame ou de répondre à la mode.

Sur les terrains, ébauche des futurs aérodromes, les belles dames ne se promènent plus comme dans les allées ombragées de Boulogne. Le caractère bon enfant et relativement improvisé des meetings d'avant-guerre cède la place à des structures plus strictes : désormais lié au commerce, le transport aérien, certes encore timide, est devenu une affaire sérieuse. Les poules ne viennent plus chanter les œufs sur l'herbe des pistes. Et les femmes d'aujourd'hui se contentent de frissonner de plaisir et de respirer l'odeur du risque, sagement installées derrière les barrières.

Sans doute envient-elles les filles résolues qui montent dans des machines grondantes, si meurtrières pendant la guerre, pour aller dessiner dans le ciel des figures hardies. Elles doivent être bien inconscientes, ces femmes pilotes. Ou folles. Mais les années de l'après-guerre ne promettent-elles pas de l'être ?

4

LE TEMPS DES RIVALES

On ne naît pas femme, on le devient.
Simone de Beauvoir

La France aéronautique rayonne. Ne lui doit-on pas une nouvelle révolution ? Une révolution où les femmes savent imposer leur savoir-faire, leur maîtrise et, il faut le reconnaître, leur talent. Bien sûr, ce déploiement des ailes françaises ne passe pas inaperçu, notamment pour des cœurs féminins qui, à travers le monde, battent à l'annonce des exploits. Japonaises, Américaines, Allemandes ou Canadiennes, Chinoises ou Coréennes y puisent un encouragement à aller de l'avant, à surmonter l'obstacle des préjugés. A l'évidence, les aviatrices ont fait la preuve qu'elles pouvaient, à égalité avec leurs rudes compagnons, exercer un réel pouvoir sur des machines capricieuses.

Ces femmes en vue évitent autant que possible les écueils d'un machisme primaire ou d'un féminisme trop marqué et militant. Au bavardage, elles préfèrent l'action, plus révélatrice de ce qu'elles revendiquent depuis si longtemps. L'engagement est le fait des femmes de passion. Et celles-ci ne manquent pas à travers le monde, animées de cet élan qui pousse toujours plus haut, plus loin et plus vite leurs modèles, les aviatrices françaises. Ce sont des filles directes qui, à la manière de l'actrice américaine Louise Brooks [1], peuvent affirmer : *« N'ayant jamais eu besoin de mentir à la maison, je me suis lancée dans le monde avec l'habitude de dire la vérité, ce qui a automatiquement éliminé de mon existence l'assommante monotonie que doivent ressentir les menteurs. »*

Au pays de Wilbur et Orville Wright, l'enthousiasme des premiers vols détourne des jeunes femmes de leurs occupations classiques pour les entraîner, à leur tour, à fréquenter cette race étrange qui veut s'affranchir de la pesanteur et cherche une nouvelle frontière, non plus vers cet Ouest mythique dont la conquête s'achève, mais vers le ciel.

D'apparence frêle – mais d'apparence seulement –, Blanche Stuart Scott, une jeune et jolie femme née vers 1890 à Rochester, dans l'État de New York, commence par faire des étincelles dans l'univers de la compétition automobile où elle s'impose sur de longues distances. Ses courses victorieuses attirent sur elle l'attention de l'imprésario attaché à la compagnie Curtiss fondée par Glenn Curtiss. Ce spécialiste en relations publiques voit d'emblée l'intérêt que sa société pourrait tirer des qualités de cette fille, à condition qu'elle vole. Ce qu'elle accepte spontanément. Reste à convaincre le grand Glenn en personne de lui donner les cours adéquats. Quelle réclame ! estime le publiciste. Mais Glenn Curtiss, réticent, juge que la place de Mademoiselle Scott est au sol. Il pense, non sans raison, que tout accident d'avion qui impliquerait une femme ferait reculer la cause de l'aviation. Il finit néanmoins par se laisser convaincre, mais Blanche sera la première et la dernière représentante du beau sexe à bénéficier de son enseignement. Le maître ne regrette pas sa dérogation car l'élève progresse rapidement, même si, à l'occasion, elle lui désobéit. Ainsi, le 2 septembre 1910, elle réussit à faire décoller l'avion d'instruction dont Glenn, par précaution, avait fait bloquer la manette des gaz. Saute de vent ou complicité d'un mécanicien compatissant ? En tout cas, elle devient la première Américaine à voler seule, et la voici du même coup transportée au-dessus d'une étendue d'eau, en l'occurrence le lac Keuka (New York). *« Quelque chose est arrivé à la manette des gaz »*, explique-t-elle en guise d'excuse – et avec un air innocent – à un Curtiss stupéfait par tant d'audace.

Cet événement n'impressionne pas pour autant celle qu'on va surnommer le « garçon manqué des airs ». Au contraire, protégée par trois jupons portés sous un pantalon bouffant, Blanche va se produire pendant six ans, avec plusieurs troupes de pilotes-acrobates, dans des meetings au cours desquels elle pratique régulièrement le plongeon de la mort, un piqué vertigineux, amorcé à 1 200 m et interrompu à 60 m par un spectaculaire rétablissement qui met la foule en transe. Intrépide, mais consciente que ce jeu de roulette russe aérienne pourrait bien se terminer à son désavantage, elle est lasse de ce public qui guette le faux pas fatal. Elle se retire alors sagement, avec l'espoir d'un emploi à la mesure de ses capacités et toujours en rapport avec l'aviation. Hélas, il n'existe pas la moindre ouverture professionnelle pour une femme ingénieur, mécanicien ou pilote. Alors, Blanche prend subitement sa retraite en 1916. Ce renoncement d'une fille obstinée souligne l'importance des barrières qui entravent la longue marche des femmes vers une certaine égalité avec les hommes, tout au moins en ce qui concerne l'accession à tous les métiers.

Faute de confirmation, faute de savoir si son premier vol avait été volontaire ou non, Blanche allait devoir abandonner le titre officiel de première aviatrice des États-Unis à Bessica Raiche, la surdouée. Née Medlar à Beloit, dans le Wisconsin, Bessica dédaigne les jupes ou les robes pour enfiler des culottes bouffantes, comme les cyclistes de l'époque. Elle conduit son auto, excelle dans plusieurs sports, les arts d'agrément et les langues vivantes. On croirait une version américaine de Marie Marvingt. Persuasive en diable, elle arrache à ses parents l'autorisation de se rendre en France afin d'y étudier la musique. Elle en ramène un mari, François Raiche, et une vocation à laquelle Élise Deroche, la fameuse baronne, n'est pas étrangère. Installés à Mineola, dans l'État de New York, les Raiche construisent un biplan – dans leur salon –, un appareil inspiré du Curtiss à hélice propulsive. C'est à bord de cet engin que Bessica, sans avoir pris la moindre leçon, décolle le 16 septembre 1910, pour évoluer à quelques pieds au-dessus du sol. Pour ce « vol », réalisé avec un assemblage de bambou et de soie qui ressemblait plus à un cerf-volant qu'à un aéroplane, et pour les expériences suivantes, la Société d'aéronautique lui décerna une médaille d'or sertie de diamants et le titre de « première aviatrice américaine ». La maladie casse cet élan prometteur ou, tout au moins, va en changer l'orientation ; la carrière aérienne de Bessica se résumera finalement à quelques réalisations intéressantes, avant de bifurquer, après la guérison de la jeune femme, vers la médecine ! Sa place dans un avion ne reste pas longtemps vide.

En 1911, le panthéon des aviatrices américaines accueille une recrue de valeur, Mathilde Moisant, qui vient d'apprendre à piloter en 31 minutes... La jeune femme a déjà créé un cirque aérien avec John et Alfred Moisant, ses frères, et leur chat Paris-Londres. Bref, une affaire familiale qui tourne rond. Malheureusement, John se tue à La Nouvelle-Orléans, le 31 décembre 1910. Mathilde se consacre alors à une école de pilotage où Alfred enseigne son art, une école qui va donner aux États-Unis ses deux premières aviatrices brevetées : Mathilde elle-même et Harriet Quimby, laquelle, sur les traces de Blériot, réussira à traverser le Pas-de-Calais, avant de se noyer, près de Boston, toujours aux commandes de son avion. Si l'on s'interroge encore sur les origines exactes de cette longue brune aux yeux verts et à la bouche sensuelle, nul n'ignore, cependant, que sa carrière débute en 1902 avec la publication de ses œuvres dramatiques dans les journaux de San Francisco. Un an plus tard, la voici critique de théâtre au *Leslie's Weekly* de New York. Sa voie semble toute tracée, celle d'une plume de talent susceptible d'inscrire son nom dans le livre d'or des écrivains américains.

Mais le destin, facétieux à ses heures, en décide autrement : Harriet attrape le virus de l'air, un jour d'octobre 1910, en assistant à un meeting d'aviation organisé à Belmont Park. Précisons que le 25 de ce même mois, la première aviatrice canadienne, Grace Mackensie, s'envole avec le Français Jacques de Lesseps. Impressionnée par la démonstration de John Moisant, en l'occurrence son vol autour de la statue de la Liberté, Miss Quimby le presse de lui apprendre à piloter. La mort de John à La Nouvelle-Orléans ne la fait pas renoncer, et c'est donc Alfred qui l'initie dans le cadre de l'école qu'il a ouverte à Hampstead (Long Island). Mathilde Moisant y effectue aussi ses vols d'apprentissage. Toutefois, l'honneur de devenir la première Américaine brevetée revient à Harriet ; elle devance de peu sa grande amie Mathilde, qui l'invite à intégrer l'Organisation internationale des aviateurs Moisant, une entreprise spécialisée dans les spectacles aériens. Pour la circonstance, elle se dessine un costume mi-satin mi-lainage de couleur jaune prune, avec capuche de moine, un accoutrement qui, complété par une paire de grosses lunettes, lui confère une silhouette singulière, surtout au cours de cette soirée de l'automne 1911 où elle survole Staten Island au clair de lune, devant plus de 20 000 spectateurs.

« L'Aviatrice en porcelaine de Saxe », comme on la surnomme désormais, si elle réunit les qualités qui font les pilotes d'exception, possède aussi un sens aigu de la promotion de son métier dont elle envisage l'évolution, non sans faire preuve d'une étonnante prescience : « *Pour moi,* pronostique-t-elle, *il n'y a pas de raison pour que l'aéroplane n'ouvre pas aux femmes une fructueuse carrière. Je ne vois pas pourquoi elles ne feraient pas de jolis revenus en livrant des marchandises par la voie des airs, en prenant des photographies aériennes ou en dirigeant des écoles de pilotage.* »

Selon Harriet, la création de lignes aériennes, avec des tronçons de 75 à 100 km, appartient au domaine du possible. Quand elle ne défend pas sa cause, elle pilote. Le 16 avril 1912, après avoir obtenu de Louis Blériot le prêt d'un monoplan de 50 CV, elle décolle de Douvres où elle a fait acheminer l'appareil en secret, traverse la Manche dans des conditions épouvantables et finit par se poser sur une plage, à Hardelot, à environ 30 km au sud de Calais. Trois mois après cet exploit, elle se présente au meeting d'Harvard-Boston avec un monoplan Blériot de 70 CV tout blanc et flambant neuf. Pour cette prestation, au cours de laquelle elle doit survoler Dorchester Bay et virer à la hauteur du phare de Boston, elle prévoit d'emmener l'organisateur William A.P. Willard. Ce programme inquiète ses amis : ils lui font remarquer le poids excédentaire que représente son passager, d'autant qu'il s'agit de survoler l'eau. Au soir du 1er juillet 1912, après avoir écouté leurs conseils de prudence, elle se veut apaisante : « *Ne vous inquiétez pas,* les rassure-t-elle, *je suis comme un chat, je n'aime pas l'eau froide.* » Et elle décolle... A ce moment précis, Blanche Scott vole dans les parages pour gagner un concours d'endurance, et la jeune Ruth Law, qui vient tout juste de terminer ses premières leçons de pilotage à l'école Burgess de Boston, se mêle aux spectateurs, heureuse d'assister à la fête.

Le monoplan biplace s'élève, survole le port, contourne le phare et revient vers le terrain d'aviation de Squantum. Il maintient son cap à une altitude de 1 000 m environ et doit logiquement descendre graduellement avant d'atterrir. Soudain, à 500 m, le Blériot pique du nez. Dans la foule qui ne comprend pas encore le drame, Ruth Law voit nettement le passager tomber dans le vide, tandis qu'Harriet se débat avec les commandes pour tenter de reprendre le contrôle de l'avion ; mais une turbulence ou un mouvement brutal de la machine l'éjecte de la carlingue, sous le regard horrifié de Blanche Scott qui, à partir de son propre appareil, assiste impuissante au déroulement de la tragédie. Éprouvée par cette scène horrible, l'aviatrice aura toutes les peines du monde à se concentrer pour se poser sans casse.

Quant à Harriet Quimby, ses paupières se sont à jamais refermées sur ses yeux verts : les eaux de la baie de Dorchester rendent un corps meurtri, déserté par la vie. L'expertise conclura à la mort par noyade. Les condoléances affluent, ainsi que les hommages. Cependant, on doit le plus touchant des adieux au *Boston Post*, dont l'éditorialiste écrivit justement : *« Elle prit les mêmes risques que les hommes et mourut comme un homme. »*

Démotivée par ce deuil supplémentaire, Mathilde Moisant, qui pulvérisera deux records féminins d'altitude en 1912, n'envisage plus l'aviation comme un sport agréable. Le 14 avril 1912, des spectateurs éparpillés sur le terrain gênent son approche, elle doit remettre les gaz, grimpe mais, en perte de vitesse, s'écrase. Quoique l'avion ait pris feu, elle sort indemne du brasier. Cet accident et la pression de sa famille accentuent un sentiment de grande solitude qu'elle supporte de plus en plus difficilement dans un milieu masculin qui tolère mal les intruses. Elle décide de raccrocher le casque et les gants, et prend sa retraite à 26 ans. Quelque temps avant sa mort, survenue en 1964, elle confiera, non sans amertume, à propos de l'aviation : *« C'était un métier d'hommes, et les hommes n'admettaient pas qu'une fille bien puisse le pratiquer. »* L'Allemande Melli Beese n'aurait pas contredit cette affirmation ; après tout, son avion n'avait-il pas été saboté, en 1911, alors qu'elle s'apprêtait à passer son brevet de pilote ? L'un des coupables justifiera son acte avec cette pauvre excuse : *« Une femme qui vole nous déposséderait de notre gloire »*...

Sans chercher à tenir la dragée haute à leurs collègues masculins, les aviatrices ne se laissent pas non plus abattre – à tous les sens du mot – par les manœuvres criminelles ou par les critiques dictées par la seule volonté d'un sexe de vouloir dominer l'autre.

Parmi ces filles résolues, Katherine Stinson est venue à l'aviation sur un constat : *« Si d'autres peuvent voler, alors pourquoi pas moi ? »* En fait, son amour pour l'avion doit beaucoup à sa passion pour la musique : elle veut piloter pour payer ses cours de piano. Puis les tendances s'inversent : le ciel l'obsède. Et le piano reste sur la touche ! Katherine file à Chicago, chez Max Lillie où elle parachève son instruction, avant d'obtenir sa licence, en 1912. Quatrième femme brevetée aux États-Unis, elle est la première à prendre les commandes d'un avion postal et, à ce titre, entre le 24 et le 27 septembre 1913, elle inaugure la première liaison aérienne postale du Montana, en acheminant près de 1 300 lettres entre les faubourgs de la ville d'Helena et le centre-ville.

Elle va ainsi poursuivre les découvertes. Le 15 décembre 1915, à Los Angeles, Katherine boucle un looping de nuit, après avoir été la première femme au monde, le 18 juillet 1915, à en boucler un de jour [2]. Puis elle enchaîne les ronds dans le ciel jusqu'à égaler les résultats des meilleurs pilotes masculins. Ce qui ne lui suffit pas : elle décide de compliquer la figure acrobatique par le déclenchement d'un tonneau au sommet d'un looping. La réussite de cette tentative hardie placerait la femme devant l'homme... Elle réussit !

Un tel débordement d'énergie surprend, surtout quand on entend cette jeune femme fragile annoncer fièrement en 1916 : *« Je ne pèse que 45,5 kg, mais je tiens beaucoup à ces cinq cents grammes. »* A vingt-six ans, voilà ce qui s'appelle afficher un beau tempérament. Les Orientaux apprécient les exhibitions qu'elle multiplie lors de sa visite chez eux, courant 1916. Katherine les séduit au point qu'en Chine et au Japon, ainsi qu'elle le raconte, les femmes l'entourent de prévenances et, précise-t-elle avec un brin d'émerveillement, semblent la considérer comme leur libératrice. A Tokyo, *« les femmes étaient folles d'enthousiasme et les hommes les suivaient de près »*. Il est vrai que sa visite fait naître au Japon des clubs féminins et des vocations. Beaucoup se disent : *« L'Américaine vole, alors pourquoi pas moi ? »* Komatsu Imai, qui a vu Katherine virevolter à la verticale de Tokyo, va entamer résolument une carrière appelée à durer sept ans. De toutes les candidates qui assiégèrent l'école de vol de la capitale japonaise, une seule parvint à s'y inscrire, mais sans atteindre le niveau de la licence. L'opposition masculine s'y avère plus déterminée qu'en France ou aux États-Unis. Ce qui n'empêche pas Tadashi Hyodo, une jeune fille au regard rieur, douée d'un féroce appétit de vie, de braver les interdits, de lutter pendant deux ans pour fléchir l'hostilité de la société japonaise, avant de décrocher la fameuse licence, en 1922. Assurément, l'exemple de Miss Stinson n'est pas étranger à cette première au pays du Soleil Levant.

Rentrée en mai 1917 aux États-Unis où elle continue de susciter des vocations, Katherine retrouve avec plaisir ses deux frères et sa sœur Marjorie avec lesquels, à San Antonio, au

Texas, elle a fondé l'école d'aviation Stinson. Si, contrairement à Marjorie, elle n'instruit pas les élèves, Katherine finance l'établissement grâce aux recettes de ses acrobaties d'une rare audace. Elle accumule les records, part en tournée, enflamme l'imagination des spectateurs britanniques, pourtant habitués aux pirouettes aériennes de leurs aviateurs, et, comme on l'a vu, des publics chinois et japonais. Pendant que Marjorie, la plus jeune brevetée du pays, va former plus de cent stagiaires canadiens destinés à intégrer l'Aviation royale britannique, Katherine se surpasse dans les airs. La liaison San Diego-San Francisco, en 1917, reste sans aucun doute son vol le plus célèbre. Avec près de 1 000 km parcourus, elle bat le record de distance détenu par Ruth Law, Ruth la populaire. Son acharnement à piloter ne l'éloigne pas des autres réalités, sensuelles ou matérielles, du monde. Coquette malgré tout, elle insiste elle-même sur ce point : *« J'espère ne pas avoir perdu mes qualités féminines bien que je sois une aviatrice. »* A quiconque croise son chemin, il ne viendrait l'idée de lui contester une féminité aussi bien affirmée que ses compétences de professionnelle de l'air. Toutefois, d'autres femmes pilotes la talonnent sur le terrain des exploits, à commencer par Mrs Ruth Law-Oliver qu'elle vient de déposséder de son record de distance.

Loin d'être un amateur, Ruth ne manque pas d'appuis : son frère Rodam, employé par les Actualités Pathé et surnommé la « Mouche humaine » en raison de sa virtuosité de parachutiste et de son talent d'acrobate volant, et son mari Charles Oliver, également son imprésario. Depuis longtemps, le trio guette l'occasion de relever un défi digne de l'aviatrice, occasion qui se présente le 2 novembre 1916, lorsque Victor Carlstrom échoue dans sa tentative de liaison sans escale Chicago-New York, établissant tout de même un record américain, avec 727 km. Ruth décide aussitôt de prendre le relais de l'aviateur malchanceux et, le 19 novembre, s'envole de Chicago avec pour pense-bête les repères de navigation inscrits sur les manchettes de ses gants. A l'époque, l'aviation s'improvise encore... Ce vol de six heures se termine à 860 km de son point de départ, mais non pas à New York comme prévu : un cafouillage de son moteur contraint Ruth à se poser dans un champ de Hornell (État de New York). Néanmoins, sa moisson de performances la récompense de ses ennuis mécaniques : elle a battu le record américain (féminin et masculin) de distance sans escale et s'adjuge en prime le record mondial féminin de distance sans escale. Mais ce beau doublé ne la comble pas : il la prive de son arrivée new-yorkaise, qui se doit d'être triomphale.

Après avoir fait remplacer ses bougies par le jeune lieutenant Henry Arnold, futur commandant en chef de l'US Air Force, elle décolle pour Bighampton, y passe la nuit, repart le lendemain pour New York où officiels et journalistes, dûment prévenus, scrutent le ciel. Une exclamation électrise soudain la foule : là, au-dessus des buildings de Manhattan, les regards accrochent enfin le petit appareil. Ruth domine New York, sans avoir le temps de savourer sa victoire : une mauvaise toux subite de son moteur refroidit sa joie. Et la réalité lui saute aux yeux : plus de carburant !

L'aviatrice ne s'affole pas pour autant ; elle utilise les dernières gouttes pour grimper le plus haut possible, puis laisse le Curtiss glisser en un long vol plané vers Grosvenor Island où elle atterrit avec grâce. Ce suspense et son heureux dénouement vont rehausser l'intensité de la réception populaire et chaleureuse, quasi présidentielle, que New York lui réserve : l'amiral Robert Peary et le capitaine Roald Amundsen, explorateurs et vainqueurs des pôles, couvrent la jeune femme d'éloges, auxquels le président Woodrow Wilson et son épouse joignent leurs félicitations. Ruth Law doit maintenant se plier au fastidieux rituel des cocktails et des réceptions, en particulier à l'hôtel Astor, à l'Aéro-Club d'Amérique et au Forum municipal de New York. Adulée, admirée, porte-parole des femmes, elle pourrait presque croire Peary lorsque celui-ci affirme, en toute sincérité : *« Les splendides exploits de Miss Law ont connu un tel retentissement que le monde entier saura à présent ce que peut accomplir une femme. »*

Cependant, la fête se termine et l'enthousiasme s'émousse, en attendant le prochain défilé... Et Ruth déchante. En 1917, l'aviation américaine, à laquelle elle proposait ses services, l'éconduit. Les autorités militaires ne font qu'appliquer une consigne brutale de Newton Diehl Baker, le ministre de la Guerre : *« Nous ne voulons pas de femmes dans l'armée ! »* On ne saurait être plus clair.

La réaction ne varie guère suivant les pays : on croirait les mêmes hommes sous des uniformes différents. Seules, Hélène Dutrieu [3], en France, et Eugénie Mikhailovna Shakhovskaïa, en Russie, trouveront grâce auprès des états-majors qui leur confient seulement des vols de reconnaissance. De leur côté, les autres aviatrices ne font que partager dépit et frustration, surtout Katherine Stinson et Ruth Law, qui supportent mal d'être affectées à des tournées de recrutement et à des vols de propagande destinés au lancement d'emprunts patriotiques. Ruth l'impétueuse peste contre ces interdits qui traduisent une injustice plutôt que le souci de protéger le sexe dit faible contre les horreurs du combat. *« Laissez voler les femmes ! »* lance-t-elle, véhémente, dans un article publié en 1918 par *Air Travel* : *« Il semblerait que les succès remportés par les femmes dans tous les domaines soient la preuve de leurs aptitudes...* [Mais] *l'éternelle controverse renaît toutes les fois qu'elles tentent d'entrer dans un nouveau champ d'activité : les femmes sont-elles faites pour tel ou tel métier ? »* Bien sûr, la question ne se pose pas au masculin...

Si la plupart des aviateurs froncent le sourcil quand une de ces filles intrépides prétend s'imposer dans leur groupe, quitte à remettre en cause une certaine idée de la virilité, ils adoptent une attitude nettement plus hostile face à une femme de couleur.

C'est là l'obstacle supplémentaire que doit affronter Bessie Coleman au début des années 20. Originaire du Texas, elle vit son amour-passion pour l'aviation derrière le comptoir de son petit restaurant de Chicago. La patience, Bessie connaît. Elle sait, cependant, que chaque *cent* économisé la rapproche de la réalisation de son rêve. Alors, elle travaille dur pour rassembler la somme nécessaire ; l'argent en poche, la jeune femme s'adresse en vain à plusieurs écoles de pilotage qui refusent son admission. Au pays de la Liberté, mais non pas de l'Égalité, l'intolérance et le racisme enfoncent solidement leurs racines dans les esprits. Rejetée, brimée parfois et tenace par-dessus tout, Bessie quitte néanmoins son établissement pour gagner l'Europe, et plus spécialement la France où elle apprend enfin à voler sur un Nieuport. A un journaliste qui lui demande ce qu'elle compte faire, une fois brevetée, elle déclarera, avec un sourire mutin et un soupçon d'humour... noir, qu'elle souhaite *« donner de la couleur à l'aviation »*. En 1921, de retour aux États-Unis, elle ouvre une école de pilotage, l'une des rares activités aériennes admises pour une femme. D'ailleurs, les aviatrices ne détestent pas la pédagogie : première Britannique brevetée, en 1911, Hilda Hewlett va diriger un centre d'instruction à Londres et former des pilotes pendant la guerre, tandis que l'Allemande Melli Beese ouvre le sien à Berlin, en 1912.

Bessie se met donc à l'ouvrage avec une énergie, une bonne humeur et un sérieux qui la rendent vite populaire auprès de ses élèves. Malheureusement, la couleur de sa peau ne lui évite pas les sarcasmes et les campagnes insidieuses. Elle grimpe alors dans son avion et se réfugie au ciel, *« le seul lieu où les préjugés n'existent pas »*. Elle travaille dur et réclame peu, comme elle le dira elle-même à sa famille : *« Si j'arrive à réaliser le minimum de mes désirs, je n'aurai aucun regret. »* Bessie Coleman traverse ainsi l'existence et le ciel en parfaite harmonie avec sa vocation, jusqu'à ce jour de 1926 où elle se tue au cours d'un vol d'entraînement. Peu après cette tragédie, Laura Bromwell, une jeune fille native de l'Ohio et seconde Noire brevetée pilote, connaît un sort identique. Ce triste doublé n'altère pas l'engouement des Américaines pour la plus belle conquête de l'homme – et des femmes ! – depuis le cheval, du moins aux États-Unis : l'aéroplane. Miss Cody, nièce de Buffalo Bill, perpétue là l'honneur familial avec un rare brio. Bon sang ne saurait effectivement mentir. Une fois en possession du fameux brevet, ce sacré bout de femme, pionnière parmi les premières aviatrices de son pays, s'empresse de sauter dans la carlingue d'un avion, comme son oncle bondissait sur un cheval, et s'élance sur les pistes du ciel, en quête des troupeaux de nuages. Elle n'est pas la seule, car la contagion de l'air se répand maintenant à travers les continents, comme une traînée de poudre.

Touchée par le virus, Andrée, fille de Maurice Farman, le constructeur d'avions, accompagne son père depuis l'âge de quatre ans. Cette passagère attentive, née à Noël en 1905, devient une élève studieuse et douée qui effectue ses premiers vols à treize ans. En avril 1920, à quatorze ans et quatre mois, malgré les kilomètres accumulés, sa connaissance du milieu aérien et des qualités indéniables, elle n'est pas jugée prête – quoique apte – à passer le brevet de pilote : l'âge minimum requis par le règlement a été fixé à dix-huit ans pour tous les candidats. Cette exigence n'empêche pas Andrée de totaliser, à seize ans, plus de soixante mille kilomètres en aéroplane ! On s'éloigne ostensiblement de l'image de la jeune fille sage ou de la ménagère recluse au foyer.

La Russie, on l'a déjà vu, n'échappe pas à cet élan, mais les femmes pilotes s'y organisent sous la férule de Lydia Zvereva qui, après avoir réalisé son premier vol en solo en 1911, enseigne désormais son art dans l'école qu'elle a créée.

Nombre de ses familiers ne tarissent pas d'éloges sur sa beauté, surtout quand il lui arrive de poser pour les photographes, entièrement couverte de dentelles blanches...

Si, de son côté, Melli Beese confirme son talent par une succession de records d'altitude et d'endurance, la bouillante aviatrice allemande construit également un avion, la *Colombe Melli Beese*, qu'elle utilise dans son centre de formation. Première femme brevetée en Allemagne [4], le 13 septembre 1911, Melli fait des émules puisqu'elle a bientôt deux compagnes, Magda von Etzdorf et Charlotte Mohring, toutes deux licenciées en 1912. La même année, toujours en Allemagne, deux Russes, la baronne Schakowsky et Madame Galanschikoff, passent victorieusement le cap des épreuves du brevet.

De tels exemples stimulent les vocations jusqu'au Brésil où, en 1922, sur les pas de Santos-Dumont, la jeune Anesia Pinheiro Machado inscrit son nom en tête des Brésiliennes pilotes d'avion. Elle n'a pas dix-sept ans ! L'Australie devra attendre 1926 pour fêter sa première fille volante, en l'occurrence Millicent Bryant, qui, pour son premier vol, doit affronter des intempéries.

Malgré les réticences masculines, la liste des audacieuses conquérantes du ciel va s'allonger. Un timide effort d'ouverture peut être relevé en France, en 1924, lorsque l'École supérieure d'Aéronautique décide d'accepter des femmes [5]. Ces dernières commencent à en avoir assez d'être maternées ou considérées comme des êtres irresponsables : elles entendent bien prendre en main leur destin et l'accomplir à leur façon. En quelque sorte, la guerre les a libérées d'un certain nombre de carcans : n'ont-elles pas démontré qu'elles pouvaient remplacer l'homme dans divers emplois jusque-là à lui seul réservés ? Elles veulent continuer sur cette lancée et ne plus se contenter d'obtenir des heures de vol à l'arraché, ou de voir l'aviation comme ces couturières qui, durant le conflit, assemblaient le tissu pour l'entoilage des avions. Pour elles, la liberté commence déjà pendant le roulage, lorsque le vent siffle dans les haubans. Elle se répand en elles à mesure que l'appareil se fait plus léger, plus maniable, et qu'une odeur sauvage, quasi animale, mélange de cuir et d'huile, emplit leurs narines, avant-goût d'une ivresse qui va les envahir là-haut. Ces femmes font littéralement l'amour avec le ciel ! Néanmoins, pour faire l'amour et, en tout cas, pour monter au ciel, il faut être deux. Ce qui, ici, revient à disposer d'un avion. Pas facile, surtout pour une femme. A moins d'être rusée ou simplement obstinée.

Tête brûlée, l'air d'un freluquet trop vite monté en graine, mais armée d'une force de caractère peu commune qui ne correspond pas à son physique, Adrienne Bolland passe très tôt pour insupportable. Avant même la fin de la guerre, séduite par les jeunes aviateurs qui s'envolaient pour intercepter le dévastateur Baron rouge, ce bout de femme sec et noueux comme un pied de vigne, dernier rejeton d'une famille de six enfants, décide d'apprendre à piloter parce que *« la vie ne l'amuse pas du tout »*. Au Crotoy, où elle se trouve à l'automne 1919, la mort de la baronne de Laroche, si elle l'émeut, n'entame pas pour autant sa détermination. Avide de mettre à l'épreuve sa vocation, Adrienne se rend même à l'école Caudron, dont le personnel, pourtant endeuillé par la disparition de son aviatrice, lui réserve un bon accueil. Comme pour compenser la tragédie qui vient de se dérouler, le destin va donner un coup de pouce à la jeune femme, qui apprend en effet qu'une prime accordée aux dix premiers élèves inscrits en vue du brevet rabaisse le prix des cours de pilotage à 2 000 francs. Signe du ciel ?

L'occasion fait le larron. Adrienne s'engage, puis marque un temps d'hésitation devant l'assemblage de tubes et d'ailes qu'on lui présente sous le nom de G3. *« Votre avion »*, lui dit-on en guise de présentation. Un avion ? Un monstre... Le moniteur réprime un sourire quand sa future élève, d'une voix moins assurée, s'inquiète au point de réclamer un appareil de taille plus modeste. La maison Caudron, malgré son désir de contenter ses candidates, ne peut accéder à ce souhait. D'ailleurs, il n'existe rien de plus petit que le Caudron G3, ni de plus léger. Pour un peu, on oserait affirmer qu'il s'agit d'un avion délicat, conçu pour les dames.

Mais la contemplation ne constitue pas le passe-temps privilégié de Mademoiselle Bolland, en dépit de sa soudaine appréhension. Jusque-là, elle rêvait ; cette fois, la voici au cœur de la réalité, sur le seuil de l'expérience tant attendue : voler. Lorsqu'elle grimpe maladroitement dans la carlingue, son cœur bat comme à un premier rendez-vous décisif. Elle écoute à peine les conseils et les explications de Chanteloup, son pilote. Tous les souvenirs et toutes les sensations se mêlent alors dans sa tête, comme dans un kaléidoscope : le bruit du moteur qui affole l'oreille encore non avertie, la trépidation de la machine qui se communique au corps et lui apporte un premier plaisir, le siège qui s'incline et la terre qui s'enfuit, le vent qui prend l'avion et son équipage, les caresse ou les gifle, les odeurs mêlées qui assaillent le nez. L'air, l'air pur. L'ivresse qui vous emporte et qu'un méchant remous transforme en frayeur, tandis que l'estomac se crispe.

Bref, toute première fois réserve des surprises. Chez Adrienne, enfin baptisée, ce vol d'initiation – une simple balade, en vérité – laisse des sentiments contradictoires : l'excitation le dispute à la peur ; l'angoisse sape la résolution. Cependant, l'envie revient, servie par des dispositions naturelles qui font l'étonnement de son instructeur, et avec ce résultat : presque deux mois après son essai timide du 23 novembre 1919, elle empoche son brevet, le premier accordé à une femme depuis l'Armistice.

Elle devient ainsi la douzième femme-bis titulaire de la précieuse licence. Douzième bis parce que le chiffre treize n'a pas sa place ici et ne saurait être évoqué. Quoique modernes, l'aviation et les aviateurs succombent volontiers à la superstition... On ne compte plus les pattes de lapins et autres porte-bonheur glissés dans les combinaisons, entre peau, pull et fourrure, signe d'un certain romantisme imputable, assurément, aux as de la Grande Guerre, des gamins à la sensibilité exacerbée par le danger et qui, dans leurs chasseurs, accordaient la place d'honneur à la chance et aux divers symboles de sa protection : photos, mèches de l'aimée, foulard ou lettres. Pour sa part, Adrienne a recouvré toute son assurance à mesure qu'elle s'imprégnait de la connaissance de sa nouvelle condition. Et elle affiche également un culot que chacun, sur le terrain, peut éprouver, souvent à ses dépens. Elle taquine, elle argumente, elle discute ferme : elle en fait voir de toutes les couleurs à ses camarades, tellement insupportable que Monsieur Caudron, pour la calmer, doit lui infliger des punitions dont la plus efficace consiste à l'interdire de vol pendant vingt-quatre heures et à l'exiler dans les dunes. Têtue, Adrienne boude jusqu'au prochain écart ou plutôt jusqu'à la prochaine bagarre, car la petite demoiselle n'assène pas seulement des mots crus : elle cogne comme un homme ! Une vraie peste. Mais douée.

Comme Védrines avec Guynemer en 1915, quand le futur as des as débutait maladroitement à l'escadrille des Cigognes, Gauron l'instructeur décèle en Adrienne un fin pilote, celui qui possède « la main ». Il ne se trompe pas sur son élève, et la jeune femme confirme vite son intuition : elle réussit les exercices les plus délicats, atterrit l'hélice calée exactement sur le repère qui lui a été désigné. Maintenant qu'elle a retrouvé une assurance un instant ébranlée lors de son baptême de l'air, elle se pique au jeu, sans oublier à l'occasion de se montrer à la hauteur de sa réputation de fille invivable. Un jour qu'elle se sent d'humeur légère, elle va jusqu'à narguer Gauron qui, du sol, surveille ses évolutions : elle atterrit, ignore l'aviateur qui court vers elle en agitant les bras comme pour la féliciter de ses progrès, redécolle à son nez et à sa barbe. A cinq reprises, elle se pose et s'envole, toujours sans tenir compte d'un Gauron lancé dans une imitation de moulin fou. Quand elle daigne enfin interrompre son manège, sans doute lassée elle-même, l'instructeur, essoufflé, rouge de colère, l'apostrophe sans ménagement : « *Vous n'écoutez donc jamais, espèce de gourde ? Vous n'avez pas compris que vous alliez manquer d'essence ?* » L'indignation le fait trembler, et sa voix, quoique forte, chevrote. « *J'essayais de vous avertir, mais vous avez préféré faire votre numéro. Vous avez pourtant un peu de jugeote, non ? Vous ne pensiez pas que vous risquiez de tomber en mer ? Moi, j'y pensais ! Dieu, que les femmes sont bêtes ! Même celles qui ont l'air intelligent !* »

En réalité, Gauron avait eu peur pour sa protégée, qui ne s'amendera pas pour autant. Toutefois, elle sait se faire pardonner par son travail impeccable, vraiment digne d'un homme. Elle brûle si bien les étapes que René Caudron lui promet de l'engager dans son école si elle obtient son brevet. Le constructeur, homme progressiste, démontre là qu'il ne fonde pas la valeur de ses collaborateurs sur leur sexe, mais sur leurs aptitudes professionnelles. Et puis, une femme dans une équipe masculine, quelle excellente réclame pour l'entreprise ! Caudron calcule vite et juste, qu'il porte la casquette de l'ingénieur ou celle du commercial. En outre, il tient parole, et malgré les frasques à répétition de l'aviatrice, sur laquelle Gauron, pas rancunier, ne tarit pas d'éloges, il invite Adrienne à rejoindre son équipe.

Sa fiche d'embauche en poche, à côté du brevet, la femme pilote la plus culottée de sa génération jouit d'une situation que peuvent lui envier les milliers d'aviateurs de guerre rendus à la vie civile, souvent sans autre formation que leur spécialité aérienne, désœuvrés par force en une époque où les ailes de la paix s'entrouvrent à peine. Consciente ou non de cette chance, mademoiselle Bolland vit enfin son rêve et vole, même si son activité principale se résume au convoyage des avions. Un avion, voici justement ce qu'elle voudrait. Un avion à elle ! Comme d'habitude, elle ne tergiverse pas : elle réclame un appareil à Caudron. La scène, qui se déroule sur les planches de Deauville un jour de 1920, pourrait avoir été écrite par Prévert, d'autant que l'aviatrice s'exprime avec la gouaille d'Arletty. Installé face à la mer, protégé du vent et du soleil par un chapeau blanc, Caudron soupire ; il aime bien cette fille dynamique, mais il la sait aussi irrévérencieuse à certains moments que respectueuse à d'autres. Et obstinée. Comme lui. Lorsqu'il la voit se diriger dans sa direction, il fronce donc le sourcil, dans l'attente de l'inévitable discussion. Bien entendu, Adrienne ne s'embarrasse pas de longs préambules. Le dialogue est savoureux :

– *Me confierez-vous un avion ?* le presse-t-elle.

A cet instant, une idée lumineuse vient à Caudron :

– *D'accord,* lui répond-il d'un ton amusé, tant il semble sûr de lui, *vous l'aurez votre avion, à condition de faire un looping. Mais,* ajoute-t-il, *une femme ne peut pas faire de looping.*

– *Pardon !* se rebiffe la jeune femme, plus chat écorché que jamais, *une femme peut le faire.*

– *Je vous parie bien que non,* réplique le constructeur.

– *Je vous parie un appareil que si,* lâche l'aviatrice, fine mouche.

– *Tope là !* conclut l'homme au chapeau blanc, convaincu qu'on en restera là.

Il se trompe.

Adrienne s'en retourne au terrain, résolue à relever ce nouveau défi. Elle se fait expliquer la technique du looping. « *Facile,* lui explique un pilote, *vous tirez le manche à vous et ça passe tout seul. Commencez par des montagnes russes et vous sentirez tout de suite ce qu'il faut faire pour réussir le looping.* »

Sur ces bons conseils, Adrienne grimpe dans son appareil, fixe solidement ses pieds au palonnier avec de la ficelle, se harnache au mieux et décolle. Arrivée en ligne de vol, elle tire le manche, le pousse, entame ainsi une série de montagnes russes, attentive aux réaction de l'avion. Elle accentue l'amplitude des mouvements de la machine qui répond docilement aux sollicitations. Enfin, la jeune femme se sent prête, tire le manche à elle, non sans avoir pris une forte inspiration, et laisse le Caudron dessiner une boucle dans le ciel. Elle est si émue qu'au terme de l'acrobatie, elle omet de remettre le manche au milieu, petit oubli qui l'expédie dans un second looping.

« *Vous avez vu,* lance-t-elle à ses camarades rassemblés sur le terrain et qui ont suivi sa ronde, *je l'ai réussi, mon looping !* »

Encore une fois, Caudron respecte son engagement. Et Adrienne dispose désormais d'un avion bien à elle. Le constructeur, perspicace, pas vraiment surpris ni mécontent de la démonstration de cette « sacrée fille », vient de se créer une ambassade volante. Une aubaine de plus pour sa firme. De fait, la presse s'empare bientôt des exploits d'Adrienne Bolland, première femme, le 25 août 1920, à franchir la Manche en pilote, sur les traces de Blériot, dans le sens France-Angleterre. Avant elle, seule l'Américaine Harriet Quimby avait réussi la traversée, mais en sens inverse, en 1912. De même, le 19 juillet 1919, l'honneur d'être la première passagère sur ce trajet était revenu à la journaliste Louise Faure-Favier.

Loin de calmer son appétit, ce voyage peu ordinaire sert de prélude à un projet que l'aviatrice veut retentissant. Reste à savoir lequel. Elle sollicite l'avis de Caudron qui, perplexe, se demande ce qui pourra bien satisfaire l'ambition de cette « maigrichonne », ainsi que certains collègues masculins la qualifient parfois, un rien persifleurs, tout en se gardant de le lui dire en face. Embarrassé, le constructeur réfléchit, passe en revue les réalisations possibles, du moins dans la limite du raisonnable et des performances de ses avions. Peut-être cherche-t-il à l'en dissuader en lui proposant cette mission quasi impossible : « *Eh bien ! Partez en Amérique du Sud et traversez la Cordillère des Andes...* »

La Cordillère ! Une monstrueuse barrière rocheuse de 8 000 km, épine dorsale de l'Amérique, large de 400 à 500 km, boulevard des volcans dont les sommets culminent entre 4 000 et 7 000 m, épouvantable repaire de tempêtes et de remous qui, plus tard, retiendra – sans les garder – Jean Mermoz et Henri Guillaumet, les héros de la prestigieuse Aéropostale... Cinq aviateurs n'ont pas eu cette chance, disparus à jamais dans les entrailles de la montagne. Deux hommes seulement, deux inconscients, ont réussi dans cette entreprise hardie : le 13 avril 1918, l'Argentin Luis C. Candetaria, aux commandes d'un Morane-Saulnier Parasol de 80 CV, traverse les Andes d'est en ouest, entre Zappala (Argentine) et Cunco (Chili). Son compatriote Vicente Almandos de Almonacid, qui n'a pas hésité à s'engager aux côtés des Français pendant la guerre de 14-18, réussit quant à lui, le 29 mars 1920, à bord d'un vieux Spad XIII Hispano rafistolé, l'exploit insensé de vaincre de nuit un obstacle déjà jugé incontournable de jour. Ce coup de maître lui vaut le surnom de « Condor de la Cordillère »[6].

Ses amis préviennent Adrienne du caractère dément de sa tentative, insistent sur son inexpérience – elle totalise à peine quarante heures de vol –, soulignent le sort tragique de pilotes plus aguerris et pourtant enfants de la Cordillère, et la poussent à renoncer. Elle se renfrogne, écarte les mises en garde d'un geste agacé et s'embarque pour l'Amérique du Sud. Destination : Buenos Aires, où elle arrive en janvier 1921, avec le mécanicien Duperrier. Là il lui faut puiser dans sa réserve (limitée) de patience : Caudron lui a promis un appareil plus puissant que son G3 ; or, les semaines s'écoulent et elle ne voit rien venir. Elle tourne en rond face à la Cordillère dont la présence écrasante, loin de l'intimider, attise au contraire son envie d'en découdre. En mars, elle n'y tient plus et, contre l'avis des quelques proches qui l'ont accompagnée jusque sur le seuil de cette folle entreprise, elle leur annonce qu'elle partira avec son vieux Caudron G3. L'incrédulité laisse ses amis sans voix. Quand ils se reprennent, elle entend un concert de lamentations. « *C'est la mort assurée,* clament-ils pour la dissuader. *Un suicide ! Surtout avec un avion qui ne résistera pas à la violence des vents et qui se désagrègera dans les tourbillons.* »

Duperrier acquiesce en silence à tous ces avertissements dictés par le bon sens. Il connaît trop bien la machine, sa fragilité et ses performances sans commune mesure avec ce qui la guette là-haut. Il sait également que le principal moteur s'appelle Adrienne Bolland et que rien ne la fera revenir sur son projet. Alors, il s'emploie à préparer au mieux l'appareil, tandis que sa patronne attend des conditions atmosphériques favorables. Fin mars, le ciel se dégage enfin. Ce sera pour le 1er avril au matin.

La mort dans l'âme, son entourage s'efforce encore une fois d'infléchir sa décision : Adrienne, excédée, leur claque au nez la porte de sa chambre à l'hôtel Majestic et ordonne à la réception de ne laisser monter quiconque. Elle veut se concentrer et se reposer. Déjà, son avion a été acheminé par rail à Mendoza. Tout est prêt. Cependant, tandis que l'aviatrice se prépare à profiter de quelques heures de paix, une femme réussit à déjouer l'attention des cerbères de l'établissement et s'introduit chez elle. Adrienne croit d'abord avoir affaire à une femme de chambre, mais l'attitude de l'intruse la détrompe vite : elle semble en proie à une intense émotion. Furieuse d'être ainsi dérangée, la Française explose : *« Si vous êtes un de ces rabat-joie qui vient m'annoncer que je vais me casser la g..., je suis au courant, figurez-vous ! »*

L'inconnue ne bouge pas, ne parle pas ; elle ne paraît même pas se soucier du manque d'aménité de cet accueil. On la sent troublée par une préoccupation intérieure plus forte que la grogne de la femme pilote. Un instant décontenancée, Adrienne lui lance un ultimatum : *« Écoutez-moi bien. J'allume une cigarette. Le temps que je la fume, vous me racontez votre histoire, et après vous déguerpissez. Entendu ? »*

L'air exalté, la visiteuse lui raconte alors, dans un français laborieux, une histoire incroyable : *« Lorsque vous survolerez les abords de la Cordillère, vous vous trouverez engagée dans une longue vallée. A un certain moment, vous apercevrez un lac ayant la forme et la couleur d'une huître. Soyez attentive, car si vous continuez dans la vallée qui s'étend vers la droite, vous n'en reviendrez jamais. Les apparences vous perdraient, car les montagnes s'élèvent plus haut que vous ne sauriez le faire. En revanche, si vous virez à gauche, vous vous heurterez certes à une barrière de sommets paraissant infranchissables. N'hésitez pas : dirigez-vous vers la cime en forme de dossier de chaise renversée ; quand vous serez parvenue à proximité de cette cime, vous apercevrez une brèche où il vous faudra vous faufiler. Vous verrez, tout ira bien. »*

La femme mime ce qu'elle décrit, ou plutôt ce qu'elle semble contempler, le regard fixe. Avant d'expulser cette folle, Adrienne, intriguée, s'enquiert poliment des sources de ce récit stupéfiant :

– *Est-ce que vous connaissez vous-même la montagne ? Avez-vous voyagé à ces altitudes ?*

– *Non,* souffle la fille, *mais j'assistais hier à une séance de spiritisme ; il y avait un médium à qui j'ai parlé de votre voyage. Elle a fermé les yeux un long moment et elle m'a dit : « Si vous pouvez joindre cette jeune femme, avertissez-la, c'est important pour elle. » Et je suis venue vous répéter ses conseils...*

Sur ces paroles, l'étrange émissaire remet à Adrienne stupéfaite une petite boîte de Roger & Gallet entourée de festons et de rubis synthétiques. Puis elle part. Comment lui en vouloir, songe l'aviatrice. La jeune fille ne recherchait ni argent ni publicité, rien, sinon l'aider à sa manière. Adrienne s'en veut d'avoir été brusque, hausse les épaules et oublie l'incident.

Au matin de sa tentative, il ne reste rien de cet étrange entretien lorsque l'aviatrice rejoint son G3 sur le terrain de Las Tamarindos, à Mendoza. Le 1er avril, à 7 h 30, Adrienne se graisse le corps avant de l'envelopper dans un réseau de bandelettes : ces précautions doivent la protéger du froid, en plus des vêtements qu'elle a choisis pour la circonstance : un pyjama, une combinaison de coton et un matelas de vieux journaux. Pour tout bagage, elle emporte un poignard et un revolver, plus... quelques oignons pour lutter contre le manque d'oxygène ! Elle s'envole enfin, toujours aussi résolue, et prend conscience de la muraille qui n'en finit pas et vers laquelle le Caudron s'élève péniblement, tiré par son moteur de 80 CV. Un passage se présente, elle s'y engouffre, ballottée par de puissants courants d'air. Soudain, elle débouche sur un lac en forme d'huître. D'huître ! Le mot provoque un écho familier. Le souvenir de l'étonnante soirée lui revient à l'esprit. Le paysage qui se déroule sous ses yeux correspond en tous points à la description qui lui en a été faite. Abasourdie par la justesse des informations fournies par la spirite, Adrienne, quoique cramponnée aux commandes de son appareil que secouent des déplacements d'air imprévisibles, trouve le moyen de s'interroger : jamais un être humain n'a vu du ciel cette partie des Andes. Et certains détails ne peuvent pas être distingués du sol. Si la logique et la prudence la plus élémentaire lui commandent de s'en tenir à son plan de vol initial, son instinct lui souffle d'obéir aux indications transmises par le médium. Adrienne n'ignore pas qu'elle joue sa vie : *« Et dire,* a-t-elle le temps de penser en modifiant la trajectoire du Caudron, *que pour une ânerie pareille, je vais sans doute me casser la figure. »*

Mais il est trop tard pour amorcer un demi-tour. La voici lancée de gorges en cols et de cols en ressauts vers un passage inviolé, le col de Las Cuevas, taillé à 4 200 m d'altitude et dominé par deux terribles sommets : l'Aconcagua et le Tupungato. Sans inhalateur, les doigts raides, chaque fibre de son être tendue comme une corde de piano, elle serre les dents, agrippée à sa volonté et à l'idée que, *« dans sa carlingue, elle emporte un peu de l'honneur de l'aviation française »*.

La terreur l'effleure parfois, notamment quand elle croit

entendre son moteur faiblir. Cependant, ce n'est rien à côté des émotions que lui réserve le couloir étroit et diabolique, dans lequel elle se glisse, toujours fidèle au chemin que lui a tracé son guide surnaturel. D'ailleurs, tout se déroule comme sa visiteuse le lui avait prédit. Elle découvre les repères, esquive les obstacles. « *C'était fantastique,* s'exclamera-t-elle par la suite. *Au-dessus de deux falaises à pic qui surplombaient le col, se dressaient des massifs d'une sauvagerie inouïe. Le couloir avait tantôt une largeur de cent mètres, tantôt de pratiquement rien. Il me semblait à tout moment que l'appareil, emporté par le vent violent qui tourbillonnait dans cette caverne à ciel ouvert, allait me projeter contre les parois de ces murailles abruptes. Il me semblait que je n'avançais plus. Le froid était encore plus vif, l'engourdissement gagnait ma tête ; je croyais pleurer des larmes de sang, tant cela me faisait mal. Alors, le couloir s'élargit, le vent devint moins âpre, mon appareil se remit au calme. Les Andes étaient franchies. Au loin, quoique voilé par la brume, un paysage admirable s'étalait devant moi. La mer m'apparut comme dans un rêve. A gauche, je vis une ville énorme au pied des monts. C'était Santiago ! Je mis le cap immédiatement sur elle. Progressivement, je descendis. J'avais des bourdonnements aux oreilles. J'approchai. Puis, je distinguai des avions qui venaient à ma rencontre. C'était une escadrille d'aviateurs chiliens.* »

Paralysée par le froid, épuisée par plus de trois heures d'un vol éprouvant, elle rassemble ses dernières forces pour tourner à la verticale de l'agglomération, dans l'espoir d'apercevoir le terrain militaire de Los Espajos. Elle localise enfin l'aérodrome et se pose – mais par pur hasard, avouera-t-elle – au centre d'un triangle délimité par des drapeaux chiliens, argentins et français. Le visage gonflé, barbouillé du sang perdu à cause de l'altitude, elle défaille, au bord de l'évanouissement, réclame un café et... un miroir. Ah ! l'éternelle coquetterie féminine.

Après cela, il faut l'extraire du petit avion, tant elle paraît faible. Les militaires mettent un tel empressement à lui porter assistance qu'ils cassent sa ceinture. Une infirmière lui retire ensuite les caillots nichés dans le nez et les oreilles. Contenue si longtemps, la fatigue la submerge ; Adrienne perd la notion de ce qui l'entoure et même des acclamations. On la transporte, on la déshabille, on la couche... Elle se laisse bichonner et dort jusqu'à ce que des coups frappés à sa porte lui annoncent la première visite officielle française. En effet, il n'y avait pas un seul représentant de la France pour l'accueillir à son arrivée. Un comble ! Ce constat rend l'aviatrice de mauvaise humeur ; elle refuse d'ouvrir à l'ambassadeur qui, au terme d'un dialogue surréaliste à travers la porte, finit par admettre, penaud, qu'il avait cru à un poisson d'avril...

Comme elle le fera pour les aventures de Mermoz et de ses compagnons, la presse sud-américaine laisse éclater son enthousiasme à longueur de colonnes et de titres énormes. Les invitations se succèdent. Peu après cet exploit, Willy Coppens de Houthulst, l'as belge aux trente-six victoires, rencontre une vieille Argentine qui lui déclare, à propos de l'aviatrice française : « *Tous les hommes veulent faire l'amour avec elle.* » Pas sûr d'avoir bien saisi la prononciation de la brave femme, le pilote lui fait répéter sa phrase que, prudemment, il traduira ainsi : les hommes veulent lui faire *la cour*[7]. Il est vrai que dans un pays dont la population possède un tempérament passionné, tout paraît possible et il suffit parfois d'un rien pour enflammer les sens. Mermoz et ses équipages en feront souvent la délicieuse expérience...

Les aviateurs applaudissent une performance qui rebute nombre d'entre eux, malgré leur courage. D'aucuns reconnaissent que ce n'est pas mal pour une fille qui totalise seulement quarante heures de vol et qui, en matière de relief, n'avait survolé jusque-là que les collines de Picardie, entre Issy-les-Moulineaux et Le Crotoy. De son côté, Adrienne se défend avec un humour noir : « *On m'avait dit qu'il y avait une place de macchabée à prendre. J'y suis allée. J'ai été épatée d'arriver à Santiago. Au moins tout autant que les autres de me voir arriver.* »

Si le Chili et l'Argentine déroulent le tapis rouge sous les pieds de l'aviatrice, sa traversée ne fait l'objet que de brefs communiqués dans les journaux français [8]. Quant à Caudron, il n'a même pas salué l'exploit de son « ambassadrice ». De lui, pas de nouvelles. Pas d'argent. Ce qui ne laisse pas d'inquiéter Adrienne Bolland. La femme pilote écrit pourtant lettre sur lettre, ignorant que son courrier, intercepté, n'arrive jamais à son destinataire. Elle ne sait pas non plus que son patron vient de se marier à une dame particulièrement susceptible, surtout pour ce qui concerne les relations féminines de son mari. Or, cette Bolland, toute couverte des lauriers de la gloire, représente un danger à ses yeux. Madame Caudron parviendra à ses fins et obtiendra, en 1923, le licenciement de sa « rivale ». Ce que l'intéressée résumera de façon laconique, sans autre commentaire : *« Au retour, Caudron m'a f... à la porte, toujours à cause de sa femme jalouse. »*

Étrange retour, parce que discret, pour une héroïne fêtée à travers l'Amérique et reçue par le président du Chili. Mais auparavant, Adrienne n'entend pas demeurer inactive : elle demande à Duperrier d'adapter des flotteurs à un G3, afin de voler de Santos à Rio. Une trahison de l'hélice, cassée par les pluies, immobilise pendant dix-huit jours le mécanicien et son pilote sur une plage inhospitalière où Adrienne confond les écrevisses et les scorpions... Bientôt, des araignées compliquent la situation, des caranguégères dont la piqûre tue. La nouvelle hélice ramenée de Santos, au terme d'une marche pénible de 140 km aller-retour, ne résout pas tous les problèmes techniques. Les réparations s'éternisent, dans un climat malsain, et la réserve de vivres fond rapidement. Mourir pour mourir, autant partir. Le moteur tourne, à peine sollicité, mais la panne d'essence survient à la seconde où l'équipage découvre la crique qui abrite Saint-Sébastien du Brésil. Il était temps ! Cet échec n'arrange pas des finances déjà au plus bas avant le vol, et que l'aviatrice maintient vaille que vaille grâce aux meetings et aux baptêmes de l'air, dans l'espoir d'un nouvel exploit avant de rentrer en France. Contre toute attente, le séjour se termine mal : un soir qu'elle s'apprête à amerrir avec son G3 à flotteurs, une embarcation se place en travers de sa route. Adrienne s'efforce de reprendre de l'altitude, évite l'obstacle, mais débouche droit sur une digue où elle se pose le plus à plat possible pour limiter la casse. Voilà une bien triste conclusion pour le chapitre sud-américain. Pourtant, c'est une femme plus combative qui retrouve son sol natal. Si Caudron ne tarde pas à se passer de ses services, apparemment pour sauver son ménage, l'aviation lui conserve ses faveurs. Au fil des meetings, Adrienne va prouver que les journaux n'exagèrent pas quand ils soulignent sa *« maîtrise de soi, son tranquille courage, sa lucidité et son sang-froid »*. Une grande aviatrice est née dans les mystères vertigineux de la Cordillère.

5

LES GARÇONNES

Aviatrice... Aviatrice !... Cette enfant est folle.
Victor Margueritte,
Nos égales.

Affermies par quatre années de guerre, les ailes se déploient enfin au service de la paix et du rapprochement des peuples. Du moins le croit-on... Avec des appareils encore fragiles, malgré une nette amélioration de leurs performances, des visionnaires lancent des projets grandioses de liaisons aériennes non seulement à travers la France et l'Europe, mais également en direction des autres continents. A Toulouse, l'industriel Pierre-Georges Latécoère crée les lignes qui portent son nom et deviendront, en 1927, sous la houlette de Marcel Bouilloux-Lafont, la mythique Aéropostale de Mermoz, Guillaumet et Saint-Exupéry, la fameuse ligne France-Amérique du Sud.

Ces premières entreprises, dont beaucoup font aussitôt faillite, ne peuvent absorber qu'une infime proportion des milliers d'aviateurs démobilisés et, pour la plupart, sans autre formation que celle du pilotage. Les plus chanceux – ou ceux qui possèdent un avion – se produisent dans les meetings, donnent des baptêmes de l'air, tandis que la grande majorité des autres connaissent les rigueurs du chômage. Un certain Mermoz, après avoir quitté l'armée au printemps 1924, traversera une période de «vaches maigres» jusqu'à son embauche par Didier Daurat, en octobre 1924.

S'il n'y a pas de travail pour des hommes expérimentés, on imagine difficilement, dans le contexte social d'alors, que des femmes puissent prétendre accéder à un emploi de pilote professionnel. L'initiative de Caudron, dans le cas d'Adrienne Bolland, relève de l'exception, avec une arrière-pensée commerciale évidente : en raison de la rareté des aviatrices, la présence de l'une d'elles attise la curiosité du public et attire le client potentiel. Bref, voici les pionnières réduites, pour voler, à jouer les « entraîneuses » du ciel. Pas question, toutefois, de les voir aux commandes d'appareils, sur des lignes régulières. Les hommes se rangent volontiers à l'opinion brutale du Britannique Claude Grahame-White, selon lequel *« les femmes ne sont, par tempérament, pas faites pour voler, parce qu'elles sont sujettes à la panique »*. Des journaux, comme le très sérieux *Flying* américain ou *La Revue aérienne*, lui emboîteront le pas... Les femmes, on les tolère comme passagères, d'autant qu'il s'agit généralement de personnes en vue qui paient leur billet, en une époque où le prix est sélectif... Ainsi, le 9 février 1919, la romancière Colette embarque dans un Farman C23 pour effectuer un Paris-Londres, en compagnie de sept journalistes parisiens. En réalité, l'appareil décolle de Villacoublay et atterrit à Bruxelles, suite au refus des autorités britanniques de le laisser gagner le Royaume-Uni [1]. A défaut de devenir la première passagère aérienne pour Londres, Colette fait néanmoins un voyage surprenant, au terme duquel on découvre à bord de l'avion le premier passager clandestin de l'histoire de l'aviation commerciale. Mistinguett, reine troublante de la descente d'escalier, grimpe avec un égal plaisir la volée de marches qui la conduit dans la cabine confortable du Goliath Farman, toujours sur le parcours Paris-Londres. L'actrice Cécile Sorel montrera le même empressement à prendre l'avion des Grands Express Aériens, avec la troupe de la Comédie-Française, le 3 juin 1922, entre – devinez – Londres et Paris, d'emblée l'une des lignes les plus fréquentées.

Ce développement du transport aérien suscite beaucoup de questions d'ordre pratique (horaires, tarifs, escales entre le départ et l'arrivée), auxquelles une passionnée, la journaliste Louise Faure-Favier, répond, à partir de décembre 1921, dans une collection de petits guides illustrés de cartes. Louise vit l'aviation en direct, notamment aux côtés de Lucien Bossoutrot. Après avoir traversé la Manche, le 18 juillet 1919, de retour de Londres où Gustave Téry, patron de *L'Œuvre*, l'a envoyée pour rendre compte de la Fête de la Victoire, elle s'élève à 6 500 m d'altitude, à la verticale de Paris, ce qui fait d'elle la passagère la plus haute du monde, puis elle inaugure les lignes Paris-Amsterdam, Paris-Lausanne, et contribue à démontrer le rôle de plus en plus évident que joue l'avion dans le service public. A sa façon, elle se révèle aussi forte et virile que les hommes dont elle partage les risques et dont elle répand la foi par ses articles. Ce qui ne l'empêche pas d'avoir un charme certain. Elle vole, elle publie, elle parle. Le 24 octobre 1923, installée dans un Farman piloté par Robert Bajac à mille mètres d'altitude, elle inaugure les premières émissions radio diffusées en lisant le chapitre XII des *Chevaliers du Ciel*, un livre qu'elle vient de publier. Elle récidivera neuf ans plus tard avec Paul Codos, survolant Paris de nuit. Cette femme romantique réussit à associer le rêve et la technologie, et fait soupirer bien des lectrices [2]. Il est vrai qu'aux oiseaux nouveaux que symbolisent les aviateurs, elle apporte une plume supplémentaire – et quelle plume ! – trempée dans l'encre d'une pensée claire, favorisée par «*un style aisé et simple, une sensibilité et un don de vie étonnants*» [3].

La justesse de ces écrits et les prouesses d'aviatrices comme Adrienne Bolland fouettent l'imagination des jeunes filles. Ce qui n'arrange pas toujours les rapports entre les adolescentes et leur famille. Déjà responsable malgré lui d'une révolution des mœurs avec *la Garçonne*, ouvrage explosif pour l'époque parce qu'il prône l'émancipation de la femme, Victor Margueritte enfonce le clou avec son «roman de la femme d'aujourd'hui», intitulé *Nos égales* [4]. Si le sens provocateur du texte peut faire rire de nos jours, en revanche il n'échappe pas à la critique des Années Folles, surtout quand Margueritte se délecte à effeuiller les métiers qui placent les femmes au niveau de l'homme. Parmi eux, l'aviation. Qu'une fille ose braver l'interdit et l'on obtient ce dialogue vif, amorcé par un père courroucé :

– *Tu travailleras comme nous le jugerons bon, en attendant que tu te maries, ce qui est, en définitive, la véritable profession de la femme.*

– *Je veux une situation d'avenir, et qui me plaise.*

Mais le père insiste, assuré de son autorité, qui, surtout au cours de ces années-là, ne se discutait pas, et encore moins par une jeune fille. Cette dernière, Gilliane, ne l'entend pourtant pas ainsi, et la discussion s'envenime.

La mère, consciente de la tension, tente d'apaiser l'échange :

– *Que veux-tu faire ?* interroge-t-elle calmement.

– *Je désire bâtir ma vie moi-même, sur des bases solides.*

– *Qu'appelles-tu des bases solides ?... Quels sont tes projets ?* questionne son père, plus conciliant.

Alors, écrit Margueritte, « *en soupirant, parce qu'elle sentait qu'à l'aveu de son désir la bombe allait éclater, elle lâcha :*

– L'Aviation. »

Le mot, prononcé fièrement, claque dans la pièce et provoque des réactions diverses : « *La mère poussa un cri, son instinct maternel aussitôt alerté. Placide, maître de lui-même, M. Lorgues* (le père) *rejeta lentement la fumée de son cigare devant lui, en contemplant les mille petits atomes joyeux qui dansaient dans le rayon de soleil.*

– Oui..., en effet..., souffla-t-il, l'aviation, comme base solide d'une vie !... C'est trouvé.

(...)

– Très drôle, en effet, dit sèchement Gilliane... Les bases solides sont au figuré. Aimant la mécanique, les voyages, je veux être pilote. Voilà.

– Bien. Où as-tu été cherché ça ?

– A mon association de vol à voile.

– J'aurais dû m'en douter ! Avec ce journal que tu reçois...

– Les Ailes, *parfaitement.*

– Où l'on voit des photos de championnes !

– De dix-neuf ans, comme moi.

Un ange passe...

– L'aviation, la mécanique ? Mais tu n'y connais rien.

– J'apprendrai. (...) C'est cela que je voulais te demander, papa, je ne pense qu'à cela.

(...)

– A quoi cela te mènerait-il ?... Hein ?... A te casser la gueule un jour ou l'autre.

Gilliane hausse les épaules :

– Mourir comme ça ou autrement...

– Il est préférable de vivre, réplique M. Lorgues, non sans sagesse, toutefois sans convaincre la jeune fille qui ne renonce pas :

– Dangereusement, oui, comme dit Nietzsche.

(...)

– Tu verras que ce n'est pas si facile que tu le crois... Faire de l'aviation, ce n'est pas vivre dangereusement, comme tu l'entends ; c'est surtout, pour la plupart, mourir avant d'avoir vécu.

Devant l'air obstiné de Gilliane, le père poursuit, d'un ton professoral :

– Eh bien, ma fille, quand, comme toi, on piaffe pour son indépendance, on la gagne. Avant d'être aviatrice, il faut passer

son brevet. Et pour pouvoir le passer, il faut apprendre... Où trouveras-tu l'argent ?... Il te faut au moins 20 000 francs. Les as-tu ?

– Non. Il n'en faut pas tant. Tu penses que je me suis renseignée. En tout cas, puisque tu es décidé à me payer les frais d'études pour passer ma licence et peut-être mon doctorat, tu peux bien me donner les moyens de devenir ingénieur.

– Ingénieur ?

– Oui. A l'Institut d'électro-mécanique des Arts et Métiers, dans deux ans j'aurais mon diplôme.

– Et la possibilité, ensuite, de jouer la fille de l'air et de te casser la gueule en avion ! Non et non ! »

Hélas ! Pareille scène se répète à l'infini et se conclut invariablement de la même façon : l'enfant terrible doit rentrer dans le rang ou quitter le domicile, un peu comme si elle venait de commettre un acte honteux. Cependant, les journaux féminins s'enhardissent à dénoncer ces pratiques d'un autre âge et n'hésitent pas à publier des appels de détresse qui soulignent bien l'aspect dramatique de ces situations. Après tout, il ne s'agit pas d'une simple question de désobéissance, mais d'une révolte légitime contre des choix arbitraires : les parents, ou plutôt le père, imposent à leurs filles des décisions qui engagent leur vie contre leur gré. Certaines prennent la plume et cherchent un réconfort auprès d'associations féminines, voire féministes, ou de la presse. En voici d'ailleurs le message type : « *Mes parents veulent que je me marie, et me poussent à épouser, pour sa situation, un homme qui à tous points de vue me déplaît. J'ai vingt et un ans. Ils me menacent, si je ne cède pas, de m'abandonner à moi-même. Sans soutien, que puis-je faire ? Travaillez pour votre indépendance, me direz-vous ? Hélas ! C'est bien difficile. Pour travailler, il faut un apprentissage ou des aptitudes spéciales. Je vous en supplie, répondez-moi. J'ai des idées noires, tellement noires que, quoique croyante, j'aspire au néant...*[5] »

Heureusement, les temps changent. Sans corset, nuque dégagée, jupe courte, la femme – la « garçonne » – veut en finir avec une soumission millénaire et revendique ce qui passe, en ces belles années, pour scandaleux : choisir son ou – pourquoi pas – ses partenaires, et gagner sa vie. Bientôt, Hélène Boucher, fille de bonne famille, va incarner ce refus de l'hypocrisie où macère la bourgeoisie.

En attendant, chaque fois qu'une artiste, une aviatrice ou une journaliste se distingue et fait la une des gazettes, sa réussite devient celle de toutes les femmes. Certes, on s'efforce de les marginaliser en qualifiant leur performance « d'exceptionnelle », d'« unique », ce qui peut s'interpréter de différentes façons : les uns sous-entendent, non sans perfidie, que ces héroïnes doivent leur succès plus à la chance qu'au mérite ; d'autres estiment que le caractère original de leur prestation place celle-ci hors de portée de la commune des mortelles : ce qu'une femme a accompli dans des conditions extraordinaires, une autre, mille autres ne sauraient le renouveler... Si le machisme fait de la résistance, l'idée de la féminisation des métiers suit son chemin.

Déjà, des femmes règnent sur Paris, capitale du monde. Coco Chanel impose sa griffe ; Gertrude Stein, intime d'Hemingway et de Scott Fitzgerald, sert de lien entre les écrivains et les peintres (Picasso, Braque, Matisse). Au cœur des années 20, des romancières, telles Edith Wharton, Jean Rhys, Nathalie Sarraute, Sonia Delaunay ou Nathalie Clifford Barney, apportent la contradiction à l'immuable discours masculin. Ces femmes aussi brillantes que dérangeantes ne s'adressent plus à un auditoire privilégié, réuni dans un salon, au cours de ces soirées mondaines où se font et se défont les réputations : elles s'appuient sur la toute jeune TSF, qui propage leurs pensées et des idées neuves jusque dans les foyers les plus reculés. Elles contribuent ainsi à éveiller un nombre croissant de consciences féminines. Un peu partout, des jeunes filles sages s'interrogent, se remettent en question : *« Pourquoi pas moi ? »* se disent-elles, après avoir écouté le récit des aventures ou des découvertes de leurs contemporaines. *« Pourquoi ne prendrais-je pas cet avion qui place Deauville à soixante minutes de Londres ? Pourquoi ne piloterais-je pas moi-même ? »*

Après l'exploit d'Adrienne Bolland, tout semble possible, même l'impossible. D'ailleurs, à considérer son Caudron G3, on comprend aisément le sens de la déclaration faite par l'aviatrice, au terme de sa traversée des Andes du 1er avril 1921 [6] : *« Je n'avais aucune idée de l'aventure dans laquelle je me lançais. »* Néanmoins, aux yeux de ses admiratrices et, il faut le préciser, de ses admirateurs, elle devient l'exemple à suivre, surtout si ce modèle vous entraîne dans des vagabondages aériens très à la mode dans une France où les règlements aéronautiques en sont au stade de l'élaboration. Pour oublier quatre années de saignée, le pays aspire au plaisir et à la jouissance de la vie. On multiplie donc les fêtes et, notamment, les rallyes de l'air, qui se terminent généralement par une garden-party. L'une de ces escapades, parmi les plus fameuses, demeure celle dite du « kilomètre 104 » : le 18 juin 1922, un essaim de mondains, de mondaines et de demi-mondaines – très exactement 104 passagers, dont Laurent-Eynac, sous-secrétaire d'État à l'Aéronautique, et leurs pilotes, répartis dans trente appareils – vole à travers la campagne pour atterrir dans une prairie bordée de pommiers, près de l'hôtellerie du Bois-Joli, au kilomètre 104 de la route Paris-Brest. Cette joyeuse assemblée, où l'élégance et les bons mots sont de mise, improvise un bal sur la pelouse de l'auberge, avant de remonter dans l'avion pour Paris.

En ces temps dorés et peut-être insouciants, l'aviation conserve un brin de folie, un zeste de fantaisie et toute sa coquetterie. En effet, il ne viendrait pas à l'esprit d'une femme pilote de se présenter en tenue de vol devant la foule, à moins de ne pouvoir faire autrement. Garçon manqué, tête brûlée ou casse-cou, l'aviatrice reste femme avant tout. Ainsi, à l'occasion du Week-end aérien de 1923, organisé à Paris-Plage par l'Aéro-Club de France, les spectateurs qui assistent à l'arrivée d'Adrienne Bolland sur le terrain de Berck, voisin du lieu de la manifestation, ont droit à une démonstration surprenante de déshabillage-rhabillage, digne d'un strip-tease parisien, mais en plus rapide. Sitôt le moteur arrêté, le mécanicien tire les valises de la carlingue, et la jeune femme plus ou moins à l'abri de l'avion, se débarrasse prestement de sa lourde combinaison de cuir, du serre-tête à oreillettes et des bottes, pour enfiler une robe ample, floue, et des souliers fins. La métamorphose de l'aviatrice bardée de cuir en une Parisienne très mode n'a pas duré cinq minutes : que voulez-vous, le thé l'attend !

Qu'on se rassure, toutefois, car ces incursions dans la bonne société n'écartent pas Adrienne de son ambition. Si, à reprendre son expression, l'aviation lui a fait découvrir son royaume intérieur, il n'entre pas dans ses intentions de piétiner sur le seuil de ce monde magique, et par conséquent de se limiter à l'expérience de la Cordillère. Remerciée par René Caudron, seule avec son nouvel appareil, un Caudron C127 acquis en 1922 et qu'elle gardera jusqu'en 1933, elle œuvre désormais au sein de la Société de propagande aéronautique, pour le renom des ailes françaises. Elle s'envole par tous les temps, accepte les terrains dangereux, parcourt la France en quête de ce plus qui déchaîne les vivats du public. Elle assume avec détermination une existence des plus aléatoires, en une période où l'essor de l'aviation contribue aussi à celui des pompes funèbres : en 1923, uniquement aux États-Unis, les cirques aériens vont tuer 85 pilotes et blesser 126 cascadeurs-aviateurs. Ces chiffres font frémir, mais n'arrêtent pas Adrienne, qui maintient son cap contre vents et marées. De longues heures de pilotage l'ont familiarisée avec son avion et lui permettent maintenant de se hisser au niveau des virtuoses de l'acrobatie aérienne. Emballé par la maîtrise de cette voltigeuse qui pratique le fameux « looping the loop » et le vol inversé, le grand aviateur Finat lui suggère de battre le record mondial des loopings détenu par Fronval avec 1 111 boucles enchaînées sans discontinuer. Ce défi à la pesanteur tente Adrienne, d'autant plus que, le 15 mai 1921, à New York, Laura Bromwell a battu le record féminin de la spécialité, réussissant 199 de ces figures acrobatiques en 1 h 20.

Rien de tel pour aiguiser l'appétit de la Française qui, le 18 octobre 1923, fait montre de son talent devant un jury conquis : elle effectue 98 loopings successifs en 58 minutes. Bien, la complimentent les autres pilotes, mais tu peux mieux faire et, surtout, tu *dois* mieux faire. Cette bonne performance qui n'est pas, cependant, *la* performance, n'arrange pas le mauvais caractère de l'aviatrice. Dès lors, Adrienne reprend l'entraînement et fait taire rapidement les mauvaises langues, selon lesquelles *« il suffit d'un rien pour tourner la tête des femmes... »* Le 27 mai 1924, enfin prête, elle offre aux commissaires de l'Aéro-Club de France, réunis à Orly, une exhibition magistrale : 212 loopings réalisés en 72 minutes à bord de son Caudron. Et encore a-t-elle dû interrompre son manège, contrainte par des ennuis mécaniques : les fils de ses bougies venaient de claquer ! Non seulement les messieurs lui tirent leur chapeau, mais elle empoche le record féminin, ce qui la ravit autant que la Légion d'honneur reçue au mois de mai précédent. Une journaliste, sans doute rendue lyrique par l'atmosphère solennelle dictée par les circonstances, avait écrit, à propos de la décoration, ce qui pourrait bien passer pour un communiqué de victoire : *« Ne récompense-t-elle pas les qualités qu'on nous a refusées si longtemps et que maintenant même on ne nous accorde qu'avec circonspection, à savoir le courage, la lucidité et le sang-froid ? »*

Comblée sur le plan sportif, la jeune femme, qui déclare croire en la justice, la liberté et l'amour, rencontre ce dernier, toujours au cours d'une année 1924 plutôt bien remplie, sous les traits du pilote Ernest Vinchon, dit Toto, qu'elle épousera le

15 mars 1930. Cette autre passion va durer quarante deux ans, sans le moindre nuage conjugal et malgré un parcours professionnel rendu hasardeux, non par la pratique de la voltige aérienne, mais par les interdits qui freinent l'accès des femmes aux métiers de l'aéronautique. Le 31 mai 1926, la Commission internationale de navigation aérienne autorise les femmes à piloter des avions sur les lignes commerciales, avec obligation de passer une visite médicale tous les trois mois, contre six pour les hommes. Dans la foulée, cependant, elle déconseille aux compagnies naissantes de leur confier des passagers. La décision pour le moins édifiante du nouvel organisme [7] conclut momentanément un épisode mouvementé, amorcé le 3 avril 1925 lorsque la Cina avait examiné l'éventualité d'exclure les femmes des emplois d'équipage dans le transport civil. Ces messieurs avaient dû écarter cette question devant le tollé des dames. Il n'empêche que le ministre chargé de l'Air a signé depuis peu – et sans sourciller – un décret en vertu duquel « le recrutement s'opère parmi les candidats de sexe masculin ».

Assez curieusement, au lieu d'apporter leur appui aux amoureuses du ciel, qui piaffent d'impatience devant les écoles de pilotage, certaines de leurs aînées – lucides parce qu'averties – tentent presque de les décourager, afin de leur éviter des déconvenues, et en viennent même à leur tenir un langage proche de celui des hommes. Pilote, aéronaute reconnue, Madeleine Jaffeux prédit ainsi un futur un peu frustrant pour le féminisme aérien [8]. A en croire son analyse, « *les femmes susceptibles de pratiquer l'aviation féminine se divisent en deux catégories : celles qui sont favorisées par la fortune et celles qui lui demanderont leur moyen d'existence* ».

Pour les premières, pas de problème : « *Une fois brevetées, elles pourront, tout à loisir, piloter elles-mêmes leur avion et faire du tourisme dans des conditions infiniment agréables.* » En revanche, Madeleine ne cache pas son scepticisme concernant les femmes qui aspirent à faire de l'avion le pivot de leur vie professionnelle ; entre autres arguments, elle met en relief le chômage qui frappe de nombreux aviateurs masculins confirmés : « *Que feraient les jeunes filles ou les jeunes femmes : pilotes sur les lignes de transport public ? C'est un rude métier, et seraient-elles acceptées par les pouvoirs publics ?* » La réponse, on le sait, est non. Ce qui ne semble pas étonner l'aéronaute car, explique-t-elle, « *à la mer, je ne crois pas qu'il existe de femmes pilotes de bateaux, et pourtant, on ne peut pas reprocher à celles qui vivent sur nos côtes de ne pas être aguerries*».

Alors, que leur reste-t-il? «*Pilotes réceptionneuses ou monitrices, ou metteuses au point? Je ne vois pas beaucoup de constructeurs qui soient décidés à changer le sexe de leurs pilotes! Enfin, pilotes de grands raids, d'exhibitions, de courses ou de meetings? Peut-être. J'ai vu Adrienne Bolland à l'œuvre, lors du Concours d'aviation de tourisme et, de l'avis même de ses camarades masculins, c'est "un bon pilote" (non pas "une bonne pilote", terme toujours un peu péjoratif – les hommes ne sont pas féministes!) mais il y a là des débouchés pour combien de femmes? Et puis, l'ère des meetings dure depuis longtemps. Il n'est guère de bourgades en France qui n'aient été visitées par les sociétés de propagande aéronautique, qui y ont organisé des vols de démonstration.*

Je n'ai pas l'intention de décourager les initiatives, mais il n'est pas mauvais de voir clair. L'aviation n'est pas, à l'heure actuelle, un moyen d'existence pour la femme. On a souvent rapproché l'avion de l'auto et dit qu'il y a des quantités de femmes chauffeuses – leur nombre augmente chaque jour! – oui, combien peu de professionnelles. Pendant la guerre, il n'était pas rare de voir des femmes conduire d'assez lourds véhicules, mais maintenant, et c'est justice, le volant a été repris dans presque toutes les maisons par des mains plus robustes.»

Fidèle à l'esprit de la Stella, Madeleine Jaffeux attend des femmes qu'elles reprennent l'œuvre de propagande de l'association, «*qu'elles pratiquent elles-mêmes la locomotion aérienne par ballon et par avion, qu'elles utilisent les lignes de transport public, qu'elles fassent des raids, des voyages, du tourisme, qu'elles diffusent l'idée de l'aviation, enfin et surtout, qu'elles fassent œuvre d'éducatrices de la jeunesse – c'est là le véritable rôle de la femme dans l'aviation: apprendre aux enfants à aimer et à comprendre la navigation aérienne: ce sont eux qui profiteront de son magnifique essor de demain, lorsqu'elle sera à portée de tous et de toutes*».

Madeleine donne l'exemple et, bien avant Kessel ou Jean-Gérard Fleury, s'intéresse à la geste de l'air, en particulier à la fameuse ligne créée par l'industriel toulousain Pierre-Georges Latécoère et tracée dans les cieux de trois continents. En 1925, elle confie ses «Impressions de voyage» à *L'Aérophile*, récit des premiers battements d'ailes des aviateurs français entre Toulouse et Casablanca, «*pauvre petit port à peine habité en 1907*», lorsque les soldats y débarquent, et devenu, dix-sept ans plus tard, *« aussi grand que Paris et susceptible de recevoir un million et demi d'habitants »*. Cette aventure aérienne, lancée par un visionnaire qui rêve d'Amérique du Sud, va servir de vivier à une génération de héros, dont Jean Mermoz, figure charismatique de l'aviation, et engendrer un écrivain, Antoine de Saint-Exupéry, qui puisera dans cette formidable épopée l'essentiel de son inspiration.

Madeleine réussit par le verbe d'aussi belles envolées que dans son ballon [9] et paraît plus emballée encore que lors de son premier vol en aéroplane, en 1911. Sa randonnée par-delà les Pyrénées et vers le Maroc, en compagnie des pilotes de la bande de Didier Daurat, lui laisse un souvenir lumineux, malgré un capotage en Espagne... Mais il en faut plus pour effrayer celle qui a été la première passagère d'un autogire, avant d'être la première femme à monter dans un hélicostat Oehmichen [10]. Pas un seul instant, son enthousiasme ne fléchit, dans un texte qui a de quoi séduire le public. Tout d'abord, une mise au point : *« Les hommes vivent dans la réalité et dirigent leur vie !* écrit-elle. *Les femmes font des rêves et souvent ceux-ci guident leur vie ! Rêves de femmes ! Chiffons, bijoux, autos ? Autre chose encore... J'ai rêvé comme mes semblables, mais j'ai longtemps fait un rêve plus beau... celui d'une grande traversée aérienne : quitter la France, escalader des montagnes, franchir la mer, voir d'autres pays, une autre civilisation, quitter la vieille Europe, manger du cassoulet le matin à Toulouse et le soir du couscous là-bas, au milieu des burnous, sous le ciel bleu d'Afrique qui vous arrache les yeux ! »*

Il existe toutefois un nuage gris dans ce beau ciel : l'expansion exotique de l'aviation commerciale française ignore les aviatrices. Jamais les grandes compagnies françaises de l'entre-deux-guerres ne feront appel à des femmes, si douées soient-elles. Jamais elles ne leur confieront la responsabilité du transport de la poste ou de passagers. Il s'agit d'une affaire d'hommes !

Marginalisées pour des motivations sexistes, les femmes pilotes ne peuvent effectivement, pour survivre, exercer leur art que dans les meetings ou dans les raids, à condition de pouvoir en assurer le financement. En compagnie de son futur mari, Adrienne Bolland mène donc une existence errante, au sein d'une troupe volante, en l'occurrence l'escadrille Mamet où elle se produit dès 1926. La jeune femme n'a rien perdu de son tempérament bouillant ni de son sale caractère : au soir du 11 juillet 1926, à la veille d'une fête aérienne à Caen, l'aviatrice éprouve l'envie d'une promenade en fiacre, avant de rentrer à son hôtel. La balade prendrait une allure romantique si une vive discussion ne l'opposait au cocher, au point de dégénérer en pugilat : Adrienne calme le bonhomme d'un uppercut au menton et prouve ainsi qu'elle ne manque pas d'arguments... frappants. Sa mauvaise humeur n'épargne personne et se manifeste, selon l'inspiration du moment, sous des formes originales. En 1928, toute à sa préparation d'un meeting qu'elle donne à Limoges, Adrienne apprend le refus du préfet de placer des guichets sur la route de l'aérodrome, à la sortie de la ville. Elle peste, trépigne et va ruminer sa colère jusqu'au lendemain où, pendant un vin d'honneur auquel participe le représentant de l'État, elle exécute une vingtaine de loopings. Le préfet, brave homme, tient à la féliciter :

– *Quelle audace, mademoiselle !* s'exclame-t-il, sincère. *C'est admirable ! Mais à quoi pouviez-vous penser en faisant, tout à l'heure, ces figures acrobatiques ?*

– *Vous voulez le savoir ?* lui chuchote Adrienne à l'oreille, l'air complice. *Eh bien ! à chaque looping je pensais : m... pour le préfet...* »

Elle ne lui avait pas pardonné l'affaire des guichets.

Le soir de cet échange d'amabilités, elle rédige, à l'attention du cabinet du ministre de l'Air, un rapport quotidien où elle dresse en des termes très personnels le bilan de l'escadrille et de sa progression : *« Monsieur le chef de cabinet et cher ami, pendant que vous êtes au chaud dans votre bureau, nous, nous nous gelons les fesses à 3 000 mètres dans l'atmosphère... »*

Toujours le style... direct.

Par la suite, le destinataire de ce message imagé et savoureux avouera avoir trouvé le texte *« original et pétillant »*. Pourtant, la gouaille verbale ou écrite d'Adrienne, si elle fait sourire les ministres, ne met pas toujours à l'aise l'administration. Un jour qu'elle arrive à Biarritz pour un meeting, Adrienne, les poings sur les hanches, note avec aigreur que la hauteur du foin sur le terrain rend impossible tout décollage. Elle écrit aussitôt au ministère. Sans recevoir de réponse. Une seconde lettre reste, elle aussi, sans réponse. Piquée au vif, l'aviatrice coupe une gerbe de foin et l'expédie au ministère, avec ce commentaire : *« Si vous n'en avez pas l'usage, vous pourrez toujours le man-*

ger !» Le scandale prend une ampleur telle que Laurent-Eynac s'en émeut. Ce qui ne calme pas la bouillante Adrienne ; au contraire, elle enfonce le clou et adresse à Paris une lettre d'excuse très personnelle, rédigée en des termes qui lui valent déjà d'être qualifiée d'irrévérencieuse : *« Pardonnez-moi de n'avoir pu envoyer du foin à tout le monde... Vous n'en n'aurez pas pour longtemps »*, sous-entendu « à attendre votre part ». La petite histoire ne dit pas si les fonctionnaires frémirent à la lecture de ce texte peu respectueux ou si le ministre éclata de rire ; en tout cas, le foin fut coupé.

Pour suivre l'itinéraire d'Adrienne la voltigeuse à travers la France, il suffit de feuilleter sa correspondance avec le ministère de l'Air : au moindre litige, elle n'hésite pas à « secouer le cocotier », même – et surtout – si le ministre est tout en haut. Laurent-Eynac [11] ne s'en offusque pas, à l'inverse de son chef de cabinet, le général de Goys, as de la guerre de 14-18, un homme très vieille France [12] qui frôle l'apoplexie chaque fois que son oreille délicate capte les propos plutôt crus de l'aviatrice. Celle-ci ne le ménage pas, parfois à raison. Comme en cette occasion où elle atterrit à Dijon pour se ravitailler. On l'avertit qu'une nouvelle circulaire (n° 38) ne lui permet pas d'obtenir plus de dix litres de carburant, soit tout au plus la quantité pour un quart d'heure de vol ! Devant ce nouvel exemple de logique administrative, Adrienne pousse un « coup de gueule », selon sa propre expression, réussit à remplir son réservoir et s'envole pour Strasbourg où l'accueille Laurent-Eynac, toujours flanqué du général de Goys.

– *Alors, Adrienne, bon voyage ?* interroge le ministre, visiblement de bonne humeur.

– *Je vous remercie, monsieur le Ministre, très mauvais à cause de vos sottises !* réplique la jeune femme du tac au tac.

Saisi, le général de Goys s'empourpre d'indignation et se raidit davantage lorsque Laurent-Eynac, mis au courant de la mésaventure d'Adrienne, se tourne vers lui et lance, d'un ton sévère : *« Ainsi, c'est le genre de circulaires qu'on me fait signer ? »*

Une autre fois, tandis que l'aviatrice essaie de faire démarrer son moteur, Laurent-Eynac vient la saluer. Elle lui répond par un *« Bonjour, bonjour... »* désinvolte dont le ministre, compréhensif, ne prend pas ombrage. Pas de Goys ! Le chef de cabinet reproche à Adrienne sa légèreté : *« Vous oubliez,* la sermonne-t-il, *que c'est un ministre de la République qui vient officielle-*

ment vous souhaiter bon voyage !» Ah ! malheureux général, ce n'était pas le moment et encore moins le mot à dire. Adrienne, déjà énervée, se redresse, incarnation vivante du courroux, d'autant plus exaspérée qu'en actionnant la manivelle de la magnéto, elle a reçu une décharge électrique dans la main. Elle néglige de Goys, se tourne vers le ministre et d'une voix calme, trop calme, lui déclare : *«Excusez-moi, monsieur le Ministre, je ne vous avais pas vu. Mais maintenant que je vous vois, je vous dis... »* Le mot, que nous ne reproduirons pas ici, fait le bonheur des journalistes présents. Quant au chef de cabinet, outré, il manque de défaillir. Le lendemain, la presse ravie faisait ses choux gras des propos de « l'irrévérencieuse Mademoiselle Bolland ».

Si sa popularité, confortée par une gouaille faubourienne façon Arletty et un sale caractère qui en impose aux puissants, range les rieurs de son côté, la personnalité aussi attachante que dérangeante de l'aviatrice et sa chance insolente suscitent jalousies et inimitiés plus dangereuses que les acrobaties les plus osées. A plusieurs reprises, Adrienne échappe de peu à la mort à cause du sabotage de son avion. L'une des tentatives échoue par miracle et assurément grâce à l'extraordinaire habileté de la femme pilote, en avril 1933 : ce jour-là, Adrienne emmène dans son Caudron une passagère dont c'est le baptême de l'air. Elle est sur le point de se poser au Bourget, après un vol sans histoire, quand soudain les commandes cessent de répondre : les ailerons ne fonctionnent plus. A vue d'œil, l'aviatrice dispose encore d'une vingtaine de mètres d'altitude. L'appareil, difficilement contrôlable, entame alors une vrille, sectionne des lignes électriques, ce qui a pour conséquence de priver le terrain de courant. Sans se départir de son sang-froid, Adrienne réagit avec vivacité : elle s'empare d'un câble pour « gaucher » aux ailerons, éprouve un coup au cœur quand elle constate qu'il est sectionné, joue de la manette des gaz, son seul recours, et prend de la hauteur, juste à temps pour éviter d'un cheveu – de cinquante centimètres, affirmeront les témoins pétrifiés – la façade d'un hangar. Cette manœuvre désespérée ne fait que retarder la chute inévitable, car elle place l'avion en perte de vitesse. Adrienne, experte en voltige, ressent cette seconde où sa monture hésite avant de se cabrer et de retomber. Cette fois, cependant, elle ne maîtrise plus rien. Elle s'efforce néanmoins de limiter la casse, tire à elle sa passagère, assise sur le siège avant, la serre contre sa poitrine, place une main devant ses yeux et coupe le contact. Le tout n'a pris qu'une fraction de seconde. Désemparé, le C127 vient se planter en pylône sur le toit d'un hangar. La mort dans l'âme, les hommes se précipitent, déjà préparés à extraire de l'épave des corps sans vie, désarticulés, voire réduits en bouillie. Toutefois, parvenus plus près, ils poussent un soupir de soulagement quand, de la carcasse, émergent les deux femmes saines et sauves. On peut parler d'un miracle, après une telle chute, lorsqu'on découvre que de la partie de l'avion occupée précédemment par la passagère il ne subsiste qu'un enchevêtrement de débris où elle aurait été broyée sans la présence d'esprit de son pilote. L'affaire se termine sur une note stupéfiante, lorsque la jeune fille, tout à fait inconsciente de la tragédie, interroge l'aviatrice d'une petite voix : *« On est arrivé ? »* articule-t-elle. *« Oui,* répond Adrienne, estomaquée, *mais aujourd'hui on descend par une échelle ! »*

L'enquête révélera que l'acte criminel ne fait aucun doute. D'abord, le changement des câbles remontait à quelques jours seulement, ce qui excluait l'usure ou le relâchement consécutif à un emploi fréquent. Ensuite, il fut établi que trois des cinq torons d'un câble avaient été tranchés volontairement. L'intention de tuer paraît évidente puisque l'ensemble ne pouvait céder que soumis aux contraintes du vol. La police ne devait jamais identifier le coupable. Il est vrai que les soupçons pouvaient s'égarer dans bien des directions. Fallait-il incriminer une haine professionnelle ou une jalousie sexiste ? Reprochait-on également à Adrienne ses amitiés politiques de gauche, en particulier, au cours des années 30, avec Jean Moulin, directeur de cabinet de Pierre Cot, ministre de l'Air ? Quoi qu'il en soit, l'auteur de ce crime connaissait la mécanique aéronautique et avait pu s'approcher du Caudron sans être inquiété.

A l'époque, on ne fait pas de cadeaux aux femmes qui déploient leur talent dans des territoires par principe réservés aux hommes. L'une d'elles, Denyse Collin, n'hésitera pas à interpeller un journaliste du *Figaro* pour remettre les pendules à l'heure [13] : *« Pourquoi vous obstiner à montrer une antipathie devant l'évolution du sexe que vous voudriez considérer comme faible ? De grâce, vivez avec votre siècle, monsieur, et regardez la femme comme votre égale. »* Ce beau discours tombe à plat, dans une presse qui continue de tourner en dérision les initiatives féminines. Pourtant ardent défenseur de l'aviation, sans discrimination, *L'Aérophile* oublie lui aussi son impartialité pour succomber à l'ironie facile. Dans son édition du 15 juillet 1930, le magazine, qui rend compte du rallye féminin et d'un concours d'atterrissage organisés le 28 juin précédent par l'Aéro-Club de France, comporte, à propos des participantes, cette petite phrase, certes non dépourvue d'humour, mais assassine à sa manière : « *Une femme étant généralement difficile à surveiller et, a fortiori, une trentaine, un quatrième commissaire avait été sollicité, M. de Lafreté, puis, pour plus de sécurité, un cinquième, M. de La Fonta, un sixième, M. Maurey, un septième, M. Thomassin, et un huitième, M. Berthelot ; grâce à ces concours, tous les ballons atterrirent et aucune concurrente ne fut égarée.* » Partis du parc de Saint-Cloud, les aérostats étaient allés égayer le ciel du carrefour Pompadour, de Limeil-Brévannes, de Boissy-Saint-léger, de Pontault et de La Queue-en-Brie, c'est-à-dire de l'est parisien, à une distance raisonnable de leur point d'envol.

En dépit de la prodigieuse avancée de l'avion, le ballon, on le voit, n'a rien perdu de son attrait chez les rescapées de la Stella. Les inconditionnelles du sphérique ont même renoué avec leur solide tradition en 1925, date à laquelle une certaine Madame Bombardier décroche son brevet de pilote et devient ainsi la première femme titulaire dans cette discipline depuis la guerre. Preuve de ses qualités, elle se classe d'emblée première dans la coupe des sphériques des Mines de Béthune, en août 1925. Hélas, on s'éloigne des fastes stelliens, de ces temps bénis où foisonnaient prix et distinctions. Qui se souvient, au lendemain de la guerre, des 200 francs offerts par Madame Paul Quinton à la meilleure aéronaute, ou des trois « coupes », en l'occurrence un éventail ancien Duvelleroy, un vase Daum et une breloque en or, remises par Madame Jacques de Poliakoff à l'occasion de la Fête du Printemps, au cœur de la Belle Époque ? Il faut bien se convaincre que le ballon fait désormais figure de passe-temps, de sport agréable auquel peuvent accéder les femmes sans rencontrer de résistance masculine : en effet, il ne concurrence pas la nouvelle ambition de l'homme, cette aviation triomphante, seule véritable affaire sérieuse aux yeux des financiers.

L'engouement prend de telles proportions que l'on assiste parfois à des scènes saugrenues, comme celle-ci qui nous entraîne à New York, le 1er juin 1925 : las d'être éconduit quand il implore un billet pour embarquer dans un avion postal, un candidat passager forcené a l'idée de coller sur lui pour 718 dollars de timbres de la poste aérienne. Devenu paquet postal, donc en conformité avec le règlement de la compagnie, il présente sa requête aux autorités compétentes qui, pince-sans-rire, le repoussent avec cette mention: «colis» refusé. A l'heure des profits potentiels, les transporteurs ne veulent pas prendre le moindre risque et entendent rompre avec un aspect folklorique peu conforme à leur projet d'instaurer des lignes régulières, susceptibles d'attirer passagers, fret et capitaux. La facétie n'a plus sa place dans un contexte commercial où les anciens pilotes de guerre, habitués à plus de latitude, doivent s'insérer tant bien que mal.

Dans cet arrangement, il n'est pas question de la femme, qui se cantonne bientôt dans l'aviation privée. Le phénomène ne touche pas que les Françaises: il est mondial et significatif de la mainmise masculine sur le vol moteur. La rareté des exceptions pourrait même faire croire à des erreurs, à des omissions de la part des hommes, lesquels veillent jalousement – férocement – sur ce qu'ils jugent être leur domaine exclusif. Aux États-Unis, malgré son obstination, Elinor Smith fait la douloureuse expérience de cet ostracisme: à la suite d'un vol à bord d'un Bellanca à double commande, son copilote, qui ne pouvait pas supporter d'être emmené par une femme, affirme aux journalistes avoir piloté de bout en bout. En 1934, l'aviatrice Helen Richey, spécialisée dans les courses, entre dans l'Histoire comme première femme pilote de ligne. Son embauche mérite un coup de chapeau à la compagnie Central Airlines, qui a pris là une décision courageuse, à contre-courant d'une tendance misogyne alors très forte. L'annonce de cette affectation provoque une réaction immédiate des syndicats qui mettent leur veto à cette admission. La direction tient bon, mais doit accepter au moins une des revendications émises par les syndicalistes: «la» pilote ne doit pas voler par mauvais temps. C'est la goutte d'eau qui fait déborder le vase. Femme au caractère bien trempé, Helen démissionne: *«Je ne suis pas un pilote de beau temps»*, lâche-t-elle avec dédain.

Et, comme Adrienne Bolland en France, elle va vivre au jour le jour, en quête de ces contrats pour des fêtes et des baptêmes de l'air, qui la mènent de ville en ville. Elinor Smith recherche le coup d'éclat pour attirer l'attention, ce qui la conduit à passer sous les ponts de l'East River, à Manhattan. Des aviatrices américaines donnent des conférences ou vendent leur nom à des marques. Première recordwoman d'endurance en 1928, Viola

Gentry a dû travailler comme caissière dans une cafétéria de Brooklin pour payer ses cours de pilotage. Après, c'est la débrouille... Pour sa part, la sensuelle Betty Huyler Gillies participe à de nombreux vols de démonstration, à bord de son Curtiss, afin de promouvoir les ventes d'avion et de survivre. Avant de tailler sa route dans le monde professionnel aérien, la postulante se doit de décrocher les licences obligatoires. Or, pour le seul brevet, il en coûtait entre 500 et 750 dollars en 1940, alors que le revenu moyen d'une femme ne dépassait guère les 850 dollars par an...

Dans le contexte d'incertitude, d'absence de rémunération régulière où elles se trouvent prisonnières, les filles de l'air en sont réduites à une seule solution : courir après le cachet et, en particulier, après les sommes confortables qui, outre-Atlantique, récompensent les vainqueurs de courses spectaculaires. Cette cagnotte fait parfois un peu trop oublier les dangers encourus par des femmes qui n'ont, hélas, pas d'autre alternative que de miser leur propre vie dans la compétition. En août 1927, la Dole Race, une course dotée de 25 000 dollars par le roi de l'ananas, débouche sur une hécatombe meurtrière : pas moins de cinq appareils détruits, dont trois perdus en mer, notamment celui de Mildred Doran...

Bref, toutes les aviatrices n'ont pas la chance d'être nées avec une cuiller en argent dans la bouche, comme Ruth Nichols ou Laura Ingalls. Outre le cran que requiert déjà la réalisation de leur passion, elles doivent s'accrocher dur pour s'imposer aux hommes. Encore gamine, Louise Thaden, originaire d'une ferme de Bentonville, dans l'Arkansas, passe le plus clair de son temps sur le terrain d'aviation local. Bizarre pour une petite fille, d'autant qu'elle délaisse ses poupées pour courir, les bras écartés, en mimant un aéroplane en action. Une fille, la petite Louise ? Non, un garçon manqué. Encore un ! Devenue employée dans une société charbonnière de Wichita (Kansas), son obsession la tenaille toujours. De plus, son emploi la laisse frustrée et elle souhaite être la maîtresse de son destin : voler ! Une aspiration identique pousse Elinor Smith, depuis l'âge de six ans, et Evelyn « Bobbie » Trout, native de Greenup, une bourgade de l'Illinois, qui, en 1929, établira trois records d'endurance. Pour Bobbie, le déclic fut brutal et... banal, un vrai coup de foudre : il se fit lorsqu'elle vit son premier avion. Les cas similaires abondent. Ces femmes ont également ceci en commun qu'elles consentent à tous les sacrifices pour donner une consistance à leur rêve, exactement comme leur aînée Lilian Todd qui, à défaut de piloter, assemblait des avions. Le premier de ses appareils, conçu en 1906 et actionné en principe par son propre mouvement, ne vola jamais. Sans perdre la foi, la jeune femme continua néanmoins à faire preuve d'imagination et contribua ainsi à la création du Junior Aéro-Club d'Amérique.

On peut les admirer, ces aviatrices qui, à l'image de Louisa Wise, aéronaute américaine du XIXe siècle, s'élèvent pour communier avec le « silence solennel ».

En dépit des oppositions les plus diverses, les femmes-pilotes finissent par éveiller l'attention du public américain, d'autant qu'elles s'attaquent à des records qui font appel à l'endurance. Au cours de l'année 1929, une compétition acharnée se développe entre la Californienne Bobbie Trout, vingt-trois ans, et la New-Yorkaise Elinor Smith, qui n'a pas encore dix-huit ans. Comme elles ne parviennent pas à se départager, égales en tout, un homme d'affaires en mal de réclame leur propose un raid d'endurance en double. Le 27 novembre 1929, non sans avoir connu quelques déboires deux jours auparavant – Bobbie, inondée par la nourrice d'essence pendant qu'elle s'entraînait aux techniques du ravitaillement, a dû passer une nuit à l'hôpital local –, elles s'envolent enfin. Et se poseront quarante-deux heures plus tard, à court de carburant : leur avion ravitailleur a été contraint à un atterrissage de fortune dans un champ. Si elles n'ont pu approcher le prodigieux record de 420 heures établi en juillet 1929 par Dale, Jackson et Forrest [14], elles remportent un prix de consolation non négligeable : outre le record féminin d'endurance, ce succès leur donne le titre de premières femmes à avoir exécuté un ravitaillement en vol.

A cette époque, Miss Anne Morrow, fille de Dwight W. Morrow, ambassadeur des États-Unis au Mexique, et fiancée du héros national Charles Lindbergh, s'initie par amour au métier de son futur mari. Le 3 mars 1929, à l'occasion d'un vol prénuptial, elle connaît une belle frayeur lorsque le Stinson Junior de Charles perd une roue au moment du décollage. Prévenu, Lindbergh tente de se poser, mais l'avion capote. Anne s'en sort indemne, émue et toujours aussi éprise, tandis que son fiancé, le premier homme à avoir traversé l'Atlantique nord d'ouest en est, en est quitte pour une légère blessure au bras.

Depuis les vols d'Orville et Wilbur Wright, l'Amérique aime

l'aviation, même si elle en conteste la dimension féminine. Aux dames, donc, de s'organiser. Le 2 novembre 1929, décidées à faire leur la devise des Mousquetaires, mais revue et corrigée, « Une pour toutes et toutes pour une », les aviatrices américaines brevetées se rassemblent à Curtiss Field, Long Island, pour se concerter, et décident de créer leur association. Ainsi naît le club des Ninety-Nine, qui tire son nom de ses quatre-vingt-dix-neuf premiers membres [15]. Rapidement internationale, cette version américaine de la Stella, présidée par Amelia Earhart jusqu'en 1933, poursuit une vocation qui déborde largement la simple propagande aéronautique : elle œuvre pour *« bannir totalement la question du sexe dans les airs »*. Les pilotes américaines constituent très vite un lobby dynamique, qui peut imposer des épreuves féminines, comme le Women's Air Derby. Cependant, pour avoir le droit d'aligner des concurrentes dans les courses réservées jusque-là aux mâles aviateurs, il faudra patienter encore quelques années. C'est que ces messieurs redoutent la rivalité, surtout en 1936, date de l'ouverture aux femmes du Bendix Trophy, l'une des compétitions reines aux États-Unis. Or, d'emblée, lors de cette première confrontation à une concurrence virile, les dames frappent fort : Louise Pephetridge-Thaden et Blanche Noyes, loin de démériter, l'emportent haut la main et raflent le prix Bendix tant convoité. L'union fait effectivement la force, une force variable selon les pays. Si en 1929, on estime à quelque 500 le nombre des aviatrices américaines contre 300 britanniques et 40 françaises, ces dernières compensent leur faiblesse numérique relative par leurs performances et le soutien que leur apporte l'Aéro-Club de France. En 1930, la vénérable maison ajoute à ses activités une section féminine présidée par Suzanne Deutsch de la Meurthe, fille du mécène, mécène elle-même, et qui sait s'entourer d'adjointes efficaces : Madame Pierre-Étienne Flandin et la duchesse d'Uzès, une femme d'esprit dévouée à l'aviation. Grand-mère du jeune duc de Luynes, tué durant la Grande Guerre, celle-ci s'intéresse de près aux choses de l'air et prend à cœur ses nouvelles fonctions. Celle qui, à 85 ans, confiera *« Je ne suis lasse que quand je m'ennuie »*, fait tout pour ignorer la fuite du temps. En dépit de son âge, elle vole avec Delmotte, en octobre 1932, quelques mois avant sa mort survenue le 3 février 1933. Curieuse, ouverte à la modernité, la duchesse prend ses renseignements sur le terrain, auprès des experts, mécaniciens ou pilotes ; au cours d'un Salon de l'aéronautique, au Grand

Palais, elle n'hésite pas à assaillir de questions pertinentes des constructeurs comme Henry Potez. Cette femme hors du commun, qui ne se réfugie pas derrière son rang, appartient à la race des femmes touche-à-tout produite par la Belle Époque : à la fois sculpteur, peintre, écrivain – ou écrivaine – gagnée à la cause féministe, automobiliste parmi les premières, sportive accomplie et infirmière dévouée pendant la guerre. A propos de ses sculptures, notamment un buste du colonel Picquart exposé au Salon d'Automne, les critiques ont reconnu ce qui définit correctement sa force de caractère : «*Elle affirme la sûreté de sa technique, sa finesse d'observation, sans que jamais ses œuvres aient recelé des timidités (sic) ou des mièvreries si souvent constatées dans les efforts féminins.*»

Ainsi épaulée, Suzanne Deutsch de la Meurthe peut se consacrer également au Roland-Garros, groupement des touristes de l'air constitué par l'AéCF pour répondre à l'essor de l'aviation privée. Assistée par Louis Hirschauer et E. Paumier, ses deux vice-présidents, la jeune femme agit avec des moyens conséquents : le groupement dispose sur l'aérodrome d'Orly d'une concession de trois hectares, avec trois grands hangars loués à l'État, et un élégant pavillon. Cet ensemble sera inauguré en 1932 par Paul Painlevé, ministre de l'Air.

Les femmes interviennent activement dans les fêtes données à la gloire des ailes, à l'exemple de la manifestation organisée par les Amis de Cannes pendant trois jours, fin février 1929, au cours de laquelle [16] les grands as de la dernière guerre, le capitaine René Fonck, le colonel britannique Bishop, le Belge Willy Coppens et le commandant Franco, frère du futur dictateur et héros d'une traversée de l'Atlantique sud par étapes, offrent leur bras à Lady Bailey, à Adrienne Bolland [17] et à deux nouvelles venues : Maryse Bastié et Maryse Hilsz. Des noms à retenir car l'ère des Maryse débute.

6

MARYSE ET MARYSE

Une femme peut réaliser des rêves d'hommes
lorsqu'elle veut s'en donner la peine.
Maryse Bastié,
Ailes ouvertes.

A les voir aussi déterminées, on se demande quel obstacle pourrait bien résister à ces femmes. Certes, elles possèdent les qualités physiques et intellectuelles requises pour piloter, mais surtout et avant tout, de l'obstination, encore de l'obstination et toujours de l'obstination. Et un sacré culot ! Qui pourrait le leur reprocher ? Elles bousculent les tabous de leur époque où l'activité aéronautique n'était pas recommandée aux femmes respectables. Elles bousculent un ordre social bien établi sur la famille et respectueux de la place de chacun, au risque de déranger les mères à force de donner des idées aux filles. Des mauvaises langues – pas toujours masculines – insinuent que certaines aviatrices n'ont pas hésité à sacrifier leur vertu à leur passion et à se servir de leurs charmes pour monter au ciel à leur façon... Et alors ? La méthode est connue et ne porte finalement préjudice à personne. Qui sait si les intéressées n'y trouvent pas une part de plaisir, mais c'est là une autre histoire, vieille comme le monde, et qui ne concerne pas que l'aviation. D'ailleurs, l'Allemande Thea Rasche, provocatrice en diable, affirme haut et fort que *« voler est plus excitant que l'amour et... beaucoup moins dangereux ! »* Une affirmation jamais contredite ou démentie à ce jour.

Si des jeunes femmes aspirent à embrasser la carrière de l'air pour les violentes sensations qui s'y rattachent, d'autres ressentent très tôt l'appel du ciel comme ces bienheureuses âmes pures qui entraient autrefois en religion pour adorer Dieu. Mais avec quelques différences, tout de même. Marie-Louise Dombec, dite Maryse, relève de cette catégorie de gamines qui tombent en extase à la vue d'un avion. Née à Limoges le 27 février 1898, cette petite bonne femme d'apparence frêle, aux grands yeux à dominante marron, vit une enfance heureuse jusqu'à la première cassure, provoquée par la mort de son père, mouleur à la Compagnie d'électricité, après vingt-deux mois de maladie. Elle n'a pas dix ans, en effet, et cet événement infléchit le cours de son existence, malgré les efforts de sa mère pour maintenir l'équilibre familial.

Quoique de nature chétive, Maryse possède un tempérament turbulent que l'absence d'autorité paternelle contribue à débrider, sans que Madame Dombec puisse le mater, même avec les taloches d'usage. De plus, la fillette ne passe pas pour obéissante. *« A six ans,* confiera-t-elle à Dominique Desanti [1], *je rêvais d'être marin. Mon père, lui, me rêvait médecin. C'était déjà, pour une femme de ce temps, une belle performance. Mais moi, j'étais physique, pas intellectuelle. »* Physique, personne ne peut en douter, car cette gringalette fait le coup de poing comme un gars – en particulier rue du Crucifix ! – sans craindre les punitions qui l'attendent immanquablement à la maison. Vexés, les garçons rossés se gardent bien de dire qui les a mis à mal. Cependant, le voisinage n'ignore pas les tendances viriles de la « petite » et son indifférence pour les poupées. Les jouets ? Elle les prend *« pour les secrets qu'ils apportent et le mystère qui est en eux »*. On ne s'étonne donc pas que la mécanique l'attire et qu'elle réserve un sort original à son baigneur ou à ses peluches : elle les démonte *« pour voir à l'intérieur »*. Quand elle ne bricole pas, la « quille », hargneuse comme une portée de chats sauvages, préfère s'élancer dans la rue avec ses copains, des galopins comme elle, quitte à revenir parfois couverte de bleus mais non sans en avoir distribué. *« Je n'aimais rien tant que la bagarre et le danger »*, précisera-t-elle par la suite [2].

Assurément, l'action l'emporte de plus en plus sur les études, ce qui désespère la brave Madame Dombec. La malheureuse se console néanmoins devant la mine épanouie et décidée de sa fille, laquelle semble avoir surmonté le choc de la disparition du père. Hélas ! de gros nuages sombres vont obscurcir cette belle insouciance, déjà entamée par un déménagement dans la banlieue de Limoges et par les difficultés financières croissantes de sa mère. Les gros nuages en question finissent par se rassembler pour assombrir l'horizon de l'Europe. En cet été 1914, ils portent la menace d'un orage brutal, déluge de fer, de feu, de sang et de larmes qui va durer plus de quatre années. Chez les Dombec, la situation ne se présente pas non plus sous les meilleurs auspices ; tout va même de mal en pis, surtout ce jour funeste où la famille apprend que Pierre, le frère aîné de Maryse, un garçon doux et attentionné, vient d'être englouti dans l'enfer de Verdun. Au deuil se greffe le dénuement que le maigre salaire de Maryse contient à grand-peine. Avec la guerre, plus question d'études : il faut travailler pour survivre ! D'abord placée en apprentissage dans une fabrique de chaussures où elle joue des tours pendables à ses camarades, la jeune fille se retrouve ensuite attelée à une machine à coudre pour piquer des blouses de médecins et d'infirmières.

Pour cette batailleuse, toujours à courir les rues et à battre la campagne, il s'agit d'une réclusion dont elle s'échappe par la lecture. Elle dévore les romans d'aventures, les récits de voyages, s'évade par les mots d'un quotidien répétitif et terne pour lequel, décidément, elle n'est pas faite. Le métier de confectionneuse hante ses nuits ou du moins ce qui subsiste de son temps libre : elle pique le gros drap quinze à dix-huit heures par jour. *« J'ai trimé »*, expliquera-t-elle à Dominique Desanti [3]. C'est la galère que partagent nombre de femmes jetées par la guerre dans le monde du travail. Peu encline à se défouler par les séances de papotages auxquelles se livrent ses collègues à l'atelier, Maryse ne se change pas les idées uniquement avec des livres : *« Je me chantais des chansons d'aviation* [4], dira-t-elle. *Pas souvent, mais quand je voulais me faire une grande fête, j'allais dans un bar où venaient les aviateurs permissionnaires, et je les écoutais et je leur parlais. Aucun poème ne m'exaltait comme le plus technique de leurs récits. La baguette des fées, pour moi, c'était le manche à balai* [5]. *Comment il faut "prendre le vent", comment se redresser, comment prendre ou perdre de l'altitude. L'aéroplane ! Les héros planent ! Je me répétais leurs plaisanteries, leurs jurons. »*

Et... elle finit par rencontrer un pilote, Louis Bastié. *« Le grand amour ? Oui. »* Avant de préciser avec franchise : *« Je ne sais pas si c'était de lui ou de son métier que je suis d'abord tombée amoureuse. »* Elle épouse donc les deux en 1918, pour ne conserver que l'homme, puisque le lieutenant-pilote, démobilisé après l'Armistice, perd ses ailes guerrières. Mais pas son dynamisme. Maryse quitte l'emploi de dactylo que, lassée par le monde de la confection, elle venait d'obtenir à la Compagnie d'électricité de Limoges, et le couple part s'installer à Cognac où il ouvre un magasin de chaussures. Louis, toujours accroché à son existence récente de pilote, ne veut pas garder les pieds dans les mêmes souliers. Il ne se voit pas commerçant jusqu'à la fin de ses jours. Maryse non plus ! La chance leur sourit en 1925 lorsque Louis, de retour d'une période militaire à Bordeaux, annonce à sa « Loute » qu'il a été nommé moniteur à Mérignac, dans une école d'aviation.

Maryse exulte. La voici enfin sur le seuil de sa véritable ambition. Adieu la boutique ! La jeune femme se sent dans un état d'esprit identique à celui d'Adrienne Bolland, son modèle. Sa vie est là-haut, dans ce ciel qu'elle contemplait à travers la vitrine du magasin... Cette fois, se dit-elle après plusieurs mois passés à Mérignac, c'est sûr : *« Ma place était sous les hangars où l'on gèle l'hiver, où l'on grille l'été, où la grêle et la pluie battent le tambour sur le toit de tôle. »* Toutefois, faute d'avoir un avion à lui, Louis ne peut pas prendre en charge l'instruction de Maryse. Tout au plus vole-t-elle comme passagère. En revanche, la chance continue de leur sourire car Guy Bart, le propriétaire de deux appareils basés à Mérignac, a remarqué le cran de la jeune femme, *« sa volonté froide et raisonnée sous son air maladif et chétif »*, et n'ignore pas que la voltige aérienne, loin de l'effrayer, semble lui insuffler une passion plus grande encore. Sur le point d'ouvrir lui-même une école de pilotage, Bart lui propose de la prendre sous son aile et de la conduire jusqu'à l'inaccessible brevet de transports publics.

Homme charmant au sol, il se montre intraitable et exigeant en vol. Et très adroit, car la méthode paie, notamment avec une élève aussi difficile que Maryse. Les éclats, qui ne manquent pas de survenir entre ces deux personnalités très entières, n'entament en rien leur volonté, à lui, d'enseigner, et à elle, d'apprendre. Le résultat ? Il jubile quand elle décroche son brevet, le 29 septembre 1925, deux mois environ après son premier cours. Pas mal pour ce bout de femme qui mesure à peine 1 m 52 ! Passé le moment d'euphorie, Maryse l'impatiente réclame plus. Qu'on lui prête un appareil. Qu'on lui donne sa chance.

« Si seulement, soupire-t-elle, *je pouvais, par une prouesse, un exploit, attirer l'attention sur moi. »* Sans vraiment y penser, Bart, muet jusque-là, hasarde : *« Pourquoi ne passeriez-vous pas sous le pont transbordeur ? »* Ce qui revient à lui suggérer le sui-

cide. Brevetée depuis huit jours, la jeune aviatrice s'enflamme pour ce projet insensé, dont ses amis, souvent des pilotes confirmés, tentent de la détourner. De même que Bart qui se mord les doigts. Sa plaisanterie prend maintenant une vilaine allure. Maryse ne veut rien entendre : elle connaît ce pont jeté sur la Garonne, se doute du danger qu'elle va encourir à se faufiler dessous et se grise d'avance à l'idée de la belle réclame que lui vaudra son succès. Le 6 octobre, vers quatre heures de l'après-midi, après que Bart a alerté la presse, Maryse s'offre *« un rase-flotte épatant »* et le grand frisson à bord de son Caudron G3, en se jouant des remous et des câbles tendus entre les piliers et qu'on ne voit pas toujours... Tout vainqueur a droit au moins à un tour d'honneur. Pour sa part, l'aviatrice survole Bordeaux et décide d'effectuer par les airs le chemin qu'elle suit chaque jour entre la ville et le terrain. Évidemment, les journaux s'emparent un temps de son exploit. Mais un temps seulement, puis l'actualité se charge de l'écarter de la une. Or, il n'y a plus de pont transbordeur susceptible de déplacer les foules : en une fois, Maryse a épuisé le genre ! Pourtant, la tête pleine de projets, elle veut repartir et oublier qu'on l'a oubliée. Bah ! se dit-elle, le monde reste à découvrir par les airs. A condition d'avoir un avion. C'est là que le bât blesse. Dans la réalité bordelaise, son monde se résume vite à ce terrain d'aviation où elle piétine, avec, pour tout luxe, un vol occasionnel comme passagère. Sinon, les pieds collés au sol, les yeux brillants, rivés sur les appareils, elle assiste aux envols, aux atterrissages, aux cours et aux baptêmes de l'air. Impuissante.

Elle vole par procuration – ce qui ne saurait satisfaire la femme d'action qu'elle est – et son insistance ne fait qu'alimenter sa frustration. Cet état, qui mêle l'ennui et ce qu'on peut appeler l'état de manque, s'interrompt heureusement le soir, après le retour de Louis : le couple retrouve alors l'intimité d'une lune de miel sans nuages et s'enferme dans des moments privilégiés où l'on parle avion, bien sûr. Mais pas seulement, car Maryse attend bientôt un enfant. Une femme peut-elle rêver plus belle aventure que la maternité ? Assurément, cet événement rend son beau sourire à la jolie Madame Bastié, qui se découvre enfin des horizons plus roses. Hélas ! la mort accidentelle de Louis, en 1926, casse cet équilibre. Veuve et enceinte [6], la jeune femme tourne le dos à l'aviation et à Bordeaux pour se réfugier à Paris où, après un court séjour rue d'Alsace, elle s'installe au septième étage d'un immeuble tranquille, 23 rue Froidevaux, dans le quatorzième arrondissement, juste en bordure du cimetière du Montparnasse. Mais ses maigres économies fondent plus vite que ses illusions et la voici bientôt réduite, comme Mermoz deux ans auparavant, à vivre d'un petit pain par jour. Maryse livrera peu de confidences sur ce passage délicat de son existence, sinon qu'elle «*conserve la ligne*», qu'elle est «*bâtie en acier*» et que sa «*carcasse*» menue peut endurer des efforts que d'autres «*plus costauds*» ne pourraient peut-être pas fournir [7]. Néanmoins, elle tourne en rond et ses réflexions la ramènent invariablement à l'aviation, son seul atout, cette aviation pourtant responsable de la mort de Louis, mais qui procure des sensations si fortes... et, peut-être, un revenu. La jeune femme prend la route du Bourget, véritable plaque tournante des exploits aériens de l'entre-deux-guerres, et d'Orly – quelques champs défrichés à la campagne –, où les émotions de Mérignac la rejoignent, mélange d'envie suractivée par l'attente et d'impatience. Cette petite bonne femme aux grands yeux ne passe pas inaperçue sur les terrains, tant en raison de son agitation autour des hangars et des avions que pour son attachement réel au métier, qui la distingue des écervelées du dimanche, et lui attire la sympathie du personnel.

A Orly, un industriel, propriétaire de plusieurs appareils, lui offre la possibilité de voler : il s'apprête à ouvrir une école de pilotage et juge qu'une femme peut lui valoir une excellente réclame. Pourquoi pas Maryse ? Elle bondit sur l'occasion et, enfin, dans une carlingue. C'est un premier pas, qui se révèle vite insuffisant à satisfaire son appétit. Les vols publicitaires lui redonnent la main et des heures de pratique, certes, mais dans un domaine trop limité. La jeune femme aspire à l'exploit et entend aller au-delà de l'horizon. Elle réfléchit, cherche le moyen de convaincre un constructeur de mettre une machine à sa disposition. Comme Adrienne Bolland, Maryse contacte René Caudron, qui se fait tirer l'oreille et lui déclare ne pouvoir accéder à sa demande car, de ses appareils, il ne possède que la cellule. Pour les moteurs, il faut s'adresser à Salmson. «*S'il vous le prête,* lui promet-il sans y croire, *je ne dis pas non pour l'avion.*» Or, contre toute attente, Salmson accepte, et Caudron suit, certainement à contrecœur, en confiant à l'aviatrice un Caudron C109. En réalité, Maryse a fait intervenir dans cette affaire le général Niessel, un homme influent qui aurait aimé l'affecter au 2e Bureau, à la façon d'une Marthe Richard. La jeune femme, éprise d'action et non de déguisements, ne se voyait pas, cependant, jouer la comédie sous des noms d'emprunt... Malgré son refus, elle n'en a pas moins conservé l'estime de Niessel, qui apprécie sa franchise et accepte volontiers de la recommander auprès de la société Salmson dont il connaît l'administrateur, Jean Heinrich. Ce dernier tombe à son tour sous le charme de cette fille directe, si persuasive, et fournit un moteur de 40 CV [8]. Cette petite victoire n'arrange pas pour autant la situation de Maryse, qui dispose maintenant d'un avion mais pas des finances pour l'essence ou l'entretien. La voici donc à Orly à *« faire la retape »* pour des baptêmes de l'air. Elle se démène comme un beau diable auprès des familles hésitantes, venues là pour admirer les avions mais pas vraiment décidées à monter dedans...

L'aviatrice, tel un ludion en combinaison bleue, harangue les visiteurs, argumente, séduit, et survit vaille que vaille. Quand elle parvient à entraîner sa future clientèle jusqu'à son Caudron, il lui reste alors à vaincre une nouvelle barrière psychologique, surtout quand, d'une voix souvent mal assurée, un téméraire l'interroge : *« Où est le pilote ? »* et qu'elle répond, avec assurance : *« Le pilote, c'est moi ! »* Bref, une femme... Et une femme qu'animent de plus en plus des rêves d'évasion aérienne. Si belle et variée soit-elle vue du ciel, la banlieue parisienne finit, à la longue, par perdre de son attrait, en particulier à l'heure où l'aviation imprime sa marque à l'Histoire.

En 1927, année charnière du transport aérien, le public s'enthousiasme pour les grands raids dont on suit avec avidité le déroulement à la une des journaux ou, dans les écoles, sur des cartes déployées par les instituteurs. L'avion devient la référence du progrès, le gage d'espoir d'une société encore meurtrie par la guerre. Lorsque Charles Lindbergh atterrit au Bourget, en mai 1927, au terme de sa traversée d'ouest en est de l'Atlantique nord, la foule se rue sur le terrain, déborde un cordon de sécurité tout aussi enthousiaste et ovationne le jeune Américain. Quelques jours plus tôt, cette même foule avait suivi intensément les préparatifs du raid de Nungesser et Coli sur l'Atlantique nord, tentative menée d'est en ouest et compliquée par des vents contraires. Hommes, femmes, enfants se sentaient engagés dans l'aventure. Inutile de souligner que la disparition des deux héros fut un coup dur pour le pays tout entier. Loin de refroidir l'intérêt du public pour l'aéronautique, ces sacrifices contribuèrent à la sacraliser.

Maryse la sensible vibre plus que jamais dans ce contexte passionné où la technique en mutation constante rend désormais possible ce qui était impensable la veille : le survol des océans, des déserts, des montagnes. L'avion part à la conquête du monde, une épopée à laquelle l'aviatrice veut absolument participer. Un Champenois va l'y aider : Maurice Drouhin, futur pilote d'essai de *l'Arc-en-Ciel*, le fameux trimoteur de René Couzinet [9]. Professionnel mesuré et talentueux, ennemi des excès, Drouhin propose à la jeune femme d'être sa coéquipière à l'occasion du rallye de Reims, où ils se classent en seconde position et se partagent le prix de 25 000 francs. Maryse s'empresse d'acquérir son Caudron, sans cesser, avec Drouhin, une association amorcée de belle manière et qui se prolonge, si l'on peut dire, par un raid accompli en juillet 1928, entre Paris et Treptow (Poméranie), un voyage où l'aviatrice, simple passagère, ne joue aucun rôle [10]. Drouhin, quant à lui, s'octroie le record de distance en ligne droite pour avions légers biplaces, avec 1 508 km. Cette excellente entrée en matière sert de carte de visite à Maryse qui brûle de donner la réplique aux Américaines sur le difficile terrain de l'endurance. Outre-Atlantique, les sœurs de Lindbergh rivalisent d'audace, au cours de compétitions acharnées, pour coiffer la couronne de championne de durée. Et les records tombent à une vitesse folle : de dix heures, ils passent à douze, seize et bientôt vingt-deux heures. La Française se voit bien prendre le relais et s'en ouvre à René Caudron. Le constructeur, qui n'en est plus à une surprise près avec les femmes pilotes, écoute sans sourciller Maryse lui exprimer son intention de battre le record et fronce à peine les sourcils quand elle lui réclame le prêt d'un C109 doté de réservoirs supplémentaires.

– *D'accord,* lui répond Caudron, après un temps de réflexion, *mais tenez d'abord l'air vingt-deux heures. Ensuite, on verra...*

– *Mon avion n'a qu'une autonomie de onze heures,* lui objecte l'aviatrice, *ce qui serait le record féminin français. Si je le bats, me ferez-vous confiance ?*

Caudron hoche la tête en signe d'acquiescement. Il n'a pas à regretter sa décision car, le 20 avril 1929, Maryse tient l'air pendant 10 heures et 30 minutes. Elle a rempli son contrat : par conséquent, elle obtient l'appareil désiré.

Entre-temps, les Américaines ne sont pas restées les bras croisés, et Elinor Smith a fait monter les enchères en volant durant 26 heures et 22 minutes. Qui dit mieux ? Le pari devient difficile à tenir, même avec le Caudron spécial. Maryse relève pourtant le gant et, le 20 juin, à cinq heures du matin, décolle du Bourget à pleine charge. A la nuit, sa jauge indique une consommation plus élevée que prévu. Le record s'éloigne, faute du carburant nécessaire. Néanmoins, cette fille d'acier n'envisage pas de s'arrêter avant d'avoir épuisé l'ultime goutte. Elle va ainsi voler jusqu'au bout de la nuit et se pose finalement, après vingt-quatre heures de vol, les réservoirs à sec. Devant une telle persévérance, Caudron s'incline, ses derniers doutes envolés. Il fait équiper l'appareil en vue du record, auquel Maryse s'attaque sans tarder les 28 et 29 juillet 1929.

Malgré une nuit de tempête, de bourrasque et de pluie, qu'elle affronte sans broncher, l'aviatrice atterrit 26 heures et 48 minutes plus tard, le record en poche. Tandis qu'elle brûle déjà d'ajouter d'autres performances à son palmarès, notamment grâce au Klemm allemand qu'elle vient d'acheter, Lena Bernstein, à bord d'un Farman 190 propulsé par un solide Salmson de 230 CV, porte le record de durée à 35 heures et 44 minutes. Piquée au vif, Maryse, qui se préparait en vue d'un record de distance, change immédiatement d'option et entend bien réparer l'outrage avec son nouvel avion qu'elle a baptisé du joli sobriquet de *Trottinette*. Sa fébrilité inquiète. Entre juin et août 1930, quatre tentatives échouent, dont une manque de se terminer en tragédie lorsqu'elle s'écrase dans un champ de blé, à la suite d'une perte de vitesse. Mais elle ne renonce pas. On répare, elle repart, sous le regard inquiet de quelques amis, parmi lesquels Adrienne Bolland, son mari Ernest Vinchon et Maurice Reine, frère de Marcel, pilote à l'Aéropostale et compagnon de Mermoz.

Le 2 septembre, à bord d'un appareil alourdi par 525 litres d'essence et 30 litres d'huile, elle s'enfonce dans une nuit mouvementée où *« tout paraît suspect »*. Dans un silence vivant et hostile qui donne une étrange résonance au souffle du moteur, elle se découvre une autre acuité sensorielle : son oreille capte des bruits mécaniques qu'elle ne percevait pas jusque-là et qui prennent une importance singulière ; elle se surprend à épier son moteur avec une attention de maniaque. Dans le ciel sombre du Bourget, la ronde s'éternise à 75 km/h, une vitesse calculée pour prolonger le vol mais qui place en permanence l'appareil au bord de la perte d'équilibre.

Finalement, Maryse surmonte la première nuit sans trop de difficulté, en comptant les étoiles... Un nouveau jour passe, puis revient la nuit, différente de la précédente, obsédante. Les minutes s'étirent et la fatigue s'installe. La fatigue ? Le sommeil, insidieux et tentateur, naît du ronronnement régulier du Salmson pour inviter l'aviatrice à se laisser aller. Maryse lutte, se reprend parfois in extremis. Au sol, les témoins de ce duel contre soi-même sursautent quand le moteur s'emballe pour déjouer un piqué soudain ou s'étouffe si l'appareil se cabre. L'aviatrice, qui ne boit pas et ne mange pas, se secoue avec colère : *« Allons ! du cran,* s'encourage-t-elle, *je ne vais pas flancher si près du but, que diable ! »* Pour rester éveillée, elle s'inflige alors une véritable torture : elle serre les dents, se saisit d'un vaporisateur et s'asperge les yeux d'eau de Cologne.

L'application d'un fer rouge ne la ferait pas souffrir plus atrocement ; toutefois, la brûlure lui *« épargne pendant une heure l'âpre besoin de dormir »*. Quand la chaleur de l'alcool fait irruption dans ses yeux un instant aveuglés, elle se retrouve comme dessoûlée. Et par une étrange alchimie, son esprit canalise la douleur vers les gestes qui manœuvrent l'avion. Puis il lui faut recommencer, au point qu'elle vide son flacon. La souffrance devient morale et alimente sa détermination. Tenir. Il faut tenir. Elle se crispe sur les commandes, se fait mal pour sentir son corps et le sortir de la léthargie qui l'envahit progressivement. Seulement, le démon du sommeil ne s'en laisse pas facilement conter : il lui expédie une cohorte d'hallucinations, des murs blancs gigantesques qui surgissent soudain de nulle part et qu'elle évite par des virages serrés. Les sortilèges se succèdent et déclenchent des réactions saccadées qui finissent par faire peur au cercle de ses amis. Maryse se raccroche à tout pour ne pas s'endormir : elle pense aux autres femmes qui ne la quittent pas du cœur, à ceux qui, en bas, la soutiennent ; elle se souvient aussi du grand brasier qu'ils ont allumé, la veille, pour l'avertir de l'arrivée à New York de Costes et Bellonte. La réussite des deux aviateurs la fouette, lui insuffle un regain d'énergie. Elle tiendra. Au petit jour, dès que la ligne de l'aube s'inscrit sur l'horizon, le démon du sommeil se replie en hâte.

Le jour se lève et, avec lui, montent des avions qui vont accompagner Maryse dans ses derniers tours. Leurs pilotes ne savent pas que la malheureuse continue de voler avec la hantise du grand mur blanc... que, bien sûr, ils ne voient pas. *« Le cerveau surchauffé, l'oreille tendue »*, l'aviatrice accomplit machinalement les gestes qui remettent sa vie en place, tandis que son esprit se désembue des frayeurs nocturnes. Nouveau virage sur l'aile. Allégé d'une grande part de son carburant, l'appareil répond docilement. Maryse s'obstine là où son corps l'implore d'arrêter. « *Au prochain tour,* se dit-elle, *c'est promis, je descends.* » Mais elle enchaîne les ronds dans le ciel avec un courage absurde. La machine renonce avant elle : le moteur cafouille, l'essence manque. Secrètement soulagée et heureuse car « *aucun homme ne l'a battue* », Maryse regagne le sol au terme d'un vol ininterrompu de 37 heures et 55 minutes, la tête haute mais le visage enflé, les yeux tuméfiés, martyrisés, rouge sang, à peine visibles tant les paupières ont gonflé. La jeune femme ressemble à une ombre pitoyable et effrayante, sortie de la nuit ou d'un cauchemar, l'ombre d'elle-même assurément, car elle a perdu 4 kilos et ne peut plus marcher. D'un coup d'ailes, elle rafle le record féminin toutes catégories, le record des avions légers et celui du vol sur monoplace. Et il s'agit une fois de plus de la victoire d'un sexe qui prouve à l'autre qu'il n'est pas aussi faible qu'on le dit. C'est aussi et surtout la formidable performance d'une volonté : « *A un moment,* expliquera Maryse, *j'ai désiré mourir. Il me semblait être au bout des forces humaines. Pourtant, je ne voulais pas abandonner. L'accident ou la panne... qui sans que j'y fusse pour rien me délivreraient de toutes ces abominables souffrances, soit ! Mais, personnellement, je ne voulais pas céder.* » Elle ne regrette donc pas son effort épuisant et ajoutera même [11] : « *Trente-six heures dans le cul ! Après ça, la marche te paraît ridicule : tu as l'impression de ramper comme un bébé, l'auto devient une tortue qui se traîne. Et le train, je ne l'avais jamais aimé.* » Maryse vole et cela suffit à son bonheur. Il lui arrive, toutefois, de ne pas aimer être une femme car, soupire-t-elle, « *on attend de moi des attitudes, des craintes gracieuses, des tendresses qui ne me sont pas naturelles. Mon entourage me trouve monstrueuse de préférer mon zinc, une bête de métal, à tout amour, à tout homme, à tout enfant.* »

L'épreuve du Bourget ne l'a pas échaudée, au contraire : elle entame un raid Paris-Le Caire auquel elle doit renoncer très vite, en raison de difficultés rencontrées au-dessus du Morvan. Cette mésaventure la conduit à mieux écouter un homme d'expérience de l'envergure de Dieudonné Costes, lequel lui conseille de partir vers l'est. D'ailleurs, il lui établit ses cartes et calcule ses caps. Reste à effectuer le voyage. Le 28 juin 1931, après avoir enregistré les dernières recommandations du vainqueur de l'Atlantique nord, elle décolle du Bourget, survole Moscou vingt-quatre heures plus tard et va se poser près de Nijni-Novgorod (Gorki), sur un plateau isolé entre forêts et marécages, au terme d'une «promenade» de 30 heures et 30 minutes sur plus de 3 000 km, qui lui vaut d'empocher le record féminin de distance en ligne droite, qu'elle souffle à Léna Bernstein – sa bête noire, française comme elle –, et le record de distance en ligne droite sur monoplace léger de 350 kg. Dans la foulée, elle accroche la Légion d'honneur à sa boutonnière et décroche le Harmon International Trophy.

Comme à Bordeaux, cinq ans plus tôt, on la fête, et la presse lui consacre des articles élogieux. Puis la vague de la notoriété reflue, encore une fois, et la laisse seule avec des ennuis financiers. La gloire ne fait pas vivre. Cependant, au Klemm va succéder un Caudron Phalène qui doit l'emmener à travers l'Europe : Maryse caresse en effet des projets importants, en particulier une traversée aérienne de l'Atlantique sud. Elle ne réussit pas à rassembler la somme nécessaire pour mener cette entreprise où Jean Mermoz l'a précédée, en mai 1930, aux commandes d'un Laté 28 à flotteurs de l'Aéropostale, entre Saint-Louis du Sénégal et Natal. Si deux compagnons, le navigateur Jean Dabry et le mécanicien Léopold Gimié assistaient le grand pilote dans cette expédition, Maryse envisageait d'affronter l'Atlantique, seule à bord. Folie, dirait Caudron. Maryse connaît le prix à payer en cas d'échec : la mort, la disparition pure et simple sous les flots, sans trace. Elle en accepte d'avance le verdict parce que, estime-t-elle, *«pour une folle de l'air, mourir à terre a quelque chose d'une abdication»*. Pour l'instant, l'absence de fonds l'oblige à tirer un trait sur ce rêve téméraire et à accepter l'offre de Potez qui lui propose de présenter ses appareils de tourisme dans les aéro-clubs. Ce travail, à ses yeux dénué de tout intérêt, lui permet de voler et assure son quotidien. A défaut de franchir un océan, Maryse entame une nouvelle traversée du désert qui va durer près de trois ans.

Si cette retraite forcée écarte une Maryse de l'actualité immédiate, une autre Maryse la remplace au pied levé : Marie-Antoinette dite Maryse Hilsz [12], qui n'est d'ailleurs pas une inconnue à l'époque des exploits de Maryse Bastié. Après des débuts modestes de... modiste, cette fonceuse a abordé le monde aérien par le parachutisme d'exhibition, un sport encore rude dans les années 20 mais qui ne rebute pas une fille robuste au corps mince et à la carrure athlétique, au cou puissant, et dont le visage respire l'énergie. Habituée aussi à se livrer à des acrobaties audacieuses sur l'aile d'un avion en vol – ce qui dénote un sens certain de l'équilibre –, elle ne montre rien de son émotion quand elle frôle la catastrophe, en particulier à deux reprises : lors d'une chute sur un toit, et surtout après avoir failli s'engouffrer dans la gueule d'un haut fourneau pour atterrir finalement dans une forêt... En l'espace de quatre ans et de cent douze descentes effectuées surtout pour le compte de la Société de développement de l'aviation, la jeune femme, qui aspirerait plutôt à s'élever, juge plus confortable de rester dans l'avion et, le 21 avril 1930, passe – avec succès – le brevet de pilote de transports publics [13].

Cette conversion doit sans doute beaucoup aux conseils et à l'exemple de sa vieille amie, Adrienne Bolland, une des rares aviatrices avec qui Maryse sympathisera jamais. Leurs chemins se croisent en effet, depuis le milieu des années 20, lors des meetings au cours desquels les saltimbanques de l'air donnent à un public ébahi la pleine mesure de leur talent. Maryse plonge dans le vide et décrit quelques arabesques gracieuses avant de déclencher l'ouverture de sa grande ombrelle et de se poser avec précision non loin de la foule ; puis les têtes se tournent de nouveau vers le ciel où Adrienne la voltigeuse se lance dans une série de figures hardies. Ce scénario se déroule notamment le 6 juin 1926, sur le terrain des frères Molon, près du Havre, où Maryse réalise un superbe saut à l'occasion de la démonstration acrobatique de l'escadrille Mamet. Entre autres pilotes présents ce jour-là, Adrienne Bolland, Ernest Vinchon, Mamet, Froissard et Fronval se surpassent dans la virtuosité. Au soir de la fête, Adrienne, Ernest et Froissard décident de rester au Havre pendant que Maryse et l'un de ses camarades s'entassent tant bien que mal dans le Morane Clerget 130 CV de Fronval en vue de rejoindre l'aérodrome Morane-Saulnier, aux portes de Paris. Malgré la belle nuit et un survol féerique de Versailles – une merveille ! –, les passagers se cramponnent aux aspérités, n'étant pas attachés. Mieux : Maryse dépasse de la carlingue, posture critique pour quiconque n'a pas son expérience de parachutiste. En tout cas, elle ne semble pas impressionnée et se contente de hurler à son voisin, pour couvrir le vacarme du moteur : *« N'importe comment, nous ne serons pas longtemps à arriver : avec Fronval, on va tout droit ! »* Effectivement, l'aviateur n'a pas pour réputation de traîner entre les nuages et mène ce retour à un train d'enfer, sans paraître se soucier de l'obscurité, guidé par un sixième sens qui étonne même les professionnels qui l'accompagnent : au terme d'un voyage rapide et mouvementé, l'appareil atterrit avec précision face à un hangar où brûle une lumière et où attend, fidèle et patient, le mécanicien de Fronval. Comment, dans une telle atmosphère, avec un parrainage de cette qualité, Maryse Hilsz ne se sentirait-elle pas à son tour pousser des ailes ?

Si le parachutisme l'a contrainte à une forme de surplace qui limitait son horizon, cette adepte du mouvement va se rattraper sur la distance, et sans tarder. Auparavant, elle se fait la main en direction de l'Angleterre et des Pays-Bas, première expérience qui se termine dans un champ de tulipes, à cause d'une panne d'allumage. Ses ennuis ne s'arrêtent pas là car le propriétaire des fleurs exige cinq cents florins de dédommagement pour les dégâts occasionnés tant par l'appareil que par les curieux venus en foule assister à ce spectacle peu banal d'une femme tombée du ciel. L'encre de son brevet n'est pas encore sèche que, le 12 novembre 1930, Maryse Hilsz s'envole de Paris pour Saigon, seule à bord d'un Moth Morane, atteint son but le 5 décembre et redécolle le 11, avec la ferme intention de regagner la France et sa capitale au plus vite. Elle achève la première partie de son périple à Athènes, le 9 janvier suivant, prend le bateau pour Marseille d'où elle repart, le 2 février et par les airs, en direction de Paris-Le Bourget où elle se pose le 7 février, non sans avoir flâné sur le parcours final.

Première femme à inaugurer la liaison France-Indochine, Maryse démarre donc fort et se taille d'emblée une réputation méritée d'endurance. Et de courage. Il en faut pour traverser des régions inconnues, où l'arrivée d'un avion fait partie des événements rarissimes qui frappent l'imagination des populations. Il en faut, dans certaines contrées, pour affronter les préjugés des croyances et des coutumes : la venue d'un aviateur suscite autant les craintes superstitieuses que l'enthousiasme. Mais lorsqu'une femme apparaît sous le cuir du pilote, la stupéfaction n'a plus de bornes. A l'époque, un voyage aérien entre la France et l'Asie se double d'un déplacement à travers les âges et les mentalités, expédition qui ne va déjà pas sans risques, notamment pour les équipages aguerris des lignes d'Orient animées par Maurice Noguès. Ces dangers potentiels n'effraient pas Maryse la dure à cuire : l'aventure, même conduite en solitaire, est trop belle. Mais chère.

En effet, loin d'être fortunées ou soutenues financièrement

par des mécènes, les aviatrices courent d'abord après les crédits avant de se lancer dans la quête aux records. Que d'exploits ne leur faut-il pas réaliser pour être prises au sérieux et non plus considérées comme des pilotes en dentelles ! En dehors d'une bonne dose de persévérance, une place au ciel implique encore des réserves d'amour-propre pour déjouer les mesquineries et la jalousie d'hommes et de femmes – eh oui ! – qui jugent contre nature leur intrusion dans le monde viril de l'aviation. Là-dessus viennent se greffer les mille et une tracasseries d'une administration par trop timorée qui ne fait déjà pas toujours preuve d'une grande ouverture d'esprit à l'égard des aviateurs eux-mêmes et leur concède ses autorisations avec parcimonie, et non sans machiavélisme : à l'heure des défis aériens et des voyages à travers le monde, il arrive que les fonctionnaires donnent le feu vert à un raid après son accomplissement, et seulement en cas de succès... [14] Une façon sûre de ne pas se tromper !

Maryse, comme ses camarades, ne bronche pas dans la mesure où elle vole. Bien sûr, elle brûle de repartir vers un record et, dans l'attente de rassembler les fonds nécessaires, participe à des compétitions comme le Tour de France aérien et terrestre, organisé en avril-mai 1931 par *Le Journal,* qui consiste en dix-sept épreuves étalées sur dix-sept jours et réservées aux avions, motocyclettes et automobiles. Avec elle, dans la course, s'alignent Maryse Bastié et Jeanne Pujol, trio qui tient la dragée haute aux hommes jusqu'à Orly. Cet entraînement et l'émulation qui découle de la présence de plus en plus marquée de rivales douées, la préparent au mieux à la nouvelle expédition qu'elle entreprend vers Madagascar dès le 31 janvier 1932, au départ du Bourget, en compagnie du mécanicien Dronne et à bord d'un Farman 291 à moteur Gnome et Rhône Titan K7. Le 4 février, tandis qu'elle ralliait Fort-Lamy, elle doit atterrir à Niamey, suite à de sérieux ennuis mécaniques, et ne peut redécoller qu'après avoir réparé son moteur avec les pièces apportées par avion par le vicomte de Sibour. En dépit de ce dépannage express, elle atteint Fort-Lamy le 16 mars et Tananarive le 31 mars suivant, avant de reprendre le chemin du Bourget où elle se pose le 7 mai : elle est ainsi la première femme de l'Histoire à avoir effectué la liaison aérienne France-Madagascar.

Les spécialistes lui tirent leur chapeau, car ce parcours de 12 000 km n'a rien d'une promenade en Normandie, avec ombrelles et petits gâteaux, un samedi après-midi. Il n'existe pas de système de navigation et l'avion n'emporte que des instruments rudimentaires ; si l'infrastructure au sol peut être qualifiée d'embryonnaire, le service de la météorologie ne vaut guère mieux. Aux commandes d'appareils dont la fiabilité laisse parfois à désirer, le pilote ne peut donc avoir confiance qu'en un seul et unique facteur : lui-même ! Là où des hommes hardis reculent ou renoncent, en raison d'une part d'inconnu trop importante pour garantir leur sécurité, Maryse Hilsz s'engage résolument. Puisque la distance lui réussit, elle va ajouter une nouvelle corde à l'éventail de ses compétences : l'altitude. Le 19 août 1932, avec son Jockey-Morane de 480 CV, elle détrône Ruth Nichols de son titre de femme la plus haute du monde, en grimpant à 9 791 m contre 8 671 m atteints par l'Américaine. Désormais, une semaine ne s'écoule plus sans un nouveau record retentissant ; ce rythme soutenu d'exploits, rendus possibles par les améliorations techniques foudroyantes apportées aux machines, implique une concurrence plus vive entre les femmes, d'où une flambée de performances qui va s'intensifier, surtout entre 1930 et 1938.

Ainsi, l'aviation tourne une nouvelle page, et les aviatrices du temps jadis – celles qui attachaient leur robe, avec une ficelle, au niveau des mollets – savourent maintenant un plaisir secret à fuir les foules car, écrit Willy Coppens de Houthulst, *« aucun meeting ne les incite plus à rechercher encore le reflet d'un temps qui n'est plus »* [15]. A sa manière directe, Adrienne Bolland, qui se défend de toute langueur nostalgique, partage cette opinion et confesse d'ailleurs, dans ses *Souvenirs irrévérencieux,* n'avoir jamais aimé le passé... Il y a bien trop à faire avec un présent qui file de plus en plus vite, si vite que des jeunes femmes vont y consumer leur existence.

Parmi ces étoiles qui éclairent un instant le ciel encombré des Années Folles, Léna Bernstein brille d'un éclat particulier. Israélite née à Leipzig en 1906, de parents russes, cette jeune fille, qui choisira la nationalité française en 1932, quelques mois avant sa mort, semble l'incarnation du charme slave : grande, mince, ravissante, le visage à l'ovale parfait, couvert de taches de rousseur et encadré par des cheveux d'une blondeur exquise, Léna possède une bouche adorable et un regard susceptible de refléter les grands élans et de déclencher les passions extrêmes, un regard délicieux, rendu encore plus troublant par une myopie que Léna, pour voler, devra corriger avec des lunettes spéciales. Que le lecteur pardonne cet emportement, mais comment résister à ces yeux sombres, ces beaux yeux faits pour voir le monde d'en haut et dont la patine des photographies, malgré les décennies, n'atténue pas le magnétisme ? Victor Hugo dut s'inspirer de sa semblable pour s'exclamer, en un autre siècle : *« Chair de femme, argile idéale, ô merveille ! »*

Très tôt, le cœur de Léna bat pour un amant exigeant : l'avion. Ce dieu-là, elle va le servir avec dévouement, comme les vestales de la Rome antique, jusqu'au sacrifice total. Elle entre dans le temple de l'aviation en 1928, en obtenant son brevet de pilote à l'école civile d'Aulnat, membre de l'Aéro-Club d'Auvergne. Quoique démunie financièrement, elle va s'employer à gravir sans retard les degrés qui conduisent à l'autel de la notoriété. Elle franchit la première marche en mai 1929, grâce au prêt du Caudron C109 n° 3 rouge qu'avait utilisé Maurice Finat, l'as de la voltige. Son ambition va laisser pantois les vieux routards du ciel que sont pourtant les commissaires de l'Aéro-Club de France : elle envisage de traverser la Méditerranée et de battre le record de distance en ligne droite. Posément, devant ces messieurs aux mines sévères, elle a développé son projet : *« Il me faudra attendre sept à huit heures de vol pour atteindre une altitude de tranquillité, soit 500 à 600 m. »* Il est vrai que le Caudron, avec ses 425 litres d'essence, ne pourra guère s'élever qu'à 50, voire 60 m, le temps de consommer le trop-plein de carburant et donc de s'alléger suffisamment... D'où le choix d'un vol au-dessus de la mer, ce qui élimine les obstacles et le relief. *« Ensuite,* a poursuivi Léna, *je toucherai la côte africaine à Benghasi puis je remonterai le Nil le plus loin possible, sans doute jusqu'à Assiout. »* Et de conclure, après avoir présenté son avion : *« Je réussirai ! »*

Frêle, presque maigre, osseuse diront les mauvaises langues, la jeune femme n'inspire pas la pitié : comme ses aînées dans le métier, elle rayonne d'une énergie, cocktail d'entêtement et d'amour, qui surpasse certainement les limites de sa résistance physique. A Istres, d'où elle doit mener sa tentative, les circonstances paraissent se liguer contre elle. Elle commence par passer outre l'interdiction du Service technique du ministère de l'Air et place tant bien que mal face au vent son appareil alourdi. Elle va pour s'élancer quand un pneu crève, puis un autre. Les mécaniciens interviennent. De nouveau, le moteur tourne, la machine roule, s'incline vers le ciel et touche le sol, à quatre cents mètres de là, sur une autre piste. Encore une crevaison, constatent les techniciens.

Absolument pas contrariée par ces faux départs, Léna décide de repousser son vol au lendemain. Le jour dit, fraîche et pimpante, comme si les événements de la veille ne l'avaient pas affectée, elle s'envole comme prévu à bord de son réservoir volant pour se heurter à un adversaire de taille, le mistral, qui se déchaîne alors et la chahute avec brutalité. Dans l'impossibilité de tenir en ligne un avion déjà difficile à manœuvrer dans des conditions normales, en raison de son poids, l'aviatrice opte pour la sagesse, actionne son « vide-vite » et largue son carburant, ignorante d'un danger plus grave encore que le vent déchaîné : elle inhale des vapeurs d'essence, s'asphyxie sans s'en rendre compte et s'évanouit. Par chance, l'avion allégé reprend de la hauteur et Léna sort de son engourdissement passager, dégrisée par les gifles d'air, avec une seule idée en tête : regagner Istres où les hommes, aviateurs et mécaniciens, impressionnés par sa maestria face aux éléments en furie, la sacrent « grand pilote ».

Ce respect de la part de professionnels la conforte dans sa détermination. Deux tentatives n'ont pas abouti et auraient même pu avoir des conséquences tragiques... Qu'importe, se dit cette satanée fille, il reste la troisième, la bonne. Elle se trompe, néanmoins, et échoue à Pise, contrainte à l'atterrissage par une panne. Un mécanicien met en évidence la fermeture défectueuse du « vide-vite » actionné le jour précédent. Ce détail réglé, Léna ne peut néanmoins s'envoler : le commandant du terrain lui réclame ses papiers, lui fait remarquer qu'elle ne dispose d'aucune autorisation de survol de l'Italie et lui annonce qu'il va la mettre à la disposition des autorités. A cette époque de fascisme aigu où règne l'abus de pouvoir, on ne badine pas avec les contrevenants. Or, Léna ne se voit pas prisonnière dans une geôle du Duce.

Elle ruse, fait semblant de se soumettre à son sort, s'inquiète de l'état de son Caudron, demande à réaliser un tour de piste, comme s'il s'agissait de l'acte le plus naturel, et fausse compagnie à ses gardiens, leur laissant sa combinaison de cuir, son chapeau et une carte. Mais elle conserve ses ailes et sa liberté. Bref, l'essentiel ! La jauge lui indique une autonomie de dix heures avec 150 litres, ce qui lui permet de revenir à la case départ. La chaleur d'août ne change en rien son obstination, et elle décolle pour la quatrième fois avec la certitude de réussir.

Et elle réussit ! D'un battement d'ailes, elle parcourt les 2 268 km qui séparent Istres de Sidi-Barani, en Égypte, inscrit son nom au palmarès des records de distance en ligne droite [16] et devient la première femme à avoir accompli un vol transméditerranéen.

Ce coup double la récompense des déboires passés et l'encourage à s'attaquer à des performances plus coriaces. En 1930, elle porte à 35 heures et 45 minutes le record de distance en circuit fermé et de durée établi à 27 heures par Maryse Bastié, laquelle le récupère en septembre 1930, en l'améliorant de 3 heures, au prix de terribles efforts. Le petit Caudron de Léna ne peut rien contre le Klemm. Et l'aviatrice, malgré son succès et ses capacités, se casse le nez sur le mur de l'argent qui l'empêche d'acquérir un appareil plus puissant que le C 109 et de relever le gant. Avec son air de gosse qui a grandi trop vite, Léna paraît plus renfrognée lorsqu'on évoque devant elle ce record qu'elle a dû abréger, épuisée, parce que de bonnes âmes avaient remplacé ses sandwichs par des morceaux de carton. Une blague, à les en croire. Par chance, en 1931, un constructeur lui confie un avion qui lui donne l'idée d'un Paris-Saigon, mais qui se brise aux Indes, après un atterrissage forcé. Les mauvaises nouvelles se télescopent puisque Léna apprend qu'elle a été dépossédée par un Américain de son record de distance en ligne droite et que Maryse Bastié s'intéresse de près à cette spécialité.

Léna désespère mais s'accroche à son étoile et à son record. Elle multiplie les démarches jusqu'au moment où Farman se laisse convaincre de lui fournir un appareil adéquat auquel il convient, toutefois, d'ajouter un réservoir de 60 litres apte à accroître son rayon d'action. Farman n'a pas cédé de gaieté de cœur ; il l'a fait à une condition : que Mademoiselle Bernstein assure la cellule pour 30 000 francs – une petite fortune – sans omettre la police de 2 000 francs. Une fois encore, la jeune fille déchante et trouve son salut auprès d'un passionné de l'air qui lui avance l'argent contre la promesse qu'elle lui apprendra à piloter après le record. Marché conclu. Une lettre de change signée le 31 octobre 1931 balaie ses ultimes appréhensions et lui insuffle un regain de vitalité. Assurée d'avoir son avion, elle parvient à fléchir le Service technique, lequel, hostile à une traversée maritime pour des raisons de sécurité, ne lui permettait pas d'emporter plus de 225 litres d'essence, mesure qui lui barrait plus sûrement la route du record qu'un interdit formel.

Gonflée à bloc, elle reprend la route d'Istres où les déconvenues se succèdent : pour commencer, la chute au large des côtes d'Espagne d'un appareil similaire au sien mais transformé en hydro fait revenir l'administration sur sa décision, du moins jusqu'aux conclusions de la commission d'enquête. Déjà tiède, Farman se montre franchement réticent. Léna plaide sa cause et le convainc ; le ministère de l'Air suit. Elle part et loupe son décollage, sous le regard attristé de Marcel Doret et Joseph-Marie Le Brix, eux aussi sur le seuil d'une grande aventure aérienne [17]. Ce premier essai se solde par une béquille cassée. Sur le terrain, on murmure à juste titre que l'appareil est trop lourd, délicat à manœuvrer. On en vient presque à approuver les objections des « culs de plomb » du ministère. Léna ne veut rien entendre. A trois heures du matin, elle récidive, roule, roule, mais l'avion surchargé colle au sol, quitte la piste cimentée et, emporté autant par sa masse que par son élan, va se fracasser sur des remblais de cailloux.

A l'hôpital de la Conception de Marseille où elle a été transportée d'urgence, Léna dénombre ses blessures et peut s'estimer heureuse de s'en sortir aussi bien : elle souffre d'une double fracture de la cheville droite, de deux côtes brisées, d'une mâchoire cassée, et d'une profonde entaille entre la lèvre supérieure et la pointe du menton. Le personnel hospitalier prend conscience du dénuement dans lequel elle vit, lors de son admission : ils s'aperçoivent que ses possessions se résument à 15 francs, un sac à main usagé, une banale combinaison de coton, seul vêtement porté sous son cuir, et une paire d'espadrilles. Pendant ses deux mois d'immobilisation forcée, elle reçoit la visite de membres de l'Aéro-Club de Provence et, notamment, d'un industriel marseillais, ancien pilote de guerre, qui, touché par sa détresse, lui promet de faire mettre un appareil à sa disposition. De quoi accélérer sa guérison. Au terme de plusieurs semaines d'une patiente rééducation, elle réapparaît à Toussus, sur le terrain de Farman, appuyée sur deux cannes.

La maison Farman lui confirme qu'un chèque de 35 000 francs signé par son généreux mécène a fait d'elle la propriétaire d'une cellule de F 231. Ce geste peu ordinaire et désintéressé ne la dégage pas complètement d'ennuis financiers liés à ses soins médicaux. Elle survit grâce au soutien de l'Aéro-Club de

France et de quelques camarades, aide discrète qui n'efface pas non plus toutes ses dettes. Néanmoins, à force d'obstination, elle s'envole en juin 1932 pour Istres où la guettent un huissier et un agent de la Sûreté. L'huissier doit saisir son Farman, suite à une plainte déposée par l'économe de l'hôpital de la Conception, car elle n'a toujours pas réglé ses frais de séjour. De son côté, l'agent a été mandaté par le Service technique... Avertie par son instinct ou par une relation bien informée, Léna évite le piège, change de cap et se pose sur le terrain du Plan de Dieu, près d'Orange, redécolle le lendemain pour Cannes, s'y ravitaille, puis file droit sur Alger, d'où elle compte repartir pour Bagdad, Bassorah, une route terrible qui va l'obliger à survoler le désert de la Tripolitaine, de sinistre réputation.

Il est écrit qu'elle ne quittera pas l'Algérie, puisqu'une panne l'immobilise à Biskra où le Service technique, décidément tenace, la retient [18] et met son avion sous bonne garde. L'affaire pourrait s'arranger au mieux, surtout avec des appuis aussi puissants que le général du Jonchay et le colonel Pierre Weiss, qui se sont pris d'affection pour leur *«petite camarade»* qu'ils estiment de *«tout leur cœur»*. Hélas, une tornade endommage le petit avion bleu. *«Rien de grave,* soulignera plus tard le général Weiss. *Cela n'aurait pas entraîné de grands frais.»* En clair, Léna pouvait encore prétendre effectuer 4 000 kilomètres avec 500 litres d'essence. Pourquoi, dès cet instant, le scénario de sa vie se dérègle-t-il ? Était-elle arrivée à un tel point de fragilité, cette fille aux yeux candides, que personne ne pouvait plus l'aider ?

Tout pourrait encore lui sourire. Elle possède cette jeunesse qui se rassure d'un regard dans le miroir et ne s'interroge pas sur son pouvoir de séduction ni sur le plaisir à prendre et à donner. Pourtant, rien ne va plus. Trop de coups durs et surtout un sentiment d'impuissance devant l'acharnement du destin l'ont vidée de son énergie. Avait-elle compris qu'elle était malade de la vie ? Aux yeux de ceux qui la rencontrent alors, elle semble découragée, abattue. Un soir, elle loue une voiture et se fait conduire à Tolga, aux portes du désert, pour se plonger, dit-elle, dans la solitude immense de la nuit algérienne, bain vivifiant pour une âme tourmentée.

Parvenue à destination, sur la route de Kanja à Sidi-Nadji, elle renvoie le véhicule et son chauffeur. Elle était partie sans précipitation vers ce rendez-vous avec une autre elle-même, comme déjà libérée de toute décision à prendre : il n'y aurait bientôt plus à penser, à assumer, à souffrir. Des indigènes la découvrent trois jours plus tard, allongée sans vie sur cette plage de sable interminable qui devient liquide à l'horizon. Près d'elle, une bouteille de champagne et trois tubes de véronal, le cocktail du désespoir, la clef de l'oubli... Le suicide paraît évident. Cependant, d'aucuns défendront la thèse d'un tragique concours de circonstances : plongée dans un sommeil proche du coma et consécutif à l'absorption du mélange d'alcool et de drogue, Léna aurait succombé à un coup de chaleur. Celle qui aimait qu'on la considérât comme une vraie professionnelle repose à jamais au cimetière de Biskra, sur la route de son record. Aujourd'hui encore, plane sur le désert le souvenir d'une jeune fille gracieuse malgré ses allures de garçon manqué, à la fois si vulnérable et tellement volontaire, une jeune fille qui eut à souffrir des hommes et de leurs combines qu'elle refusait, et dont le beau sourire – peut-être pour cette raison – évoquait une aurore triste...

7

LES BELLES ANGLAISES

Mon chez-moi, c'est là-haut.
Suzy Oberlin, commandant de bord
(Conversation avec l'auteur)

Prudente depuis la leçon donnée par Louis Blériot en juillet 1909, l'Angleterre, maîtresse sur les mers, travaille à le devenir dans les airs. Cependant, à l'inverse des pilotes américains, les Britanniques, tout comme les Français, ne disposent pas de vastes étendues nationales, aptes à favoriser les premiers records ou à permettre de relever les nombreux défis que la fièvre du ciel suscite de par le monde. Par nécessité, il leur faut donc survoler des territoires étrangers ou des surfaces marines importantes, ne serait-ce que pour atteindre des terres cousines. Si les Français s'attaquent aux longues distances vers l'Indochine ou l'Amérique du Sud, les Anglais choisissent l'Afrique du Sud ou l'Australie. Du 11 au 20 octobre 1927, l'équipage Challe-Rapin réalise un Paris-Saigon en dix étapes à bord de son Potez 25. Le 14 avril 1928, le Breguet 19 de Costes et Le Brix atterrit à Paris après avoir parcouru plus de 57 000 km vers l'ouest, à travers l'Atlantique sud et avec des escales à Buenos Aires, Lima, Mexico, New York, Chicago, San Francisco, Tokyo, Karachi, Bagdad et Athènes. Seul, le Pacifique reste en pointillé : ils l'ont franchi à bord d'un navire. Mais cet océan autrement plus redoutable que l'Atlantique, malgré son nom, ne résiste pas longtemps à une aviation survoltée et, moins d'un an après l'exploit de Lindbergh, entre le 31 mai et le 9 juin 1928 – exactement en 83 heures de vol –, l'équipage formé par les Australiens Kingsford-Smith et Ulm, en compagnie des Américains Lyons et Warner, se joue de la distance en trois étapes, dont l'une de 5 000 km effectuée d'une traite, à bord du *Southern Cross* (la *Croix-du-Sud*), un Fokker trimoteur [1]. Cette performance donne l'impression que le monde tourne plus vite. Si les 5 809 km de Lindbergh font toujours bonne figure, il convient de rappeler qu'un petit mois après leur compatriote, Clarence Chamberlin et Charles Levine poussaient leur Bellanca Wright sur 6 294 km, entre New York et Isleben, en Allemagne.

Partout, les records tombent, les distances s'amenuisent, la Terre rétrécit. Et les perspectives s'annoncent plus grandioses encore, puisqu'en 1929 un Junkers 33 décolle de Dessau, en Allemagne, à l'aide de fusées d'appoint. Le réacteur pointe son nez ! Cette « folie » aérienne, qui se généralise, provoque une émulation incroyable : le seul impact du vol de Lindbergh peut se mesurer au nombre de brevets accordés uniquement aux États-Unis ; de 1 800 en 1927, le chiffre grimpe à 5 500 l'année suivante. L'extraordinaire voyage du comte de Lambert autour de la tour Eiffel fait maintenant figure d'amusette au regard des expéditions organisées à destination des moindres coins et recoins de la planète, et même à la verticale des pôles. Quoique peu soutenues et isolées, les filles ne déméritent pas dans ce contexte effervescent. Après avoir gagné le droit de voler, souvent de haute lutte et au prix de sacrifices financiers, elles s'alignent dans les épreuves les plus rudes, la plupart du temps sans posséder les meilleures machines. Leur « crânerie », pour reprendre l'expression admirative si répandue autrefois chez les dames de la Stella, les propulse sur les autres rives de l'horizon. Berceau des grands voyageurs, l'Angleterre confirme avec ses aviateurs qu'elle conserve une curiosité intacte du monde et que ses femmes pilotes possèdent aussi ces qualités de courage et d'audace qui en font les dignes descendantes des explorateurs de naguère. Certes, les plus favorisées par la fortune s'affranchissent vite des contingences matérielles, comme l'acquisition d'un appareil et l'équipement inhérent à l'expédition, et se lancent dans l'aventure, non sans désinvolture.

Fille d'un pair irlandais, Lady Mary Bailey commence par battre un record d'altitude en 1927, puis, l'année suivante, décide de rejoindre son mari, Sir Abe Bailey, qui vivait alors en Afrique du Sud. Le 9 mars 1928, seule à bord de son De Havilland Moth, elle quitte l'Angleterre pour ce qui devait être à ses yeux un voyage de tourisme. Elle traverse le Soudan, descend jusqu'à la pointe du lac Victoria, au Tanganika (aujourd'hui la Tanzanie) où son biplan se retourne, accident qui la met en colère puisqu'elle n'a pas su prendre de l'altitude. Remise de ses émotions, mais absolument pas prête à renoncer, elle change d'avion et reprend son vol pour Le Cap, qu'elle atteint le 16 avril. Là, elle s'excuse de son retard auprès de son mari, visite un pays non dénué de charme, malgré la ségrégation raciale qui y règne, prépare son retour un peu comme si elle envisageait un pique-nique et s'envole le 21 septembre, cap sur Londres. Par rapport à l'aller, elle modifie son trajet, remonte par le Congo belge et le Sahara, et, à Khartoum, croise Lady Heath, née Sophie Eliot-Lynn, qui, aux commandes de son Avro-Avian, se « promenait » entre le cap de Bonne-Espérance et Le Caire, avec une Bible, une carabine, des raquettes de tennis, six robes de cocktail et un manteau de fourrure ! Voilà qui peut faire sourire, surtout quand Lady Heath déclarera, d'un ton badin, à propos du caractère aléatoire de ses randonnées au-dessus de zones hostiles ou inconnues : *« C'était si peu dangereux qu'une femme pouvait survoler l'Afrique en robe de grand couturier sans même avoir besoin de se repoudrer le nez. »* L'insouciance doit être une protection efficace, car l'autre lady, Mary Bailey, poursuit sans problème son bonhomme de chemin jusqu'à Londres où, au terme de 27 950 km parcourus dans les airs, elle reçoit le Britannia Trophy. L'exploit, on le devine, suscite une vive impression en Grande-Bretagne et stimule l'enthousiasme des émules en jupons, qui vont maintenant s'efforcer de faire mieux, c'est-à-dire plus vite. Ici, plus question de tourisme : les prétendants au Londres-Le Cap visent le record, qu'un équipage mixte, formé de Gordon Hore et Peggy Salaman, s'adjuge en novembre 1931, après un vol de 5 jours et 6 heures.

Au pays de Shakespeare, les jeunes filles peuvent désormais apprendre le pilotage comme la broderie : avec application. Depuis la guerre, en effet, et le retour des héros de la toute jeune Royal Air Force, des centres d'instruction aéronautique ont proliféré à travers le Royaume-Uni. Sans exclure les femmes, au contraire. Implanté à douze milles de Londres, sur l'un des soixante aérodromes des National Flying Services, le club de Hanworth abrite ainsi l'école féminine *« la plus grande et la mieux équipée »* de l'époque, à en croire les journalistes qui la visitent alors [2]. Les futures aviatrices, qui y prennent éventuellement pension pour la durée de leur stage, logent dans un charmant château rose et neuf, dont les baies immenses s'ouvrent sur un jardin hollandais à l'ancienne *« où un pavage de grès rouge, noble et régulier, coupe les massifs de ses traits rigides»* [3]. Outre le décor agréable, s'y trouvent tous les ingrédients du roman «british»: le maître d'hôtel, évidemment très digne et caricatural avec son gilet rayé, ses favoris et son maintien inimitable; le thé versé bouillant sur le lait; le salon où une dame de bonne éducation interprète au piano des mélodies tendres et rêveuses...

Il n'y a là rien de comparable avec les aéro-clubs continentaux où la passion de l'air fait souvent oublier aux élèves des conditions d'accueil ou d'hébergement – quand elles existent – nettement plus rudimentaires. L'école britannique n'impose pourtant pas des tarifs élevés, du moins pour la pension qui revient à 8 shillings (125 francs) par jour, tandis que le brevet coûte environ 5 000 francs. Ce qui est, comme le souligne alors le journaliste Hervé Lauwick, non sans ironie, *«une fantaisie moins chère qu'un tout petit manteau en peau de lapin»*. Les heureuses surprises amorcées au château se poursuivent sur le terrain: devant les hangars correctement entretenus, vingt avions; des Spartan, des D.H. Moth, des Desoutter, des Avros-Avian, alignés comme à la parade, attendent *«vingt petites dames jolies, élégantes même, qui,* comme le remarquent les reporters, *n'abandonnent pas, pour voler, le costume citadin, et se bornent toutes à revêtir le manteau de cuir, à coiffer le simple petit casque à écouteur, à enfiler leurs gants...»*

Pour l'un des instructeurs, pas de doute: *«L'aviation est essentiellement un sport féminin parce que,* explique-t-il, *la seule qualité essentielle en ce domaine, avec l'aptitude à comprendre et à voir vite, c'est d'abord, c'est avant tout, la légèreté de main... Conduire un avion est moins pénible que de conduire une bicyclette. Beaucoup de mes élèves féminines assimilent plus vite que la majorité des hommes, surtout si elles ont une éducation sportive antérieure.»*

La preuve: il n'aura pas fallu plus de sept heures de pratique à Miss Barker, la championne de ski d'Angleterre, pour s'enhardir dans les loopings et les descentes en vrille, avec un bonheur évident.

Pamela, Jennifer, Lynne, Sarah, Diana, Catherine ou Mary travaillent effectivement à déployer leurs ailes, animées par *«cette énergie, cette obstination que les femmes savent mettre à tout ce qu'elles font»*.

Arrive le premier vol, seule à bord de la machine emballée mais obéissante. Le moteur halète, le vent siffle, l'appréhension le dispute à l'exaltation. En l'espace d'une seconde très brève, d'une manœuvre, puis d'une autre, puis d'un enchaînement de gestes précis, accomplis sans qu'ils lui soient dictés, la jeune élève se métamorphose en aviatrice. Enfin libérée de la terre, elle laisse dériver son regard sur des contrées familières que l'altitude rend pourtant étrangères. Combien de ces jeunes filles ont alors ressenti cette plénitude, cette sensation de vivre là depuis toujours, entre l'éternité du ciel et la réalité du sol? Novices ou expérimentées, les femmes pilotes, comme chacun des membres de la grande famille de l'air, ne se lasseront jamais de leurs incursions dans le ciel. Les championnes d'endurance pourraient écrire des pages entières de poésie tant leurs émotions affluent devant le spectacle changeant du monde, surtout quand le vol commencé sous un soleil jeune se dirige vers les premières étoiles, qui l'accompagneront jusqu'à la naissance d'un nouveau jour... Bien sûr, le retour du soir distille l'inquiétude quand une marée d'ombres investit les campagnes et les forêts, noie les repères et aplanit les reliefs. Heureusement, des lumières trouent l'obscurité ici et là, éparpillées en désordre dans le paysage qui ressemble à une immense nappe de velours sombre sur laquelle reposent des joyaux parfois rassemblés en villages... Pendant que l'avion docile poursuit son voyage sur l'océan nocturne, tiré en avant par une hélice dont les palpitations font un étrange écho dans l'air calme, l'aviatrice, rassurée par les présences invisibles que suggèrent les foyers, en bas, se demande à quelles occupations peuvent bien se livrer les gens, les familles et les autres jeunes filles. Eh oui! que font-elles à cette heure, les jeunes filles? La vaisselle ou quelque tâche ménagère? Caressent-elles le front et les cheveux d'un enfant qui s'endort? Ou s'offrent-elles à la fougue d'un amant? L'amour? Là-haut, on ne l'oublie pas; du moins, on n'y pense pas de la même façon: après tout, les sensations aériennes, notamment celles que procure la voltige, ressemblent souvent à des émotions amoureuses, sans les complications sentimentales... Peut-être s'agit-il là du moteur secret qui propulse hommes et femmes parmi des dangers tels que certains y sacrifient leur vie: l'avion les révèle à eux-mêmes. Certes, parmi les élèves qui fréquentent le club Hanworth, la plupart, leur brevet en poche, finiront par préférer le mariage à la vie hasardeuse des baladins du ciel. Pour les plus aisées, le pilotage ne représentera qu'un agréable divertissement, de ceux que l'on pratique le dimanche, sans s'éloigner de l'aérodrome...

Exemplaire de par ses structures, son organisation et ses prix modiques, Hanworth reste néanmoins fermé à nombre de candidates désargentées. Il en va ainsi pour la grande majorité des centres d'instruction qui, pour dispenser les cours nécessaires, doivent les faire payer. Si beaucoup de vocations se brisent sur le mur de l'argent, quelques-unes passent à travers, selon un rude principe : les jeunes entêtées prennent un emploi, n'importe lequel – secrétaire, vendeuse, infirmière ou institutrice – et, avec leurs maigres revenus, se privant de tout, elles se hissent sur la première marche de leur carrière : le brevet. Ensuite, la véritable aventure peut démarrer, celle pour laquelle elles se sentent prêtes depuis toujours : voler ! En Angleterre, cette ténacité couronnée de succès porte un nom : Amy Johnson. Née à Hull en 1903, première de quatre filles, Amy s'appellerait Jorgensen si son grand-père, un pêcheur danois émigré, n'avait anglicisé son patronyme. Quant à son père, rentré plus pauvre encore du mythique Klondike où la fièvre de l'or consumait alors des milliers d'âmes, il avait fini par intégrer l'entreprise de pêche familiale, avant de convoler avec une fille de Hull. Ses rêves de pépites envolés, le pauvre homme se lamentait maintenant de n'avoir que des filles, lui qui souhaitait un fils... A sa manière, Amy va exaucer son vœu : très féminine et maternelle, elle s'occupe de ses sœurs, ce qui ne l'empêche pas de défier les garçons au cricket. Mais la fillette se mue aussi en une adolescente séduisante, qui prend très vite conscience de l'attraction qu'elle exerce sur les éléments masculins de son entourage.

Évidemment, tout ceci fait partie du jeu naturel de la vie, jusqu'à ce qu'une balle de cricket vienne quelque peu en perturber le déroulement logique : lancé avec force, le projectile heurte Amy juste sur la bouche et lui brise plusieurs dents de devant. Terrible pour la jeune fille qui n'ose plus sourire ni parler car, en plus, l'absence de dents altère son débit. Du jour au lendemain, elle se referme sur elle-même. Après avoir été la coqueluche des garçons, après avoir partagé leurs jeux, la voici devenue objet de dérision et de sarcasmes. Elle se réfugie alors dans sa chambre ou au cinéma, où l'écran lui renvoie d'autres rêves. La reine qu'elle désirait être un jour n'est plus qu'une jeune fille humiliée, persuadée d'avoir perdu à jamais sa beauté et tout pouvoir d'attirer les regards autant que les compliments. Quel moyen employer pour venir à bout de ce mal ? Comment l'amener à sortir de la coquille qui l'isole plus qu'elle ne la protège ? Le remède existe, simple, banal, efficace : l'amour !

Au cours d'une de ses rares sorties, Amy la solitaire fait la connaissance d'un jeune Suisse, son aîné de huit ans – elle en a dix-huit –, en voyage d'affaires à Hull. Une lueur dans les yeux helvètes suffit à annuler la malédiction de la balle de cricket : en ce début des années 20, Amy aime. Pendant les sept années qui vont suivre cette rencontre, la jeune fille voue une adoration extrême à son amant, qui symbolise tout à ses yeux. En fait, l'enfant devient femme. Transfigurée par la passion, elle reprend surtout confiance en elle-même, trouve un nouvel équilibre qui la conduit à reconsidérer sa liaison. Certes, elle se plaît en la compagnie du jeune homme, mais de là à parler d'amour, elle hésite... Ce que le Suisse, désabusé, traduit ainsi : « *Il m'apparaît que tu me désires auprès de toi, sans vouloir m'épouser.* » S'il la présente à sa famille, il confie néanmoins à l'un de ses amis qu'il n'entre pas dans ses intentions de se marier avec elle. D'ailleurs, un éventuel projet d'union se heurte à un obstacle de taille : les parents d'Amy, méthodistes rigoureux, ne semblent pas décidés à transiger sur la question de la religion : or, le soupirant suisse est catholique. Ces descendants d'un Danois bon teint supporteraient à la rigueur que leur fille épouse un étranger ; en revanche, ils ne veulent même pas envisager l'idée que son futur mari relève d'une autre confession que la leur. Chez les Johnson, cette mini-guerre de religion s'amplifie en 1927 et tourne à l'aigre.

Très vite, la famille impose un ultimatum à la rebelle : « *Tu quittes ton Suisse ou la maison. Choisis !* » Malgré le dilemme, Amy part. Autant pour ne pas se séparer de son Frantz [4], l'homme de sa vie, que par amour-propre. Elle s'installe à Londres, déniche un emploi de secrétaire-dactylo chez des avoués de la City, à trois livres par semaine, soit le double de ce qu'elle aurait obtenu à Hull. L'éloignement lui pèse en dépit du réconfort que lui apporte son amant et malgré sa crainte d'une grossesse. « *Quand je suis avec toi,* écrit-elle à Frantz, *j'oublie tout jusqu'aux conséquences et je vis juste pour la minute, pour l'instant présent. Cependant, je suis certaine que cela ne durera pas, nous ne serons pas toujours chanceux.* » Alors que le couple s'apprête à emménager dans une maison, l'arrivée d'une amie de la jeune femme va contrarier ce projet. Féministe farouche, Winifred Irving s'emploie à désamorcer la liaison et harcèle littéralement Amy : « *Il ne faut pas que tu sois toute ta vie la bonniche d'un homme »*, la met-elle en garde. Le conseil ne fait que renforcer le doute qu'éprouvait déjà Amy.

En mars 1928, au cours des huit jours de vacances – les premières depuis deux ans – qu'elle passe seule à Cornwall, en Cornouailles, pour réfléchir, elle se découvre un sens inné de l'orientation lors de ses balades sur les plages et à travers les dunes. Si ce court séjour ne paraît guère l'avoir aidée à voir clair dans ses problèmes, à l'exception de la révélation de son don, une surprise de taille l'attend à son retour : Frantz, son cher Frantz, lui écrit qu'il court les bals et les théâtres avec « une nouvelle amie ». A défaut de laisser éclater sa jalousie, réaction qui lui était coutumière à la moindre suspicion, Amy réussit à contenir sa rancœur pendant quinze jours avant de répondre, dans une lettre au caractère définitif : *« Depuis l'âge de dix-huit ans jusqu'à aujourd'hui où je vais avoir vingt-cinq ans, tu as été ma raison d'être, le moteur de ma vie. Désormais, je me sens suffisamment forte pour rompre et c'est bien ce que j'ai l'intention de faire. »* Quelques semaines plus tard, Frantz lui rend visite à Londres pour lui annoncer qu'il vient d'épouser sa « nouvelle amie ». Amy en reste sans voix, saisie comme si elle venait de recevoir une douche froide.

Seule encore une fois, avec l'impression d'être rejetée, la jeune femme se sentait proche du désespoir qu'avait provoqué en elle l'épisode de la balle de cricket. A partir de ce moment, elle va s'impliquer dans une activité qui, comme le cinéma autrefois, devrait l'apaiser et la rééquilibrer : l'aviation. L'idée d'apprendre à voler n'a rien eu de spontané : elle y songeait depuis longtemps et savait intuitivement – ne serait-ce que par la prise de conscience de sa boussole interne – qu'elle possédait les capacités requises. Elle n'ignore pas qu'il s'agit là d'une occupation dangereuse où elle pourrait bien perdre la vie. Avant sa rupture avec Frantz, elle voyait naïvement dans cet engagement le « liant » qui faisait défaut à la consolidation de leur union, mais également son ultime atout : peut-être la peur qu'éprouverait son amant à la savoir plongée en permanence au milieu des périls lui dessillerait-elle les yeux et le déciderait-elle enfin à officialiser leur longue liaison qui, il est vrai, s'enlisait dans l'hésitation. Cependant, l'intention d'Amy dépasse largement le cadre d'un banal chantage aux sentiments : le pilotage l'attire parce qu'une pulsion irrésistible la pousse vers les terrains, vers les avions, vers le ciel...

En avril 1928, un samedi après-midi, Amy Johnson pénètre

dans le périmètre de l'aérodrome de Havilland, à Stag Lane (Londres). Sa première vision d'un univers qu'elle ne quittera plus jamais se résume au modeste club-house du London Aeroplane Club, devant lequel stationnent deux petits biplans peints en jaune et apparemment prêts à s'envoler. On ne saurait parler d'un coup de foudre mais d'une étonnante impression de déjà vécu, d'étrange familiarité qui envahit alors la jeune femme : la voici de retour en un endroit où elle n'avait jamais mis les pieds ! Un « retour » que précipite la trahison de Frantz.

Amy Johnson prend sa première leçon à la mi-septembre 1928, après avoir dû s'inscrire sur une liste d'attente et patienter pendant tout l'été. D'emblée, l'affaire s'enclenche mal et son instructeur ne l'encourage pas. Antipathique, dépourvu de tact et surtout de sens pédagogique, sans doute misogyne, il s'irrite pour un rien : *« Vous êtes un cas sans espoir »*, lui lance-t-il avec hargne, juste après le premier cours. *« Vous ne saurez jamais voler. Tout ce que vous ferez sera de gaspiller votre argent ! »* Trop accablée pour tenter de se justifier, la timide Amy éclate en sanglots. Cet imbécile ne pouvait-il comprendre que la piètre prestation de son élève tenait à un casque mal adapté qui ne lui permettait pas d'entendre les instructions ? Et puis, est-il possible d'évaluer la capacité d'un futur aviateur à la première leçon ? Des précédents célèbres pourraient rassurer la jeune femme : Georges Guynemer, l'as des as, le plus glorieux des chasseurs de la Première Guerre mondiale, n'a-t-il pas amorcé sa carrière de manière maladroite, au point que son chef de l'escadrille des Cigognes, rendu furieux par ce « petit con » qui faisait le travail des Boches, le menaçait de renvoi ? Citons également le cas de l'Allemand Manfred von Richtofen, le fameux Baron rouge dont les débuts fracassants à tous les sens du terme faisaient se dresser, sous leur casque à pointe, les cheveux coupés ras de ses chefs : lors de sa période d'initiation, le rival de Guynemer cassait les avions avec une telle régularité qu'il fut question de l'écarter de l'aviation à croix noire. Mais on avait besoin de pilotes... Et Manfred, comme Georges et quelques autres, se rattrapa vite et prouva qu'il fallait parfois se méfier des jugements hâtifs...

Amy, quoique choquée par les propos désobligeants de l'instructeur, se garde bien de suivre le conseil de ce bonhomme mal embouché et revient, résolue, pour la seconde leçon, qui se déroule d'autant mieux qu'elle dispose d'un casque de la taille correcte, dont les écouteurs couvrent ses oreilles et, cette fois, ne diffusent pas la voix de son instructeur dans ses cheveux ou sur ses joues ! En outre, elle vole avec un autre moniteur, le capitaine V.H. Baker, un homme placide qui lui distille, trop lentement à son avis, les rudiments du pilotage, en particulier, et de l'aviation, en général. De même, le chef instructeur ne s'occupe pas d'elle en exclusivité : Amy doit apprendre tantôt avec l'un, tantôt avec l'autre, une succession de moniteurs qui ne favorise pas une évolution harmonieuse. Bref, à l'approche de l'hiver, la jeune femme se trouve au point mort, mais avec une certitude, mise en évidence par ses quelques envolées : si elle manque de cette sensibilité qui fait le pilote-né, elle compense, en revanche, par une rare intuition. Et elle s'accroche. Jusqu'à effectuer son premier vol en solitaire, le 9 juin 1929. Plus assurée, en phase avec elle-même, elle va maintenant progresser vite et brûler les étapes.

Contrairement à la plupart des nouveaux aviateurs qui ne s'intéressent que superficiellement à leur machine et, pour rien au monde, ne toucheraient à ses entrailles par crainte du cambouis, Amy ne veut laisser à personne le soin de bricoler son avion. Elle se faufile dans les hangars où officient les mécaniciens, les observe, les écoute, réalise d'abord de menues réparations, puis en vient à dégrouper et à remonter seule un moteur. Elle ne fait ni plus ni moins que reprendre à son compte la philosophie de Didier Daurat, le directeur d'exploitation de l'Aéropostale, qui, à Toulouse-Montaudran, impose à tous les pilotes de la Ligne un passage obligatoire par les ateliers. Cette précaution, dans laquelle beaucoup de jeunes aviateurs, parmi lesquels Mermoz, Saint-Exupéry, Guillaumet, voyaient une brimade injuste, allait sauver bien des vies, surtout quand une panne – fréquente à l'époque – survenait dans le désert, panne qu'il fallait réparer sans tarder pour ne pas tomber entre les mains de pillards sanguinaires. Sous la houlette de Jack Humphries [5], l'ingénieur au sol de son club, un homme bourru, Amy se débrouille à merveille et, en décembre 1929, elle est la première femme en Grande-Bretagne à obtenir un brevet de mécanicien d'avion.

Pareil débordement d'activité exige une disponibilité croissante et finit par court-circuiter son emploi de secrétaire-dactylo. Ce que n'apprécie pas vraiment son patron, surtout lorsqu'il voit l'information dans les journaux. *« Une femme mécanicien, c'est bien,* la félicite-t-il, *mais j'ai besoin d'une secrétaire. Alors, vous choisissez : voler ou votre place ici ! »* Amy

Depuis son avènement à la fin du XVIIIe siècle, l'aérostation se pratique en famille, comme le prouve cet Américain, accompagné de sa femme et de sa fille vers 1860.

La première ascension en ballon de Mme Louis Blériot, en juin 1909. Le mois suivant, son mari devait réaliser sa traversée historique de la Manche.

Les femmes ne se contentent pas d'assister en spectatrices aux nombreux meetings aériens : d'emblée, elles y participent.

Thérèse Peltier, la première femme à avoir jamais volé en aéroplane, le 8 juillet 1908.

Hélène Dutrieu, la «flèche humaine», garçon manqué et reine des casse-cou.

Élise Deroche, alias baronne de Laroche, la première aviatrice brevetée au monde, ici aux commandes d'un *Voisin*.

Adrienne Bolland devant le Caudron à bord duquel elle a vaincu les Andes en 1921... un 1er avril !

Marie Marvingt, baptisée la «fiancée du danger» par les Américains, pionnière de l'aviation sanitaire avant 1914.

Marcel Doret, l'as de la voltige des Années Folles, félicite affectueusement Monique Deroche.

Au centre, Maryse Hilsz observe les évolutions d'un ou d'une «collègue».

Maryse Bastié et son mécanicien devant le Caudron "Simoun", avion fétiche de l'aviatrice.

Visite au Bourget de Ruth Elder, après l'échec de sa tentative d'un New York - Paris en 1927. L'aviatrice vient d'être recueillie au large des Açores.

L'Américaine Amelia Earhart au meeting international de Saint-Germain. A droite, en combinaison blanche, l'aviateur Marcel Doret.

Amelia Earhart, dite «Lady Lindbergh»,
vainqueur de l'Atlantique en mai 1932.

En 1934, la compagnie Swissair offre à l'Europe sa première «stewardess», cocktail de charme et d'efficacité. Nelly Diener…

…sans nul doute la meilleure ambassadrice du service souriant que les Suisses souhaitent introduire sur leurs lignes.

réagit à l'ultimatum comme à celui de ses parents. De plus, à Stag Lane, on l'encourage à persévérer dans l'aviation. Le responsable de la maintenance loue ses qualités de pilote – *« la meilleure femme pilote que j'aie jamais connue »*, affirme-t-il – et d'ingénieur. *« Sur le terrain de la mécanique, elle en remontre aux hommes »*, poursuit Jack Humphries, un homme pourtant avare de paroles. En une période où les femmes entendent affirmer leur égalité de droit avec les hommes – métier, vote, sexe –, l'admiration et de solides capacités ne servent toutefois pas de tremplin vers une éventuelle carrière masculine.

– *Il vous faut faire vos armes,* lui conseille le capitaine Baker.

– *Mais comment ?* s'inquiète Amy.

–*Un raid vers l'Australie,* répond le chef instructeur, peu convaincu lui-même par sa suggestion. Il aurait pu tout aussi bien lui désigner l'Afrique du Sud, mais des femmes ont déjà emprunté cette voie. On sait, par ailleurs, que la presse n'aime pas servir des plats réchauffés à ses lecteurs avides d'inédit. Quant à l'Australie, le capitaine Herbert Hinkler, de la Royal Australian Air Force vient tout juste de couvrir la distance Londres-Darwin à bord d'un avion léger Avro-Avian et en un temps record : quinze jours et demi, entre le 7 et le 22 février 1928. Afin de glaner les fonds nécessaires à son raid, Amy essaie de vendre son récit aux journaux de Fleet Street. *« Cela a déjà été fait. Rien d'original là-dedans »*, lui explique un rédacteur en chef blasé qui consent à la recevoir. *« Il n'y a pas là matière à une histoire »*, confirme un autre journaliste. *« Mais une femme n'a jamais effectué un tel voyage »*, insiste Amy, au bord du découragement. *« Parce qu'une femme ne le pourrait pas ! »* lâche froidement l'un de ses interlocuteurs. Voire... Jack Humphries, un grand frère pour elle, la soutient dans son entreprise et déclare à un reporter : *« Si Miss Johnson affirme qu'elle volera en Australie, elle le fera ! »*

Amy trouve aussi un appui sérieux auprès de Charles Kingsford-Smith, l'« Australien volant ». Smithey se montre catégorique : *« Vous pouvez y arriver si vous avez les tripes »*, estime-t-il. Ces mots lucides vont rasséréner Amy qui s'adresse alors à Sir Sefton Brancker, directeur de l'Aviation civile : *« Je veux voler en Australie,* lui écrit-elle. *L'une des raisons est que je suis certaine d'y parvenir et qu'un tel voyage accompli par une Anglaise en solo et à bord d'un avion léger fera beaucoup de publicité pour populariser le transport aérien.* » L'argument porte, les fonds arrivent, fournis notamment par Lord Wakefield, magnat du pétrole, et par son propre père, secrètement flatté par la détermination de son garçon manqué de fille. Cette manne lui permet d'acquérir un De Havilland Gipsy Moth dépourvu de radio mais équipé d'un moteur de 100 CV et de réservoirs supplémentaires qui lui donnent une autonomie de treize heures. Elle baptise l'avion *Jason,* du nom de la société de son père ; les grandes lettres vertes – sa couleur porte-bonheur – sont peintes sur le fuselage : ainsi, l'aviatrice devrait être plus facilement repérable en cas de panne dans l'un des déserts qu'elle doit survoler. Quant à la peinture argent qui couvre les ailes, elle devrait faciliter la localisation si l'appareil tombe dans la jungle. Outre une géographie peu engageante, son parcours traverse des régions qui semblent infestées de tous les dangers : animaux sauvages, cannibales, requins mangeurs d'hommes en mer de Timor. A tout hasard, elle emporte un poignard et un revolver, protection dérisoire au regard du milieu hostile qu'elle s'apprête à explorer. Cependant, plus que tous les périls qui la guettent, Amy redoute l'échec. Elle décide également de ne pas indiquer à la presse l'heure de son décollage car, explique-t-elle, « *je suis persuadée qu'un départ discret est préférable* ».

Lorsqu'elle émerge de l'hôtel Aérodrome à Croydon, à 4 h 30 du matin, le lundi 5 mai 1930, sans avoir pu dormir, des membres de sa famille, dont son père, et une poignée d'amis l'entourent dans l'aube grise. Sacrément culottée, notre Anglaise, car, au seuil de cette aventure de 20 000 km, elle ne totalise que 85 heures de vol. Et son parcours le plus important n'excède pas les 200 km qui séparent Londres de sa ville natale. Les premières minutes font douter du bon déroulement du voyage : une fuite d'huile retarde l'envol. Humphries répare. Le nouveau départ, vers 7 h 30, débouche presque sur une catastrophe quand, alourdi par la surchage de 240 litres de carburant, l'appareil manque de s'écraser en bordure de la piste. D'aucuns verraient dans ces incidents répétés un sinistre présage. Pas Amy Johnson qui, rendue furieuse par ces contretemps, revient se poser près du groupe de spectateurs anxieux dont elle refuse les incitations à la prudence, au point de perdre contenance et de hurler soudain : « *Dégagez ! je décolle à ma façon.* » Personne ne tient à la contrarier. D'ailleurs, elle remet aussitôt les gaz, passe de justesse au-dessus d'une clôture et s'éloigne enfin. Il est 7 h 45, indique la montre de Will Johnson qui, fier de sa fille, télégraphie à son épouse semi-invalide : *« Amy s'en est allée magnifiquement. »*

Mais la jeune fille doit déployer des efforts constants pour maintenir le Moth en ligne. En effet, il n'apparaît guère aisé de voler à environ 70 milles à l'heure et de pomper le carburant : quarante fois pour un gallon, soit 4,543 litres ; or, il lui faut tirer 50 gallons, un exercice pénible qui peut mettre à mal la constitution la plus robuste. Ses muscles tétanisés la font souffrir, elle se sent mal mais elle bénit cette douleur qui la tient éveillée. A ce régime épuisant, elle atteint Vienne, distante de 1 200 km, en dix heures, et reprend l'air, dès le lendemain, pour franchir les quelque 1 300 km qui la conduisent à sa seconde étape : Istanbul. Là, des formalités interminables l'empêchent de couvrir d'une traite les 1 640 km qui la séparent de Bagdad : il lui faut se contenter d'une escale à Alep, en Syrie, à près de 1 000 km. Ce qui l'oblige à s'élever au-dessus de la barrière montagneuse du Taurus, en Turquie, à plus de 3 500 m d'altitude, à bord d'un avion ouvert à tous les vents et au froid. Auparavant, toutefois, Amy connaît quelques instants d'appréhension : quand elle atteint 3 000 m, son moteur tousse, donne des signes de faiblesse. Elle descend, se faufile dans les gorges, suit une vallée étroite et sinueuse qui se termine en cul-de-sac et où s'ouvre un tunnel ferroviaire. Du gâteau pour les trains, pas pour un avion ! Pour sa part, elle tire sur le manche, évite des murailles menaçantes et se retrouve bientôt enveloppée dans les nuages. Frigorifiée, elle se débrouille comme elle peut, se bat, se débat, se dit qu'elle est fichue, qu'elle va se fracasser contre les rochers, qu'elle n'arrivera pas de l'autre côté et... débouche à la verticale d'une plaine immense. Sauvée !

Le jour suivant, quand elle décolle pour Bagdad, elle peste contre la chape de chaleur qui l'accable et l'indispose autant que le froid vif de la veille. Peu après le passage de l'Euphrate, elle se rend compte que la température a encore grimpé de plusieurs degrés, assez pour devenir oppressante, et qu'elle évolue dans une tempête de poussière. L'aviatrice n'a pas le temps d'utiliser son fameux sens de l'orientation : une violente secousse ébranle soudain sa machine jusqu'au moindre rivet et l'hélice s'arrête, moteur calé. Amy tombe vers le sol, aperçoit des chameaux et des caravanes, prend à peine conscience de toucher le sol et s'immobilise sans dommage. Un coup d'œil au moteur la rassure : simple engorgement dû au sable brassé par les tourbillons. Moins de trois heures plus tard, elle se dirige vers Bagdad, guidée autant par son flair que par son compas.

Le samedi 10 mai, sixième jour de son voyage, elle se pose à Karachi, avec deux jours d'avance sur le record d'Hinkler. Cette fois, elle fait la une des journaux, de ceux-là mêmes qui la boudaient. Des rédacteurs en chef se disent qu'après tout, cette satanée fille peut y arriver. Lundi 12 mai, elle file sur Allahabad, à près de 1 600 km, mais un violent vent contraire la force à atterrir en catastrophe sur un terrain de manœuvres, à Jhansi, où elle sème la confusion parmi les soldats. Plus tard, la chaleur intense perturbe son sommeil. Qu'importe le confort : le lendemain, elle met le cap sur Calcutta où elle arrive le soir.

Chaque journée de ce raid épique apporte son lot d'émotions : sur la route de Rangoon, la mousson s'en mêle, la secoue et brouille le paysage tant et si bien qu'elle perd de vue, à plusieurs reprises, la voie de chemin de fer – son unique repère – qui la mène à destination. Impossible aussi de distinguer l'hippodrome, seul site propice à l'atterrissage. Elle opte pour un terrain de fortune et termine sa course dans un fossé, l'hélice brisée et une aile abîmée. La chance veut qu'elle soit tombée à proximité d'une école d'ingénieurs dont le directeur place les jeunes cerveaux à sa disposition. Au bout de deux jours de réparations rondement menées et grâce à l'hélice de rechange qu'elle avait emportée, le *Jason* paraît neuf. Amy repense alors à l'encouragement de Kingsford-Smith : *« Vous y arriverez si vous avez des tripes ! »* Des bras solides remorquent le Moth jusqu'au champ de courses, à une vingtaine de kilomètres de là et, à l'aube du 16 mai, Amy s'élance vers Bangkok. Elle sait qu'elle ne battra plus le record de Bert Hinkler, mais elle veut terminer, aller le plus loin possible. Elle ne sait pas non plus que le public britannique se passionne pour les péripéties de son voyage, record ou non. Ce qu'il veut : la voir gagner l'Australie et remporter son pari impossible.

Deux jours encore et la voici à Singapour où des avions viennent à sa rencontre pour l'honorer. Elle a déjà réalisé une belle performance depuis l'Angleterre. Il lui reste néanmoins environ 4 000 km à avaler jusqu'à la terre des kangourous. Les plus durs ! Son état d'épuisement est tel que le commandant local de la Royal Air Force la supplie de se reposer : *« Un jour ou deux, ce n'est pas important »*, la presse-t-il. Amy ne l'entend pas de cette oreille, décidée à pousser son biplan sur 1 600 km, jusqu'à

Surabaya, dans l'île de Java. A mi-chemin, au-dessus de la mer de Java, une pluie torrentielle mêle le ciel à l'étendue marine. L'aviatrice prend peur, cherche la côte, qu'elle discerne par miracle, et localise à temps une plantation dont le propriétaire, un Néerlandais, lui offre l'hospitalité avant de l'aider à repartir, le lendemain, vers Surabaya. Elle profite d'un problème de moteur constaté pendant cette escale pour contacter un quotidien londonien et négocier un contrat de 2 000 livres. On est loin désormais des 25 livres que ces publications lui refusaient quinze jours plus tôt. Mais le dépannage de son moteur s'éternise et Amy Johnson ne reprend l'air que le jeudi 22 mai en direction d'Atamboa, sur l'île de Timor, son ultime étape avant de s'engager sur les 800 km de mer, au bout desquels l'attend Darwin. Quinze jours de tensions diverses ont transformé la jeune fille et quelque peu sapé son courage : de sa détermination, il ne demeure guère que des lambeaux, ce qui n'a rien d'étonnant, surtout à la perspective de ce vol maritime. Certains témoins révéleront que la panique perçait dans sa voix quand elle l'évoquait.

Pour l'heure, après Surabaya, elle suit la courbe des îles des Indes néerlandaises orientales, oubliant de faire escale à Bima, comme on le lui avait conseillé, et où on la voit passer, visiblement en proie à des difficultés occasionnées par des vents de face. Puis on perd sa trace. La presse britannique en tire immédiatement la conclusion tragique, sous forme de titres à la une : *« L'aviatrice solitaire a disparu ! »* En réalité, Amy a dû se poser à vingt kilomètres d'Atamboa et, durant plusieurs heures, se trouve dans l'impossibilité d'avertir les autorités néerlandaises.

Les villageois lui apportent un soutien effectif en aménageant vite une piste de fortune qui s'avère si courte que lors du décollage, le ventre de l'appareil frôle dangereusement le faîte des arbres. Malgré les soins que lui prodigue Amy, *Jason* aurait bien besoin d'une grande visite. Son moteur montre des signes de fatigue, avec une compression faible sur deux des quatre cylindres et des vibrations en provenance de l'hélice. En vue des derniers kilomètres, la jeune aviatrice entoure le biplan des soins les plus attentifs : elle filtre elle-même l'essence de façon à éviter que la plus infime particule ne se faufile dans le réservoir. Une banale poussière de rouille pourrait coincer le moteur à la verticale de la mer de Timor dont les eaux sont très fréquentées par des requins, lesquels, assurément, se délecteraient de cette chair tendre tombée du ciel...

Le samedi 24 mai, surmontant sa peur, Amy joue son va-tout et décolle pour Darwin où elle espère conclure son épopée sept heures plus tard. Mais des formations nuageuses d'une sale couleur, un rien sépulcrales, bouleversent son estimation. Elle s'envole, louvoie entre les montagnes de nuées, ne veut penser qu'à son objectif prochain. Pour la navigation, elle compte sur les signaux du pétrolier *Phorus* qui, à mi-chemin de son voyage, lui transmettra ses caps. Première bonne nouvelle : le moteur tourne rond. Deuxième bonne nouvelle : elle voit une écharpe de fumée, puis le navire, exact au rendez-vous. Amy agite le bras, hurle sa joie aux visages tournés vers elle. Elle exulte, maintenant convaincue de voler dans la bonne direction, à moins de quatre heures de Darwin. Elle sera donc bientôt en Australie, mais pas au bout de ses peines. Trop sollicité depuis Croydon, le moteur n'en peut plus et Amy croit défaillir quand elle capte les hoquets annonciateurs de la panne. Fausse alerte. L'hélice redevient un disque invisible et la palpitation mécanique reprend un rythme régulier.

Soulagée, la jeune femme scrute l'horizon, en quête de la terre. A la place, s'étale une autre formation nuageuse, plus sombre que les précédentes. Amy se raidit, se prépare à une confrontation avec les éléments. Cependant, à mesure qu'elle se rapproche de cette masse, elle découvre qu'il ne s'agit pas d'un énorme nuage tourmenté mais bien du rivage. La terre, enfin !

L'Australie... La joie efface d'un coup la fatigue et les larmes brouillent la première vision de sa victoire. Elle adresse alors une prière muette à sa mère : *« Merci, Muth, de m'avoir laissée venir quand tu étais pourtant si malade. »* Les montres marquent 15 h 30 quand les roues du petit appareil touchent le sol de Darwin, au milieu d'une foule en liesse : les Australiens accueillent Amy Johnson en héroïne.

La presse britannique sort de son flegme habituel pour titrer, non sans fierté : *« Elle y est ! »* Et la bonne nouvelle court à travers le monde, reprise de pays en pays, traduite dans toutes les langues.

« Appelez-moi Johnnie », lance l'aviatrice à ses admirateurs qui la portent en triomphe et la saluent respectueusement d'un « Mademoiselle Johnson », avant de la rebaptiser « Merveilleuse Amy ».

A la façon d'une star de cinéma, elle entame une tournée aussi épuisante, ou presque, que son épreuve sur des milliers de kilomètres. A Brisbane, la « secrétaire volante », trahie par la fatigue, s'écrase, heureusement sans dommage pour elle. Elle doit embarquer à bord d'un avion de ligne de la compagnie Australian National Airways pour se rendre à Sidney. Pendant ce vol plus calme, elle prend les commandes, sous le regard appréciateur du second pilote dont elle a d'ailleurs pu remarquer le savoir-faire professionnel. En outre, elle ressent très vite un penchant pour cet homme séduisant, qui semble partager son intérêt... Le soir, au cours d'une réception donnée en l'honneur d'Amy par le gouverneur de New South Wales, l'aviateur, invité lui aussi, fait passer une note à la jeune Anglaise dès que l'orchestre joue les premières notes d'une valse :

– *M'accorderez-vous cette danse ?*

– *Oui,* répond immédiatement Amy sur la même note.

Aussitôt, l'homme s'enhardit et passe un deuxième message à la jeune femme que ce jeu amuse :

– *M'accorderez-vous deux danses, ce soir ?*

Cette fois, ils éclatent de rire. Mais le gouverneur qui veillait au grain et avait surpris le manège amoureux, écarte le pilote d'un geste et d'une phrase : *« Mademoiselle Johnson est beaucoup trop fatiguée pour danser. »* Bien sûr, les deux tourtereaux vont se revoir. Le soupirant s'appelle Jim Mollison, l'un des aviateurs australiens les plus fins de son époque. Partie de Grande-Bretagne dans l'indifférence la plus totale, Amy est stupéfaite d'atterrir célèbre à Darwin. Tout au long de son séjour, les populations chantent, sur l'air des lampions : *« Amy, wonderful Amy » (Amy, merveilleuse Amy) ou « Johnny's in Town » (Johnny est en ville).*

Bref, amorcé comme un cauchemar, le voyage se termine comme un conte de fées : l'argent afflue puisque le *Daily Mail* remet à la *« wonder girl »* un chèque de 50 000 livres destiné à couvrir la casse de *Jason,* et en échange de quelques articles et apparitions publiques. Lorsqu'elle se résout finalement à rentrer en Angleterre, toute une nation en fête l'accompagne à l'avion, un Argosy, qui atterrit à Croydon le 4 août 1930. La petite secrétaire a parcouru bien du chemin pendant ces derniers mois et acquis une maturité professionnelle incomparable. De plus, ce raid vers l'Australie n'a pas assouvi son appétit d'espace. Vite, il lui faut relever un nouveau défi : un Croydon-Pékin, par exemple. En janvier 1931, littéralement portée par la ferveur populaire, Amy s'envole à la rencontre du soleil et ne dépasse pas la Pologne où elle atterrit en catastrophe. Cette mésaventure et l'incertitude qui entoure le sort de l'aviatrice provoquent une émotion intense en Angleterre, une émotion que relaie et amplifie la presse. L'aviatrice revient au pays pour en repartir, l'été suivant et pour le Japon cette fois, avec Humphries dont la présence ajoute à sa chance car elle établit un record de vitesse pour avions légers entre Londres et Tokyo : 10 jours pour franchir les 11 000 km, et 80 heures de vol effectif.

L'Angleterre applaudit cette performance [6] et se reporte bientôt de la rubrique aviation à celle des événements mondains ou à la presse du cœur. L'idylle entre Amy Johnson et le pilote « glamour » James Mollison alimente désormais les chroniques. La romance de l'année fait rêver les midinettes et enchante les amateurs de potins. Le beau Jim, qui devait convoler avec une aristocrate, accourt en Grande-Bretagne pour rejoindre sa « Johnnie » qu'il retrouve, à l'occasion, au « Guaglino », un restaurant londonien en vogue. Les Britanniques adoptent volontiers le jeune Australien qui rassemble les vertus à leurs yeux les plus importantes, dont la principale : le courage. Il l'a prouvé par ses voyages records entre l'Australie et l'Angleterre, en 9 jours, puis entre l'Angleterre et Le Cap, en 4 jours et 17 heures. Les Britanniques approuvent donc le mariage des amoureux volants qui est célébré à Saint-George Hannover Square, le 29 juillet 1931. Moins de trois semaines plus tard, le 18 août, Jim décolle de Port-Mannock, en Irlande, pour une tentative de traversée transatlantique en solitaire, à bord de son Puss Moth *The Heart's Content* dont la capacité en carburant a été multipliée par huit, ce qui la porte à 725 litres. Il réussit à atteindre Pennfield Ridge, au Canada, en 31 heures, mais avec seulement deux heures d'essence dans ses réservoirs. Amy ne reste pas à la maison à guetter, les bras croisés, le retour de son mari. Madame Mollison prépare activement son prochain vol, au risque de déclencher une scène de ménage : elle ambitionne ni plus ni moins de ravir à Jim son record sur Londres-Le Cap. Ce qui est chose faite le 18 novembre 1932 lorsqu'elle se pose en Afrique du Sud après 4 jours et 6 heures 54 minutes d'un voyage accompli aux commandes de son Puss Moth *Desert Cloud*. Pour se démarquer de ses prédécesseurs, sur ce parcours, elle a effectué notamment un vol de nuit entre le Cameroun et l'Angola, soit 1 300 km en 13 heures et sans visibilité. Elle s'offre également le luxe d'un retour éclair en 7 jours et 5 heures, entre le 11 et le 18 décembre 1932.

Décidément, l'amour donne des ailes. Et le ciel porte chance aux femmes, sauf au-dessus de l'Atlantique. Quoique glorieuses en Asie, en Australie ou en Afrique, les aviatrices piétinent sur les rivages de l'océan. Les hommes aussi, d'ailleurs. Depuis que Charles Lindbergh, par son exploit de 1927, a relégué aux oubliettes la véritable première traversée de l'Atlantique nord accomplie en juin 1919 par l'Anglais John Alcock et l'Écossais Arthur Brown, entre Lester's Field (Terre-Neuve) et Clifden (Irlande), à bord d'un bimoteur Vickers Vimy, les Britanniques, qui apprécient la performance, brûlent d'emprunter à leur tour la voie royale. Les Français répondent également à l'appel du grand large malgré la disparition tragique de Nungesser et Coli, juste avant le vol historique du *Spirit of Saint Louis.*

Des deux côtés de l'Atlantique, le même sujet revient inlassablement dans les conversations, les tentatives se multiplient et la liste des victimes de l'air s'allonge : au cours de la seule année 1927, l'Atlantique a englouti dix-neuf aviateurs, parmi lesquels trois femmes : Frances Wilson Grayson, une Madame Dillens et la princesse Anne Lowenstein-Wertheim, issue de la haute noblesse britannique et épouse du prince allemand Ludwig Karl de Lowenstein-Freudenberg. Mondaine sans être frivole, la princesse délaisse volontiers châteaux et réceptions pour s'adonner à son péché mignon : le pilotage d'un avion. Ce qui, pour une dame âgée de soixante-trois ans et dûment brevetée, frise déjà la performance. A en juger par sa participation à plusieurs vols sur de longues distances, Anne n'est pas une novice. Cependant, comme elle ne se sent pas la force d'affronter seule l'immensité marine, elle embauche un équipage aguerri – le lieutenant-colonel Minchin et le capitaine Leslie Hamilton – et décide de se lancer dans l'aventure à bord du *Saint-Raphaël,* un monoplan monomoteur Fokker. Elle arrive le 31 août 1927 à l'aérodrome d'Upavon, dans la plaine de Salisbury, où elle se déclare fière d'être *« la première femme à tenter la traversée de l'Atlantique ».* Elle baise l'anneau de l'archevêque de Cardiff, s'installe élégamment sur le siège d'osier fixé dans la carlingue à son intention et, avec ses deux compagnons aux commandes, s'envole pour Ottawa, une destination qu'elle n'atteindra jamais. Le refus de cette aviatrice ardente de s'engager en solitaire au-dessus de l'océan fut interprété comme une marque évidente de la faiblesse d'un sexe et non pas comme le fruit d'une sage réflexion. Sa disparition ne fait qu'appuyer cet argument : la place des femmes n'est pas dans un avion, mais au foyer, avec les enfants... La mort de Frances Grayson, qui fait écho à celle de la princesse, pourrait conforter cette opinion abrupte si les Américains ne conservaient en mémoire la chevauchée fantastique de leurs pionnières, lesquelles, au siècle dernier, pendant la conquête de l'Ouest, conduisaient les chariots et maniaient le fusil comme des hommes.

Riche, la trentaine agréable, impatiente de suivre les traces encore fraîches de Lindbergh, Frances connaît néanmoins ses limites et, à la façon de la princesse de Lowenstein, opte pour une solution raisonnable : elle engage un équipage expérimenté et masculin, en l'occurrence Oscar Omdal, assisté de Koelher et Goldsborough. Une de ses compatriotes, Ruth Elder, choisit ce moment pour annoncer, en août 1927, qu'elle se met aussi sur les rangs. Pas mal pour une élève-pilote qui parvient à entraîner son instructeur, Georges Haldeman, dans l'aventure. A vingt-trois ans, cette native de l'Alabama montre un sens aigu des relations publiques, qui favorisera plus tard une belle carrière à Hollywood. Pour l'heure, avec son équipier aux commandes, elle s'apprête donc à réaliser moins une performance humaine qu'un vol publicitaire parce que ce voyage semble surtout destiné à promouvoir un Stinson Detroiter baptisé *The American Girl.* Jusqu'à la veille du départ, la presse en rajoute, ce qui déchaîne les passions, en particulier au sein des associations féministes. La mode s'empare également de l'affaire pour le plus grand bonheur des Américaines, qui adoptent les « rubans à la Ruth » ainsi que la manière de la jeune aviatrice de nouer ses cheveux.

A l'automne 1927, le hasard de la préparation rassemble Ruth et Frances à Curtiss Field (Long Island). Frances empruntera la route du nord, la plus courte, tandis que le prudent Haldeman descendra plus au sud, via les Açores. Avec Ruth, il s'envole le 11 octobre pour un périple qu'une surchauffe du moteur abrège non loin des Açores, au nord-est. L'appareil devait amerrir près du pétrolier néerlandais *Barendrecht.* Le 14 octobre suivant, c'est au tour de Loose, Starke, Lœwe, Fritzler, de Madame Dillens et de leur D 1230 d'être engloutis par l'océan...

L'échec de Ruth laisse Frances imperturbable. Désormais seule en lice, elle est convaincue de devenir bientôt la première aviatrice à vaincre l'Atlantique. *« Je prouverai que la femme peut concurrencer l'homme dans ses entreprises »,* se contente-t-elle de déclarer avant son envol. La jeune femme prouve d'emblée qu'elle ne manque pas de caractère ni de ténacité : à trois reprises, en effet, avec ses pilotes, elle tente d'arracher le Sikorski amphibie *Dawn* (« l'Aurore ») d'une plage d'Old Orchard, dans le Maine. A trois reprises, elle échoue. Frances ne se démonte pas : puisque la météo joue les trouble-fête et que des difficultés techniques entravent les essais, les aviateurs établiront leur base à Harbor Grace, à Terre-Neuve, avant le grand bond vers l'Europe. Auparavant, l'appareil subit une révision générale à New York d'où, le 23 décembre 1927, Frances et ses compagnons décollent pour Harbor Grace. On ne devait jamais les revoir.

En dépit des aléas d'un tel projet, les femmes ne s'inclinent pas facilement. Au contraire, la liste des prétendantes au titre de Miss Atlantique s'allonge considérablement au fil des semaines. Heureusement, pour la majorité d'entre elles, l'absence de commanditaires, d'expérience ou d'équipiers compétents leur évite de venir grossir le martyrologe aérien. Ainsi, Mabel Boll, une jeune Américaine fortunée, cherchera pendant un an – et en échange d'une prime de 25 000 dollars – le pilote qui lui ferait franchir l'océan le plus médiatique. Elle devra se contenter d'un voyage à La Havane. En Grande-Bretagne, l'honorable Elsie Mackay, fille de Lord Inhcape, cavalière, actrice, pilote, loue les services du capitaine W.G.R. Hinckliffe, héros de la Grande Guerre et aviateur émérite. Ils décollent en mars 1928 et... leur histoire s'arrête là. L'Atlantique ne plaisante pas !

Mais les dames s'obstinent. La New-Yorkaise Elinor Smith, qui se voit bien dans le rôle de la première aviatrice transatlantique acclamée à Paris, délaisse aussitôt les records d'altitude. Un changement d'air devrait lui être salutaire, surtout après en avoir manqué : elle évoluait à 8 000 m, avec l'intention de monter plus haut, quand elle perdit soudain connaissance à la suite de la rupture du tube d'alimentation de son masque à oxygène. En général, cet incident ne pardonne pas : livré à lui-même, l'appareil désemparé finit par basculer vers le sol où il s'écrase avec son pilote inconscient. Elinor va pourtant recouvrer ses esprits dans les couches plus denses de l'atmosphère, mais à moins de six cents mètres de l'impact fatal. A ce stade de la carrière de la jeune femme, la traversée de l'Atlantique intervient donc à la manière d'un dérivatif. Hélas pour elle, les mécènes, rendus lucides par la série noire des derniers mois, ne se bousculent pas pour financer des vols dont la mort est la copilote...

Le verdict est sans appel : Elinor doit renoncer à son projet et tourner le dos à la mer, tout comme l'Allemande Thea Rasche qui va s'effacer pour n'avoir pas trouvé un terrain d'entente avec son bailleur de fonds. En 1929, une autre Allemande, Lily Dillenz, consciente des dangers d'un tel voyage, prend néanmoins son courage à deux mains et entreprend la traversée de l'Atlantique d'est en ouest, c'est-à-dire dans sa partie la plus périlleuse, soumise à des vents contraires : elle peut donc estimer s'en tirer à bon compte lorsqu'un navire la repêche au large des côtes portugaises.

Désormais, s'il ne reste plus guère de candidates capables d'inscrire leurs noms sous celui de Lindbergh, les dernières postulantes n'appartiennent certainement pas à la catégorie des débutantes. Ruth Nichols possède en outre un cran que le *lieutenant-commander* Richard E. Byrd – premier aviateur à avoir survolé le pôle Nord – qualifie d'incomparable. *« Cette fille est incroyable,* déclare-t-il avec une admiration sincère où se mêle l'étonnement : *n'importe quoi peut arriver, elle se relève toujours et recommence. »* Il faut dire qu'en matière de survie, Ruth pourrait en remontrer à un chat : elle a déjà survécu à six accidents graves et accumulé frayeurs et émotions diverses, sans penser une seconde à raccrocher ses gants et son casque. Comme les finances ne lui font pas défaut, sa famille s'efforce de l'orienter vers une existence mondaine et plus terre-à-terre que l'aviation, cette passion dont son père, riche agent de change new-yorkais, peut revendiquer la responsabilité. Quelques années plus tôt, en effet, pour récompenser Ruth de ses bons résultats scolaires, il l'avait conduite à Atlantic City où elle reçut son baptême de l'air. L'enchantement à l'état pur. Une révélation. *« Depuis, je ne suis jamais redescendue »,* aime-t-elle à plaisanter. Hélène Boucher ne s'exprimera pas autrement. A partir de là, une pulsion irrésistible bouscule le cours des pensées et des études de la jeune fille. La médecine, pas plus que la banque, ne parvient à étouffer le feu qui couve : l'avion revient toujours. Et puis, elle acquiert un début d'expérience grâce aux leçons prodiguées pendant ses vacances par Harry Rogers, un pilote de foire qui la prend sous son aile. Elle obtient, cependant, un premier diplôme médical et son brevet d'aviatrice, deux carrières potentielles qui ne semblent pas répondre à l'attente de sa famille, laquelle lui ménagerait volontiers une situation confortable dans un établissement bancaire. Ruth hésite entre le bon sens (et l'obéissance), et son envie croissante de voler. L'invitation d'Harry Rogers à l'accompagner comme copilote de New York à Miami met fin à son dilemme et surtout lui fait rencontrer sa vraie nature. Le vol, accompli en douze heures, apporte la consécration à la « débutante » saluée par la presse.

Mais les lauriers lui importent peu : elle vole ! En 1929, du 18 au 26 août, elle participe au Derby aérien féminin, véritable marathon d'endurance et de vitesse sur 4 500 km. Un essaim de filles s'envole du champ d'aviation de Santa Monica, à Clover, pour rallier l'aéroport municipal de Cleveland. Elles répondent toutes au moins à deux conditions pour s'inscrire à cette compétition qui inaugure les National Races de l'année : elles sont titulaires du brevet de pilote et justifient de dix heures de vol en solitaire. La lutte promet d'être serrée, à considérer la qualité des aviatrices : Louise Thaden, tenante des titres d'endurance, d'altitude et de vitesse, qui l'emportera d'ailleurs devant Gladys O'Donnell et Amelia Earhart, Bobbie Trout, autre championne d'endurance, Patty Willis, l'ex-actrice Blanche Noyes, Vera Walker, Marjorie Crawford, Ruth Elder, Florence « Pancho » Barnes, acrobate aérienne à Hollywood, Phoebe Fairgrave Omlie, directrice d'une école de pilotage, Thea Rasche, l'Australienne Jessie Miller et Marvel Crosson, pionnière du vol commercial en Alaska, dont la mort brutale [7] déchaîne la presse contre *« l'incompétence des femmes qui ne savent pas voler »*. Sur les vingt femmes pilotes qui avaient pris le départ, quinze franchirent la ligne d'arrivée du Derby des « houppettes à poudre » [8].

Quinze rescapées, parmi lesquelles Ruth Nichols. *« Nous étions là, perdues, sans but »*, dira l'une d'elles, résumant l'avis général. *« C'était beau mais c'était fini. »* Pour Miss Nichols, les lendemains ne déchantent pas trop puisque le constructeur Fairchild l'emploie pour des vols de propagande, une occupation qui l'amène à la fin de 1930 où elle bat le record féminin transcontinental d'est en ouest, à bord d'un Lockheed Vega. Ce n'est pas encore suffisant. Alors, le 6 mars 1931, chaudement vêtue (notamment quatre sweaters, une combinaison, des gants et des brodequins fourrés), elle décolle de Jersey City et se hisse plus haut que ses rivales : à 9 600 m d'altitude. Lorsqu'elle revient se poser, la voici dans l'incapacité de répondre aux acclamations : sa langue a gelé. Ce qui ne l'empêche pas de poursuivre sur sa lancée et de glaner un nouveau record, de vitesse celui-là, qu'elle souffle à Amelia Earhart, avec plus de 300 km/h.

Maintenant, elle se sent prête pour l'Atlantique. Le 22 juin 1931, aux commandes de son avion, qu'elle a baptisé *Akita* (« *découvrir* » en indien), elle quitte New York pour Saint-John, dans le Nouveau-Brunswick, étape de ravitaillement avant Harbor Grace et... Paris. Malheureusement, la tentative se termine avant même d'avoir réellement commencé : Ruth aborde mal la piste de Saint-John, s'écrase et se casse cinq vertèbres, ce qui la place dans une situation physique très douloureuse et va l'empêcher de voler pendant un an. Aux médecins qui lui interdisent de remonter dans un appareil, elle réplique par une performance. Puisque des conditions météorologiques désastreuses bloquent la route de Paris, l'aviatrice désobéissante veut s'attaquer au record de distance de Maryse Bastié et réussir, par exemple, un Californie-New York sans escale. En dépit du plâtre qui l'enrobe comme une armure et handicape ses mouvements, elle gagne Oakland par étapes, se débarrasse de sa gangue inconfortable pour ne conserver qu'un corset d'acier, qui la maintient des aisselles jusqu'aux hanches, et décolle, insensible aux tortures qu'elle endure. Ce supplice s'avère peu payant : encore une fois la chance la boude, quand la brume et des vents contraires l'obligent à se réfugier à Louisville, dans le Kentucky.

Certes, Ruth n'a pas atteint son objectif, mais elle vient d'améliorer de 1 500 km le record de Maryse. Ragaillardie, sûre de ne pas fléchir, la jeune femme reprend confiance dans son avenir immédiat, un avenir qui, pour l'instant, se résume à l'Atlantique. Mais le sort en décide autrement : le lendemain de son atterrissage à Louisville, un incendie réduit en cendres l'*Akita* et du même coup ses rêves de traversée. Ruth peut s'estimer heureuse de s'en être sortie indemne juste avant l'explosion du réservoir. Seulement, la voici échouée à son tour sur le rivage des illusions brisées, hors de portée de l'Europe. Dans le monde tourbillonnant de l'aviation, les conversations vont bon train, et les spécialistes s'interrogent : laquelle d'entre les femmes pilotes américaines imitera Lindbergh ? Le suspense ne dure pas longtemps. Une silhouette et un visage émergent qui évoquent curieusement l'allure et les traits du vainqueur de l'Atlantique.

L'élue va devenir la coqueluche des journalistes, aussi bien des chroniqueurs de la presse aéronautique que des échotiers mondains. Elle est belle, elle est jeune, elle symbolise la femme conquérante telle que l'Amérique les aime, et incarne la rivale des rivales, celle à laquelle rien ni personne ne saurait résister. Elle s'appelle Amelia Earhart. Assurément, Charles Lindbergh a trouvé son reflet féminin.

Enfin !

8

ELLES ET AILES

Des aviateurs on exige l'impossible.
Ils y parviennent parfois...
Que demande-t-on de plus aux aviatrices ?
De faire mieux encore...
Et alors ?
Vous ne me croirez pas : elles y arrivent aussi !
Marc Daucun,
Les Dames d'en haut.

Dans son nom, déjà, d'aucuns voyaient un signe du destin : en effet, Earhart se prononce également «*Airheart*», ce qui signifie «*cœur aérien*». Sans être particulièrement marquée par le ciel, Amelia Mary arrive sur terre le 24 juillet 1898, à Atchinson, au Kansas, où, plutôt que de chercher à imiter les oiseaux, elle se révèle vite un «*tomboy*», un garçon manqué. Encore un ! Si le corps long et osseux, le cheveu blond coupé court et les vêtements masculins renforcent cette impression, le visage agréable et couvert de taches de rousseur est pourtant celui d'une jeune fille séduisante, dont les grands yeux gris-bleu, très écartés, soulignent le charme évident. Loin de déplorer ce côté fonceur de leur fille, qui n'hésite pas à confondre la rampe d'escalier avec une piste de glisse, ses parents l'encouragent, au contraire, à pratiquer tous les sports, telles la luge, l'équitation ou la pêche, tant et si bien qu'elle en vient à mépriser le danger. Par la suite, ses amis expliqueront aussi qu'elle souhaitait «*oser vivre*» en raison de la discorde qui régnait entre Edwin Stanton Earhart, son père, et Amy Otis, sa mère. Lui, jeune avocat talentueux, caressait l'ambition d'accéder un jour à la Cour suprême des États-Unis. Et son beau-père, le très fortuné juge Otis, le voyait bien lui succéder. En attendant, le vieux magistrat a offert au jeune couple, uni en 1895, une vaste maison blanche, située sur les bords du Missouri, où allait naître Amelia, trois ans plus tard.

Cependant, la lune de miel semble de courte durée car, pour une raison inconnue, le juge retire sa confiance à Edwin, qui se débat vite avec des ennuis financiers. L'arrivée d'une seconde fille, Muriel Grace, accentue les difficultés du couple, sans provoquer de réaction salutaire chez l'avocat, au plan professionnel. Brimé par son beau-père, frustré, le brillant Edwin devient l'ombre de lui-même et se laisse aller jusqu'à tomber dans l'alcoolisme, surtout après la perte de son emploi. Plusieurs déménagements successifs, pour échapper à l'influence du juge Otis – d'abord à Des Moines, dans l'Iowa, puis à Saint Paul, dans le Minnesota – n'apportent pas l'apaisement à cet homme brisé : à défaut de prendre du grade dans une profession où beaucoup lui promettaient une carrière exceptionnelle, Edwin continue de boire, et passe d'un emploi à l'autre ou, plus exactement, d'un renvoi à l'autre...

Le climat qui s'instaure alors dans le foyer des Earhart incite Amelia à ne dépendre de personne. Diplômée de la High School de Hyde Park, à Chicago, en 1916, de plus en plus décidée à ne compter que sur elle-même, elle se porte volontaire, l'année suivante, pour se rendre dans un hôpital militaire de Toronto, au Canada, où elle va soigner des blessés rapatriés du front européen. Cette activité d'aide-infirmière, qu'elle poursuit pendant deux ans, l'amène à entreprendre des études paramédicales à l'université de Columbia (New York), en 1919. Il apparaît rapidement que cette jeune fille *« douée d'une curiosité insatiable »*, selon l'un de ses professeurs, le docteur H.J. Muller, va réussir dans tous les domaines. Elle touche à tout avec le même succès : au français, à la zoologie, à la chimie et à la psychologie où elle décroche des notes excellentes. A cette curiosité, moteur de son épanouissement, s'ajoute un remarquable esprit de synthèse. Bref, elle peut envisager de réussir dans les secteurs les plus variés, de l'enseignement à la recherche. Toutefois, Amelia redoute la régularité, la monotonie d'une vie en laboratoire. Enfermée ? Ah ! non. Il lui faut du risque, ingrédient de son plaisir. Pour lui plaire, il faut l'étonner, l'entraîner d'une surprise à une autre. Infirmière dans un établissement civil de Boston, elle profite de ses moments de liberté pour suivre des cours de mécanique automobile, faire de la photographie publicitaire et, à l'occasion, va embrasser ses parents en Californie.

Assez curieusement, l'avion lui fait encore peur, et il faudra une tempête de neige, en 1918, pour lui donner une première émotion, un aperçu de sa vocation : un biplan, perdu dans une ouate grise qui ne permet plus de distinguer le sol, doit se poser dans une prairie, non loin de sa maison. Aux commandes, un de ces pilotes de retour du front, qui multiplient acrobaties et baptêmes de l'air pour gagner leur vie, plutôt mal que bien. Amelia profite d'une accalmie pour se précipiter vers l'appareil, par l'arrière, à l'instant où l'hélice repart. Trop tard ! Elle ne peut esquiver une gifle de neige qui la laisse *« transie et enthousiasmée »* [1]. Elle s'ébroue sous le regard rieur de l'aviateur qui, bon prince, met à profit une éclaircie pour l'emmener dans sa puissante machine. Là, dans un ciel froid d'une pureté de diamant, Amelia va surmonter sa peur pour tout ce qui vole – l'unique phobie chez cette fille téméraire – et se laisser envahir par une ivresse telle qu'elle en demeure muette après l'atterrissage ; elle retrouve la parole seulement pour affirmer à sa mère : *« Je volerai ou je mourrai ! »*

L'émotion, quoique refoulée par les nécessités du quotidien, ne la quittera plus, et va d'ailleurs rejaillir, plus intense, en 1920 : au cours d'une visite à sa famille, son père, momentanément soustrait à l'alcool, lui propose d'assister à un meeting aérien à Long Beach. Pendant tout le spectacle, Amelia se tait, littéralement hypnotisée par les appareils lancés dans les acrobaties les plus folles. A la fin de la fête, son cœur bat la chamade, son souffle est précipité, son regard brille. Parler de coup de foudre ne suffit pas : il s'agit d'une révélation. Sur-le-champ, la jeune fille demande et obtient un baptême de l'air. Le décollage la transporte de joie, et le vol déclenche une quasi-extase. Ce jour-là, tout est dit : *« J'ai compris qu'il fallait que je vole »*, dira-t-elle simplement. Hélène Boucher n'aura pas d'autres mots après son premier vol. Dès cette seconde, Amelia économise sur son maigre salaire pour réaliser sa vocation d'aviatrice. Elle prend des cours de pilotage – à crédit – auprès de Neta Snook, première femme diplômée de l'école d'aviation Curtiss, puis bénéficie de l'enseignement dispensé par John Montijo, ancien instructeur militaire.

En 1921, elle vole vraiment, seule à bord. Enfin chez elle. Cette enfant terrible, qui adore danser, délaisse volontiers les tenues de bal pour adopter la panoplie de la femme pilote : bottes et pantalon kaki, longue écharpe, veste de cuir fatiguée, casque à visière. Rien de sexy dans cet accoutrement, qui n'atténue pourtant pas l'aura de charme qui émane du corps mince, de la bouche charnue et sensuelle, des yeux vifs où s'expriment tantôt l'autorité, tantôt la tendresse et la compassion.

Quant aux hommes, elle ne les rejette pas : elle espère en rencontrer un qui n'essaiera pas de la plier à sa volonté, un de ces oiseaux rares qui n'empiétera pas sur sa liberté, un homme aimant qui la respectera. Les soupirants se bousculent, mais aucun ne répond à ses critères. L'un d'eux, un jeune ingénieur en pension chez ses parents, va même pousser la naïveté jusqu'à exiger qu'elle renonce à l'aviation pour se cantonner dans un rôle de ménagère. Erreur ! Une fois le brevet de pilote en poche, Amelia s'empresse, avec l'aide maternelle, d'acquérir un biplan de sport William Kinner, un vieux coucou qui doit lui permettre de se perfectionner, de se préparer à tous les pépins possibles : perte de vitesse, panne moteur, vol sans instrument en plein brouillard. En 1922, toutefois, à force de taquiner le sort pour tester son sang-froid et son adresse, elle finit par s'écraser dans un champ de choux, sans gravité heureusement. Ce qui ne l'empêche pas, quelques jours plus tard, de porter le record féminin d'altitude à plus de 4 600 m et de forcer le respect du clan machiste : désormais, pilotes et mécaniciens évitent, en sa présence, de tenir des propos grossiers ou de faire des gestes obscènes. Les mauvaises manières sont proscrites ; d'ailleurs, tout contrevenant risque de se faire rappeler à l'ordre. On retrouve là l'éducation stricte que la jeune fille a reçue de sa mère, descendante de quakers.

Du fait de sa rigueur et de son courage, Amelia ne s'inquiète pas pour son avenir d'actrice de la grande aventure aérienne. Cependant, après le divorce de ses parents, en 1924, elle renonce brutalement à l'aviation et reprend ses études paramédicales à l'université de Columbia. Jusqu'au 25 avril 1925, elle apprend au moins son manque de patience : *« Je voulais faire quelque chose et non pas me préparer à le faire »*, se justifiera-t-elle. Ainsi, elle ne sera pas médecin. Elle donne des cours d'anglais, puis la voilà assistante sociale à Denison House, à Boston. Si elle détourne les yeux du ciel, elle ne peut pas ne pas entendre les rumeurs, les nouvelles en provenance du monde : les records tombent. Les récits de raids extraordinaires fleurissent dans les journaux et enflamment les imaginations, la sienne notamment, nourrie dès sa plus tendre enfance par les histoires que lui contait sa mère. Tous ces événements titillent les vieux démons d'Amelia. Et le destin se charge du reste.

Dans le cas présent, le destin est britannique. Il se présente sous les traits de Madame Frederick E. Guest, une Anglaise native de Pennsylvanie [2], épouse d'un ancien membre du ministère de l'Air de Lloyd George. Madame Guest, qui entend bien être la première femme à traverser l'Atlantique, commence par racheter à Richard E. Byrd son Fokker trimoteur baptisé *Friendship* : *Amitié,* voilà un nom formidable pour un avion destiné, en un seul vol, à rapprocher encore deux nations. La famille Guest apprécie diversement cet engagement et souligne à raison que nombre d'aviateurs et aviatrices de qualité reposent dans les profondeurs de l'océan Atlantique qu'elle croit pouvoir dompter. L'argument mérite réflexion, et Madame Guest finit par se retirer, à contrecœur, mais à la condition impérative que le voyage ait lieu avec une *« fille de l'Amérique ».*

Un symbole de la femme américaine, ce ne doit pas être difficile à dénicher, estime le comité fondé pour la circonstance, au sein duquel siège l'éditeur George Palmer Putnam qui vient de persuader Lindbergh d'écrire son odyssée. En homme d'affaires avisé, Putnam calcule qu'une femme sur l'Atlantique se vendra bien, si elle réussit, évidemment... C'est l'amiral Reginald K. Belkap, de Boston, qui va fournir le nom magique à Putnam [3] : *« Je connais une jeune assistante sociale qui vole,* lui confie-t-il. *Appelez Denison House et demandez Amelia Earhart. »* L'éditeur rencontre l'aviatrice qui le séduit aussitôt, non seulement parce qu'elle possède les qualités requises, mais aussi parce qu'elle sait écrire. Mieux, il jubile en constatant la ressemblance de la jeune femme avec Lindbergh. Il en est presque à évaluer la montagne de dollars que vont lui rapporter les aventures de Miss Lindy (diminutif de Lindbergh). Pour sa part, l'intéressée sent son enthousiasme tomber d'un cran quand elle voit son rôle réduit à celui de simple passagère au cours du vol qui doit emporter le pilote Wilmer L. Stultz et le mécanicien Louis « Slim » Gordon. Certes, il s'agit là d'un modeste strapontin, mais Amelia s'y cramponne d'autant plus qu'à l'époque, pour une entreprise de cette importance, une femme a peu de chances d'obtenir une machine équipée et le financement adéquat. L'hécatombe de 1927 n'est pas étrangère à ce refroidissement des commanditaires.

Arrivés début juin 1928 à Terre-Neuve, le *Friendship,* qui a été doté de flotteurs, et son équipage guettent des conditions météo favorables. Deux semaines s'écoulent, pendant lesquelles Amelia se met à douter quelque peu de leur réussite : Stultz, alcoolique, tue le temps en vidant chaque jour un quart de litre de brandy. A la première éclaircie, le dimanche 17 juin 1928, le Fokker s'envole, se joue des sortilèges de l'Atlantique et amerrit le lendemain à Bury Port, au pays de Galles, et non en Irlande comme prévu, avec à peine une heure de réserve d'essence. Les Gallois n'exultent pas à l'arrivée des Américains, et aucun ne lève le petit doigt pour aider les aviateurs à gagner la côte. L'indifférence de cet accueil se change cependant vite en réception plus chaleureuse, surtout chez Putnam qui, guidé par un flair infaillible plus que par les scrupules, ne lâche pas facilement une bonne affaire.

De son côté, l'héroïne du onzième vol d'un plus lourd que l'air au-dessus de l'océan minimise sa participation dans cet exploit : *« Je n'ai rien fait d'autre que de rester allongée et de photographier les nuages »*, commente-t-elle non sans dépit. Elle ne digère toujours pas d'avoir voyagé comme une simple valise ! *« Bien,* se dit-elle, *Mistress Guest voulait prouver à la planète entière qu'une femme peut franchir l'Atlantique comme un homme. C'est fait ! Mais les hommes pilotent. Or,* pense-t-elle avec amertume, *j'ai été transportée comme un sac de pommes de terre... Les femmes devraient réaliser pour elles-mêmes ce que les hommes ont déjà fait et, occasionnellement, ce qu'ils n'ont jamais fait. Si elles échouent, leur échec doit être un défi pour les autres femmes. »* Dans l'intervalle, une campagne de presse, habilement orchestrée par Putnam, hisse Amelia à la une des journaux, au point qu'elle égale Lindbergh au hit-parade de la notoriété.

Avant d'être aspirée par une gloire naissante, qui ne compense pas sa frustration de n'avoir pas tenu les commandes, l'aviatrice tente, en vain, d'arracher Stultz à l'emprise de la bouteille : hélas, il se tue moins d'un an plus tard. Et puis, il y a le revers de la médaille pour la « figurante » la plus célèbre des États-Unis : elle supporte de plus en plus mal ce surnom de Miss Lindy dont son miroir lui confirme d'ailleurs le bien-fondé, tant on pourrait presque les prendre pour des jumeaux, Charles et elle, en particulier lorsqu'ils se côtoient lors de manifestations publiques [4]. Amelia se contenterait volontiers de Miss Earhart ; elle souhaiterait, en outre, être considérée et fêtée pour ses propres mérites. A propos de son rôle dans la récente traversée de l'Atlantique, la gloire qui s'y rattache lui paraît usurpée.

Ces états d'âme n'échappent pas à Putnam qui entoure sa protégée de mille attentions, dont toutes ne sont pas dues au seul intérêt professionnel : déjà marié à Dorothy Binney et père de deux enfants, l'éditeur-manager ne pense pourtant plus qu'à épouser l'aviatrice. Amelia, qui ignore tout de ce projet insensé, accepte d'aller écrire la relation de son vol dans la somptueuse demeure de Putnam, à Rye (New York), sans éprouver la moindre arrière-pensée, et va jusqu'à dédier son livre à Madame Putnam pour la remercier de son hospitalité. L'ouvrage, intitulé *Vingt heures quarante minutes*, paraît en librairie au cours de l'année 1929, tandis que la jeune femme se partage entre une tournée de conférences, les baptêmes de l'air qu'elle donne, la direction de la rubrique Aviation de *Cosmopolitan* et la propagande qu'une compagnie aérienne la charge de mener, en particulier auprès des femmes. De son côté, George pose des jalons en vue de son prochain mariage.

En 1930, cet homme que la morale n'a jamais embarrassé, et que les scrupules n'étouffent toujours pas, se sépare de son épouse qui part s'installer en Floride avec ses enfants. Seul, donc libre, Putnam se moque bien d'être redouté ou admiré : il vit pour ce qu'il veut. L'homme n'inspire pas l'amour puisqu'il n'en donne pas. En voit-il seulement l'utilité ? La liste de ses ennemis ne l'émeut pas : il sait qu'eux aussi lui reconnaissent une volonté opiniâtre. Héritier de la maison d'édition de son père, George travaille dur à élargir le cercle des auteurs, démentant les rumeurs de faillite que son arrivée avait suscitées. Il publie les premiers romans de Ben Hecht et d'Alexander Woollcott, accumule les meilleures ventes avec des ouvrages populaires, essentiellement des récits d'aventures : Roy Chapman Andrews, Marion Cooper et Charles Lindbergh.

« G.P. » – ainsi Putnam souhaitait-il être appelé – écrit et voyage [5]. Et se consacre à son aviatrice. En 1929, bien qu'encore marié, il l'aide à participer à la première course féminine d'aviation – le fameux Derby « des houppettes à poudre » – organisée entre Santa Monica (Californie) et Cleveland (Ohio). Amelia se classe troisième derrière Gladys O'Donnell et Louise Thaden, laquelle, détail amusant, est originaire de Pittsburgh, ville natale de Madame Guest. Heureuse comme une gamine, Amelia ne s'en montre que plus réceptive aux avances de son protecteur, qui joue de son charme et de sa position pour l'éblouir et mieux la conquérir. Il l'introduit auprès de Heywood Brown, Ben Hecht, Walter Damrosch et de l'actrice Cornelia Otis Skinner.

George paie. George prodigue des conseils avisés. George ne ménage pas ses encouragements. George veut épouser Amelia, voilà tout. Mais la belle, enivrée de performances aériennes, se fait moins consentante et résiste à six demandes en mariage formulées le 5 juillet 1930, le jour même [6] où elle établit le nouveau record féminin de vitesse à plus de 291 km/h. Sa résistance à George dénote beaucoup de caractère. Cependant, la jeune femme va fléchir, peut-être à cause de la mort de son père, emporté par un cancer de la gorge. George Putnam, son aîné de douze ans, la rassure et lui fait penser à ce qu'Edwin aurait pu devenir si l'alcool ne l'avait pas miné.

Alors, elle se marie, sans prêter l'oreille aux mises en gardes répétées de sa mère et de ses amis. Elle ne craint pas George : n'a-t-elle pas pris auparavant la précaution d'imposer ses conditions à son futur époux ? Juste avant la cérémonie, elle lui adresse en effet un courrier où le sens des affaires l'emporte nettement sur la déclaration d'amour.

« *Cher G.P.*, lui écrit-elle, *je tiens à vous rappeler une fois encore ma répugnance à me marier et le sentiment qu'en vous épousant j'annihile certaines de mes chances dans un métier qui représente beaucoup à mes yeux. J'ai le sentiment que ce que je fais en ce moment est aussi insensé que possible. Dans notre vie commune, je ne vous contraindrai pas à obéir à un code moyenâgeux de fidélité à mon égard, pas plus que je ne me considérerai semblablement engagée vis-à-vis de vous. Il se peut que je me réserve un lieu de résidence où je puisse me rendre de temps à autre, pour rentrer en moi-même, car je ne saurais garantir que je puisse supporter à tout moment la réclusion d'une cage, si agréable soit-elle. Je dois exiger de vous une cruelle promesse : c'est que vous me laissiez partir dans un an si nous ne sommes pas heureux ensemble. J'essaierai de faire de mon mieux sur tous les plans.* » A une exception près : le mariage ne serait pas consommé.

Les premières semaines de la « lune de miel » laissent à George un goût bizarre, quand il découvre que la célébrité d'Amelia Earhart Putnam grignote sa notoriété à lui. Or ne dit-on pas que son ego fait de l'ombre au soleil ? Cette singularité, ô combien remarquée, qui le pousse à vouloir paraître coûte que coûte, lui vaut bientôt le surnom de «pou de la lentille» que lui décernent à l'unanimité les photographes. Sa manie – et son souci – de se placer au plus près de sa femme-pilote, et bien dans l'axe des objectifs, n'échappe à personne et aurait tendance à agacer les reporters qui ne parviennent pas à le détacher des clichés. Mais George Putnam, toujours à l'affût d'un produit à commercialiser, sait protéger et rentabiliser ses investissements, qu'il ne perd jamais du regard. Sur ce plan-là, Amelia va le combler. L'aviatrice le laisse exploiter ses succès, sauf en quelques occasions: par exemple, elle ne tolère pas que son nom soit inscrit sur des chapeaux vendus aux enfants à des prix exorbitants. L'éditeur-manager finit par comprendre et admettre qu'il ne fabriquera pas sa gloire sur la réussite fulgurante de sa femme. Elle sera toujours devant, et lui, toujours dans son sillage.

Alors, George opte pour la raison: il décide de se consacrer à la promotion d'Amelia, qui gagne ainsi un formidable appui pour sa carrière. Ce qui tombe à point, car son amie Ruth Nichols vient de battre son record de vitesse [7]. Par ailleurs, la «girl Lindbergh» ne supporte plus les sollicitations réitérées de gangsters qui lui offrent un pont d'or pour entrer dans le trafic d'alcool. A l'époque, la prohibition bat son plein, les distilleries clandestines tournent sans discontinuer, mais il faut acheminer bouteilles et tonneaux au nez et à la barbe des fédéraux. Évidemment, Amelia décline ces contrats sulfureux, pourtant copieusement rétribués, et envoie au diable ses mystérieux correspondants, ainsi que la stupéfiante conception qu'ils ont de son métier.

Elle ne doute pas que George rassemblera les moyens financiers – licites, ceux-là – pour la faire voler. Elle ne se trompe pas et la confiance finit par payer. En 1931, Putnam vend ses parts de la maison d'édition à son cousin Palmer et intègre la société Paramount comme chef du service des informations, un poste idéal pour servir son projet, c'est-à-dire Amelia. Avant l'heure, il médiatise ce nom, le loue à une marque de cigarettes, ce qui peut prêter à sourire puisque la jeune femme ne fume pas. Le label Earhart, managé de main de maître par l'entreprenant Putnam, fait un tabac dans le monde de la publicité. Il rapporte également de quoi financer les vols de l'aviatrice. Grâce à un accord passé avec la Beechnut Company, elle peut de nouveau se hisser à la une des journaux – et au firmament, aux commandes d'un autogire, ancêtre de l'hélicoptère, un engin étrange construit d'après les plans de l'ingénieur espagnol Juan de la Cierva et certifié depuis le 2 avril 1931 par le ministère américain du Commerce. Dès le 8 avril, Amelia devient la première femme à piloter un autogire, le PC A2 de la compagnie Pitcairn, à bord duquel elle s'offre le luxe de pulvériser le record d'altitude : elle atteint 5 613 m à la verticale de Los Angeles.

Puisque sa curieuse monture lui porte chance, elle part aussitôt pour une nouvelle aventure, plus risquée : la traversée de l'Amérique. Partie de Newark le 29 mai 1931, elle atterrit à Oakland, près de San Francisco, le 6 juin 1931, après avoir accompli le premier vol transcontinental en autogire. Les dirigeants de la Beechnut se frottent les mains : le nom de leur société s'étale partout et, désormais, aucune des démonstrations d'Amelia ne passe inaperçue. Ils ne regrettent certainement pas la forte rémunération qu'ils lui versent en échange de services aussi remarqués.

Toutefois, la machine s'emballe : la boulimie publicitaire de George s'accentue, tandis qu'Amelia s'enivre de pilotage et qu'une idée revient harceler son esprit. Une idée fixe d'Atlantique. Mais pas comme passagère ! Putnam, qui se dit maintenant « publiciste et explorateur », donne *« son consentement à cette audacieuse tentative »*[8]. Et pour cause ! Il en a réglé l'organisation jusque dans les moindres détails, du moins en ce qui concerne les relations publiques. Quant à Amelia, avant le premier tour d'hélice, elle s'offre un dernier mot et cloue le bec à ses détracteurs : *« Parce que nous sommes des femmes, on ne nous croit pas capables d'être efficaces. On nous voudrait seulement effacées, disponibles, aimantes... et obéissantes. De bonnes petites femmes, en vérité. Eh bien, non ! Une femme ou un homme dans un avion, quelle différence ? »* Pour une fois, les reporters américains, réputés pour leur sens de la repartie, restent sans voix. Au Français Lauwick, elle précise que les aviatrices ne sont pas des femmes plus braves que les autres : *« Elles sont simplement exceptionnelles parce qu'elles font un métier étrange et qui ne ressemble à aucun autre. Mais,* ajoute-t-elle, *le courage d'une mère qui a cinq enfants et qui les élève sans beaucoup d'argent est plus admirable. Il exige encore plus de temps, de sagesse, de force d'âme, de patience... »*

Ensuite, Madame Earhart-Putnam gagne sans encombre

Harbor Grace, à Terre-Neuve, d'où elle s'envole le 20 mai 1932 à 19 h – heure locale – (22 h 51, heure de Greenwich), aux commandes de son Lockheed Vega, qui a été doté pour la circonstance d'un moteur de 425 CV à refroidissement à air. Le petit monoplan rouge atterrit 14 heures 54 minutes plus tard dans un champ irlandais, à Culmore, près de Londonderry. La performance, qui traduit une vitesse moyenne de 203 km/h, prend une dimension peu ordinaire lorsqu'on apprend que cette diablesse de femme a dû subir sans broncher – et pendant cinq longues heures – de gros orages, des chutes verticales de 900 m et un risque de panne lié à une fuite d'essence, elle-même consécutive à la rupture d'un jaugeur. De plus, elle vient de piloter un appareil rendu difficilement manœuvrable par le givre qui alourdissait les ailes et engourdissait les gouvernes. Cependant, entre tous les sujets d'inquiétude aptes à entamer le caractère le mieux trempé, la peur conjuguée du feu et de la noyade fut pour Amelia le pire des tourments.

En effet, lorsque l'océan devint rose, bleu clair et éblouissant de lumière, à mesure que le jour montait à la rencontre du petit avion, la jeune femme prit une conscience aiguë des émanations d'essence qui l'environnaient et que la moindre étincelle menaçait d'enflammer, ce qui aurait transformé le Vega en torche, ou plutôt en bûcher. Durant une fraction de seconde, elle vécut un dilemme peu banal : allait-elle mourir brûlée vive ou noyée ? Ou tenir jusqu'au bout ? Elle n'eut heureusement pas à s'interroger trop longtemps car, sur l'horizon étincelant, venait d'apparaître une tache d'abord grise et incertaine, puis noire avec des contours flous, et verte enfin. Comme l'Irlande ! De quoi balayer la peur et la fatigue. Elle pouvait réussir. Elle avait réussi. Et l'on peut comprendre l'incrédulité du brave paysan irlandais qui assista à son arrivée : quand Amelia lui déclara qu'elle avait volé d'une traite depuis l'Amérique, l'homme, bourru, se contenta de marmonner des paroles inintelligibles. Qu'une femme ait fait aussi bien que Lindbergh ou Costes et Bellonte, qu'elle ait vaincu là où tant d'autres, comme Nungesser et Coli, avaient laissé la vie, voilà qui dépassait quelque peu l'entendement du buveur de whisky...

A la stupéfaction générale qui suit l'annonce de cet exploit, succède, en Irlande et dans le monde entier, une explosion d'enthousiasme. Des deux côtés de l'Atlantique, la presse oublie sa misogynie pour titrer : *« Une femme l'a fait ! »*

Évidemment, la comparaison avec la traversée réalisée par

Lindbergh cinq ans plus tôt revient dans toutes les manchettes. De nouveau, les journalistes soulignent la ressemblance entre les deux aviateurs et ressortent le sobriquet flatteur – mais agaçant, au goût de la jeune femme – de Miss Lindy, réactualisé en Mistress Lindy. Par la magie des médias, le visage mince, les yeux gris moqueurs et les courts cheveux blonds bouclés font le tour du monde. Les invitations affluent. Chefs d'État et têtes couronnées se disputent l'honneur de recevoir l'héroïne américaine. Lors d'une session conjointe, le Sénat et la Chambre des représentants des États-Unis lui décernent la Distinguished Flying Cross. Toutefois, selon Fred Goerner [9], elle se montre surtout sensible au diplôme honoraire ès sciences que lui remet solennellement le collège Thiel de Greenville, en Pennsylvanie, établissement qu'avait fréquenté son père et qui reste donc cher à son cœur. Galvanisée par le public, happée par la spirale du succès et encouragée par son mari qui estime qu'il faut battre le fer pendant qu'il est chaud, la jeune femme se lance à l'assaut de l'Amérique qu'elle traverse de part en part, de Los Angeles à New York (Newark), en 19 heures et 5 minutes, moins de trois mois après l'Atlantique [10], et à la vitesse de 206 km/h. Très respectueux des grandes performances, les Américains exultent et font un triomphe mérité à leur aviatrice prodige qui les remercie, le 7 juillet 1933, en améliorant son temps : elle couvre les 3 939 km en 17 heures 7 minutes et 30 secondes, à la moyenne de 231 km/h.

La *«petite Américaine évoluée»* [11] ne va plus – et ne peut plus – s'arrêter en si bon chemin, d'autant qu'elle incarne désormais l'Amérique exemplaire et conquérante chevauchant le progrès. L'allégorie se double d'un modèle en lequel se reconnaissent les femmes émancipées. Une telle responsabilité acquise en si peu de temps implique d'avoir de solides épaules et un bel équilibre. Amelia, première femme pilote à avoir vaincu l'Atlantique et traversé l'Amérique sans escale, se met en quête d'une nouvelle première et lorgne en direction du Pacifique. Jusque-là tout va bien : les vols de démonstration rapportent des gains substantiels. A ce sujet, Amelia peut faire confiance à George qui veille au grain : il s'occupe de la publicité, tient la caisse et, si sa femme déploie dans les airs un réel talent aux commandes de son Vega, lui se hisse au premier rang des débrouillards et des combinards, vrai roi des affaires dans une Amérique encore proche de la ruée vers l'Ouest. Il peut ainsi légitimement se féliciter de l'opération «autogire» et de ses retombées. Oh ! bien sûr, son visage s'assombrit quelque peu quand il se souvient que son aviatrice, première femme au monde à piloter cet étrange croisement d'avion et d'hélicoptère, a été également la première femme à s'écraser à bord de cet engin... De cela, elle ne parle pas : elle n'aspire qu'à repartir. Le Pacifique l'obsède comme l'Atlantique ; en outre, à l'approche de Noël 1934, elle n'y tient plus : elle veut terminer l'année en beauté. «Rien de tel qu'un record en cette période», calcule Putnam, sans douter un seul instant des chances de réussite d'Amelia.

Laquelle n'envisage d'ailleurs pas l'échec. D'Hawaï, où le «SS Lurline» a convoyé son Lockheed Vega, la jeune femme entend bien s'envoler vers la Californie et décrocher la bourse de 10 000 dollars – une fortune pour l'époque – offerte au premier pilote qui franchira les 2 400 km au-dessus de l'océan. Malheureusement la politique s'en mêle. Une organisation hawaïenne rivale tente de discréditer la tentative, insinue qu'Amelia, vendue aux grands sucriers hawaïens qui patronnent le raid, va servir leurs intérêts et les aidera, peut-être à son insu, certes, mais en tout cas grâce au retentissement de son exploit, à faire pression sur le Congrès américain pour obtenir un abaissement des tarifs douaniers. Ces attaques brutales refroidissent l'ardeur des partisans du vol, au contraire d'Amelia qui bouillonne de colère et n'hésite pas à frapper du poing sur la table du comité.

«*Menace ou pas, je m'en vais tout de même*, lance-t-elle alors aux membres interloqués. *A vous de savoir si vous tremblez ou si vous tenez à défendre votre intégrité. Quant à moi, ma décision est prise. Et irrévocable. Je m'envolerai cette semaine pour les États-Unis. Les mesquineries ne sauraient m'en empêcher*», conclut-elle d'une voix forte qui n'admet pas de réplique.

Aussitôt dit, aussitôt fait. Le 11 janvier 1935, le Vega, alourdi par la réserve supplémentaire de carburant, s'arrache péniblement de la piste embourbée de Wheeler Field, à Honolulu, et, après 18 heures 15 minutes d'un vol qui lui a permis de parcourir 3 875 km à 260 km/h, se pose peu avant midi, le 12 janvier, sur le terrain d'Oakland's Bay, Farm Island, en Californie. En cette occasion, Amelia révèle encore la mesure de son courage puisqu'elle a choisi de décoller sans dispositif de sécurité et non sans avoir été avertie qu'un équipage américain, composé des aviateurs Charles Ulm, Littlejohn et Skilling, vient de payer de sa vie une entreprise identique et repose quelque part sur sa route, dans les profondeurs de l'océan. Pas effrayée le moins du monde par ces risques du métier, elle projette, en avril 1935, de relier d'un coup d'aile Oakland à Mexico et doit abandonner à cent kilomètres du but, aveuglée par un insecte. Néanmoins, elle s'adjuge un vol de 3 000 km sans escale, performance dont elle ne se contente pas car, le 8 mai suivant, la voici sur le trajet Mexico-New York, une distance de 3 350 km qu'elle avale à plus de 235 km/h.

On peut se demander qui pourrait bien jouer les trouble-fête et entraver l'ascension irrésistible de cette Américaine talentueuse. Si, comme la reine dans *Blanche Neige*, Amelia a pu parfois interroger son miroir, elle n'a pas dû ignorer longtemps que sur un coin minuscule de la planète, appelé France, là même où Lindbergh avait posé ses roues, il existait une aviatrice très douée, très vive et dotée d'un appétit de gagner équivalent au sien, une aviatrice littéralement vénérée par les foules et qui transformait en record la moindre tentative. Encore gamine et impétueuse, géniale et résolue, celle que ses compatriotes allaient comparer à leur Jeanne d'Arc et qui deviendrait bientôt la « jeune fille de France », portait le nom d'un peintre : Hélène Boucher.

Combien en dénombre-t-on, de ces femmes d'exception ? Une par génération ? Une par siècle ? En tout cas, l'irruption d'Hélène Boucher dans le ciel français – on ne saurait employer d'autres mots – bouscule soudain toutes les valeurs en place jusqu'alors et suscite une légitime inquiétude – voire de la jalousie – chez les aviatrices connues et reconnues...

Bien malin qui aurait pu prédire la trajectoire fulgurante de cette petite-bourgeoise, que la réputation de son architecte de père met à l'abri des tracas financiers. Une jeunesse protégée n'appelle pas de commentaires. D'ailleurs, la chrysalide Hélène ne dévoile rien de la superbe femme de l'air sur le point de naître. Bien sûr, quelques petits signes relevés ici et là surprennent la famille et l'entourage, mais pas le biographe qui, plus tard, examinant la totalité d'une existence courte et intense, affirmera d'un air entendu que les stigmates d'une carrière peu ordinaire apparaissaient déjà dans les premières années. L'étonnement, on le partage avec Monsieur Boucher qui se demande un jour s'il est naturel que sa fillette de sept ans n'ait jamais pleuré. Et puis, comment interpréter la question de cette même petite fille lorsqu'on lui propose de jouer à la poupée : *« Les poupées, pour quoi faire ? »* interroge-t-elle avec innocence. Son insistance, doublée d'une curiosité toujours en éveil, lui attire ses premiers surnoms, révélateurs de ses traits de caractère : « Mademoiselle Comment » ou « Mademoiselle Pourquoi ».

Elle ne changera pas, toujours à poser des questions, à ses parents d'abord, à ses amis ensuite, aux pilotes et aux mécaniciens. Pour l'heure, elle méprise les poupées et leur préfère les patins à roulettes avec lesquels elle parcourt à vive allure l'immense couloir de l'appartement de la rue de Rennes, à deux pas de la gare Montparnasse et des appels au voyage... Malgré cette tendance à adopter le comportement des garçons, elle ne cherche pas à les imiter ni à leur ressembler, même si elle troque volontiers les robes à la mode contre la tenue masculine qu'elle trouve plus seyante pour chevaucher la moto de son frère, au grand dam de sa famille qui lui en refuse l'autorisation. En 1925, au cours d'une visite de l'Exposition des arts déco en compagnie de son père, ce joli bout de femme âgé de dix-sept ans [12] ressent une vive émotion alors qu'elle parcourt la section architecture. D'aucuns iront jusqu'à parler d'un véritable coup de foudre... pour le ciment armé !

Lorsque sa mère, respectueuse des usages, organise une réception pour ses débuts dans le monde, Hélène ne trouve rien de mieux que de disparaître au milieu du bal, d'enfiler sa combinaison de garçonne et d'« emprunter » la Chenard & Walker familiale pour rejoindre Jean Hubert, un jeune homme rencontré sur l'un des terrains d'aviation où elle aime traîner. Avertis de cette idylle et de sa tournure aérienne peu en rapport avec leurs desseins, les parents froncent les sourcils : à leurs yeux, le prétendant ne représente pas le beau parti qu'ils souhaitent pour leur fille. Pour l'heure, si elle révèle un intérêt certain pour l'aviation, Hélène n'envisage pas d'en faire sa profession. Elle ne voit là qu'un passe-temps, tout au plus. Son ambition, nettement plus raisonnable, l'oriente vers la mode, domaine où elle révèle un talent certain. D'ailleurs, après un an d'apprentissage, elle prévoit de prendre la direction d'un petit magasin près des Champs-Élysées. Selon une de ses grandes amies, Dolly Van Dongen, la fille du peintre, Hélène respire la santé. Il s'agirait même, à l'en croire, d'une belle plante saine *« aux cheveux d'un blond clair un peu cendré, à la peau ravissante, aux beaux yeux gris et à la fraîcheur exquise »*. Mais, prévient-elle, gare aux apparences : *« Son regard peut passer d'une extrême douceur à la pire dureté. »* Le reflet de la détermination ? Dès la plus tendre enfance d'Hélène, il n'échappe à personne que la franchise sera l'une de ses qualités principales. Un jour, elle s'adresse posément à son professeur de géographie : *« Je vous aime bien,* lui dit-elle d'emblée, *mais je n'aime pas votre géographie. Je ne veux pas l'apprendre. Et puis, ça ne sert à rien, la géographie, puisque je ne ferai jamais de voyages... »* A quinze ans, elle tient des propos identiques sur le bac qui, affirme-t-elle, *« ne sert à rien »*. En revanche, elle persuade son père de l'expédier sur l'île de Wight où elle va séjourner trois mois et apprendre rapidement l'anglais.

Bref, elle mène l'existence facile des jeunes filles de bonne famille et profite des plaisirs sans souci du lendemain. Hélène aime la vie et la dévore à belles dents. Elle dessine, peint (avec talent, dit-on), joue du piano et chante juste. Elle pourrait passer ainsi sa belle jeunesse jusqu'au mariage si n'intervenait un événement inattendu : au soir du 4 juillet 1930, un samedi, alors qu'elle rentre chez ses parents, elle croise l'un de ses vieux camarades, Roger de Grésigny, devenu officier de l'armée de l'Air et qu'elle n'a pas vu depuis trois ans. Ils parlent avion comme on cause chiffons. Et Hélène montre un tel intérêt que de Grésigny la convie à un baptême de l'air. *« Aucun problème,* s'exclame-t-il, *car l'un de mes amis dispose d'un Moth Gipsy à Orly. »* Il téléphone à l'ami en question, un aviateur du nom de Le Folcalvez, qui accepte d'emmener la jeune bourgeoise pour une petite virée sans histoire. A l'issue d'une vingtaine de minutes d'un vol effectivement calme, dans un ciel serein, le pilote s'attend à trouver sa passagère souriante et volubile. Or, Hélène demeure muette, en proie, semble-t-il, à une violente émotion intérieure. Elle remercie poliment Le Folcalvez, mais ne manifeste pas le moindre enthousiasme, attitude qui déçoit son entourage. Bien sûr, on se presse autour d'elle, ses amis s'inquiètent de son silence prolongé. On croirait qu'elle émerge d'un rêve merveilleux quand elle parle enfin, le visage tourné vers le ciel : *« C'est le seul océan où je nagerai désormais »*, se promet-elle. Puis, d'une voix plate, elle demande le nom d'une jeune femme mince qui, non loin de là, bavarde avec animation, au milieu d'un groupe d'hommes.

– *C'est Maryse Bastié,* lui explique quelqu'un.

– *Oh,* fait Hélène, *elle paraît toute simple. Elle ressemble à toutes les femmes.*

La remarque, naïve, déclenche un sourire chez de Grésigny : *« Pensiez-vous,* la taquine-t-il, *que la célèbre Maryse avait des ailes dans le dos ? »*

Hélène se contente de poser sur lui un regard pensif. Les

minutes s'écoulent. Soudain, comme mue par une pulsion irrésistible, la jeune fille se saisit du bras de son ami et lui lance, d'un ton passionné : *« Roger, ma décision est prise irrévocablement : je veux devenir pilote d'avion. »*

Dans l'intervalle, Jean Hubert, qui a endossé l'uniforme de pilote militaire, se tue à Istres. La mort de cet être cher ne détourne pas Hélène de sa voie, mais refroidit son père qui la met en garde. Hélas, Hélène ne veut rien d'autre que voler. A sa famille qui tente de l'en dissuader, et rappelle les dangers trop fréquents liés au pilotage – à preuve la disparition brutale de Jean – elle rétorque : *« Cela m'est indifférent. La vie ne vaut que si on la risque. Autrement, moi, je m'ennuie. »* Avide de modernité, de nouveauté surtout, elle réclame des sensations. Les hommes ? Elle ne les repousse pas. Mais elle leur préfère l'avion. Les Boucher, hérissés par une telle *« idée de fous »*, s'opposent à leur fille qui, chaque dimanche, se précipite à Orly où, en l'espace de dix mois, elle arrache environ six vols. Au cours d'une de ces escapades sur le terrain, elle fait la connaissance d'Henri Farbos, un industriel de Mont-de-Marsan qui vient de fonder un aéro-club dans les Landes. La fougue de la jeune fille l'a touché et l'amène à lui proposer une prime de 1 500 francs si elle accepte d'être la première femme à venir suivre les cours de l'école de pilotage récemment ouverte à Mont-de-Marsan. L'argument fait mouche, à une époque où le brevet coûte 6 000 francs. Sollicités à leur tour, désarmés par la vocation évidente de leur fille, les parents d'Hélène finissent par abdiquer et apportent le complément financier indispensable.

Le 18 mars 1931, elle quitte Paris pour Mont-de-Marsan où elle va être hébergée chez les Farbos, qui assurent à ses parents que la jeune fille sera traitée comme l'enfant de la maison. « Léno » ne perd pas de temps et, le 20 mars, elle prend son premier cours, avec Liaudet comme instructeur. Le 15 juin suivant, la voici première de son groupe, avec dix-sept heures et cinquante minutes de vol, ce qui l'autorise à s'envoler seule à bord de son petit Moth. Seule ! Toute seule, devrait-on dire, tant cette expression revient souvent dans son vocabulaire. Ce fameux jour de juin, elle s'envole à six reprises et réussit des démonstrations parfaites de l'art du vol que lui inculque Liaudet, lequel jubile devant ce talent naissant. Dès lors, tout s'enchaîne comme dans un scénario bien réglé. Le 21 juin, Hélène passe avec succès son brevet de pilote et impressionne suffisamment

Adrienne Bolland pour que celle-ci lui prédise la plus brillante des carrières. « *Cette gamine ira loin,* prophétise-t-elle. *Elle possède les qualités (la lucidité, le sang-froid, l'application et la minutie) et ce petit quelque chose qui font les grands pilotes.* »

Fière de son admission au sein de la confrérie des aviateurs, Hélène en informe ses parents dans une lettre enthousiaste : « *J'ai maintenant terminé mes épreuves de brevet. Figurez-vous que j'ai fait tout cela, paraît-il, d'une façon extraordinaire qui laisse les gens étonnés. Ne croyez pas que je me vante mais je suis naturellement surprise d'être encensée de cette façon. Dimanche dernier, c'était le meeting et Adrienne Bolland, la première des aviatrices françaises, est venue faire une exhibition. J'ai fait sa connaissance et juste avant, le samedi, j'ai exécuté des atterrissages devant elle. Elle m'a complimentée sans fin et a dit partout qu'elle n'avait jamais vu un jeune pilote voler pareillement ; elle m'a placée, au point de vue pilotage, sur le même plan que Maryse Bastié. Enfin, il paraît que si je veux, j'ai une brillante carrière devant moi. Et déjà Adrienne Bolland a répandu partout le bruit que j'étais une révélation.* »

Brevet en poche [13], la nouvelle aviatrice rentre à Paris le 1er juillet 1931, un an ou presque, jour pour jour, après sa révélation à elle-même. Jusqu'en décembre, elle vole peu et doit se contenter de ses souvenirs landais. Et puis, elle franchit un nouveau pas sur le chemin qu'elle se trace à force d'obstination : après avoir obtenu encore une fois l'aide de ses parents et de ses amis, elle achète un Moth Gipsy de 85 CV qui ne va pas rouiller dans un hangar. Sans perdre de temps, elle s'entraîne au Bourget, accumule les heures en vue de préparer le brevet de transport public [14] qu'elle obtient le 30 juin 1932 et qui va maintenant lui permettre d'être rémunérée en échange de services aériens. « *Voler,* explique-t-elle à ceux qui s'efforcent encore de la freiner, *c'est la seule profession où le courage paie et où les résultats concrets entrent en ligne de compte dans le succès.* » Enfin professionnelle, bien décidée à vivre de ses ailes, elle se fait la main dans les meetings de sous-préfecture à travers la France, économise, revend le Moth à Farbos et acquiert un Avro, lors d'un voyage à Londres. Elle dispose enfin de la bonne monture pour se jeter dans la mêlée, c'est-à-dire pour effectuer son entrée dans la cour des grandes.

Première course, première casse : sur le parcours Cannes-Deauville, elle doit se poser en catastrophe à proximité de Prémery, dans la Nièvre, répare, redécolle pour subir une autre panne, après seulement trois minutes de vol. L'affaire se présente mal car Hélène, dans l'impossibilité de virer, fonce directement dans un rideau d'arbres. Le choc n'annonce rien de bon ; pourtant, l'aviatrice s'en sort sans une égratignure. Quant à l'Avro, en piteux état, il devra être acheminé en Angleterre, ce qui n'est pas gratuit et implique de nouveaux engagements.

Mademoiselle Boucher ne se démonte pas et décide, le 6 février 1933, d'aiguiser ses jeunes ailes sur une distance de choix, l'une des plus fameuses de ces Années Folles, l'une de celles où tant d'aviateurs récoltent des lauriers, comme Japy et Maurice Noguès, ou accumulent les déboires, comme Saint-Exupéry en décembre 1935 : Paris-Saigon ! Résolue, sans montrer la moindre appréhension, Léno s'envole et termine son premier grand raid à... Auxerre. Responsable : le brouillard. Froidement, elle reprend la route de Paris, mais sans renoncer à sa tentative. Elle attend seulement la bonne occasion et une météo plus favorable. Le ciel s'ouvre enfin le 13 février et la jeune femme s'y engouffre aussitôt. Cette fois, elle vole plus loin, jusqu'à Ramadi, près de Bagdad, où une panne de moteur la contraint à l'atterrissage, en mars.

La malchance à répétition qui caractérise ses premiers pas aériens, et qui empoisonnait déjà Léna Bernstein, semble la stimuler : elle déclare à la presse qu'elle recommencera. Car les journalistes s'intéressent maintenant à son cas. Il est vrai qu'un Paris-Bagdad ne passe pas inaperçu et que son accomplissement implique une réelle virtuosité de la part de son pilote, surtout s'il s'agit d'une aviatrice ! Hélène sort de l'anonymat mais ne rentre pas dans ses frais : les lauriers se dessèchent vite, à l'inverse des dettes qui prospèrent et obligent la jeune femme à se séparer de son avion, qu'elle revend à Londres. Puisque son sexe lui interdit l'accès à un vrai métier de pilote, la voici entraînée à son tour dans l'engrenage des meetings, des courses et des exhibitions, à bord d'appareils divers, notamment celui que lui prête – à contrecœur – le constructeur Pierre Mauboussin pour les Douze heures d'Angers, alors l'une des compétitions favorites.

Hélène prend le départ, le 2 juillet 1933, avec une jeune passagère appelée à un destin aussi beau que tragique : Edmée Jacob, qui deviendra Edmée Jarlaud, la championne de vol à voile. Si les concurrents doivent couvrir la plus grande distance possible en douze heures, l'équipage féminin ne démérite pas, avec plus de 1 600 km parcourus à bord du petit biplace Mauboussin-Salmson de 60 CV, une performance qui lui permet de se classer à une honorable quatorzième place et d'empocher 6 000 francs [15]. Léno peut être satisfaite car elle a tenu de bout en bout dans une course réputée épuisante, qui rassemblait des aviateurs expérimentés, et non des moindres, des hommes déjà rompus à l'art du pilotage alors qu'elle jouait encore dans le couloir de ses parents...

D'ailleurs, sa joie confine au bonheur quand l'un des participants les plus applaudis par la foule se dirige droit vers elle, après son atterrissage, pour la complimenter chaleureusement : Michel Detroyat en personne, l'un des maîtres incontestés de l'acrobatie aérienne, une des vedettes de ces Douze heures, avec son coéquipier Robert Morane, ne tarit pas d'éloges sur la prestation de l'aviatrice. Certes, elle manque de maturité mais il sent en elle le panache, le style, le don : à n'en pas douter cette fille possède le sens inné de l'air. Impressionnée autant par la taille du célèbre pilote que par l'intérêt qu'il lui manifeste, Hélène s'empresse de confier son enthousiasme à sa mère : « *Imagine-toi,* lui écrit-elle, *que le grand Michel Detroyat, l'as de l'acrobatie, a voulu faire ma connaissance et il m'a dit : "Jamais je n'aurais cru que vous iriez jusqu'au bout, c'est très bien..."*

Tu penses, Detroyat qui a fait attention à moi ! Je crois bien que je suis cataloguée maintenant dans l'aviation. »

En dépit de son étonnement admiratif, Detroyat conserve la tête froide et n'ignore pas qu'entre l'endurance révélée au cours d'une épreuve et la virtuosité, il y a du travail, beaucoup de travail. L'attitude persévérante d'Hélène Boucher le rassure vite : le 2 août 1933, moins d'un mois après l'épisode d'Angers, l'aviatrice ravit à l'Américaine May Haizlip le record féminin d'altitude pour avions légers, toujours à bord du Mauboussin : elle atteint 5 900 m, soit 400 m de mieux que sa rivale. Pas question, cette fois, d'imputer la réussite de la jeune fille à la chance : elle s'accroche et elle est douée, voilà tout !

De telles qualités amènent le ministère de l'Air à prendre en sa faveur une mesure exceptionnelle puisqu'il lui octroie un crédit d'entraînement à la voltige aérienne. En clair, Hélène va bénéficier au Bourget d'une dizaine d'heures de cours sur un Morane 230 militaire, des leçons dispensées par un instructeur de l'armée de l'Air. Ceci fait d'elle la première Française à recevoir une formation sur un appareil de l'armée.

Dans la foulée, elle intègre l'école de perfectionnement de haute voltige récemment ouverte par Morane à Villacoublay.

Or, Morane, c'est aussi Detroyat. Adepte de la rigueur la plus extrême, surtout lorsque son intuition lui désigne une perle rare, l'aviateur opte pour la prudence et propose à la jeune fille un vol d'essai. Ils s'envolent, le 17 août 1933, pour une séance mémorable, qui n'a rien d'une banale approche de la voltige : en effet, pendant vingt-cinq minutes vertigineuses, Michel sort le grand jeu et soumet son élève à un festival d'acrobaties en tous genres. Il ne la ménage pas et, aux commandes d'un Morane 230, lui impose une succession de vrilles, chandelles, tonneaux et loopings. De quoi donner le tournis à un pilote de chasse. Pas à Hélène ! Detroyat n'en croit pas ses yeux : en dépit des turbulences, des décélérations suivies d'accélérations brutales, et inversement, malgré les traîtrises imposées par son moniteur, la jeune fille donne l'impression de partir pour le bal. Detroyat dresse aussitôt ce constat encourageant : Hélène Boucher possède un cœur et des réflexes parfaits, un œil rapide et, surtout, une douceur de main tout à fait remarquable. Sur ce dernier point, son jugement rejoint celui d'Adrienne Bolland, qui n'hésite pas à affirmer que sa jeune amie a *« une main extraordinaire »*.

Inutile de gaspiller son temps, estime Detroyat, qui impose à sa protégée un programme digne de l'entraînement des Marines américains. Au fil des leçons, Hélène prend de l'assurance, tandis que son instructeur loue les capacités de cette élève *« intelligente et obéissante qui comprend ce qu'elle fait et fait ce qu'on lui dit »*. En outre, se félicite le chef pilote de la maison Morane, *« j'ai rarement éprouvé une telle docilité chez une élève, une telle facilité à se soumettre aux moindres indications de son professeur, une telle lucidité dans l'étude et la correction de ses défauts, une telle volonté de perfectionnement... Peut-être son obéissance n'est-elle qu'une forme spéciale de son intelligence. »* Pour l'heure, Detroyat ne dit rien de ses appréciations ; il se montre, au contraire, un professeur dur et impitoyable, qui ne recule pas devant les répétitions : si une manœuvre ne le satisfait pas, Hélène doit la recommencer encore et encore. Il exige la perfection. Elle aussi. Elle ne proteste pas, ne se crispe pas. Elle apprend, boit les paroles du maître, souffre à chaque échelon qu'elle gravit dans son art, apprend toujours, étudie les figures l'une après l'autre, s'en imprègne et finit par exceller dans les configurations les plus compliquées : le vol sur le dos et la boucle vers le bas. Detroyat consent enfin à sourire et lui, généralement avare de compliments, parle maintenant sans retenue d'une élève *« exceptionnellement douée qui possède une remarquable souplesse de manœuvre »*. C'est là le fruit du talent et d'un enseignement sans concession. *« Pourtant,* avouera le grand pilote, avec une pointe de regret, *je pense avoir été plus sévère avec elle que pour n'importe quel autre aviateur. Une femme qui fait de la haute voltige aérienne doit se montrer impeccable, plus que les hommes, car les plaisanteries seraient trop faciles. »* Il précisera, plus tard : *« Hélène Boucher était douée, confiante, obéissante, assidue au travail et détachée des frivolités de la coquetterie. »*

Maintenant, après l'enseignement de Detroyat, elle pourrait tout envisager : pourquoi pas un grand raid ? Il se trouve que le ministère de l'Air lui accorde alors l'autorisation de piloter le Breguet 27A2 Tout Acier, un appareil militaire particulièrement adapté à la réalisation de ce type de projet. Dieudonné Costes lui conseille vivement un vol vers le Brésil, avec une traversée de l'Atlantique sud. Detroyat rejette l'idée de cette folle entreprise et avertit Hélène qu'elle risque de *« s'abîmer la main »* sur le lourd Breguet. Comme la mise en garde semble ne pas suffire, il lâche brutalement : *« Laissez cela ou dites-moi que vous renoncez à l'acrobatie. »* L'aviatrice s'incline d'autant plus volontiers que « le patron », ainsi qu'elle appelle son instructeur, fait jouer la corde sensible : *« Nous perdons un temps précieux et c'est dommage car, si vous aviez été prête, je vous aurais fait engager pour la rencontre de Villacoublay, dans deux semaines. Ce jour-là, je lutterai contre l'Allemand Fieseler ; il y aura aussi une de ses compatriotes, très forte. Tout de même, si vous aviez voulu... »*

Arrive le fameux jour, le 8 octobre 1933. Si Vera von Bissing, la voltigeuse allemande, évolue très haut, Hélène Boucher choisit la proximité du sol pour respecter le conseil de Detroyat et *« faire aux gens qui se sont dérangés, la politesse de se tenir le plus possible à portée de leurs yeux pour qu'ils n'aient pas à se casser le cou »*.

A l'issue d'un show époustouflant, la championne d'outre-Rhin et la petite Française ne peuvent pas être départagées. Un match égal. Une première consécration pour Hélène. Au milieu des ovations qui accompagnent l'atterrissage de son élève, Detroyat exulte, visiblement fier. *« Vous verrez,* souffle-t-il à l'ingénieur Albert, *que dans quelques mois, Hélène Boucher sera la meilleure acrobate du monde entier. »*

Mais Hélène ne songe déjà plus à la voltige. Une autre

déesse l'attire, l'envoûte : la vitesse. Le rugissement de moteurs surpuissants la fait vibrer, elle rêve de sentir la terre filer sous les ailes d'une machine nerveuse et racée. Avec toute la fougue de ses vingt-cinq ans, elle brûle d'une nouvelle passion. Et sa vie, dès lors, s'accélère. Trop, peut-être...

9

TRAGÉDIES

Je sais que je marche vers un but effrayant
qui m'est assigné par le destin.
Élisabeth d'Autriche, dite Sissi [1]

Du tempérament, il en faut pour affronter une championne de la carrure de Vera von Bissing avec seulement quatorze heures et cinquante-cinq minutes de voltige dans son carnet de vol. Hélène Boucher étonne donc le monde, qui s'empare de cette jolie incarnation de la jeunesse courageuse et souriante. A cette époque où l'on ne fabrique pas encore les idoles ni les stars à coups d'émissions aussi creuses que les produits vantés, la presse sert de révélateur des talents. Hélène quitte bientôt les pages intérieures des quotidiens pour conquérir la une. Son nom attire le public autant que celui des Doret, Detroyat, Mermoz – le grand d'entre les grands –, Maryse Bastié ou Amelia Earhart. Depuis son match mémorable contre l'Allemande, à Villacoublay, les Français ont fait d'Hélène leur princesse, face à Vera von Bissing, reine incontestée de l'acrobatie, du moins jusqu'à ce que le petit Morane bleu et noir lui donne une réplique cinglante... Grâce à cette virtuose douée pour tout, les couturières, les gouvernantes, les dactylos, les petites filles rêvent.

Bien sûr, Hélène croise la route des autres aviatrices, se lie avec les deux Maryse, mais surtout avec Adrienne Bolland. Elle les admire, sans se rendre compte qu'elle leur fait de l'ombre. Seule Adrienne l'accueille avec un plaisir sincère dans le cénacle féminin de l'aviation; elle a toujours su que la petite irait loin. Elle en est convaincue depuis Mont-de-Marsan, depuis cette période où la «jeune fille de France» apprenait les rudiments du pilotage. D'ailleurs, les premiers exploits autant que les confidences enthousiastes que Detroyat lui glisse à l'oreille, lors des meetings, la confortent dans ce jugement. Avec cette femme qui ne mâche pas ses mots, cette professionnelle qui n'a plus rien à prouver, Hélène noue une amitié définitive, sans nuages. Ses rapports avec les autres filles de l'air vont rapidement être plus délicats, dès lors que la débutante se transforme en une redoutable rivale. «*Nous,* racontera Maryse Hilsz, *nous étions contentes de voir arriver cette jeune, alors...*» Quant à Maryse Bastié, elle ne portera guère plus à Hélène qu'une tendre affection. Elle estime que cette fille qui veut leur ressembler, être leur égale, va trop vite, trop haut, trop loin...

Généralement avares de commentaires sur les pilotes en jupons, les aviateurs considèrent la jeune prodige avec un respect non feint. Pour Mermoz et Saint-Exupéry, qui savent apprécier les qualités techniques de leur consœur, pour la plupart des bouffeurs d'horizon habitués aux rudes conditions de la Ligne, Hélène Boucher est une grande. L'auteur du *Petit Prince* l'évoquera en des termes sobres, c'est-à-dire justes : «*Elle était simple, elle était loyale... Elle était aussi un pilote. Ce métier, elle l'exerçait à la façon d'un homme, avec le respect du travail bien fait et l'humilité des vrais bâtisseurs en face de l'œuvre. L'avion ne servait pas à la faire briller. C'est elle qui servait à la mise au point de l'avion.*»

La fraîcheur de son teint et la délicatesse de ses traits tranchent dans un milieu de cuirs tannés et de visages burinés par la pluie et le soleil, la chaleur et le froid. «*Mon Dieu, c'est une enfant !*» s'exclament ceux qui la voient pour la première fois, en particulier lorsqu'elle arrache son serre-tête de cuir blanc et secoue ses cheveux blonds avant d'y passer les doigts, en un geste devenu familier et légendaire, après chaque atterrissage. «*On les prend au berceau*», critiquent certains vieux de la vieille. On peut croire qu'il n'y a pas d'âge pour avoir envie de grimper dans un cockpit puisque le phénomène d'engouement se manifeste également chez des personnes inattendues. En témoigne, par exemple, le baptême de l'air qu'a reçu, le 28 février 1928, à Saint-Pétersbourg, en Floride, Mrs C. Fenton, une enthousiaste dame de... cent quatre ans.

A l'évidence, les femmes ne renoncent jamais. Elles réclament leur part de la grande aventure vécue au quotidien tant par les aviateurs comme Mermoz, Noguès, Guillaumet ou Japy que par des constructeurs audacieux, à l'image de René Couzinet. Elles suivent avec attention les tentatives masculines et vont ainsi mêler leurs acclamations aux applaudissements qui saluent la formidable traversée de l'Atlantique sud par Couzinet et Mermoz, en janvier 1933, à bord du trimoteur *Arc-en-Ciel*. Maryse Hilsz leur adresse un télégramme de vives félicitations, le 19 janvier, avant d'être fêtée avec eux, le 27 mai, par le conseil municipal de Paris [2], auréolée du succès de son brillant Paris-Tokyo et retour : entre le 1er avril et le 14 mai, elle a parcouru 30 600 km en vingt-six étapes.

Malgré la persistance de vieux tabous machistes et en dépit d'impératifs financiers souvent sélectifs, les Années Folles, époque du romantisme technique et du progrès intelligent, offrent aux aviatrices un terrain propice à l'éclosion de leurs talents. Ce terrain, elles ne le retrouveront jamais, sinon en de rares occasions, par exemple lorsque l'humanité s'engagera dans l'aventure de la conquête spatiale. Au cours de l'année 1934, période charnière de l'entre-deux-guerres, le monde, aspiré peu à peu vers un conflit à la mesure de ses erreurs, ose croire encore à la vertu du rêve. Il oscille entre la réalité sanglante de la journée du 6 février 1934 [3] et l'illusion que ramènent parfois de leurs périples dans l'inconnu les baroudeurs modernes : ainsi, le 7 mars 1934, André Malraux survole Saba, la capitale perdue de la reine Balkis en Arabie, à bord d'un Farman F190. A noter, toujours pendant ce mois de mars, que les aviateurs italiens peuvent désormais se marier, si l'on s'en réfère à une décision prise le 24 par le ministre de l'Air du Duce...

Dans un environnement aussi contrasté et où tout va de plus en plus vite, Hélène Boucher apporte sa touche personnelle, son coup d'accélérateur. Avec elle, en effet, l'aviation passe une vitesse supplémentaire : la petite veut devenir la plus rapide des aviatrices et, sans complexe, entend bien dépasser les hommes dans cette épreuve reine. Confiant malgré ses réticences, Michel Detroyat l'aide une fois de plus et intervient auprès de ses relations, notamment de François Lehideux, directeur des usines Renault. La démarche du pilote ne fait qu'appuyer celle des ingénieurs Riffard et Albert, lesquels, séduits par les capacités d'Hélène, estiment souhaitable de l'engager dans l'équipe Caudron-Renault comme premier pilote. Ce qui ne manquerait pas d'assurer une excellente publicité à Renault. Lehideux, surnommé « le petit patron » par ses collaborateurs, partage cet avis et s'apprête à donner son accord au moment où Detroyat le contacte. Il met toutefois une condition à cette embauche : *« J'aimerais d'abord la voir à l'œuvre,* déclare-t-il. *On ne peut lui confier un avion de grande vitesse sans être sûr qu'elle ne va pas se tuer. »* Sage précaution. On en jugera quand on sait qu'Hélène doit s'initier au pilotage d'avions de course très différents des appareils qu'elle a utilisés jusque-là. Il lui faut apprendre, entre autres, à se servir des volets, du train rentrant, de l'hélice à pas variable, et se familiariser avec mille manœuvres nécessaires à la conduite des bolides. C'est un peu comme si elle passait de la Trabant à la Ferrari.

La jeune fille accepte cet essai, sans montrer d'appréhension, et se rend au Bourget où va avoir lieu le vol, en présence de Riffard, Lehideux, Detroyat et Raymond Delmotte, l'un des plus grands champions de vitesse de son temps. On a choisi Le Bourget, parce que cet aérodrome dispose d'une longue piste qui « permet de se tromper ». Delmotte commence par expliquer à Hélène le maniement de sa machine, en l'occurrence un Caudron Rafale, un pur-sang nerveux, capable des performances les plus remarquables. Après avoir assimilé le mode d'emploi de la machine, Léno s'envole avec Delmotte pour un petit circuit d'accoutumance aux réactions du Caudron. Apparemment, ce tour de terrain donne satisfaction au pilote, qui n'hésite pas ensuite à lâcher Hélène, seule aux commandes de l'appareil. Il se contente d'un laconique : *« Allez, mademoiselle, à vous... »* Vu les circonstances et son peu de pratique sur ce nouvel avion, Hélène se débrouille plutôt bien.

Certes, elle commet quelques maladresses dues à l'inexpérience, mais, de l'avis des témoins, tous spécialistes, sa prestation est révélatrice de ses dispositions. Convaincu, le « petit patron » ne lui impose même pas un second tour ; il pose une main sur son épaule et lui dit simplement : *« Allons boire un verre de champagne. »* Pour Hélène, c'est gagné. Toutefois, l'intégration de la jeune aviatrice chez Caudron avive la jalousie d'autres femmes pilotes qui espéraient ce poste prestigieux. Certaines d'entres elles vont même s'efforcer de l'empêcher d'obtenir le Rafale. Elles insistent tellement qu'il faudra toute la fermeté de la direction de Caudron pour imposer sa décision. A l'une de ces contestataires, « aviatrice célèbre et arrivée », un responsable de Caudron-Renault répond qu'il est indécent de vouloir interdire à des jeunes de gagner leur vie. Par ses mots, la direction confirmait sa volonté de faire confiance à la jeunesse. Elle allait avoir bientôt toutes les raisons de se satisfaire de son choix.

Comme à son habitude, Hélène progresse vite. Le 8 juillet 1934, la voici de nouveau inscrite aux Douze heures d'Angers. Sa performance bouscule les pronostics : elle décroche la deuxième place, derrière Lacombe et juste devant Maurice Arnoux, avec 2 821 km parcourus à la moyenne de 235 km/h [4]. Du même coup, elle s'octroie le record du monde de vitesse sur 1 000 km pour avions légers, à la moyenne horaire de 250 km/h [5]. Sa passagère, Madame Beckert, rapporte de cette épreuve le plus beau souvenir de sa vie et des émotions pour longtemps. Les patrons de Renault, quant à eux, se félicitent d'autant plus que leur premier pilote a volé seule du début à la fin, contrairement aux vainqueurs, Lacombe et Trivier, qui se sont relayés aux commandes. Épuisée par ces douze heures infernales, Hélène fond en larmes dans les bras de Dolly Van Dongen. Elle pense aussi à son ami Maillet, mort huit jours plus tôt à Orly, Maillet qui l'encourageait à exploiter ses succès. Elle va s'y employer.

Elle soutient un tel rythme maintenant qu'elle donne le vertige à ses proches et avive l'inquiétude de sa mère : où cette boulimie de vitesse s'arrêtera-t-elle ? Hélène se veut rassurante et balaie ces craintes d'une petite phrase : « *Non, maman, ce n'est pas dangereux,* dit-elle doucement. *Les accidents n'arrivent qu'aux imprudents. Mais vois tous les grands champions qui depuis des années font des choses étonnantes (...). Et puis il y a dans le monde des tas d'aviatrices étrangères qui remportent des tas de succès. En France, au contraire, depuis que Léna Bernstein a disparu et qu'Adrienne Bolland s'est retirée, il ne reste plus guère que Maryse Bastié et Maryse Hilsz.* » Impétueuse mais lucide et prudente, la jeune fille sait qu'en aviation, « *c'est celui qui enterre les autres qui a raison* », ainsi qu'aime à le répéter le pilote Joseph Thoret. Cependant, une ombre voile parfois le beau visage de l'aviatrice ; alors, les yeux perdus dans le vague, elle annonce d'un ton plus grave, en particulier à son amie Dolly : « *J'y passerai comme les autres.* » Guynemer s'exprimait de la même façon lors des dernières semaines de sa vie. Prémonition ou conséquence logique d'une dépression passagère liée à une tension nerveuse intense ? Dans ces périodes heureusement brèves, Hélène se ferme, puis « la machine à performances » repart sur les chapeaux de roue, attentive aux conseils de Riffard.

Hélène vole désormais sur le Caudron n° 13 Coupe Deutsch,

après avoir été initiée sur un bolide, le Caudron C450, à bord duquel Maurice Arnoux vient de dominer la coupe Deutsch de la Meurthe, après un match mémorable avec Raymond Delmotte. A Istres, le 7 août 1934, elle s'entraîne pendant une heure et quinze minutes sur le n° 13. Si ce chiffre ne l'effraie pas, en revanche, elle redoute le 30... Le lendemain, au terme d'un nouveau test de trente minutes, elle s'attaque aux records, et amorce la série des exploits avec une performance peu ordinaire : elle pulvérise le record toutes catégories des 1 000 km en 2 heures 26 minutes et 38 secondes, à la moyenne horaire de 409,184 km, mieux que les 393,3 km/h et 400,4 km/h de l'ancien record de Maurice Arnoux. Elle établit ainsi le premier record féminin sur cette distance. Ensuite, elle ravit ses lauriers à Amelia Earhart, portant son record de 275 km/h à 412,306 km/h sur 100 kilomètres. Cette nouvelle réussite ne suffit pas à Hélène : le 10 août, elle relève le défi de May (ou Mae) Haizlip, détentrice du record de vitesse avec plus de 405 km/h sur Wedell Williams, et atteint 428,223 km/h. Cette performance fait d'elle la femme « la plus vite du monde », mais sans la contenter complètement.

Il lui reste une étape à franchir pour s'imposer comme l'être humain le plus rapide de la planète : le jour suivant, elle pousse le Rafale à la moyenne de 445 km/h. Du jamais vu ! La voici championne du monde, reine de la discipline. Surtout, à la stupéfaction générale, elle a détrôné les hommes et plus spécialement Maurice Arnoux. Pourtant, lorsque l'appareil s'arrête enfin, après cette performance, Hélène Boucher se fige soudain dans le minuscule cockpit. Elle semble paralysée. Intrigué, l'ingénieur Albert se penche dans la carlingue et regarde dans la direction que lui désigne du doigt la jeune aviatrice. Il réprime un sourire lorsqu'il distingue, nichée près du palonnier, une sauterelle qu'il prend délicatement entre le pouce et l'index avant de la remettre en liberté. Hélène recouvre alors la voix pour avouer à l'homme hilare : *« Si je l'avais vue avant de me poser, je n'aurais jamais pu continuer. »* Elle ne plaisantait pas ! De nouveau, à la jouissance que lui procurent ces instants uniques succède la déprime : *« Je n'aurai jamais trente ans,* affirme-t-elle à ses amis désemparés. *Je ne vivrai pas vieille,* poursuit-elle. *Et tant mieux ! Quelle horreur de mourir dans un lit ! Non, je n'arriverai jamais jusqu'à trente ans ! »*

A quoi peut-elle aspirer désormais ? Tout lui sourit et, à vingt-six ans, elle a pratiquement exploré l'ensemble du domaine aérien et accompli des performances dont la moindre suffirait à satisfaire l'ambition de pilotes confirmés. Hélène ne se laisse pas griser par la légende qui se tisse autour d'elle. La vitesse la hante plus que jamais et elle veut aller au-delà des limites qu'elle vient de faire reculer. La perspective de se hasarder dans un monde inconnu ne la perturbe pas, pas plus que celle de chevaucher une véritable bombe. « *Tu vas trop vite et tu risques gros* », l'avertissent ses proches. Le directeur de l'Aviation civile la met également en garde : « *Vous ne connaissez pas les dangers de la vitesse : 450 km/h sur ces petits engins-là ? Vous allez continuer jusqu'au jour où vous vous tuerez.* » Hélène écoute poliment. Après tout que pourrait-elle leur dire ? Comment leur expliquer ce qu'elle vit ? Car elle vit intensément ! Sensation délicieuse. Dangereuse, aussi...

Mais le temps, comme contaminé par cette folie de la vitesse, se met également à s'accélérer. A l'occasion, il emporte un camarade pour l'éternité. Alors, ses pairs organisent un meeting en son honneur, avec pour but d'assurer éventuellement un revenu à sa veuve. Hélas, cette confraternité des ailes va avoir à se manifester souvent : lors de la coupe du monde d'acrobatie aérienne, à Vincennes, l'as portugais Placido da Cunha d'Abreu se tue pour avoir trop sollicité le biplan Avro 626 dont il venait de prendre livraison en Angleterre. Le public effaré voit les ailes se déformer et l'avion s'engager dans un piqué impossible à rattraper. Quelques instants plus tard, la fatalité manque de frapper à son tour l'Italien Colombo qui, « voulant faire du spectacle », accroche les arbres au décollage et s'écrase avec son Breda 19. Il se tire d'affaire sans une égratignure. La palme revient à l'Allemand Gerhart Fieseler et à sa compatriote Liesel Bach qui, dorénavant, vont se produire, à Vincennes ou Orly, avec des appareils marqués, sur leur dérive, de la sinistre croix gammée. Mais les aviateurs ne se situent-ils pas au-dessus des politiques ? Doret, Detroyat, Maryse Bastié, Hélène Boucher, Amelia Earhart rencontrent les pilotes allemands, sans arrière-pensée, avec pour seule idée de les affronter à la loyale dans le ciel. Bientôt, les Italiens pénètrent dans cette arène du ciel où leurs virtuoses, attachés à la fameuse escadre d'Udine, réalisent les figures les plus osées. La mort d'Abreu ne touche pas des concurrents, elle endeuille une communauté qui ignore les frontières. Pour cette raison, le 11 novembre 1934, des aviateurs de toutes nationalités se rendent au Portugal afin de participer à un meeting de bienfaisance dont la recette doit aller à la famille du lieutenant d'Abreu. Hélène Boucher fait partie de la délégation française, qui se compose notamment de Michel Detroyat, de Cressaty et de la fameuse patrouille d'Étampes. La petite Française croise ainsi la route d'une aviatrice allemande dont la carrière, menée essentiellement au service du régime nazi, n'en sera pas moins éblouissante : Hanna Reitsch.

De retour à Paris, elle reprend l'entraînement en vue d'améliorer un palmarès exemplaire, sourde aux incitations à la modération que multiplie sa famille. Hélène ne montre pas de nervosité ; au contraire, elle affiche les signes extérieurs d'une bonne santé : des nuits de sommeil qu'elle prolonge tard, car elle n'a rien d'une lève-tôt, et un bel appétit qui étonnerait Mermoz ou Kessel, autres grands spécialistes de la table... Cette particularité va laisser sans voix Adrienne Bolland : ainsi, au cours d'un repas qu'elle partage avec plusieurs convives dont Hélène, l'aviatrice victorieuse des Andes s'exclame devant les énormes escalopes qu'on vient de lui servir : *« Je ne pourrai jamais manger tout cela ! »* A ce moment, Léno lui glisse discrètement à l'oreille : *« Chut ! Taisez-vous, et passez-moi plutôt votre assiette. »*

Pareille fringale, qui se retrouve dans tout, permet d'imaginer que la championne de vitesse, gourmande de records, ne va pas s'endormir sur ses récentes performances. Elle reprend l'entraînement au terrain de Guyancourt, entraînement qu'elle interrompt pour gagner le Grand Palais où se tient le Salon de l'Aéronautique qui l'accueille en vedette sur le stand Caudron-Renault, à la grande joie des enfants. Son avion, le Rafale, suspendu à six mètres du sol, draine une foule considérable. Pour Hélène, l'existence se présente donc sous les meilleurs auspices.

Le matin du 30 novembre, elle téléphone à Riffard dont elle apprécie la gentillesse et la patience :

–*Allons déjeuner ensemble à Mon Pays, la petite auberge de la route de Châtillon où vous m'avez emmenée à plusieurs reprises,* lui propose-t-elle. *J'aime cet endroit, nous y ferons un très bon déjeuner et il y a longtemps que je ne vous ai pas vu. Allons !*

–*Justement,* réplique Riffard, un rien boudeur, *il y a trop longtemps qu'on ne vous a vue ! Vous êtes régulièrement payée par la maison Renault et vous n'avez pas donné de vos nouvelles depuis quatre mois.* Et, d'ajouter, sévère : *Il faudra que je vous parle...*

– *Eh bien,* reprend Hélène, sur le ton de la plaisanterie, *déjeunons ensemble. Vous m'attraperez !*

– *Non !* tranche l'ingénieur, qui s'obstine.

« *Je voulais lui donner une leçon* », confiera-t-il ensuite à Hervé Lauwick [6]. Il ne la reverra pas vivante.

Pour mettre un terme à sa conversation avec l'aviatrice dépitée par la rebuffade, Riffard s'esquive, prétextant mille excuses. Il devait en porter à jamais le remords car, confessa-t-il plus tard, rongé par un horrible doute, « *après cela* (l'échange téléphonique), *elle dut se sentir seule, (...) elle alla voler cet après-midi-là et c'est ainsi que l'accident est arrivé* ».

On ne saura jamais si le refus de Riffard a eu une influence sur le moral de la jeune fille. Hélène n'en laisse en tout cas rien paraître quand elle se présente au Grand Palais où Delmotte l'autorise à un vol sur le Rafale. Aussi, vers 14 h, Léno et l'aviateur quittent le salon pour franchir la barrière de Guyancourt une heure plus tard. Elle enfile sa combinaison et, à 15 h 20, décolle à bord d'un Rafale doté d'un moteur de 140 CV, moins puissant que celui du Caudron n°13. En ce 30 novembre, elle pilote un appareil sur la dérive duquel on remarque un grand chiffre 30. D'aucuns, connaissant sa répulsion pour ce chiffre, verront là l'empreinte terrible du destin. Pendant les quelques minutes que dure la séance d'entraînement, le Caudron se comporte à merveille. Cependant, Delmotte l'a pressée d'effectuer son vol d'essai avant l'arrivée de la brume. Hélène estime alors qu'il est temps d'atterrir ; elle sort ses volets d'intrados mais, se jugeant mal placée, remet les gaz, effectue un nouveau tour de terrain et, volets toujours déployés, s'aligne bien droit à la verticale du bois de la Croix. Peut-être, vu sa position, a-t-elle craint d'arriver trop court, avant le seuil de la piste. Elle donne un coup de moteur qui déséquilibre brutalement l'appareil rendu instable, étant en perte de vitesse, par une voilure trop réduite à cause des volets baissés. Le Rafale amorce aussitôt un demi-tonneau, à une dizaine de mètres d'altitude, décapite des arbres et s'écrase à l'envers dans les bois. Ce qui ne laissait aucune chance à la jeune femme, retenue à son poste par une simple sangle.

Delmotte, Fouquet et Goury se précipitent, mais la mort, ils ne l'ignorent pas, les a précédés pour figer la tragédie dans « *un grand silence, parmi les feuilles mortes* ». Tout s'est joué en quelques secondes si intenses que, on peut l'espérer, la peur n'a pu se faufiler dans l'esprit de l'aviatrice trop occupée par son ultime combat. Un craquement, et ce fut tout. De l'avion brisé, au cockpit plié comme un doigt, on devait extraire, avec des précautions dérisoires, un corps désarticulé. Seul, le visage ne présentait aucune blessure, rien. Intact. Épargné, écriront ceux qui cherchaient une vaine consolation.

La nouvelle de sa mort frappe de stupeur une France qui se reconnaissait dans cette jeune fille modeste, simple et vaillante. En l'espace de trois ans – une trajectoire fulgurante – Hélène est parvenue à imposer la femme comme l'égale des grands pilotes masculins, qui viennent, nombreux, s'incliner sur sa dépouille, le 4 décembre, à l'occasion des obsèques célébrées à la chapelle Saint-Louis des Invalides. C'est Detroyat qui, devant la foule recueillie, en présence du général Maurin, ministre de la Guerre, du général Denain, ministre de l'Air, et du président de l'Aéro-Club de France, André Wateau, va prononcer les mots qui font mal parce qu'ils se veulent apaisants. Il s'adresse directement à son élève, à son «Étoile filante», comme il l'appelait affectueusement, d'une voix brisée par l'émotion: *«Vous m'appeliez votre professeur, je n'ai été que votre conseiller, trop fier d'être compris, imité et dépassé par une jeune fille obéissante et modeste. Nous n'étions auprès de vous, avec nos milliers d'heures de vol, que de petits garçons... N'avez-vous pas, après toutes les Françaises qui ont illustré l'aviation dans ses différentes branches, montré qu'une femme était capable de pousser jusqu'à la perfection la haute école aérienne?»* Ces paroles fortes s'élèvent en une apothéose funèbre et grandiose comme les Invalides en réservent à ceux qui ont payé de leur vie pour avoir osé [7]. Le journaliste Hervé Lauwick remarquera que *«tous les yeux, même chez les hommes, étaient mouillés»*. L'après-midi, le cortège prend la direction du petit cimetière de Yermenonville, en Eure-et-Loir, à dix kilomètres de Chartres, où Hélène va reposer désormais.

Sa mort choque, dans un milieu pourtant aguerri par les coups durs et les deuils brutaux qui ont contribué à forger sa détermination. Dans le post-scriptum d'un courrier qu'elle écrit à Suzanne Deutsch de la Meurthe, le 23 novembre 1935, Madeleine Jaffeux-Tissot, alors secrétaire administrative de la Commission d'aviation de l'AéCF, montre que le temps n'a pas atténué la surprise suscitée par la disparition d'Hélène Boucher:

« Chacun de nous pensait qu'elle devait être épargnée, elle était si pure, si belle, si claire, son âme de jeune fille enthousiaste. »

Selon Adrienne Bolland, on ne saurait incriminer la seule fatalité parce que *« les dons ne remplacent pas l'expérience »*. Sa jeune amie, qui comptait seulement 497 heures de vol à son actif, *« s'est tuée pour avoir essayé de virer avec ses volets sortis, ce qui ne pardonnait pas à l'époque »*.

La disparition d'Hélène Boucher relève d'une logique implacable : à trop flirter avec le danger, la femme pilote ouvrait les bras à la mort, en un ultime défi. Or, elle ne s'imaginait pas quitter un jour l'aviation, *« pas plus qu'un organe ne peut quitter la place qui lui est assignée dans le corps*[8] ».

Une fausse note – mécanique – a donc eu raison de la virtuose. La France la pleure comme elle devait pleurer Mermoz deux ans plus tard. Elle pleure un modèle de jeunesse plus encore que la surdouée du ciel. On pourrait lui appliquer ce portrait que Madame de Motteville brossait autrefois d'Anne-Geneviève de Bourbon, duchesse de Longueville : *« L'air de sa personne avait un agrément dont le pouvoir s'étendait même sur notre sexe. Il était impossible de la voir sans l'aimer et sans désirer lui plaire. Elle ressemblait beaucoup plus à un ange que non pas à une femme. »*

Sa personnalité, plus que ses performances, lui gagne la postérité. Quant à ses records... Hélène tuée, ils se multiplient. Delmotte ouvre la brèche, le 25 décembre 1934, lorsqu'il atteint 505,848 km/h à bord d'un Caudron 460 et devient champion du monde de vitesse sur avion terrestre. Le 19 mai suivant, à Étampes, il serre contre sa poitrine la coupe Deutsch de la Meurthe, après avoir couvert l'épreuve à la moyenne stupéfiante de 443,965 km/h.

Dans l'intervalle, Maryse Hilsz grimpe à 7 338 m avec un Mauboussin Corsaire et récupère le record d'altitude. Le palmarès des sept records du monde engrangés par Hélène va être éparpillé entre des aviateurs de qualité. Il faudra attendre 1937 pour que Madeleine Charnaux s'octroie le record de vitesse sur 1 000 km, deuxième catégorie, aux commandes d'un Super Rafale. L'Américaine Jacqueline Cochran s'emparera des records féminins de vitesse première catégorie, d'abord sur Caudron C450, à Istres, puis, le 6 avril 1940, sur Republic P 35.

Tenue à l'écart de ce feu d'artifice par la maladie, Maryse Bastié vit en convalescence forcée pendant les premiers mois de 1935. Ce passage à vide fait suite à une vie professionnelle monotone, qui s'étirait depuis son entrée chez Potez. La tournée des aéro-clubs, la présentation d'avions de tourisme, rien de tout cela ne l'enchantait. La situation menaçait de s'éterniser quand survient le Salon de l'aéronautique de novembre 1934 et qu'elle ressent une grande lassitude. A ce moment, le mal la ronge depuis quatre mois. Maryse s'accroche néanmoins, mais au Grand Palais où elle tient le stand Potez pendant quinze jours, elle s'épuise, s'affaiblit, maigrit de sept kilos. Et ne se plaint pas. L'atmosphère confinée de l'exposition, le piétinement, le manque d'air et les millions de questions achèvent de miner sa santé. Elle ne dit toujours rien, mais la gravité de son état n'échappe pas au médecin, responsable au Bourget de la visite médicale régulière et obligatoire des pilotes : il suspend sa licence pour deux mois, un répit qu'elle met à profit pour aller se reposer à la montagne, où elle reprend un peu de poids. Malheureusement pour elle, des esprits chagrins ont donné de son absence une interprétation peu glorieuse, et répandu des rumeurs selon lesquelles elle « se dégonfle », elle a peur, elle ne vaut plus grand-chose. Ces balivernes parviennent aux oreilles de Potez, qu'il veille plus à la réputation de sa maison qu'il ne songe à défendre celle de l'aviatrice : il se sépare de Maryse dès son retour à Paris. Au fond, il lui rend service car il la libère d'un quotidien routinier qui, malgré les heures de vol, émoussait ses facultés.

En association avec Guy Bart, l'ami fidèle, elle crée à Orly une école de pilotage, Maryse Bastié Aviation, où affluent bientôt les élèves. Puisque Guy s'occupe de l'aspect pratique et des leçons, Maryse, qui se charge de l'administration, peut se consacrer à son idée, ce rêve vieux de cinq ans, son projet le plus cher, au point d'en oublier sa frustration : l'Atlantique sud. Si l'Australienne Jean (ou Joan) Batten la devance, en novembre 1935, sur la route ouverte par Mermoz, Dabry et Gimié en mai 1930, la Française persiste dans sa résolution : elle traversera et fera mieux que sa rivale. Elle s'ouvre de son projet à Guy Bart, qui l'encourage, vaincu d'avance : de toute façon, elle ne l'écouterait plus.

La chance place alors à ses côtés le meilleur des conseillers possibles, Jean Mermoz – qu'elle a connu à l'occasion du mariage de Marcel Reine –, et l'un de ses amis, le colonel Davet, chef du cabinet militaire du général Denain, ministre de l'Air. Le directeur de l'Aviation civile, M. Couhé, accorde le feu vert à condition que Maryse surpasse l'Australienne. La témérité extrême de l'entreprise suppose une préparation méticuleuse que réclame vivement le général Denain. Le ministre suggère à l'aviatrice d'accomplir un vol de reconnaissance vers l'Amérique du Sud, avec Mermoz pour pilote. Avec un tel parrain, Maryse se sent un moral d'acier. Le « grand » Jean se montre précis et patient, attentif aux questions de l'aviatrice. Il revient sur les points techniques, insiste sur la fatigue qui fausse l'interprétation du tableau de bord et l'appréciation des distances ou de l'altitude, puis il se tait, une moue complice sur les lèvres, une lueur amusée dans le regard. Maryse scrute le beau visage, apaisée, déterminée et confiante. Mermoz n'a pas tenté de la dissuader ; à l'inverse, il l'a prise au sérieux et il a surtout jugé qu'elle pouvait y arriver. Le 17 décembre 1935, au petit matin, quelques jours après la remise officielle à Air France du Laté 301-01, et quelques mois seulement après son premier décollage à partir du lac de Biscarrosse, l'appareil, alors baptisé *Orion*, s'envole pour son premier grand voyage. Outre Mermoz, chef pilote, le lourd quadrimoteur emporte le mécanicien Alexandre Collenot, ami de Mermoz avec lequel il a partagé presque tous les coups durs du temps de l'Aéropostale, Léopold Gimié, autre héros de l'Atlantique sud, le mécanicien Garnier, Marcel Reine, fameux pilote de la Ligne France-Amérique du Sud, membre de la « bande » à Daurat [9], M. Juin, d'Air France, et... Maryse.

En cours de route, le Laté devient le *Ville de Buenos Aires*, suite à une décision prise par la direction d'Air France. Il se pose à Port-Lyautey vers 17 heures, avant de repartir le lendemain pour Dakar. Le premier incident survient, après quelques heures d'un vol sans histoire, au large de Port-Étienne, quand l'un des moteurs s'emballe soudain et monte en régime. Mermoz, calme, ordonne de l'arrêter et de le mettre en drapeau, mais dans sa précipitation, le mécanicien chargé de la manœuvre se trompe de moteur : l'équipée se termine donc clopin-clopant. La cause de la panne, il faut la retenir car elle reviendra souvent sur ce type d'appareil et entraînera la mort de Collenot et de Mermoz [10] : rupture du réducteur, une pièce maîtresse. Sans la prompte intervention de Jean, cet inconvénient majeur pouvait aboutir à la libération de l'hélice, laquelle, mue par une incroyable vélocité, était capable d'endommager le fuselage, voire d'amener la destruction de l'avion.

Pas du tout échaudée par une péripétie au cours de laquelle elle a pu mesurer le professionnalisme – et le sang-froid – des hommes de la Ligne, Maryse Bastié poursuit son voyage vers Natal à bord du Blériot *Santos-Dumont*. Elle en revient enthousiaste, encore sous le charme de l'accueil des équipages et des personnels d'Air France, pour la plupart des anciens de l'Aéropostale. L'un d'eux, Charles Bultel, se souviendra de l'air radieux de Maryse [11], qui se sent sur un pied d'égalité avec les vétérans de l'Atlantique sud. Reste à régler la question de l'avion : un Caudron-Renault ferait l'affaire, estime l'aviatrice, mais aucun n'est alors disponible. Le nouveau ministre de l'Air, Marcel Déat, séduit à son tour, promet son soutien, sans avoir le temps de passer aux actes : il n'est bientôt plus titulaire de son ministère. Maryse obtient néanmoins son monomoteur Simoun, à bord duquel elle s'envole pour Alger, en compagnie de Suzanne Tillier. De là, toujours encouragée par Denain, elle file sur Dakar, replonge dans la fraternité de la Ligne et rentre en France, aguerrie par les 13 000 km de son voyage.

Elle est prête maintenant à effectuer le saut entre les deux continents, et elle partira le 7 décembre 1936. Ainsi en a-t-elle décidé. Hélas ! ce jour-là a la couleur du deuil : Mermoz, le grand frère, repose quelque part dans l'océan, avec l'équipage du Laté *Croix-du-Sud*. Il ne prodiguera pas les ultimes recommandations. Choquée, comme des millions de Français, par un événement tragique qu'on croyait impensable, tant Mermoz avait acquis une sorte d'invulnérabilité au fil des épreuves, Maryse persiste dans son intention et, le samedi 12 décembre, décolle avec le mécanicien Lendroit qui doit préparer l'appareil et lui adjoindre un réservoir supplémentaire. Elle part, non sans avoir laissé d'ultimes recommandations à Guy Bart, son voisin, auquel elle a également remis les clefs de son appartement, de l'argent pour le ménage et les mensualités destinées à sa mère et à sa tante qu'elle a à sa charge et qu'elle appelle affectueusement ses « vieilles ». Enfin, elle a demandé à ce cher Bart de régler le garage et de débrancher le réfrigérateur.

Tranquillisée, elle gagne d'abord Lyon, fait escale à Marseille d'où, le lundi suivant, elle traverse la Méditerranée, se pose à Oran et ne va pas plus loin que Meknès, en raison du mauvais temps. Après cet arrêt imprévu, elle atteint Casablanca sans problème, puis Villa Cisneros ; au-delà, sur la portion la plus redoutable du parcours, elle essuie le terrible vent de sable. Un instant, elle craint le pire à l'approche de cap Juby, escale mythique de la Ligne France-Amérique du Sud, goutte de vie échouée entre l'océan et le désert, et dont le responsable, pen-

Les premières hôtesses ont été américaines. Les passagers de la Trans-Canada Air Lines pouvaient dîner dans l'intimité… ou presque.

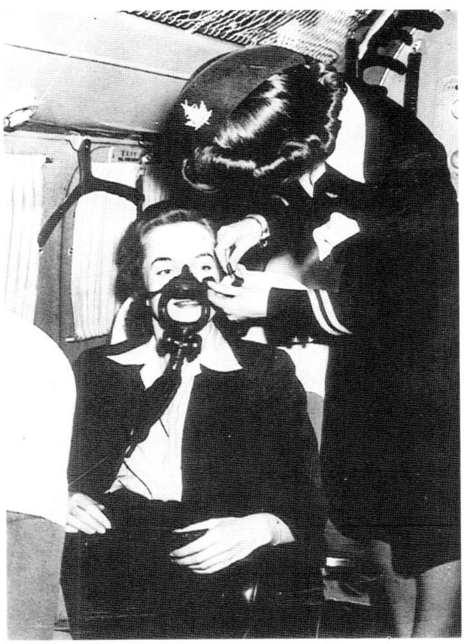

Même le port du masque, imposé en cas de turbulences, n'interdit pas le sourire.

Hélène Boucher, la «jeune fille de France», symbole d'une époque fertile en records, bat les hommes sur leur propre terrain : la vitesse.

Le 30 novembre 1934, Hélène Boucher se tue à Guyancourt, alors qu'elle s'entraînait sur Caudron "Rafale".

La «petite» Anglaise Amy Johnson, couverte de lauriers à la suite de ses exploits, notamment un Londres - Le Cap et retour en 1932...

Après Jean Mermoz, la Néo-Zélandaise Jean Batten vainc l'Atlantique sud en novembre 1935, avant de céder son record à Maryse Bastié.

Madeleine Charnaux, élève de Bourdelle et sculpteur elle-même, détient neuf records mondiaux de vitesse dans les années 30.

Maryse Hilsz triomphe là où Saint-Éxupéry échoue : Paris - Saigon en 92 heures et 31 minutes en décembre 1937. L'aviateur s'était écrasé dans le désert de Lybie...

Élisabeth Boselli, pilote militaire, accumule les performances à bord d'appareils à réaction. En 1955, elle s'octroie le record de distance en circuit fermé.

Jacqueline Auriol aux commandes du Nene-Vickers Viscount anglais, à l'occasion du trentième anniversaire de la traversée de Louis Blériot.

En 1963, à Istres, Jacqueline Auriol atteint 2 030 km/h sur Mirage II C. Elle est la femme la plus rapide du monde.

L'Américaine Jacqueline Cochran, éternelle rivale de Jacqueline Auriol, vole à 2300 km/h en 1964, à l'âge de 57 ans.

Au prix d'une grande ténacité, nombre de femmes sont aujourd'hui pilotes dans l'aviation commerciale - pas moins de six au sein de Swissair.

Réunion à Haguenau, autour d'Élisabeth Boselli, de l'Association des pilotes françaises en 1982.

dant dix-huit mois, fut un certain Antoine de Saint-Exupéry... Maryse passe, se joue des mille sortilèges de ce monde minéral et atterrit enfin à Dakar où les veuves des aviateurs disparus à bord du *Croix-du-Sud* la supplient de renoncer. Maryse se hérisse et pique une colère comme à Paris, la veille de son envol, lorsque des journalistes lui avaient demandé si la mort de Mermoz n'allait pas contrarier son voyage. Le « grand » n'aurait pas approuvé un tel revirement, qui n'est pas dans son tempérament à elle.

D'ailleurs, elle ne tergiverse pas longtemps : le pilote Comet, de retour d'Amérique du Sud, la presse de partir sans tarder. Ce qu'elle fait le 30 décembre, sous le regard anxieux de Guillaumet, Gimié, Comet et Chabbert, saluée par les équipages, radios et mécaniciens qui admirent son courage. Il en faut, en effet, pour se lancer seule, aux commandes d'un petit monomoteur, au-dessus de 3 200 km d'une masse liquide, dans un voyage où la plus petite erreur ne pardonne pas. De plus, les pièges atmosphériques ne manquent pas. Le récit qu'ont ramené Mermoz et ses compagnons de leur traversée historique abonde en détails effrayants, notamment leur rencontre avec le Pot-au-noir, monstruosité nuageuse et baladeuse qui barre l'horizon, espèce de cordillère d'embruns et de vents immobiles où le temps lui-même s'égare... Maryse ferme son esprit à l'appréhension et file droit sur Natal qu'elle atteint en douze heures, soit en une heure de moins que Jean (ou Joan) Batten et à la vitesse moyenne de 255 km/h.

Peu après l'atterrissage, elle baptise son avion *Jean Mermoz*, comme le lui avait soufflé à l'oreille Suzanne Deutsch de la Meurthe, quelques jours plus tôt. Toutefois, l'aviatrice a préféré attendre le succès avant de procéder à cet acte quasi religieux : « *Ni mon avion, ni moi n'étions dignes d'un si beau nom,* expliquera-t-elle. *Il fallait vaincre pour le mériter.* » A Natal, c'est un homme de la Ligne, Guerrero, qui lui souhaite la bienvenue et la serre dans ses bras. Quelques jours plus tôt, il l'avait avertie : « *Maryse, tâchez d'être à l'heure à Natal. Si vous me faites attraper des cheveux blancs, je ne vous pardonnerai pas.* » Maryse Bastié ne le déçoit pas. Elle n'aurait pas échangé sa place contre un empire, elle qui déclare que « *voler, c'est déjà faire l'amour. Après, les gestes et les sensations en sont tout imprégnés.* »

D'autres qu'elle tiennent ce langage franc et acquiescent en silence quand elle évoque les risques, les dangers, la mort qui vous guette. Aussi, explique-t-elle avec conviction, « *quand on a failli tomber, brûler ensemble, on se jette dans la vie, on s'éclate de toutes ses possibilités* ». La peur ? Elle réside dans cette petite phrase que de nombreuses aviatrices ont prononcée un jour : « *Pour une folle de l'air, mourir à terre a quelque chose d'une abdication.* » Mermoz refusait d'envisager la mort dans un lit, et le disait à l'occasion, l'air grave. Amelia Earhart en parle peu, mais elle avoue volontiers qu'elle ne pourrait se passer de ses incursions là-haut. Et puis, une existence de rampant, à quoi bon ? La belle Américaine continue donc de faire courir le brave George Putnam dans tous les sens. Il s'occupe de la carrière de sa jeune femme avec un zèle qui ne se dément pas : la gloire d'Amelia satisfait son ego. Sa confiance dans les capacités de l'aviatrice est en effet largement récompensée, notamment le 12 janvier 1935 : partie de Honolulu (Hawaï) dans un ciel couvert de nuages, et après le passage d'une trombe tropicale, « Lady Lindy », à bord d'un Lockheed Vega, avale en 18 h 16 mn les 3 875 km qui la séparent d'Oakland (Californie). A la pluie torrentielle du départ succède une marée humaine : dix mille personnes enthousiastes envahissent le terrain pour applaudir à tout rompre cet exploit accompli pour la première fois par un pilote, un exploit plus extraordinaire encore puisqu'il est signé par une femme.

Aux États-Unis, les aviatrices continuent d'enlever les records à une belle cadence, ravissant les foules et piquant au vif les rivalités masculines : le 22 août 1932, Frances Marsalis et Louise Thaden ont porté le record d'endurance à 196 heures à bord de leur Curtiss Thrush. Chapeau ! saluent les amateurs, mais à deux, c'est plus facile, ajoute, perfide, le chœur des misogynes. Malgré ces insinuations, les Américaines marquent des points : le 1er avril 1932, Walter H. Beech et sa femme Olive Ann fondent la Beech Aircraft Corporation, un nom appelé à devenir un « must » mondial en matière d'aviation. Au sein de cette société, Olive Ann ne tiendra pas un rôle de potiche : elle s'y affirmera comme un chef d'entreprise à poigne, après une ascension fulgurante. Qu'on en juge : elle débute en 1921 à Travel Air Manufacturing C.O. (Wichita), comme secrétaire et comptable. Son sens des affaires n'échappe pas à ses employeurs, ce qui lui permet d'accéder au secrétariat particulier de Walter H. Beech, avec le titre de directrice de son bureau. Apparemment, leur entente va bien au-delà du contrat puisque Olive Ann épouse Walter en 1930 et ne cessera jamais de le seconder, véritable éminence grise [12].

Les Lindbergh forment également un couple exemplaire qui ne ressemble en rien à l'association maritale Earhart-Putnam. Anne Morrow Lindbergh, depuis qu'elle fréquente son héros volant, n'en finit pas de s'extasier sur la magie fondamentale du vol : à l'en croire, c'est comme un regard qui traverse *« la surface agitée de la vie et se pose sur ce monde immobile et permanent, tout en bas, très loin »*. Anne tient là des propos très saint-exupériens. Il est vrai que l'écrivain-pilote français sera l'un de leurs amis...

Transformé en porte-drapeau des États-Unis par sa traversée de l'Atlantique nord, Charles Lindbergh mène une vie errante, pour le plus grand bénéfice de la propagande de son pays. Le 29 juillet 1931, avec Anne à ses côtés, à bord d'un hydravion Lockheed Sirius, il s'envole de New York en direction de Tokyo qu'il gagne par étapes, le 26 août, dans des conditions atmosphériques souvent exécrables. Tout au long de ce voyage difficile, qui se termine par un amerrissage dans le brouillard, Anne s'occupe des transmissions et reçoit, par les ondes, ce compliment d'un opérateur radio ravi par sa façon claire de prendre et d'expédier les messages : *« Aucun homme ne pourrait mieux faire »*, lui lance-t-il. Après l'empire du Soleil Levant, le couple aérien met le cap sur l'Empire du Milieu où l'accueil est à la mesure des espoirs que l'on place en Chine dans l'aviation. La visite des Lindbergh déclenche des vocations puisque l'année suivante, l'armée chinoise accepte d'enrôler sa première femme pilote : affublée d'un uniforme mal coupé, sa chevelure brune inélégamment tirée en arrière, Ruthy Tu rassemble néanmoins toutes les qualités qui font les aviatrices talentueuses et, malgré son accoutrement, déborde d'une sensualité que renforcent son sourire désarmant et son air espiègle.

Dans l'intervalle, les Lindbergh ont retrouvé leur demeure, à Hopewell [13], en Virginie, et un bref répit familial pour s'occuper de Charles Augustus, leur bébé. Hélas ! un drame atroce les frappe de plein fouet le 1er mars 1932 : leur fils est enlevé dans des circonstances qui ne seront jamais vraiment élucidées. Un camionneur, William Allen, découvrira le petit corps sans vie dans un buisson, le 12 mai, à six kilomètres de la maison des Lindbergh. Cette tragédie va susciter une émotion nationale et amener la naissance d'un nouveau mot, adapté à l'enlèvement d'enfants, *kidnapping*. La chance des Lindbergh, si l'on peut parler de chance, viendra une fois de plus de leur passion commune, de cette foi qu'ils vouent à l'aviation.

Et l'aviation évolue vite, à coup d'exploits souvent féminins : par exemple, en septembre 1935, Laura Ingalls améliore de quatre heures le record d'Amelia Earhart sur Los Angeles-New York. Amelia ne fait aucun commentaire ; elle s'intéresse à plus fort, à plus fou, à l'absolu : un tour du monde ! L'aviatrice estime qu'une telle performance, à la fois complexe et délicate, établira définitivement l'égalité entre hommes et femmes. Cependant, pareille entreprise rapporte autant d'émotions qu'elle coûte d'argent ; or Putnam se rend tôt à l'évidence que l'affaire dépasse le cadre de ses relations. Une solution se présente pourtant : à l'invitation du Dr Edward C. Elliott, président de l'université Lafayette de Purdue (Indiana), Amelia va prodiguer ses conseils avisés à quelque 800 étudiantes perdues parmi 3 200 étudiants masculins. Cette prestation remarquée lui permet d'obtenir un fonds de 50 000 dollars par le biais des amis de l'université. La voici parée pour s'acheter un bimoteur Lockheed 10-E Electra, capable d'emporter dix passagers sur plus de 4 500 milles, bref l'avion le plus moderne du moment, qu'elle commande le 20 mars 1936 et dont elle prend livraison le 24 juillet suivant, jour de son trente-huitième anniversaire. Dans la foulée, elle signe une demande de licence d'avion commercial pour *« vol et recherche sur longues distances »*. D'où le nom de « laboratoire volant » qu'elle donne à l'Electra.

L'expédition, la plus longue de l'Histoire puisqu'elle couvre plus de 47 000 km en raison des détours pour les escales, nécessite une préparation minutieuse d'une année, à laquelle Amelia se soumet sans broncher, le temps aussi pour elle de constituer un équipage solide. Il s'agit en l'occurrence du capitaine Harry Manning, ex-pacha du *SS Roosevelt,* un navigateur réputé [14], assisté de l'Irlandais Frederick J. Noonan, également connu pour ses compétences en matière de navigation, mais desservi par un alcoolisme chronique qui a abouti à son licenciement de la Pan American. Un autre spécialiste, Henry Bradford Washburn, avait été pressenti en vue d'un engagement. Invité chez les Putnam, à Rye, Washburn avait écarquillé les yeux devant l'ampleur de la tâche et éprouvé aussi une excitation croissante à mesure que, sur les cartes, Amelia désignait les étapes : l'envol d'Oakland, Honolulu, puis l'île de Howland, quelque part dans le Pacifique, la Nouvelle- Guinée, Darwin en

Australie, l'Afrique, l'Atlantique sud, le Brésil et, enfin, les États-Unis. Toutefois, un point tracassait le jeune navigateur qui s'en ouvrit à l'aviatrice : « *Comment ferez-vous pour repérer Howland, une poussière sur l'océan, à trois mille kilomètres de tout rivage ?* » La question parut surprendre la jeune femme qui répliqua aussitôt : « *Mais nous y parviendrons grâce à une navigation à l'estime !* » Washburn, stupéfait, argumenta alors pour obtenir au moins l'installation d'une radio sur l'île, un transmetteur qui émettrait un signal susceptible d'être capté par un récepteur radiogoniométrique placé dans l'avion et qui le guiderait sûrement, à la manière d'un phare. Amelia jugea superflue cette précaution dictée par la sagesse, ce qui eut pour effet de mettre un terme à une éventuelle collaboration de Washburn, lequel préférait jouer la prudence...

Pas du tout contrariée par cet incident, Madame Earhart-Putnam continue son recrutement. Maintenant, en plus des vétérans, Manning et Noonan, elle s'appuie sur Paul Mantz, conseiller technique et copilote. Et l'aventure démarre le 17 mars 1937 quand l'Electra s'envole d'Oakland-San Francisco, survole le Golden Gate, qui allait être ouvert à la circulation deux mois plus tard, avant de s'engager au-dessus du Pacifique et gagner d'une traite, en près de seize heures, Wheeler Field, à Honolulu. Pendant que ses coéquipiers se reposent, Paul Mantz conduit le « laboratoire volant » à Luke Field, terrain qui dispose d'une longue piste, plus propice au décollage d'un appareil alourdi par le carburant. Le mauvais temps interdit tout départ avant le 19 au matin ; cependant, lorsqu'une trouée met fin à l'attente, l'Electra, handicapé, déséquilibré par sa surcharge d'essence, loupe son roulage et achève sa course par un cheval de bois impeccable et heureusement sans conséquence grave pour l'équipage. En revanche, l'appareil souffre de divers dommages : train d'atterrissage fauché, aile droite froissée, pales d'hélice faussées et bâtis du moteur droit tordus.

En clair, l'état du Lockheed exige une immobilisation de deux mois pour réparation à Burbank. Manning, en fin de congé, doit reprendre le chemin de la mer. Quant à Amelia, elle doit inverser le sens de son trajet à cause de l'évolution des climats dont il lui faut tenir compte en raison du délai que lui impose l'immobilisation de l'Electra : elle volera vers l'est, en compagnie d'un Noonan désintoxiqué et revenu au mieux de sa forme. Noonan ne doute pas du succès de ce raid ambitieux au cours duquel Amelia veut tester le métabolisme féminin soumis à d'énormes contraintes et au stress. De même, cette curieuse veut savoir si les voyages aériens provoquent des différences de comportement chez les hommes et les femmes. A son épouse, le navigateur écrit le sentiment de confiance totale que lui inspire son commandant de bord : « *Vois-tu, elle est l'unique aviatrice avec laquelle j'accepterais d'entreprendre ce tour du monde. Elle est à la fois une excellente camarade, un pilote de premier ordre qui sait assumer les coups durs et travailler comme un homme.* »

Noonan, Amelia et l'Electra quittent Oakland pour Miami, le 21 mai 1937. Là, le personnel de la Pan American Airways mène une ultime inspection de l'appareil. Seul de toute la presse à avoir la couverture du projet, Carl Allen, du *New York Herald Tribune*, auquel Amelia fera le récit de son voyage à chaque escale, recueille cette première information de la bouche même de l'aviatrice : « *J'ai l'intention d'abandonner les vols sur longues distances. Après tout, les aventures spectaculaires reviennent aux jeunes pilotes, n'est-ce pas ? Il me reste encore un bon raid à effectuer. J'espère que ce sera celui-ci.* » L'avion laisse Miami dans une brume dorée, au matin du 1er juin, et prend la direction de Porto Rico. George Putnam, le visage impénétrable, regarde l'appareil s'éloigner, sans cesser de bouger la main en signe d'adieu. Il ne reverra jamais sa femme, mais il l'entendra puisqu'ils vont se téléphoner. De son côté, Paul Mantz s'inquiète des contrôles et de la radio qu'on a finalement embarquée ; les explications de Putnam ne le rassurent pas : « *Entre nous,* lui avoue l'ex-éditeur, *la radio a été une source d'ennuis interminable. J'ai cru comprendre que les techniciens avaient raccourci les longues antennes pour tourner la difficulté.* » Mantz sera franchement atterré en apprenant que l'aviatrice n'a pas emporté de longue antenne. Voilà qui risque de compliquer la navigation, surtout pendant le survol du Pacifique. Rien n'entrave le vol qui, de Porto Rico, se poursuit le long des côtes sud-américaines jusqu'à Natal d'où, le 7 juin, le bimoteur gagne Dakar. Amelia et Noonan s'extasient devant la gentillesse et le professionnalisme du personnel d'Air France, en particulier des anciens de l'Aéropostale dont ils connaissent la légende. Ils traversent ensuite l'Afrique – « *des régions incroyablement désertiques* », remarque Amelia –, coupent par le golfe d'Aden pour arriver en Arabie, remontent vers Karachi, Calcutta, redescendent sur Rangoon, Bangkok, Singapour et Bandoeng, avant d'atteindre Darwin et, le 30 juin, Lae, en Nouvelle-Guinée.

En trente jours, l'équipage américain a réalisé les trois quarts de son voyage, soit 36 000 km. Certes, s'il n'en reste plus que 11 000 à parcourir, les deux aviateurs ont aussi accumulé de la fatigue. Or, ils vont devoir aborder la partie la plus hasardeuse de leur voyage avant de boucler ce tour du monde : 4 000 km d'océan entre Lae et Howland, 3 000 km... d'océan entre Howland et Hawaï, et encore 4 000 km d'océan entre Hawaï et Oakland. Une réelle succession d'exploits attend Amelia et son navigateur. Le premier d'entre eux : ne pas se perdre ! Pourtant, un seul coup d'œil sur la carte du Pacifique donne le vertige, d'autant plus que la petite île de Howland n'y figure pas. Dans la réalité, ce bout de terre émergeant d'à peine plus de six ou sept mètres au-dessus des vagues, mesure seulement deux milles de long dans sa partie nord-sud et moins d'un demi-mille dans sa plus grande largeur, orientée nord-sud. En vue du passage d'Amelia, le gouvernement américain, très coopératif, y fait aménager trois pistes sommaires, dans l'éventualité d'un atterrissage forcé [15]. En outre, le cotre *Itasca* a également été expédié par l'U.S. Navy dans les eaux de Howland afin de servir de repère à l'aviatrice au cours de la nuit du 2 au 3 juillet, plus spécialement au moment où elle traversera le ciel de l'île, sans apercevoir cette dernière. Deux autres navires assureront aussi la veille : l'*Ontario*, à mi-chemin entre Lae et Howland, et le *Swan*, à mi-parcours entre Howland et Honolulu. Apparemment, tout est prêt quand, le vendredi 2 juillet 1937, vers 10 h 30, le Lockheed Electra s'élance sur les 1 000 m de la piste de Lae, en direction de l'est. De lui, il ne reste bientôt plus qu'une poussière insignifiante sur la ligne d'horizon, une poussière indiscernable comme Howland, grain vert émeraude, invisible dans les replis de l'océan. Et puis, plus rien.

Le mystère Amelia Earhart commence.

10

À BOUT DE SOUFFLE

Il nous faut mériter le respect et l'égalité
des droits, en en acceptant les responsabilités.
Amelia Earhart
(extrait d'une conférence à Purdue)

« Je rôde dans la brume... depuis des heures... Je n'ai plus que trente minutes d'essence... Je ne vois toujours pas la terre... Je dois être à 160 kilomètres de Howland... »

Le message s'éloigne et revient dans les grésillements de la radio qui ne crache bientôt plus que des parasites. Sur le Pacifique, la brume s'épaissit. Le silence aussi [1]. Les antennes fouillent le ciel, tandis que les veilleurs, leurs écouteurs littéralement enfoncés dans les oreilles, sondent le ciel. Et la confusion s'installe sur les ondes. L'enquête révélera que les émetteurs-récepteurs de l'Electra et de l'*Itasca* fonctionnaient sur des fréquences différentes qui ne leur permettaient donc pas de communiquer ! Il semble, cependant, que le dernier signal à peu près audible, entendu à 8 h 44 du matin, ait bien été émis par le bimoteur. On entre ensuite dans l'irrationnel, notamment quand l'opérateur radio de la base navale d'Honolulu intercepte des bribes de nouveaux messages, plus tard dans la journée. Ce spécialiste des écoutes croit comprendre : *« ... 281 Nm* (environ 425 km)... *Nord de Howland... au-delà du Nord... ne tiendra pas beaucoup plus longtemps... au-dessus de l'eau... coupé. »*

Or, le commandant de l'*Itasca* se montre formel : à 10 h du matin, selon ses calculs, Amelia avait épuisé sa dernière goutte de carburant. Pourtant, deux radiotéléphonistes dignes de foi, l'un affecté à la compagnie Panaméricaine d'aviation basée à Hawaï, l'autre sur le croiseur britannique *Achilles* qui croisait dans les parages, affirment avoir capté une brève émission, un S.O.S. dont les cinq dernières lettres, KHAQQ correspondent à l'indicatif de l'Electra. Pour que l'aviatrice américaine ait pu émettre encore, il lui fallait s'être posée sur une île ou flotter. Ce que d'aucuns, familiers de la région ou de l'appareil, réfutent complètement.

Des radios amateurs de Cincinnati et de Los Angeles disent avoir reconnu la voix d'Amelia et identifié ses appels de détresse. Certains vont même relever les chiffres 179 et 16, longitude et latitude d'un point situé à 300 milles de Howland.

Aux États-Unis, l'affaire fait grand bruit et va tenir la une des journaux pendant trente jours. Le Président Franklin D. Roosevelt s'inquiète personnellement du sort de l'aviatrice et, avec son ministre de la Marine, prend la décision, d'ailleurs très controversée à l'époque, de dépêcher une armada pour sillonner l'océan. Ainsi, à l'aube du 4 juillet, une escadre d'une douzaine de navires glisse hors de la rade de Pearl Harbor ; elle se compose de quatre destroyers, de croiseurs légers, du lourd cuirassé *Colorado* et du porte-avions *Lexington* qui emporte soixante-douze appareils. Quand cette flotte se déploie dans la zone de recherches, une véritable confusion radiophonique fausse les essais de repérage. Au poste de commandement du *Lexington*, le contre-amiral Orin G. Murfin reste perplexe devant l'accumulation des témoignages contradictoires. On entend Amelia partout et de partout ; on la localise simultanément en plusieurs endroits. *« Nous nous heurtons à un mystère »*, désespèrent les pilotes, de retour de leurs patrouilles exténuantes. Murfin partage cet avis, vaguement conscient que quelque chose ne tourne pas rond dans cette histoire. Mais quoi ? L'*Itasca* contribue malgré lui à amplifier cette impression lorsqu'il avertit le *Lexington* qu'il reçoit des signaux, émis à une distance de cinq milles et sous forme de fusées orangées. Ce ne saurait être que l'Electra, jubile l'équipage. Le porte-avions interroge, insiste. Rien. L'*Itasca* finit par reconnaître qu'il a été victime d'un mirage. Et du même coup, s'évanouit l'espoir de la survie de l'aviatrice et de son navigateur. Ainsi, écrira Robert Lacroix [2], Amelia Earhart disparaissait *« dans un cortège de prodiges, de voix s'élevant dans la nuit, de lueurs inconnues errant dans l'ombre, au milieu des îles dont chacune semblait être le siège d'un mystère »*. D'un mystère que pressentent les patrouilleurs du *Lexington*.

Malgré l'exploration minutieuse de quelques îles et d'une surface marine d'environ 700 000 km², les recherches débouchent sur le vide. Pas le moindre indice. Le 18 juillet, devant l'insuccès total d'une campagne qui coûte 250 000 dollars par jour aux contribuables américains, les navires reçoivent l'ordre d'abandonner les fouilles et de rentrer. Toujours sous le choc de la perte de son aviatrice, l'Amérique fait ses comptes et grince des dents. Plus de quatre millions de dollars représentent une somme imposante, dont l'utilisation paraît abusive à certains membres du Congrès, comme le député Faddis, de Pennsylvanie. *« Aurait-on déployé une telle force pour retrouver un pauvre pêcheur, père de famille ? »* s'emporte le digne représentant. La réponse ne viendra pas. Faddis ignorait peut-être que la tentative d'Amelia impliquait d'énormes intérêts publicitaires pour la Standard Oil Corporation et la famille Rockfeller. La Standard ne perd pas tout, cependant, à en juger par la prodigieuse quantité de carburant consommée par l'escadre américaine... Outre la dépense jugée disproportionnée, la critique vise aussi l'importance exagérée des moyens. Là encore, pourquoi ? La célébrité d'Amelia n'explique pas tout, célébrité que d'aucuns s'emploient d'ailleurs à ternir avec des arguments qui laissent songeurs : par exemple, ils révèlent que l'équipage Earhart-Noonan avait manqué Dakar de deux cent cinquante kilomètres, une erreur bénigne si l'on considère la taille de l'Afrique, mais impardonnable – voire mortelle – quand elle concerne une île perdue dans le Pacifique. De plus, certains n'hésitent pas à s'acharner sur *« les talents relatifs »* d'une femme considérée néanmoins comme *« l'une des plus grandes aviatrices de son temps »*. D'autres ne voient en elle qu'une tête brûlée, avide d'argent, d'honneurs, de unes fracassantes dans la presse... Cette réputation détestable et d'ailleurs injuste, Amelia la doit encore à ses déclarations féministes répétées qui agacent même ses admirateurs.

Au fil des semaines, les passions ne retombent pas. En effet, quelles que soient les différences d'opinion exprimées sur la capacité de « Lady Lindy » à effectuer ce tour du monde, le public, aiguillonné par les journaux, en vient à s'interroger sur le sens de cette énigme : que cache-t-elle réellement ? Et les rumeurs les plus folles se mettent à circuler, dont une très persistante : le vol d'Amelia couvrait une mission d'espionnage pour le compte du gouvernement des États-Unis. Il s'agissait pour l'équipage du Lockheed Electra de photographier les preuves de l'installation militaire japonaise dans le Pacifique. L'hypothèse apparaît d'autant plus séduisante qu'il existe des éléments troublants : tout d'abord, les moteurs d'origine de l'Electra, deux Wasps Junior, ont été – secrètement ! – remplacés par des Wasps Senior, sur ordre de l'armée. Pourquoi ces attentions militaires qui conféraient à l'appareil une puissance et une autonomie accrues ? On conçoit difficilement que l'état-major américain soit intervenu uniquement pour les beaux yeux d'Amelia. Mais ce n'est pas la seule question. Pourquoi avoir également doté l'avion de deux caméras, lors de l'escale de Darwin ?

Pourquoi ces dispositions ont-elles été entourées d'une telle discrétion, alors qu'on attendait un maximum de publicité pour ce raid à grand spectacle ? La filière japonaise s'avère plus que plausible, en une période où l'Amérique s'inquiète des visées expansionnistes à peine déguisées de Tokyo. Depuis le début des années 20, les Japonais lorgnent d'un œil gourmand le Pacifique et ses îles et leur appétit fait peur aux États-Unis qui expédient un agent dans les Marshall et les Carolines. Le lieutenant-colonel Earl Hancock « Pete » Ellis se fait donc passer pour un commerçant allemand et, sous cette identité d'emprunt, réunit des informations peu encourageantes : en 1921, dans un rapport explosif, il prédit une attaque japonaise sur les îles Hawaï et les États-Unis... Il n'en dira pas plus puisqu'il meurt, probablement empoisonné. Quant à son rapport, il restera classé jusqu'en 1960. L'Amérique se méfie et envoie l'aviateur Billy Mitchell enquêter à son tour. Son compte rendu daté de 1925 confirme les observations d'Ellis : selon ce visionnaire, le Japon utilisera les îles du Pacifique comme bases d'invasion et frappera les États-Unis à... Pearl Harbor ! De plus, conclut Mitchell, l'attaque aérienne se produira un dimanche matin... Ce rapport étonnant rejoint le précédent dans les oubliettes des archives.

Et les Japonais envahissent la Mandchourie, puis se mettent à isoler des secteurs du Pacifique au point de donner des sueurs froides à la Commission des mandats de la Société des Nations, en 1933-1934. Sommé de s'expliquer sur son étrange comportement, à la limite de la provocation, le Japon, en guise de réponse, se retire en 1935 de la Société des Nations. Puis l'accès aux îles ne tarde pas à être interdit, ce qui rend impossible tout contrôle. Auparavant, des Américains parviendront à y circuler sans trop de difficultés. De retour de ces zones, en 1934, Paul

Hubbert Clyde, professeur d'histoire à l'université du Kentucky, et le docteur W.C. Herre, administrateur du musée géologique de Stanford, affirment n'avoir vu aucune fortification. Le savant Willard Price, qui parcourt les îles en 1935, établit un constat identique, mais sans convaincre les autorités américaines. Après tout, ces observations émanent d'amateurs qui ne possèdent pas le regard de l'espion professionnel, lequel peut repérer une anomalie dans un paysage inoffensif, détecter un camouflage, évaluer une activité militaire ou prendre le pouls d'une population. Bref, trouver l'indice qui trahit l'ennemi.

A partir de 1936, il ne fait plus aucun doute que le Japon s'apprête à se lancer à la conquête de l'Asie et du Pacifique ouest. Et les événements s'enchaînent : d'alarmante au commencement de 1937, la situation atteint son seuil critique en juin de cette année-là, pour éclater le 7 juillet quand les Japonais partent à l'assaut de la Chine. Cinq jours plus tôt, Amelia et Noonan s'envolaient au-dessus du Pacifique, à bord d'un Electra 10 E singulièrement modifié. La suite appartient au domaine de la spéculation ; pourtant, des hommes vont enquêter pendant de longues années pour tenter de lever un coin du voile sur ce vol placé sous le signe de la poisse. Pour le capitaine Paul L. Briand, professeur d'anglais à l'Air Force Academy du Colorado, ce tour du monde, organisé pour trouver de nouvelles routes, camouflait en réalité une mission d'espionnage dans les Mariannes, archipel sous mandat japonais où l'on savait que les Nippons construisaient clandestinement des bases militaires « offensives » anti-américaines. Selon l'officier, qui avait certainement eu accès à des sources d'informations confidentielles, Amelia et Fred seraient tombés en panne sèche près de Tanapag Harbor, dans l'île de Saïpan, auraient été capturés et exécutés. Les Japonais ne pouvaient laisser en liberté des témoins, encore moins des aviateurs et surtout pas une personnalité aussi célèbre qu'Amelia...

De fait, les spéculations sur le sort de l'équipage vont bon train, souvent similaires, sans doute à cause de la psychose qui naît à cette époque des relations tendues entre l'Amérique et le Japon. D'après la rumeur, parfois d'origine militaire, les deux aviateurs abattus par la chasse japonaise non loin de l'île de Hull auraient été internés au Japon où Amelia vivrait encore après la Seconde Guerre mondiale...

Des investigateurs, également défenseurs de la thèse de la mission secrète, soutiendront que Noonan et Amelia, égarés dans le mauvais temps et trompés par les vents debout, se seraient écrasés dans les îles Marshall, auraient été faits prisonniers avant d'être déportés à Saïpan où ils auraient trouvé la mort. D'après certaines théories dignes d'un roman, Amelia aurait appris en vol que les Japonais étaient avertis de sa mission réelle. Alors, dans l'incapacité de faire demi-tour, sans autre alternative que celle d'atteindre les archipels « ennemis », l'aviatrice aurait délibérément jeté son appareil à la mer de façon à déclencher des recherches massives, maritimes et aériennes, susceptibles de mener des opérations de reconnaissance photo vers les zones suspectes. En effet, les États-Unis pouvaient-ils rêver meilleur prétexte ? Leur plus grande aviatrice n'avait-elle pas disparu ? Les Japonais n'y auraient vu que du feu !

Après la guerre, les historiens américains se penchent sur la question du Pacifique, passent en revue les divers mouvements des marines adverses et, forts de cette connaissance particulière, ne cachent pas leur étonnement devant l'ampleur des moyens mis en œuvre pour localiser et récupérer Amelia Earhart. Mermoz, Saint-Ex, Guillaumet, Amy Johnson et nombre d'aviateurs disparus en mer n'ont jamais fait l'objet d'une telle mobilisation malgré l'émotion causée par leur mort. Qu'on sache seulement qu'à l'annonce de la chute de Jean Mermoz, en décembre 1936, il parut au monde que la France s'engourdissait dans la douleur : une nation entière, par-delà les clivages politiques et sociaux, pleurait un homme sincère. Et lorsqu'un message, hélas erroné, fit espérer un instant que le grand aviateur avait survécu, les théâtres et les cinémas interrompirent leur spectacle pour annoncer la bonne nouvelle. Combien vit-on de directeurs de salle ou de comédiens chevronnés balbutier d'une voix émue que Mermoz venait une fois de plus d'échapper à la fatalité. Pourtant, quand il fallut se rendre à la triste évidence, et que des recherches furent lancées, il n'y eut pas d'escadre ni d'armada : seulement quelques navires déroutés, une poignée d'avions pilotés par les camarades de Jean... Or, l'Amérique a littéralement sorti une flotte de guerre qui va aller « renifler » des régions marines où, assez curieusement, croisent beaucoup d'unités japonaises. En juillet 1937, les noms des îles n'évoquent rien ou presque. Il s'agit de Wake, Tarawa, Bougainville et Guadalcanal, les futurs points stratégiques de la guerre du Pacifique. Impossible de ne voir là qu'une simple coïncidence.

En 1944, lorsque les Américains débarquent sur les îles Marshall, un indigène déclare à un officier de renseignements avoir appris d'un trafiquant japonais qu'une femme *« était descendue »* du ciel entre les atolls de Jaluit et Ailinglapalap, dans l'archipel des Marshall, puis avait été évacuée sur le Japon. Un coup d'œil sur la carte révèle que ces deux atolls se situent au nord de la ligne de vol normale d'Amelia. Or, l'un des derniers messages captés mentionnerait une dérive de l'avion vers le nord...

La mère d'Amelia va joindre sa certitude à la conviction des enquêteurs pour soutenir à son tour la thèse favorable à l'espionnage. Bien sûr, les officiers ayant appartenu au haut état-major de l'U.S. Navy, à l'époque des événements, nieront cette version *« extravagante »*, de même que leurs homologues japonais, lesquels jureront avoir cherché Amelia en toute bonne foi, au nom de la solidarité qui unit les gens de mer en pareille circonstance dramatique.

Le dossier Earhart serait couvert de poussière depuis longtemps si un journaliste têtu, obstiné, passionné n'avait mis sa patience et son énergie au service de la vérité.

Correspondant de la chaîne K.C.B.S. à San Francisco, Fred Goerner n'a pas la réputation d'un « faiseur de sensationnalisme ». Cet excellent professionnel, reconnu pour le sérieux de ses articles, peut même se vanter d'avoir décroché en 1962 le prix du meilleur reportage décerné aux États-Unis par l'Association nationale des journalistes. Alléché par une énigme qui continue de tracasser les Américains, Goerner flaire une affaire hors du commun et va y consacrer plusieurs années. Il épluche des tonnes de documents, traque les témoins survivants à travers les États-Unis et jusque dans le Pacifique, revient à la charge chaque fois que c'est nécessaire. Difficile de se débarrasser de lui.

L'homme se heurte à un mur de silence et à une vague hostilité, à croire qu'un serment lie ceux qui furent mêlés à l'enquête sur l'équipage de l'Electra, en particulier les officiers qui prirent pied sur les îles après le départ des Japonais. Quel terrible secret doivent-ils garder ? Goerner persiste, dérange, s'attire des sympathies, et, petit à petit, rassemble les pièces d'un puzzle stupéfiant [3]. Il finit par obtenir la confirmation que l'armée américaine qualifiait de vitale la mission d'Amelia et Noonan : l'équipage devait dénombrer et observer les aérodromes ainsi que les bases marines établies par les Japonais dans le complexe de Truk (Carolines), puis étudier la possibilité d'installer des terrains dans les îles équatoriales sous contrôle américain.

Entre autres éléments, le journaliste découvre qu'un dossier ultra-confidentiel, archivé à Washington, comporte notamment deux lettres au contenu troublant, dont l'une adressée en 1949 au ministère des Affaires étrangères par la mère d'Amelia, où l'on relève cette phrase : *« Il y avait des choses qu'Amelia ne pouvait pas me dire, mais je sais qu'elle avait reçu des ordres oraux de l'armée. »* L'autre lettre, datée de 1938, émane du ministère français des Affaires étrangères. Elle accompagne le texte d'un appel au secours que recélait une bouteille découverte le 30 octobre 1938, sur une plage en Gironde, par Geneviève Barrat, une habitante de Soulac-sur-Mer. D'après le message rédigé en anglais, Amelia Earhart et Fred Noonan étaient alors prisonniers à Jaluit Atoll, dans les îles Marshall. Donc vivants !

Goerner va visiter les îles, l'une après l'autre, et recueille tant de rumeurs qu'il lui est difficile de faire la part du vrai et du faux. Mais il progresse. Et aboutit à Saïpan, un îlot posé sur le Pacifique à environ 115 milles au nord de Guam, autre verrou stratégique qui avait résisté aux attaques réitérées des Japonais pendant la guerre. Il ne doute pas que la clé du mystère gît quelque part sur ce coin de terre isolé, à propos duquel la marine américaine observe d'ailleurs un mutisme pour le moins surprenant. Ainsi, à force de persévérance et de questions judicieusement posées et répétées, l'histoire du couple d'aviateurs prend forme sous la plume du reporter américain dont la main dut trembler plus d'une fois : en effet, il dépeint un drame où l'on oscille en permanence entre cruauté et horreur. D'après de nouveaux témoignages recueillis sur place, un homme et une femme d'allure masculine (ce qui était le cas d'Amelia) auraient atterri dans l'île ou auraient été amenés au port de Tanapag. L'homme, blessé à la tête, portait un bandage. Les confidents de Goerner seront formels : il s'agissait de Blancs qui furent conduits sous bonne escorte dans la zone des docks d'où, après une courte détention, une voiture militaire venue de Garapam, une agglomération implantée au sud de Tanapag, les emmena au siège de la police militaire japonaise. La femme fut ensuite maintenue en prison pendant quelques heures avant d'être transférée dans un hôtel réquisitionné depuis 1934 pour les prisonniers politiques. En juin 1960, Gregorio Camacho, un paysan, précisera à Goerner que *« les Japonais semblaient surpris de voir une femme aviatrice »*. Un autre cultivateur, Jesus Boyer, parlera quant à lui d'une dame dont *« le visage, les bras, l'attitude (...) avaient l'air américain »*.

Le journaliste de K.C.B.S. réussit à faire tomber la barrière de la suspicion et obtient des détails essentiels de la part de José Rios Camacho, Antonio Diaz, Juan Guerrero Reyes, Pedro Sakisag, Maria Ohashi, Francisco Tudela, José Basca et José Matsumoto. Apparemment, beaucoup de gens détiennent un fragment de la vérité. Reste à rassembler ces bribes dans l'ordre. Fred Goerner ne néglige aucune piste, pèse un à un les mots de ses interlocuteurs. Par exemple, d'après Manuel Aldan, un dentiste indigène, les Japonais plaisantaient sur les États-Unis *« qui emploient des femmes pour espionner »*. Aldan et Josepa Reyes Sablan, cousine de Gregorio Sablan, l'interprète de Goerner, se souviendront même avoir entendu les militaires nippons affirmer que *« l'Américain et l'Américaine étaient des aviateurs capturés en tant qu'espions »*.

Le journaliste sent qu'il brûle ; il sait aussi que ces informations recueillies sur place ne constituent pas des preuves. Ces dernières, si elles existent, se trouvent entre les mains des autorités américaines. Goerner n'ignore pas que Saïpan a été le siège d'un carnage lors de sa reprise par les troupes américaines en 1944 : plus de 15 000 tués parmi les Marines, contre 30 000 soldats japonais. Les combats, d'une violence inouïe, se déroulèrent sur les plages, dans la jungle et sur le mont Tapotchau jusqu'à ce que toute résistance ait enfin été brisée. Aussitôt après la conquête de l'île, une commission composée d'officiers se mit en quête de renseignements sur Amelia.

Goerner va identifier ces gradés, qui appartenaient au corps des Marines et à la marine. Certains acceptent de le recevoir et lui parlent de leurs découvertes, puis ils se rétracteront plus tard, sans doute après avoir été rappelés à l'ordre. Des documents officiels disparaissent. Par chance, Goerner a pu prendre connaissance de certains d'entre eux, en particulier de la déclaration du colonel Justin Chambers, du corps des Marines. L'officier y indique qu'un rapport a été établi à propos d'une tombe relevée à Saïpan, qui contenait les restes de deux aviateurs américains, un homme et une femme. *« J'ai vu ce rapport qui a été envoyé à l'échelon supérieur »*, conclut Chambers. Or, le journaliste a appris d'une autre source qu'un capitaine des services de renseignements, Tracy Griswold, aurait fait déterrer deux squelettes, au lendemain de l'occupation de Saïpan. L'officier se disait convaincu d'être en présence des dépouilles d'Amelia et Fred que, sur ordre supérieur, il fit transporter aux États-Unis et plus spécialement au cimetière d'Arlington où, selon Goerner, les deux aviateurs reposeraient sous des noms d'emprunt. Un certain Greene, également officier de l'armée américaine, aurait quant à lui retrouvé l'Electra que les Japonais gardaient à leur quartier général. Une fois identifié avec certitude, l'appareil aurait été incendié sur place. Toujours sur ordre supérieur.

Après la capitulation japonaise, Amelia fut encore au centre d'un chantage international. Comme les Américains souhaitaient inscrire l'empereur Hirohito en tête de liste des criminels de guerre, suite aux atrocités commises par les troupes japonaises, le mikado aurait menacé le Président Truman de rendre public le dossier Earhart conservé au quartier général de l'aviation impériale. On doit cette révélation à un proche conseiller de Foster Dulles, lequel négociait le traité de paix avec le Japon. La situation menaçait fort d'embarrasser la diplomatie américaine, d'entacher la mémoire de Roosevelt, responsable de l'abandon de l'équipage et d'une dépense sans précédent, et d'éclabousser le mandat de Truman, qui aurait décidé de passer la main.

Finalement, Fred Goerner a pu reconstituer le scénario le plus vraisemblable du drame et des derniers moments vécus par Amelia Earhart et Noonan. Pour le détail, il faut savoir que la nature de la mission confiée aux deux aviateurs impliquait une stratégie de vol rigoureuse : la vitesse ne devait pas excéder les 225 km/h. Il faut savoir aussi que Noonan et Amelia avaient évité de signaler que les nouveaux moteurs Wasps Senior montés à l'insu de tous, à Darwin, conféraient à l'Electra une vitesse de croisière de 300 km/h à 3 500 m et une marge de puissance capable de lui permettre des pointes à 340 km/h. S'il allongeait le parcours, le détour par Truk avantageait le vol : au lieu de freiner l'appareil sur le parcours Lae-Howland, les vents d'est allaient le pousser vers Truk, avant de baisser en intensité en direction de Howland. Ce qui laissait aux aviateurs une autonomie de quatre à six heures en cas d'approche difficile sur Truk. Les premières heures du voyage sont lentes, ce 2 juillet 1937, en raison de la quantité de carburant embarqué dans l'appareil, mais en fin d'après-midi, quand apparaît le relief montagneux de Truk, l'avion quelque peu allégé parvient à gagner de l'altitude et à augmenter sa vitesse. La mission commence. Parvenue très haut à la verticale de Truk, Amelia relève les particularités des aérodromes aménagés sur les îles d'Etten et Moen, ainsi que des installations portuaires, notamment des docks de réparation. Cette incursion prend les Japonais par surprise et les laisse sans réaction. Le voudraient-ils, il est trop tard pour intercepter l'intrus : l'Electra s'éloigne déjà. A son bord, on s'apprête à filer sur Howland.

Soulagés, persuadés de tourner le dos aux difficultés, les deux Américains vont déchanter, toutefois, devant la dégradation rapide des conditions atmosphériques. Voilà qui complique la navigation : impossible à Fred de se repérer tant les étoiles sont noyées dans les nuages. Pas question non plus d'émettre, au risque d'être capté par les Japonais. L'appareil ne peut pas se fixer sur les signaux de l'*Itasca*, encore hors de portée, ni accrocher le faisceau de l'antenne directionnelle récemment déployée sur Howland par la marine américaine. L'équipage, secoué par des orages tropicaux, passe une nuit épouvantable. A 5 h 15 du matin, Fred calcule qu'ils se trouvent à 300 kilomètres de Howland. Par conséquent, Amelia peut maintenant demander sa position, sans craindre d'être repérée par les « oreilles » japonaises. Mais la communication s'avère délicate à cause des parasites. Une demi-heure plus tard, l'aviatrice se croit à 150 km de l'île. A 7 h du matin, en proie au doute, elle craint d'avoir manqué l'île. Elle amorce des cercles pour tenter de retrouver l'*Itasca*. Vers 8 h 40, Fred réussit à déterminer leur point approximatif qu'Amelia transmet à l'*Itasca*. C'est peu. Et l'essence baisse. L'équipage applique alors le plan d'urgence établi par Amelia : *« Si nous ne trouvons pas Howland,* avait-elle expliqué avant le départ, *j'essaierai de retourner aux Gilbert et de me poser sur une plage. Si j'y suis obligée, espérons que je choisirai une île pourvue d'eau douce. »*

L'Electra s'écarte de Howland, et la tension qui règne dans la carlingue cède la place au désespoir : un océan moutonneux et sans limites, parfois mélangé au ciel, n'offre que grisaille et vide aux regards fatigués des aviateurs. Soudain, vers 10 h 30, Amelia distingue une trace incertaine sur l'horizon ; elle y pointe le nez de l'avion et, quelques longues minutes plus tard, survole un bout d'atoll. Un nouveau passage à basse altitude lui révèle la faible profondeur de l'eau à proximité de la plage, qui, étroite et très inclinée, ne se prête pas à un atterrissage. On amerrira. Fred se sangle solidement pendant que, volets baissés graduellement, l'appareil amorce une descente douce vers la mer. Ainsi prend fin le vol autour du monde, près de l'atoll Mili, dans les Marshall du sud-est, un territoire sous mandat japonais. Quoique l'aviatrice ait correctement manœuvré, le contact avec l'eau a été rude. A la seule force des poignets, Amelia doit évacuer Noonan, assommé au moment de l'impact. Après l'avoir soigné, et puisque la radio fonctionne, elle lance plusieurs S.O.S. Aux États-Unis, l'annonce de sa disparition provoque la consternation dans les hautes sphères gouvernementales où, bien sûr, on sait que l'Electra vient d'effectuer un détour par Truk. La presse, ignorant complètement la mission d'espionnage [4], relaie l'émotion... jusqu'aux Japonais, qui connaissent désormais l'identité du pilote qui a traversé leur ciel. Il est vrai qu'à cette époque, les avions sont plutôt rares au-dessus du Pacifique... Selon les informations collectées par Goerner, Amelia et Fred auraient été recueillis par un bateau de pêche japonais, au terme de dix jours d'une existence à la Robinson. Ensuite, le transbordeur *Kamoï* – ou le navire de surveillance *Koshu* – les aurait emmenés pour interrogatoire, d'abord à Jaluit, puis à Kwajalein et enfin à Saïpan, quartier général des Japonais dans le Pacifique. C'est là que Noonan aurait été décapité par un sabre de samouraï, en 1938, quelques jours après la mort d'Amelia provoquée par la dysenterie.

Interpellé, preuves à l'appui, par Goerner, jamais le gouvernement américain n'a répondu, ne serait-ce que pour contester les témoignages officiels ou les extraits de documents militaires.

De leur côté, les Japonais ont opté pour le silence, attitude qui conforte la thèse du journaliste américain.

Quel sens convient-il de donner à cette aventure ? Des spécialistes critiqueront ce procédé qui consistait à envoyer une femme – une femme ! – faire un tour du monde en avion et espionner certaines zones « sensibles ». A les entendre, *« ce n'était pas, en 1937, un moyen de faire secrètement les choses »*. Néanmoins, pouvait-on rêver meilleur paravent ? Qui pouvait imaginer qu'une formidable tentative aérienne se doublait d'une mission terriblement importante ? Une mission confiée à une femme !

Dans l'histoire de l'aviation, à la rubrique féminine, l'année 1937 se solde par un déficit en vies non négligeable ; elle restera également celle des paradoxes : les femmes tiennent le devant de la scène mais paient un lourd tribut. En France, après avoir ressenti la perte d'Amelia comme celle d'une amie chère, la communauté aéronautique va pleurer, le 29 novembre 1937, la mort de Suzanne Deutsch de la Meurthe, une femme très sensible, d'humeur toujours égale, appréciée pour son amabilité tranquille sous laquelle, selon Madame Perdu, sa secrétaire, elle dissimulait des émotions secrètes... La fille d'Henry Deutsch de la Meurthe, troisième président de l'Aéro-Club de France [5] et mécène de l'aviation, a hérité de son père une véritable passion pour le monde aérien, ses acteurs et ses actrices, un monde pour lequel elle affiche tôt de bonnes dispositions. Non contente de pratiquer l'équitation, le tennis ou le golf, et de conduire des automobiles puissantes, elle vole, en particulier sur les appareils produits par la maison Nieuport-Astra fondée par son père. Certes, elle aurait pu piloter elle-même – elle y aspirait – mais dut renoncer à cette «folie» devant les inquiétudes de sa mère. Ce qui ne l'empêcha pas de servir d'observatrice à Lasne, son propre chef pilote, à bord de son avion personnel, un Farman, *Icare IV*.

Petit bout de femme gracieux, elle se dépense sans compter pour la cause aérienne, fait don à l'État du château de Boullains qui, transformé en Maison des Ailes, va héberger les aviateurs blessés, malades ou fatigués. En 1932, Suzanne relance, en souvenir de son père [6], la Coupe Deutsch de la Meurthe, une compétition de vitesse ouverte aux appareils de cylindrée inférieure à huit litres et dont Detré et Delmotte remportent la première édition, le 29 mai 1933. Quelques jours auparavant, le 21 mai, la jeune femme, radieuse aux côtés de Pierre Cot, ministre de l'Air, de Costes et Bellonte, héros de l'Atlantique nord, et de nombreuses personnalités, avait accueilli Jean Mermoz à bras ouverts, un Mermoz que l'Aéro-Club de France couve depuis 1925, date à laquelle il lui a remis sa médaille d'or. La manifestation, organisée dans les salons de l'AéCF, ne manquait pas de solennité et d'une réelle émotion : au terme d'un périple peu ordinaire en Amérique du Sud, Mermoz venait tout juste de se poser au Bourget, aux commandes de *l'Arc-en-Ciel*, pratiquement sur une mer de quinze mille personnes enthousiastes et sous le regard admiratif de son petit filleul, Gilbert Louis, qui en conservera l'empreinte toute sa vie.

En 1934, elle adresse ses vœux au Congrès féministe de Bordeaux, auquel assistent Louise Weiss, Hélène Boucher, Adrienne Bolland et Maryse Bastié. Les femmes caressent toujours l'ambition d'être enfin considérées comme des adultes. Et dans ce combat, l'action des aviatrices, au cœur d'une forteresse masculine, n'apparaît pas inutile. Si les dames se réconfortent mutuellement, leurs assemblées et leurs résolutions demeurent sans effet apparent sur les messieurs qui haussent les épaules, sourient avec condescendance ou, agacés, affichent leur mépris pour des revendications insupportables à leur goût. Le mariage, oui. Élever des enfants, oui. Tenir le ménage, oui. Quant à parler d'égalité... A croire, comme le dira, en 1937, Maryse Bastié au journal uruguayen *El Diario*, après sa traversée de l'Atlantique sud, que les hommes ne veulent voir en elles *« que la belle moitié du genre humain dont la mission est de rendre la vie agréable à l'autre moitié »*. Bref, il faut de la ténacité aux filles pour imposer leurs exigences. Dans ce contexte d'affrontement éternel entre les sexes, la réussite de quelques-unes prend vite l'allure d'une victoire ou d'une revanche pour toutes. Là encore, Suzanne Deutsch de la Meurthe bénéficie d'un respect universel en raison de ses efforts pour la cause de l'aviation. Quand, en 1935, les rapports se distendent entre le constructeur René Couzinet et le ministre de l'Air [7], la « Grande Mademoiselle », surnom donné à Suzanne pour ses qualités de cœur et malgré sa petite taille, alloue immédiatement à l'industriel une somme de 25 000 francs qui lui permet d'obtenir un prêt pour assurer la paie de son personnel [8].

Ainsi, Suzanne intervient sur tous les fronts, pour créer, pour développer ou pour soutenir en cas de défaillance [9]. Outre des louanges unanimes, cette grandeur d'âme va être officiellement honorée. Le 4 décembre 1935, à l'occasion de son dîner trimestriel au George V, le Roland Garros, groupement d'aviation privée de l'Aéro-Club de France, remet à Suzanne Deutsch de la Meurthe, récemment décorée de la Légion d'honneur, un poudrier en or enrichi de saphirs et de brillants, dans un écrin d'orchidées. Décidés à la distinguer, en dépit de sa modestie, ses amis de l'AéCF vont encore la combler de cadeaux, le 10 décembre, et lui offrent une superbe sphère terrestre animée d'une rotation horaire, à la fois œuvre d'art et merveille horlogère. Hélas, ces activités, qui dévorent son temps, rongent aussi sa santé. La Grande Mademoiselle se sent malade. Elle est malade. En décembre 1936, juste avant le départ de Maryse Bastié pour l'Amérique du Sud, elle confie à l'aviatrice : *« Ma petite Maryse, je suis bien lasse... Je ne sais pas si je vous reverrai. »* Épuisée, elle n'en continue pas moins à persévérer dans son sacerdoce. Avec une foi qui force l'admiration, elle anime, elle encourage, elle entraîne.

Elle s'éteint le 29 novembre 1937, non sans avoir lutté jusqu'au bout pour tenter d'imposer son idée ultime, fruit d'une conviction profonde : *« En cas de guerre,* affirmait-elle, *les femmes de l'aviation française devraient servir militairement. »*

De ce sujet délicat, on reparlera bientôt, avec passion. Pendant ce temps, l'aviation féminine traverse une crise que n'atténuent pas des succès éclatants. Encore auréolée de sa gloire conquise sur l'Atlantique sud, Maryse Bastié vit des lendemains difficiles et se plaint de ne pas voir ses qualités reconnues. Alors qu'elle demande un emploi dans l'aviation, le ministre de l'Air, Pierre Cot, lui déclare sans sourciller : *«Il faut attendre que l'avion soit considéré comme un moyen de transport normal pour que l'on puisse juger sur une grande échelle les mérites égaux des femmes et des hommes dans l'aviation.»* Ces propos résument l'estime dans laquelle, en haut lieu, on tient les aviatrices. Ici, rien ne vaut l'éloquence des chiffres : en 1939, sur 150 femmes pilotes, seulement 25 possèdent le brevet de transport aérien, mais sans possibilité d'emploi... Les barrières millénaires subsistent, de même qu'une mentalité machiste qui transparaît dans ces lignes écrites dans *Match* en 1939 à propos de Léna Bernstein, d'Hélène Boucher, d'Amelia Earhart et d'Edmée Jarlaud : *« Ces petites filles sont mortes parce qu'elles avaient choisi un métier qui n'est pas un métier de femme. »*

Comment ne pas sombrer dans la dépression ni éprouver de l'amertume quand efforts et sacrifices consentis depuis toujours n'aboutissent qu'à ce genre d'opinion dédaigneuse ? L'entêtement féminin reprendra le dessus malgré une période sombre. Dans l'intervalle, la situation des aviatrices se détériore singulièrement. Amy Johnson-Mollison, la fiancée des océans, s'illustre à sa manière dans la bataille perdue d'avance par les femmes face à la fatalité. Elle prouve sa détermination, en 1930, par un vol solitaire de dix-neuf jours, entre la Grande-Bretagne et l'Australie. En 1933, avec son mari, elle traverse l'Atlantique nord d'est en ouest, ce qui fait d'elle la première femme à avoir effectué ce trajet dans ce sens. Toutefois, sa compatriote Beryl Markham lui interdit tout espoir de devenir la première femme à voler en solitaire d'est en ouest. Le 4 septembre 1936, la jeune Anglaise décolle d'Abington à la nuit et vole pendant dix-neuf heures dans la tempête et l'obscurité avant d'arriver en vue de la Nouvelle-Écosse où elle compte se ravitailler en carburant afin de repartir pour New York.

Le voyage se déroule bien jusqu'à l'approche de la côte américaine, puis son moteur, secoué par des ratés, donne des signes de faiblesse et cale d'un coup. L'avion, un Vera Gull, entame alors une glissade vers une étendue de terre noire, rendue dangereuse par la présence de blocs de pierre. Beryl n'a pas d'autre alternative que ce terrain de fortune qui lui réserve une autre surprise désagréable dont elle fait le récit avec une pointe d'humour désabusé : *« La terre avance à ma rencontre à toute vitesse,* écrit-elle. *Je vire sur l'aile, je tourne en m'effaçant de côté pour éviter les grosses pierres. Mes roues touchent le sol et je sens qu'elles s'enfoncent. Le nez de l'avion s'est engouffré dans la boue et je me sens projetée en avant. Ma tête cogne sur la paroi de verre de ma cabine que j'entends se briser, et le sang ruisselle sur mon visage. En titubant, je sors de l'appareil, enfonçant jusqu'aux genoux dans cette fange, et je reste là, hébétée, l'œil fixe, regardant non pas la terre morte mais ma montre. Vingt et une heures et vingt-cinq minutes. Vol Atlantique – d'Abington à un marécage immonde – sans escale. »*

Si Beryl [10] peut être déçue, malgré sa performance, en tout cas son ressentiment n'égale pas celui d'Amy qui se trouve frustrée d'un projet. Déjà, en 1934, la Néo-Zélandaise Jean Batten l'a dépossédée de façon magistrale de son record Grande-Bretagne-Nouvelle Zélande, réduisant de quatre jours le temps du parcours [11]. En 1937, le *Daily Express* ne tarit pas d'éloges sur *« la fille qui a battu tous les hommes »*. A l'époque, la jeune femme bénéficie du soutien financier de Lord Wakefield qui, auparavant, avait parrainé Amy. Chez la Britannique, tout irait de mal en pis sans cette volonté qui la pousse à redresser la tête. Le 9 février 1936, Tommy Rose lui ravit son record Londres-Le Cap en 3 jours 17 heures et 38 minutes. Amy accuse le coup, digère ce nouveau revers et relève le gant : le 4 mai suivant, elle décolle de Gravesend, cap au sud. Elle va voler pendant trois jours, pratiquement sans dormir, et, le 7 mai, atterrit au Cap avec une certitude : le record lui appartient puisqu'elle vient d'avaler les 10 500 km en 3 jours 6 heures et 26 minutes. A elle revient le bouquet de la victoire, tandis que Rose doit se contenter des épines. L'aviatrice retourne sans tarder en Grande-Bretagne et, le 15 mai, se pose à Croydon, après avoir encore établi un record sur le parcours Le Cap-Londres en 4 jours 16 heures et 17 minutes. La victoire de l'aviatrice attise la jalousie de Jim, son mari. Il y a eu évidemment des tentatives pour concilier l'amour et la performance, afin de mettre un terme à la course poursuite entamée par Jim en 1933, après que sa femme eut brillamment accompli son Londres-Le Cap. En février de cette année-là, pour ne pas se sentir en reste, Mollison avait relié le Brésil, via l'Afrique occidentale, en 3 jours et

10 heures. Les deux époux volent chacun de son côté, ce qui ne risque pas de les rapprocher.

Rien de tel qu'une entreprise commune pour apaiser les rancœurs et gommer les divergences. Le 22 juillet 1933, déterminés à battre le record mondial de distance, les « Amoureux volants » – un surnom inventé par les journalistes – décollent de Pendine, au pays de Galles, à bord d'un bimoteur De Havilland Dragon, en direction de New York. De là, ils projettent de rejoindre Bagdad et de revenir sur Londres. Après vingt-neuf heures de vol, le Dragon, baptisé *Seafarer* (« aventurier des mers ») et piloté par un Jim plongé dans un état proche de l'épuisement, se pose lourdement à Bridgeport (Connecticut), dépasse l'extrémité de la piste et termine sa course dans un marécage. Tandis qu'Amy décide de séjourner plusieurs mois aux États-Unis, où elle va se lier avec Amelia Earhart, Jim rentre en Angleterre. Seul. Une autre tentative réunit le couple en 1934, sans plus de succès, lors de la course Angleterre-Australie. Cette fois, des problèmes techniques contraignent les Mollison à abandonner, non sans qu'ils aient réussi un temps record de vingt-deux heures sur la distance Angleterre-Karachi, aux commandes de leur De Havilland Comet.

Ce sursaut ne sauve pas le couple de la dérive, d'autant plus que Jim n'a pas perdu son goût pour les femmes. Les doutes d'Amy à ce propos ne font que croître jusqu'au jour où des journaux indélicats publient une photo sur laquelle Jim Mollison, détendu, paraît au mieux avec une certaine Phillis Hussey. Amy éprouve toutes les peines du monde à digérer cette couleuvre car cette photo a été prise dans le cadre de son vol à elle entre Londres et Le Cap, au cours duquel elle allait reprendre le record à Rose. Un comble ! Au reporter photographe qui n'en espérait pas tant, Jim et Phillis désignent sur une carte et un globe terrestre la route suivie par Amy. L'aviateur et sa nouvelle conquête ne se cachent pas. D'ailleurs, Jim épousera Phillis. Pour l'heure, le couple Mollison ne bat plus de l'aile : il sombre. La romance tourne à l'aigre.

En novembre 1936, à cause du non-versement du prix de l'avion par The Irish Hospital limited, sponsor de Jim, la société Bellanca Aircraft Corporation fait saisir le *Miss Dorothy*, un appareil avec lequel Mollison vient, en octobre, de traverser l'Atlantique. Délaissée par son mari volage, Amy ne peut savourer ses récents succès. Elle sait qu'elle est la femme d'un seul homme ; or, leurs rapports s'effilochent, avec cette conclusion logique : le divorce prononcé en 1938. Assez curieusement, Jim le séducteur ne tarde pas à se remarier, tout en gardant un œil de velours sur les représentantes du beau sexe. Étrange personnage qui cultive l'accent d'Oxford, acquis pendant quatre années passées dans la Royal Air Force, et qui affiche cette expression d'ennui et de cynisme qu'on voit parfois aux dilettantes fortunés. Trapu, à peine plus grand qu'Amy, Mollison demeure néanmoins un pilote exceptionnel qui fera preuve de courage et de sang-froid dans la guerre qui s'annonce. Pour sa part, Amy, redevenue Johnson, se retire de la compétition, sans cesser de voler. Elle se console ainsi d'une existence un peu triste : *« Il n'y a rien de plus merveilleux, de plus passionnant,* confie-t-elle alors à ses rares amis, *que de s'élever dans les espaces célestes à bord d'un avion minuscule où l'on se sent seule, en paix avec chacun et absolument libre de faire ce que l'on veut, d'aller où l'on veut sans qu'il soit besoin de descendre tant qu'il nous reste encore de l'essence. »*

Pour les Françaises aussi, les temps sont durs. Maryse Hilsz n'échappe pas à la morosité ambiante. Elle n'a pas démérité pourtant, malgré la rivalité accrue des Américaines et des Anglaises. Ses raids records sur Hanoi et le Japon [12], en avril 1933, témoignent de sa vitalité. La concurrence ne lui accorde pas le moindre répit : si, en 1932, elle bat le record féminin d'altitude établi par Ruth Nichols, la marquise italienne Carina Negrone le lui reprend aussitôt. Maryse ne bronche pas mais, le 23 juin 1936, grimpe dans son avion, un Potez 50, avec la ferme intention de remettre les pendules à l'heure. Lorsque l'altimètre indique 14 309 m (contre 12 043 m à l'Italienne), elle estime avoir rempli son contrat et regagne le plancher des vaches.

L'altitude et la distance ne lui suffisent pas. Comme à Hélène Boucher, la vitesse lui procure une ivresse qui confine à l'extase amoureuse par les émotions puissantes qu'elle provoque. Maryse va être comblée car les épreuves se succèdent. En août 1935, Mesdames Clément Bayard et Cotnareanu ont créé la coupe Hélène Boucher, en souvenir de l'aviatrice. Il s'agit d'une course Paris-Cannes, une compétition où la plus rapide l'emporte. Quatre pilotes seulement franchissent la ligne d'arrivée : Maryse Hilsz, Claire Roman, Miss MacDonald et Yvonne Jourjon. Maryse récidivera dans l'édition de 1936. Ce qui lui fait une excellente réclame auprès de Caudron-Renault : à son tour, à la suite d'Hélène Boucher, elle va se glisser dans le fuselage des petits avions véloces, champions de la coupe Deutsch de la Meurthe, avec le secret espoir de faire mieux que la « jeune fille de France ».

Si en cette année 1936 riche en événements forts, Maryse Bastié se prépare à faire le grand bond au-dessus de l'Atlantique sud, aux commandes d'un Simoun, Maryse Hilsz se rend à Istres où, le 19 octobre, à bord d'un Caudron C460 fin comme une flèche, elle ambitionne de décrocher le record féminin de vitesse sur base de 3 km. Le mistral ne lui en laisse pas le loisir et secoue l'avion dans de terribles remous. Les cahots atteignent une telle amplitude que l'un d'eux, plus brutal encore, jette Maryse contre le manche à balai, ce qui a pour conséquence inattendue d'entraîner l'appareil dans un looping inversé et d'éjecter l'aviatrice de son siège. En une seconde, la jeune femme se retrouve ballottée sous un parachute, sage précaution à laquelle elle doit la vie sauve. Elle atterrit enfin près d'une barque dont les occupants la recueillent. Mis à part quelques côtes luxées, elle s'en tire bien. Mieux que son petit bolide qui, toujours propulsé par son moteur de 9,5 litres, va s'écraser au sol [13]. Cet incident coïncida avec l'arrêt de la coupe Deutsch de la Meurthe, malgré l'attente du public [14].

En décembre 1937, remise de ses frayeurs, la bouillante Maryse Hilsz se remet en forme avec un Paris-Saigon qu'elle conclut en 92 heures et 31 minutes. Pas mal quand on sait que le record sur ce parcours appartient à André Japy, avec 86 heures et 52 minutes. Un certain Saint-Exupéry, à court d'argent comme d'habitude, se cassera même les dents lors d'une tentative sur cette route pavée d'embûches. Il espérait empocher la prime de 150 000 francs offerte à quiconque améliorerait la performance de Japy avant le 31 décembre 1935 à minuit. Pour l'ex-pilote de l'Aéropostale et son Simoun, l'aventure se termine dans une dune du désert libyen. Cet échec pour l'aviateur se métamorphosera en triomphe littéraire pour l'écrivain qui va trouver là une part de l'inspiration du *Petit Prince*.

L'impact du vol de Maryse Hilsz va bien au-delà de la performance sportive, surtout en une période de plus en plus troublée sur le plan des relations internationales. Il prend une valeur exemplaire aux yeux de jeunes femmes qui s'interrogent sur leur avenir possible dans l'aviation. Maryse Hilsz rassure, tant par sa robustesse physique que par l'intensité de sa volonté. En 1926, déjà, Maryse Bastié pressentait en elle *« un caractère énergique, un caractère entier »*. Et de questionner :

« Sans cette force, aurait-elle pu réussir à une époque où le métier accumulait les difficultés pour rebuter les plus enthousiastes ? »

Les deux femmes se connaissent, se rencontrent sur les terrains et poursuivent un but identique : travailler à la grandeur des ailes françaises. Mais, avouera Maryse Bastié, *« nous n'avions pas de souvenirs communs : nous menions une existence si différente... »*

Néanmoins, les efforts des deux aviatrices parmi les plus célèbres de leur temps ont suscité des vocations : Hélène Boucher, bien sûr, à la carrière d'une fulgurance inouïe, et d'autres, beaucoup d'autres, telles Madeleine Charnaux, Claire Roman, Élisabeth Lion, Andrée Dupeyron, Geneviève du Manoir, Yvonne Jourjon...

Pourquoi Madeleine Charnaux vient-elle à l'aviation ? Cette fille de médecin, élève de Bourdelle, pourrait se consacrer à l'art et à la sculpture, et prétendre à la notoriété tant son talent jaillit dans des œuvres qui seront longtemps exposées au musée du Luxembourg. Le coup de foudre pour les choses de l'air la cueille en plein vol, lors d'un voyage en hydravion de Naples à Palerme. Si la sculpture perd une valeur sûre, la famille des aviatrices s'enrichit d'une compétence nouvelle. En 1934, date de ses débuts dans la compétition, Madeleine se classe huitième aux Douze heures d'Angers, avec Yvonne Jourjon comme passagère. Dans la foulée, elle effectue une liaison rapide Paris-Tripoli puis, en 1935, bat les records d'altitude pour avion léger biplace : elle porte l'un d'eux à 6 115 m, succès auquel elle associe sa passagère, Edith Clarck. L'encre qui annonce cette performance n'a pas fini de sécher que Madeleine-la-bougeotte passe le brevet de transport public, avant d'éveiller l'intérêt de Caudron-Renault qui lui confie les démonstrations de son matériel. La jeune femme pilote se lance avec ardeur dans une tournée qu'un incident idiot interrompt brutalement : debout sur une aile de son appareil, Madeleine, qui conversait avec son mécanicien, glisse et tombe. La voici avec une jambe inerte et une fracture de la colonne vertébrale qui lui barre la route des aérodromes pendant une année.

Toujours dynamique, Madeleine continue de voler dans sa tête, transcrit ses expériences par le biais du journalisme et publie ses souvenirs. Guérie, elle reprend aussitôt l'entraînement sur la « bête », le Caudron Rafale, s'octroie le record de vitesse sur 1 000 km en circuit fermé, à la moyenne de 263 km/h, puis sur 100 km, à 285 km/h. Elle enfile les records comme les perles, et à une belle cadence puisque son palmarès en comporte neuf quand la guerre éclate.

Dans la lignée des grandes aviatrices, Yvonne Jourjon ne dépare pas. Elle se distinguerait même de ses consœurs en cela qu'elle aime transmettre son savoir aérien. Ce sens de la pédagogie est lié au côté chaleureux de cette « chic fille » – selon ses proches –, dont le frère aîné, le plus jeune pilote breveté en France, a été tué en combat aérien pendant la Grande Guerre, en novembre 1917. Un an plus tôt, la jeune fille avait eu son baptême de l'air et... le déclic. Pour commencer, elle opte pour le parachutisme, à l'image de Maryse Hilsz, une voie qui, à sa façon, mène au pilotage et, en tout cas, à l'avion. Sa carrière ressemble alors à celle des Garnerin, plus d'un siècle auparavant : parfois, à l'occasion d'une fête, elle se déguise, ce qui peut rendre délicates les conditions de la descente.

Elle se souviendra ainsi du jour où, vêtue d'une robe ample et coiffée d'une perruque très « Madame de Maintenon », elle devait se lancer d'une aile d'avion. Ses talons Louis XV risquant de crever le plan inférieur de l'appareil, elle avait enfilé des espadrilles, rangé ses souliers dans ses poches et sauté. Diable ! elle n'imaginait pas que la robe se gonflerait jusqu'à se transformer en un parachute d'appoint, ni que sa perruque menacerait de s'envoler. Sitôt à terre, Yvonne avait prestement remis de l'ordre dans sa toilette, avant de saluer le public par une gracieuse révérence.

En 1932, toujours sur sa lancée, elle s'inscrit à l'Aéro-Club d'Ile-de-France et reçoit son brevet après seulement cinq heures de vol... Petite, le cheveu coupé court, la jeune femme sait ce qu'elle veut : à la solitude de la gloire (souvent éphémère) qui pousse ses amies à aller toujours plus haut, toujours plus loin et toujours plus vite, elle préfère l'enseignement. En 1935, l'AéCF lui remet son brevet de pilote monitrice, ce qui est une première mondiale. Désormais, elle se consacre à la formation des futurs aviateurs, comme des mères se vouent à l'éducation de leurs enfants. Au nombre – important – de ses élèves, citons le capitaine Marcel Albert, appelé, pendant la Seconde Guerre, à briller dans le ciel soviétique où, avec vingt-trois victoires, il deviendra l'as de l'escadrille Normandie-Niémen.

Lorsqu'elle n'initie pas ses jeunes classes, Yvonne confronte sa science à celle de ses camarades, habituées des compétitions. Après deux participations aux Douze heures d'Angers et deux classements honorables à la coupe Hélène Boucher, elle a la satisfaction, en 1936, d'atteindre une altitude de 4 400 m sur Farman Moustic, record qui la hisse au niveau des femmes pilotes les plus douées.

En cette fin des Années Folles, alors que les bruits de bottes résonnent en Allemagne, en Italie et en Espagne, une jeune femme toute menue, aux grands yeux rieurs et au sourire éclatant, va apporter encore une bouffée de pureté, comme Hélène Boucher dont elle fut la compagne de raid. Edmée Jarlaud, née Jacob, aime l'aviation depuis qu'elle a été la passagère d'Hélène Boucher aux Douze heures d'Angers. Il s'agit d'une vocation irrésistible, de celles que rien, sinon la mort, ne peut entraver. Elle veut voler. Elle ne le dit pas, elle le clame. Au brevet de vol à voile obtenu en 1933, elle ajoute, l'année suivante, celui de vol moteur. Depuis Lilienthal qui lui a sacrifié sa vie, à la fin du siècle précédent, la discipline du planeur a su se constituer une famille d'inconditionnels, amoureux de silence, amoureux de balades de plus en plus longues dans des espaces que ne trouble pas le vacarme des moteurs. Edmée apporte sa pierre à l'édifice quand, le 18 avril 1938, elle porte le record du monde féminin d'altitude à 1 184 m et, en juin 1938, s'adjuge le record de distance, avec 83 km parcourus.

Malheureusement, on va en rester à ces résultats prometteurs, fruits du travail et d'un don certain : le 16 avril 1939, à Beynes-Thiverval, la jeune vélivole heurte un autre appareil. Très gravement blessée, Edmée succombe lors de son admission à l'hôpital. A 28 ans !

La mort d'une femme de conviction ne signifie pas la mort de cette conviction. L'ardeur d'Edmée Jarlaud ou la passion d'Hélène Boucher, son modèle, confinent à la foi qui, plus que jamais, anime l'aviation au seuil d'un nouveau conflit mondial. En la circonstance, terrible et inévitable, le devoir d'une nation va exiger toutes les volontés.

Les aviatrices sont prêtes.

11

LES ALLIÉES

Le style est l'homme...
Buffon
Surtout quand l'homme est une femme.
Emmanuel Aimé [1]

D'abord «drôle», comme les années précédentes furent «folles», la guerre éclate au visage de ceux qui la niaient encore après Munich, et éclabousse la population qui souhaitait partager leur confiance. Pendant que les Français, en une sorte de parodie tragique des départs massifs en vacances, forment l'un des plus grands exodes de leur histoire pour échapper aux troupes nazies, quelques poignées d'aviateurs courageux – héros souvent méconnus – luttent à un contre dix dans un ciel où ils ne peuvent contenir longtemps l'envahisseur. La plupart des survivants de ces mêlées passeront en Angleterre où, depuis le 18 juin 1940, un général têtu ose prôner la résistance et la poursuite du combat. D'autres, comme les équipages de la 2/33, escadrille de reconnaissance de Saint-Exupéry, parviennent à Bordeaux puis en Afrique du Nord, après bien des tribulations. Si la France entre dans l'obscurité pour cinq longues années, des hommes et des femmes vont engager leur vie pour la ramener vers la lumière de la liberté. Les hommes intègrent des unités combattantes, notamment en Angleterre, ou bien, avec les femmes, se coulent dans l'ombre dangereuse de la Résistance où la nécessité d'une action silencieuse leur impose le vœu d'anonymat.

Qui se souvient de l'aviatrice Sébastienne Guyot, ex-championne de France de cross-country, une sportive de haut niveau sélectionnée dans l'équipe de France en vue des Jeux olympiques, et ingénieur chez Lioré-Olivier où elle étudiait les hélicoptères ? La jeune fille, arrêtée par la Gestapo alors qu'elle tentait de faire évader son frère, le capitaine Guyot, dut subir les pires traitements avant de succomber le 22 août 1941, non sans avoir enduré d'atroces souffrances. Les exemples féminins d'un courage exprimé jusqu'au sacrifice total, pour nombreux qu'ils soient, demeurent le fait d'engagements individuels, dus à un besoin impérieux de participer au sauvetage de la nation, besoin qui est rarement pris au sérieux par les hommes. Il y a toujours chez eux comme une sorte de réticence à admettre les femmes, porteuses de vie, dans des affaires comme la guerre où l'arbitrage revient à la mort.

En juillet 1938, une loi, en attente depuis 1926, relative à l'organisation de la nation en temps de guerre, prévoyait bien le volontariat féminin dans les armées et la réquisition des femmes employées dans les établissements liés à la défense nationale. On ne faisait là que reprendre la recette de la mobilisation civile de l'arrière, si efficace pendant la « der des der ». La question de l'incorporation des femmes ne se pose pas encore, même si les volontaires ne perdent pas une occasion de l'évoquer. Toutefois, dans la majorité des cas, les intéressées n'envisagent pas leur participation à un conflit sous sa forme la plus violente, c'est-à-dire les armes à la main. Ainsi, lorsque les règlements autorisant les femmes à s'engager vont être enfin adoptés, au lendemain de l'invasion allemande, quelques centaines d'infirmières, d'assistantes sociales, d'ambulancières ou de conductrices serviront auprès de différentes unités, en particulier dans l'armée de l'air et la marine, sans y être incorporées pour autant. On les tolère tout juste.

Par ailleurs, pas plus le rêve d'une aviation sanitaire féminine, caressé par Marie Marvingt et Hélène Dutrieu, que celui d'une escadrille composée d'aviatrices, souhaitée par Marthe Richard, ne déboucheront sur la réalité, du moins en France... Échec également pour Madeleine Charnaux qui, toujours à la veille de la guerre, défendait avec ardeur l'idée d'un corps auxiliaire féminin de l'aviation dont elle s'intitulait le « major ». Son ambition : recruter les cent cinquante femmes pilotes françaises afin de leur confier les transports sanitaires ou postaux « sur parcours faciles », c'est-à-dire non susceptibles de les mettre en danger. A cette phalange d'aviatrices confirmées, Madeleine voulait adjoindre des mécaniciennes, des téléphonistes et des radiotélégraphistes. On ne l'écoute pas. Il est à signaler que les Russes adopteront une organisation calquée sur ce modèle, en particulier pour leurs escadrilles de chasse ou de bombardement.

En France, les propositions féminines tombent l'une après l'autre dans l'indifférence générale ou, pire, provoquent l'ironie. Louise Weiss, figure charismatique du suffragisme, n'a pas eu plus de chance quand, en 1937, elle a jeté les bases d'un projet de service national au féminin, un moyen idéal, il est vrai, de faire progresser la lutte pour le droit de vote des femmes. Comme d'habitude, ce nouvel épisode d'une longue croisade en faveur de l'égalité des droits devait se heurter à un mur d'hostilité de la part des hommes politiques pour une fois d'accord, étant hommes avant d'être politiques. Personne ne songe vraiment à une dimension féminine de l'armée. Chez les militaires, la misogynie semble érigée en principe. L'idée, qualifiée d'aberrante par les galonnés, dérangerait l'ordre naturel : la guerre concerne les hommes ! En 1939, comme mille ans auparavant, les états-majors jugent toujours inopportune la présence des femmes sur le champ de bataille. La guerre bientôt perdue ne modifie pas les mentalités.

Mais la France demeure la terre des dérogations : en vertu du décret du 1er septembre 1939, on fait exception pour quatre femmes pilotes – volontaires pour assurer à titre bénévole des convoyages aériens de personnalités ou d'officiers d'état-major, vols qui se feront souvent en rase-mottes [2] : Claire Roman, Maryse Hilsz, Maryse Bastié et Paulette Bray-Bouquet ont en effet spontanément posé leur candidature. Le décret du 27 mai 1940 remet les pendules à l'heure et supprime cette pratique de la réquisition, avec la création des pilotes auxiliaires féminines de l'air. On pourrait imaginer que les postulantes affluent ; c'est compter là sans les restrictions qui abondent dans le texte réglementaire. Il en ressort que ces pilotes auxiliaires au féminin reçoivent pour mission de convoyer des avions de faible puissance en service dans les écoles de pilotage et les centres d'instruction (art.1). Ces aviatrices, dont le contrat varie de six mois à la durée des hostilités, doivent au préalable suivre un stage probatoire qui détermine leur admission finale. Attention, admission ne signifie pas intégration car les filles retenues ne reçoivent ni grade ni rang dans la hiérarchie militaire, même si on les assimile à des sous-lieutenants de l'armée de l'Air [3], et leur rémunération varie en fonction du nombre d'heures passées aux commandes des appareils.

Tandis que différents aménagements de textes réglementaires offrent aux aviatrices un semblant de légitimité dans le cadre militaire, avant l'été 1940, la Division d'avions de liaison de l'administration centrale (D.A.L.A.C.), sous les ordres du commandant Leleu, évacue Paris pour le terrain d'Amboise. En cette période de débâcle militaire et de décomposition accélérée des institutions, seule Claire Roman réussit à gagner l'aérodrome, en mai 1940, y signe son engagement et obtient d'être dispensée du stage préparatoire. Jusque-là, elle avait remplacé son frère mobilisé à la tête de son entreprise. Et puis, l'engrenage des événements l'a ramenée vers l'air.

Claire veut se rendre utile et commence par se dévouer dans le cadre d'une mission que lui confie l'Aéro-Club de France : au volant d'une camionnette bourrée de livres – un bibliobus –, elle entame une tournée des escadrilles au cours de laquelle elle dispense culture et encouragement. Cette fille courageuse et loyale, dont les aviateurs, stressés par les premiers combats, apprécient la bonté, aspire à servir la France autrement que comme bibliothécaire itinérante. Inutile de dire qu'elle bondit sur l'occasion que lui offre la D.A.L.A.C. La voici donc enfin pilote-estafette, sous les ordres de Leleu avec lequel elle a fréquemment volé à Buc et qui a été nommé commandant de la D.A.L.A.C. en septembre 1939. Pour la circonstance, elle se fait confectionner une tenue fantaisiste, sans vrai rapport avec l'uniforme réglementaire, et qui suscite plus d'un regard de travers chez les officiers attachés à la tradition : une vareuse, une jupe-culotte et un béret bleu Louise, un chemisier bleu ciel fil-à-fil et une cravate bleu marine. Mais les hommes ont d'autres soucis en tête qu'une tenue extravagante. Après Amboise, la D.A.L.A.C. se replie sur Landes-de-Bussac, non loin de Bordeaux. Les équipages occupent l'hôtel du commandement général de la 18e région par où va transiter Saint-Exupéry, avant son départ mouvementé pour l'Afrique du Nord. Vu la gravité de la situation, le règlement compte peu.

Seule importe l'urgence. Leleu confie à Claire des missions de transport de pilotes de chasse chargés de récupérer les appareils éparpillés sur le territoire pour qu'ils ne tombent pas entre les mains des Allemands. Dès le 13 juin 1940, Claire vole sur Hornet, Potez 58 et Simoun militaires. Il lui arrive de relier

Paris-Istres et Paris-Marignane dans le même temps qu'il faut aux autres aviateurs pour n'effectuer qu'un seul parcours. Parvenue à destination, elle repart aussitôt par le train de nuit, debout dans les couloirs, apparemment infatigable. Le 18 juin, jour fameux entre tous, elle décolle pour Rennes, avec deux pilotes, et un autre avion. Arrivée en vue de l'aérodrome, l'aviatrice effectue un premier passage à la verticale des lieux, où tout paraît calme. Confiante, n'ayant détecté aucun mouvement suspect, elle se pose. Les Allemands surgissent à l'instant où son appareil s'immobilise près des bâtiments, et emprisonnent le groupe d'aviateurs dans la maison du gardien. Là, les Français se concertent et optent à la majorité pour l'attente.

A la majorité mais pas à l'unanimité, car Claire veut fausser compagnie à leur sentinelle. Contre l'avis de ses camarades, elle tente une première belle et, comble de malchance, bute sur une patrouille qui la reconduit immédiatement dans sa geôle. Le 20 juin, toujours aussi déterminée, elle récidive, se faufile à l'extérieur du terrain d'aviation, emprunte une bicyclette repérée lors de son échappée précédente, pédale sur près de 110 km – une réelle performance pour un amateur non entraîné et surtout traqué –, atteint sans encombre l'aérodrome d'Escoublac, près de Saint-Nazaire, en territoire encore libre, où la firme North American assemble des avions militaires destinés aux Français. Claire prévient les autorités de l'avancée allemande et, ses galons de sous-lieutenant aidant, se fait délivrer un biplace d'entraînement à la chasse dont elle ignore tout – ce qu'elle se garde bien de déclarer. Un coup d'œil sur le tableau de bord de cet appareil étranger lui permet de retrouver cadrans et manettes habituels, quoique disposés dans un ordre différent, et quelques indicateurs sans doute en rapport avec l'armement, dont elle n'a pas vraiment l'utilité. Elle s'envole sans tarder, pratiquement au nez et à la barbe des premières troupes ennemies, et, au terme d'un voyage d'une heure trente-cinq, rejoint le terrain de Landes-de-Bussac où elle atterrit, à la stupéfaction de ses amis qui la croyaient perdue.

Impressionné, Leleu lui remet sur-le-champ la croix de guerre, distinction qui sera régularisée par Pujo, le ministre de l'Air. Pareille « crânerie » n'étonne pas ses proches de longue date, ceux qui connaissent sa carrière, notamment le constructeur Robert Morane qui se souvient du jour où, *« à Avord, elle décolla par cinquante mètres de plafond, alors qu'un grand pilote, héros de la traversée de l'Atlantique, avait renoncé*[4] *»*. En tout cas, son évasion évite aux belligérants de s'interroger sur la définition du statut de prisonnier de guerre à accorder aux femmes combattantes. On ne sait pas encore si les Allemands vont appliquer aux femmes engagées dans l'armée la convention de La Haye de 1924. Et l'on ne tient pas spécialement à leur expédier des cobayes. Les gouvernements joueront de cette ambiguïté et de l'incertitude qui en découle pour détourner les femmes des zones de combat.

Le 22 juin, au lendemain de l'armistice, Claire reçoit – enfin ! – une carte de « pilote-estafette féminin » – mais il s'agit plus d'une formalité que d'un document utile puisque les jours de la D.A.L.A.C. sont désormais comptés : l'aviatrice accomplit son ultime mission le 27 août suivant. Leleu la voit partir avec regret car, dira-t-il par la suite, *« elle avait tout le cran d'un aviateur, la discipline d'un soldat. Elle faisait le métier d'un homme, mieux qu'un homme, mais avec des vertus de femme... »* Et d'ajouter – ô surprise ! – que la jeune femme rêvait d'effectuer des bombardements sur l'Allemagne, souhait qui n'exprime pas vraiment la féminité et correspond encore moins à une réputation de bonté qui n'a pourtant rien de surfait. Précisons que juste avant la démobilisation de Claire, le 1er septembre 1940, les équipages de la D.A.L.A.C. réussiront à faire passer vingt appareils en zone libre.

Cette femme énergique, exemple pour les uns, « copain » pour les autres, n'en continue pas moins d'assurer un service public : par la route cette fois, elle ravitaille les camps de prisonniers. Et puis, il y a ce 4 août 1942. A Perpignan, Claire embarque comme passagère dans l'avion de Paris, un Goéland du S.C.L.A.M. La météo, ce jour-là, complique la tâche du pilote, surtout entre Pau et Vichy où une brume malsaine nimbe le relief montagneux. Soudain, dans le Gers, une crête se dresse devant le nez de l'appareil. Un choc, une explosion, le silence. La mort vient de frapper. En plein ciel. Malgré la guerre qui fausse tout, à commencer par la perception que l'on peut avoir des informations, la nouvelle de cette catastrophe et de la mort de Claire Roman bouleverse l'opinion. Sans jouir de la célébrité d'une Hélène Boucher, Claire, pilote doué et calme, n'avait pas manqué de se faire remarquer depuis longtemps par son enthousiasme raisonné. Les professionnels de l'aviation, généralement avares de compliments, ne tarissaient pas non plus de louanges sur cette jeune femme au front haut et au regard direct, que le docteur Garsaux, créateur de l'observation médicale des hommes de l'air, qualifiait de «*femme et [de] pilote supérieurs*».

Lorsqu'elle disparaît, à l'âge de trente-cinq ans, les Français découvrent à travers la presse spécialisée une fille délicieuse, discrète et intrépide, au visage triste et sérieux, qui était née à Mulhouse en mars 1906. Des études d'infirmière, un diplôme en 1927, puis un mariage avec un officier tôt disparu, résument les premières années. Veuve, elle se consacre aux malades, part pour le Maroc où elle dispense les soins aux corps meurtris aussi bien qu'elle apporte l'apaisement aux âmes torturées. Au cours de ce séjour qu'elle effectue bénévolement sous la bannière de la Croix-Rouge, en pleine guerre du Rif, elle découvre l'aviation et va mener de front l'apprentissage du ciel, à l'aube, et son métier de soignante à partir de 8 heures [5]. Le soir, après son service, elle se plonge dans les manuels et, de sa belle écriture régulière, couvre ses cahiers de notes techniques. Cette préparation intensive l'amène au 26 novembre 1932 et à son premier succès : elle passe son brevet de pilotage à Meknès, avant d'obtenir la licence de transport public et celle de vol à voile, en 1936. Sans cesser de s'occuper de ses malades, elle soigne son style et se perfectionne dans le domaine de la voltige, améliore ses connaissances de pilotage sans visibilité et finit par prendre les commandes des avions sanitaires qui transportent les infirmières de l'air.

C'est en 1937 qu'elle révèle l'étendue de son talent : avec Alix Lucas-Naudin, une infirmière pilote rencontrée à Villacoublay [6], elle entreprend un Paris-Pondichéry et retour, à partir du Bourget, à bord d'un avion de tourisme Phrygane-Salmson de 135 CV, et boucle ce voyage de 23 980 km en neuf jours. Dès lors, elle semble prise d'une boulimie de records d'altitude et de vitesse [7], jusqu'à ce que le ministère de l'Air l'invite à rejoindre le groupe des six ambassadrices volantes – dont Maryse Bastié et Maryse Hilsz – qui devaient parcourir le Proche-Orient et plonger au cœur de l'Afrique, en un grand raid de propagande qui n'eut pas lieu. Et pour cause : nous sommes à l'été 1939 ! Claire va donc renoncer à ce périple en Simoun, pour lequel elle avait choisi comme radio Marcelle Barry, pilote et navigatrice.

La guerre brise ainsi plusieurs élans. Maryse Bastié apprend la défaite à Paris, dans son logement calme qui surplombe le cimetière du Montparnasse. Après avoir convoyé des appareils, elle se reconvertit comme infirmière, membre de l'Union des femmes de France, une des associations de la Croix-Rouge, et va œuvrer en particulier auprès des prisonniers français du Frontstalag III, un camp implanté à Drancy. En réalité, cette mission épuisante, où elle engloutit son temps et son énergie, sert de paravent à une véritable activité d'agent secret : en sa qualité de soignante, Maryse n'éveille pas les soupçons de l'occupant et peut circuler dans des zones interdites, ce qui lui permet de glaner des renseignements sur les emplacements des aérodromes allemands et des dépôts de bombes, renseignements qu'elle transmet aux Alliés.

Arrêtée par la Gestapo, incarcérée à Fresnes puis relâchée faute de preuves, elle n'en continue pas moins son action au sein du réseau Darius. Autant d'abnégation lui vaudra d'être nommée capitaine dans l'armée de l'air dès le 25 mai 1946 et promue au grade de commandeur dans l'ordre national de la Légion d'honneur, par décret du 14 avril 1947.

Assez curieusement, la carrière de Maryse Hilsz suit une trajectoire parallèle à celle de son éternelle rivale : de septembre 1939 à juin 1940, elle livre des avions à l'armée de l'air pour le compte de la société Amiot ; après l'armistice, faute de pouvoir voler encore, elle s'engage dans la Résistance et deviendra capitaine des F.F.I.

Dès 1941, avec Ernest Vinchon, Adrienne Bolland s'active également dans la Résistance, au sein du réseau Century puis, l'année suivante, du réseau Castille que dirige son mari. Le couple vit alors à Donnery, dans le Loiret, région natale de la mère d'Adrienne. Agent permanent, chargée de mission F.F.L., l'aviatrice prend la direction des opérations clandestines le 7 août 1943, après l'arrestation d'Ernest, lequel, tuberculeux, sera libéré de Fresnes de justesse en 1944.

Du fait de la mainmise allemande sur le pays et de la politique ambiguë du régime de Vichy, les aviatrices françaises vont devoir patienter avant de reprendre le chemin du ciel : la plupart choisissent d'agir dans des réseaux clandestins. La situation diffère quelque peu en Grande-Bretagne où, dès le 1er septembre 1939, Pauline Gower, la fille d'un député conservateur, a constitué une équipe de pilotes féminins au sein de l'Air Transport Auxiliary (A.T.A.). Au nombre de mille environ, ces *ferry pilots* comprennent bientôt une centaine de femmes pilotes et convoient indifféremment toutes sortes d'appareils, du biplan léger Tiger Moth, un avion d'entraînement, au Spitfire, fleuron de la chasse britannique. Ces aviateurs, qui travaillent pour la Royal Air Force, la Navy et les Coast Guards, vont également, comme leurs collègues français, transporter de hautes personnalités entre l'Angleterre et la France, essentiellement au début de la guerre. L'A.T.A. impose à son personnel un rythme de travail soutenu : treize jours d'affilée pour deux jours de repos. Il s'agit de livrer des avions à travers le Royaume-Uni, sans radio, sans aide à la navigation – sauf le compas – et sans armement, dans des conditions atmosphériques parfois pénibles. En plus, les pilotes doivent éviter l'écueil mortel des dizaines de milliers de ballons retenus par des câbles invisibles et disposés la plupart du temps sur les sites sensibles où ils doivent justement conduire les appareils. Outre des chasseurs au maniement délicat, les aviatrices acheminent des bombardiers Halifax, Lancaster ou B17, ou encore le fameux bimoteur Mosquito, ce qui, il faut le souligner, implique une grande capacité d'adaptation et une connaissance parfaite des machines.

Parmi ces femmes qui, jour après jour, accomplissent une œuvre considérable, les Britanniques reconnaissent avec tendresse Amy Johnson. L'uniforme lui sied bien, mais d'aucuns, parmi ses nombreux admirateurs, éprouvent sans doute un pincement au cœur au souvenir de cette « garçonne » terriblement séduisante dans sa robe Schiaparelli, en particulier à l'issue de son vol solitaire vers Le Cap, il y a si longtemps... Désormais, les rares photos de la jeune femme révèlent un sourire triste, voire une certaine lassitude. Son visage s'éclaire seulement quand elle retrouve Jim sur une base, dans le cadre de l'A.T.A., le temps de partager une tasse de thé et d'égrener des souvenirs qui font mal. On est loin des bouteilles de champagne vidées au milieu des éclats de rire, au cours des folles nuits qui couronnaient une performance, que ce soit dans un cabaret, un club ou l'un des hôtels huppés de Park Lane. Le couple se reforme l'espace d'une escale, dans un mess quelconque, et l'on pourrait croire qu'il suffirait d'un frémissement de cœur pour effacer un lourd contentieux sentimental. La guerre, qui défait tant de liens « indestructibles », peut favoriser des miracles ; c'est l'un des paradoxes des périodes troublées. Mollison, transformé, ne présente plus guère de comparaison avec le play-boy qu'il a été : son talent de pilote et son courage, confrontés aux dangers quotidien, l'ont mûri, comme débarrassé de ses penchants frivoles. D'après leurs compagnons de l'A.T.A., les rencontres avec Jim métamorphosent Amy ; elle croit aux contes de fées et à leur heureux dénouement, et laisse d'ailleurs entendre à sa mère qu'un rapprochement ne lui déplairait pas, si Jim le souhaite encore...

Peut-être, le 5 janvier 1941, pense-t-elle à la reprise de son roman d'amour avec « le seul homme de sa vie », tandis qu'elle vole de Prestwick (Écosse) à Kidlington (Oxfordshire), aux commandes d'un bimoteur Airspeed Oxford. L'accident la prend de court au-dessus de l'estuaire de la Tamise : une panne d'essence. Il est vrai qu'une perte de cap consécutive à la brume l'a tenue en l'air plus longtemps que prévu. Du moins, il s'agit de l'hypothèse que privilégieront les enquêteurs... En cette fin d'après-midi, les membres de l'équipage du chalutier *Haslemere,* voient un parachutiste sauter d'un avion, lequel va s'abîmer dans les flots. Le capitaine W. Fletcher se dirige immédiatement sur les lieux d'amerrissage de l'aviateur – il ignore encore que c'est une aviatrice – et plonge lui-même dans les eaux froides, hélas en vain : des remous aspirent la malheureuse sous la poupe du navire. Les marins ne récupéreront que deux bagages marqués à son chiffre.

Bien sûr, les conditions mystérieuses de cette disparition suscitent d'inévitables interrogations, auxquelles il ne sera jamais apporté de réponses : en revanche, des rumeurs ne tardent pas à se répandre, selon lesquelles Amy revenait d'une mission en France, avec un passager clandestin...

Cette perte terrible ne fléchit pas l'effort de l'A.T.A. : au contraire, cette phalange courageuse accueille en son sein des femmes de diverses nationalités, qui conjuguent leur devoir avec leur amour de l'aviation. Parmi elles, Margot Duhalde, alias « Chile », la nièce du président de la République chilienne.

Cette jeune brune piquante d'origine basque a quitté le Chili en 1941 pour se mettre à la disposition du général de Gaulle. Cependant, les accords franco-britanniques ne prévoient pas de pilotes dans le corps des volontaires des Forces Françaises Libres. Reste une alternative : l'A.T.A., où les filles sont détachées. Si elle ne connaît rien aux avions, Margot arrive avec son sens de la justice et une envie d'apprendre qui l'aide à brûler les étapes. De fait, quelques mois après avoir foulé la terre anglaise pour la première fois, elle décroche son brevet de pilote dans un centre d'instruction et intègre l'A.T.A. Sans jamais faire intervenir son lien de parenté, qui pourrait lui éviter les corvées et la routine, elle se soumet au dur régime qu'endurent ses camarades et va voler, par tous les temps, sur près de cent huit types d'appareils, avant de passer dans une école de pilotage française stationnée en Angleterre, en novembre 1945, après la dissolution de l'A.T.A. Titulaire du grade de *first officer*, elle est ensuite déplacée dans une escadrille de Spitfire qu'elle va suivre à Meknès. Elle ne rentrera au Chili qu'en 1946, pour y accompagner Maryse Bastié et une mission française de l'O.F.E.M.A., superbe dans son uniforme bleu marine de lieutenant d'aviation, des ailes dorées déployées sur la poitrine. Elle n'a pas vingt-cinq ans. Éprise d'aviation, la jeune femme donne l'impression de se rendre à un rendez-vous galant à chaque vol ; or, elle aura piloté plus de 1 500 avions pendant la guerre [8] !

En 1945, les résultats de l'A.T.A. sont à la mesure de la reconnaissance que les Britanniques vont lui vouer. D'abord composés de huit Anglaises au début des hostilités, les effectifs, placés sous les ordres de Pauline Gower, n'ont pas cessé de croître jusqu'à atteindre un chiffre appréciable : trente-sept Anglaises, quatre Néo-Zélandaises, deux Australiennes, trois Polonaises, une Franco-Chilienne (des Forces Françaises Libres) et vingt-huit Américaines conduites par Jacqueline Cochran. Parmi les célébrités, retenons Loïs Butler, épouse du président de la De Havilland Aircraft Company, et Jadwiga Pilsudska, fille du maréchal Josef Pilsudski, ancien chef de l'État polonais. Au total, entre le 11 janvier 1940 et le 20 novembre 1945, ces femmes pilotes vont convoyer plusieurs milliers d'appareils, neufs ou révisés, sophistiqués ou bons pour le musée. Chapeau, mesdames ! On saura plus tard, au vu de leurs performances, qu'elles n'avaient rien à envier aux hommes. Mais qui oserait en douter ?

En août 1946, la Chambre des communes devait leur rendre un hommage appuyé. Le secrétaire d'État aux forces armées, qui présentait alors son projet de budget, eut à l'égard des femmes pilotes ce propos qui résume parfaitement l'opinion générale : « *En acceptant de grand cœur une tâche qui jusqu'à la guerre avait été jugée au-dessus de leurs forces, elles ont apporté une contribution effective et inestimable à la victoire finale.* » [9] Voilà qui efface l'affront de C.G. Grey, rédacteur en chef de la revue *The Aeroplane*, pas réellement favorable à la venue des aviatrices dans l'armée de l'air : « *Le danger*, n'hésitait-il pas à écrire, *c'est la femme qui croit qu'elle devrait piloter un bombardier à grande vitesse, quand elle n'a même pas assez d'intelligence pour laver correctement le plancher d'un hôpital, ou qui veut flâner le nez en l'air pour guetter les raids aériens et n'est même pas capable de préparer à dîner pour son mari.»* En quatre ans, les A.T.A. et leurs équivalents ont fait l'excellente démonstration du contraire. Mais est-il seulement capable de le reconnaître ?

L'exemple de ces filles hors du commun – dût leur modestie en souffrir – fouette le sang, et la perte d'une amie, comme ce fut le cas pour Miss Johnson, loin de fléchir les volontés, contribue à les renforcer. Une ferveur identique anime les aviatrices de la Women's Auxiliary Air Force, une unité de la Royal Air Force formée le 28 juin 1939, dont la reine d'Angleterre est le commandant en chef. Dirigées de juillet 1939 à octobre 1943 par Catherine Trefusis Forbes, avant sa mutation outre-mer, puis par Lady R.E.M. Welsh, les W.A.A.F. du service sanitaire aérien furent les premières Britanniques à passer en France après l'ouverture du second front.

Les aviatrices d'Amérique se mobilisent aussi, à commencer par la plus célèbre, Diana Prince, une héroïne invincible née sous le crayon du dessinateur William Marston, alias Charles Moulton. Diana ou Wonder Woman, fille de la reine des Amazones, renonce à l'immortalité pour l'amour d'un jeune aviateur qu'elle a sauvé. A la suite d'aventures trépidantes, elle va travailler pour les services secrets de l'oncle Sam et parcourir le monde à bord de son avion invisible pour lutter contre l'incarnation suprême du mal : les nazis et leurs alliés japonais.

Aux États-Unis, les vraies Wonder Women ne font pas immédiatement l'unanimité, du moins avant le fatidique 7 décembre 1941 : la population ne cache pas son hostilité à la création d'un corps militaire féminin dont Miss Edith Rogers, une femme résolue qui a servi en France dans la Croix-Rouge, pendant la Première Guerre mondiale, défend le projet avec l'acharnement de son sexe.

Les membres du Congrès, partagés sur la question, se font d'autant plus tirer l'oreille qu'à cette époque l'Amérique se rangerait plutôt à l'avis de Lindbergh, qui s'oppose à une intervention de son pays dans le conflit «européen»... La campagne publique de grande ampleur lancée pour tenter d'infléchir cette tendance se termine par un «flop» retentissant : pas de femmes sous l'uniforme. On en reste à la bonne vieille formule machiste déjà en vigueur lors de la guerre précédente, comme en témoigne cette inscription lue sur des panneaux destinés au recrutement en 1916 : « *La marine veut seulement des hommes* ». Ce qui d'ailleurs contribue à sa réputation...

L'aviation avait un peu relevé le niveau puisque les sœurs Stinson entraînaient dans leur école les futurs pilotes de chasse. Au fil des années, l'ensemble de l'armée semble avoir adopté la mentalité relativement hermétique de la Navy. Ayant repris à son compte la petite phrase misogyne, un doyen du collège naval s'attira en 1941 cette remarque ironique de Virginia G. Gildersleeve, doyenne du Barnard College, chargée de constituer des réservistes féminines : « *Si la marine avait pu utiliser des chiens, des canards ou des singes, certains amiraux de la vieille école les auraient certainement préférés aux femmes*[10]. »

L'attitude de l'armée de l'air ne vaut guère mieux. Cependant, pour une femme pilote qui a affronté le froid, la fatigue et la peur, cette opposition n'a rien d'un défi impossible à relever. Jacqueline Cochran, la plus respectée des aviatrices américaines depuis la mort d'Amelia Earhart, prend l'affaire à cœur. Elle s'en occupe d'ailleurs activement depuis qu'elle a suggéré à Madame Roosevelt de convaincre son époux d'embaucher des aviatrices pour des missions de transport ou d'évacuation, de manière à permettre aux hommes de combattre. Elle se propose d'assurer l'organisation et l'instruction de ce corps de volontaires. L'idée suit son chemin : en juin 1940, Jacqueline demande aux autorités britanniques la permission de convoyer un bombardier Lockheed Hudson vers la Grande-Bretagne. Les Anglais donnent leur accord à condition que l'Américaine cède les commandes à un pilote militaire au moment du décollage et de l'atterrissage. Une fois sur place, elle rencontre Pauline Gower et se fait expliquer le mode de fonctionnement de l'A.T.A., un enseignement précieux pour peaufiner la structure qu'elle entend implanter aux États-Unis.

Tandis qu'elle se trouve en Angleterre, elle apprend que sa compatriote Nancy Love, également sa rivale, a été chargée de former un noyau de femmes pilotes, le Women Air Ferry (W.A.F.) au sein du Ferry Command. Absolument décidée à ne pas se laisser couper l'herbe sous les pieds dans une entreprise qu'elle estime sienne, Jacqueline hâte son retour au pays et obtient l'appui du général Arnold, commandant en chef de l'U.S. Air Corps, ce qui équivaut pratiquement à un feu vert. L'annonce de la création d'un centre de perfectionnement de pilotes féminins dans le cadre du commandement des écoles déclenche une avalanche de courrier et pas moins de 25 000 demandes d'inscription. Bref, un démarrage – ou un décollage – sur les chapeaux de roue. Sur les 1 800 candidates qui suivent le cours, plus de mille satisfont aux épreuves de sélection avant d'être incorporées. Elles ont prouvé leur capacité à exécuter aussi bien que les hommes des missions variées et des vols de longue durée. Ce qui n'est pas nouveau. Si le premier contingent alimente les effectifs de l'Air Transport Command, les suivants vont être affectés à des vols d'essai ou au remorquage de cibles.

Toujours avec l'aide efficace d'Arnold, Jacqueline Cochran fonde le corps des Women Air Service Pilots (W.A.S.P.) dont elle prend le commandement. Jacqueline l'emporte donc haut la main sur Nancy Love dont elle récupère aussi l'œuvre : les W.A.F. grossissent les rangs des W.A.S.P., fusion qui ne va pas se faire sans difficultés ni frictions dues à des jalousies masculines. Dans son livre *Les Étoiles du midi* [11], Jacqueline avancera même une accusation grave, à savoir que l'on aurait découvert des traces de sucre dans le carburant d'avions accidentés que pilotaient « ses » filles. En dépit de ces actes de malveillance, les W.A.S.P. vont largement contribuer à la mise au point du B26, un bombardier subtilement baptisé *« la prostituée de Baltimore »*, d'après le lieu où il est assemblé. Si les relations avec les éléments masculins ne peuvent être qualifiées de chaleureuses, à quelques exceptions intelligentes près, elles n'ont pas forcément un caractère idyllique entre femmes, surtout entre femmes de forte personnalité. Conséquence de ces différends, les W.A.S.P. ne rejoindront jamais les W.A.C. de Madame le colonel Hobby, un corps militaire issu des Women's Auxiliary Army Corps, les W.A.A.C. [12].

D'abord installée à Houston, au Texas, l'unité d'entraînement créée par Jacqueline est transférée à Avenger Field, à Sweetwater, toujours au Texas, où, sous le contrôle de l'U.S. Air Force et plus spécialement du Women's Flying Training Detachment placé sous les ordres du major-général Barton K. Yount, l'aviatrice dispose de North American AT-6 et de Beech AT-17. Les visiteurs déchantent quand ils franchissent les limites de ce camp spartiate aussi peu agréable que son environnement, un désert accablé de chaleur (le thermomètre indique 38°C en permanence). En ce qui concerne l'hébergement, les femmes pilotes doivent se contenter de baraquements en bois où elles logent à six par dortoir. Levées dès l'aube au son du clairon, elles subissent les rigueurs militaires : elles se rendent au réfectoire, dans les salles de cours ou de culture physique au pas cadencé et en rangs comme à l'école primaire. Leur journée dure seize heures ; entendez par là leur journée de travail, qui s'achève par l'extinction des feux, à dix heures du soir, au son du clairon et au soulagement général. Soumises à une discipline de fer durant vingt-trois semaines, les filles encaissent sans broncher des brimades identiques à celles infligées à leurs collègues masculins.

Rappelons que les premières stagiaires, âgées de 18 à 35 ans, devaient justifier chacune, à l'arrivée, d'un minimum de deux cents heures de vol, chiffre qui va être ramené à soixante-quinze heures. Jacqueline accueille cette mesure avec joie car elle l'autorise à recruter un plus grand nombre de femmes brevetées aux États-Unis. Le 31 août 1941, soit trois mois après que l'Air Corps Ferrying Command eut amorcé la livraison d'avions en Angleterre et établi un gigantesque pont aérien, Jacqueline Cochran apprenait, au terme d'un recensement, qu'elle pourrait compter sur six cent cinquante femmes brevetées, auxquelles s'ajouteraient progressivement les jeunes filles en formation préliminaire. En juillet, le général Arnold acceptait de prendre à l'essai pendant trois mois, dans l'Air Corps Ferrying Command, les cinquante aviatrices les plus expérimentées.

Pour Jacqueline, c'est une victoire qui vient étouffer les récriminations de ceux qui estimaient incompétentes les aviatrices totalisant moins de cinq cents heures de vol. Son bonheur grandit encore lorsque, le 31 août, les Britanniques lui demandent de recruter des femmes pilotes pour l'A.T.A. Ainsi, les vingt-cinq meilleures recrues d'Avenger Field partent pour l'Angleterre, dotées des mêmes lourds blousons A2 Flying Jackets ou Bombardiers B3 que les hommes. Le temps de réfléchir à ce détail encombrant pour de frêles épaules et, en 1943, les laboratoires de l'A.A.F. fourniront à ces dames volantes, aux infirmières et aux combattantes des tenues spéciales plus adéquates. En outre, les W.A.S.P. portent un badge porte-bonheur à l'effigie de Fifinella, l'abeille à tête de jeune fille dessinée par Walt Disney, qui sera leur mascotte. Réticente au départ, l'Amérique finit par fêter ses aviatrices : le 19 juillet 1943, *Life* leur consacre un reportage et réserve sa couverture à Shirley Slade, une jeune fille blonde aux couettes sages, l'une des plus brillantes élèves d'Avenger Field et bientôt une W.A.S.P. digne de Lorena Daly, Florence Knight, Anne Armstrong Mc Clellan, Rebecca Edwards, Nancy Nesbit et Jean Pearson. En 1944, emballée à son tour, la compagnie Universal leur rend hommage à travers un film, *Ladies Courageous*, qui n'aura cependant aucun succès, en dépit du sujet très à la mode et de la présence de Loretta Young, Geraldine Fitzgerald et Anne Gwynne [13].

L'Amérique peut les célébrer, ses aviatrices, dont certaines appartenaient à l'association des Ninety-Nine. En effet, le 20 décembre 1944, lorsque prend fin le programme des W.A.S.P., un rapport souligne qu'en 27 mois d'existence, elles ont parcouru près de 15 millions de kilomètres à bord de 77 types d'avions et réalisé 12 650 convoyages. Leurs pertes s'élèvent à 38 tuées, dont 12 à l'entraînement et 26 portées disparues en mission. Après être passé de 120 à 303, leur nombre s'est stabilisé après le détachement de 123 d'entre elles à l'Air Training Command. Le rapport précisera qu'il y a eu jusqu'à 916 W.A.S.P. dans l'U.S. Air Force.

Pas vraiment prolixe, en particulier lorsqu'il s'agit de formuler un compliment, le général Spatz les saluera à sa façon pince-sans-rire : « *Je ne vois aucune différence entre les hommes et les femmes, sinon que ces dernières portent des jupes.* » L'Histoire ne dit pas comment réagirent les messieurs. En tout cas, ce compliment dut aller droit au cœur des intéressées, que le corps médical de l'armée de l'Air venait, peu de temps auparavant, de reconnaître aptes « *aussi bien physiquement que mentalement et psychologiquement* » au pilotage des avions militaires à haute vitesse.

L'une d'elles ne tardera d'ailleurs pas à confirmer le bien-fondé de cette attestation, au-delà de toutes les espérances féminines : Jacqueline Cochran, future femme la plus rapide du monde.

Mais, patience...

12

LES WALKYRIES

En choisissant notre métier,
nous avons choisi notre mort.
Jean Mermoz

Fasciné et empoisonné par le délire conquérant de son Führer, le IIIe Reich, qui ne brille pas par son respect de l'être humain, refuse pourtant d'engager les femmes en première ligne, du moins au cours des années victorieuses. Sans doute est-ce là un vieux reste de l'éducation prussienne. Il se fera nettement moins regardant après les revers de 1942. Le voudrait-il, cependant, les volontaires ne manquent pas, pour la plupart des filles nées juste avant la Première Guerre et qui ont dû subir tout à la fois les avanies de la défaite et les conséquences de la terrible dépression économique qui a plongé le pays dans l'anarchie.

Dotées d'un caractère viril, malgré une apparente douceur, les aviatrices d'outre-Rhin affichent sans complexes leurs passions et leur volonté d'aller jusqu'au bout de leurs envies. La première d'entre elles, la très sensuelle Thea Rasche, affirme que *« voler, c'est plus excitant que l'amour »*. On croit volontiers cette belle Allemande à la voix rauque. Il suffit de la regarder, au retour d'un vol, pour adhérer à son propos et comprendre la raison de son état languissant. Encore essoufflée, le visage rougi par le rythme élevé des accélérations et des décélérations, les yeux brûlants de la fièvre que procure la voltige, elle présente en effet tous les signes extérieurs qui suivent une extase amoureuse intense. Comment en irait-il autrement ? Thea l'effrontée chevauche son avion comme un cavalier sa monture : elle le veut nerveux et puissant. Et obéissant. Elle aime sentir son sang bouillonner à mesure que s'enchaînent les figures acrobatiques, et son regard vaciller au cours de ses étreintes avec le ciel. Malheureusement, les clauses restrictives du traité de Versailles, qui interdit notamment à l'Allemagne d'entretenir une aviation, freinent les élans de la première femme à avoir décroché un brevet de pilote au lendemain de la Grande Guerre. Les aviateurs se voient contraints à ne voler que sur de petits appareils ou réduits à pratiquer le vol à voile. Ce qu'on appelle avoir un fil à la patte. C'est là plus que ne peut en supporter Thea, qui va se défouler dans ces courses d'avions-bolides qui font fureur aux États-Unis et en France, courses au cours desquelles elle se lie avec des membres de l'association des Ninety-Nine.

Dans cette Allemagne déchirée de l'entre-deux-guerres, une nation qui oscille entre révolution et revanche pour finalement s'abandonner à la poigne autoritaire du chancelier Hitler, il faut également une bonne dose de ténacité à Elly Beinhorn, encore une gamine lorsqu'elle entame l'un de ses premiers voyages aériens, en 1929 : elle se lance seule entre Berlin, Toulouse, Barcelone et Dakar, avec son Klemm Renault de 40 CV. A chacune des escales qu'elle effectue le long de la côte africaine, ses dix-huit ans impressionnent les équipages de l'Aéropostale. Il convient aussi de préciser que la jeune fille, grande et agréable, se promène nue sous sa combinaison de vol en coton, la nuque protégée par un casque de liège. D'aucuns, parmi les héros de l'air, avoueront avoir été troublés quand ils l'aperçurent, à peine dissimulée par un drap, en train de prendre une douche sous un palmier, avec une installation rudimentaire : un pommeau d'arrosoir relié à un tuyau souple accroché à une branche... Cette scène avait de quoi émouvoir des hommes condamnés à de longs séjours dans les aéroplaces perdues entre l'océan et les vastes étendues désolées du Maroc. Accueillie comme une reine – et avec des fleurs – par les compagnons de Mermoz, en particulier par le chef radio Charles Bultel, Elly leur contera sa crainte des requins-marteaux survolés entre Port-Étienne et Dakar. Les Français découvrent qu'elle n'emporte guère de vêtements dans l'habitacle étroit, et seulement une petite trousse de toilette. Bref, le strict minimum : un short et une chemisette en coton, voilà tout. Et des espadrilles. Elle a dû réduire le poids pour installer le réservoir supplémentaire qui porte son autonomie à environ mille kilomètres.

A Dakar où elle va résider quatre jours, chacun veut se rendre utile auprès de la jeune Allemande qui s'exprime si bien dans la langue de Molière. Madame Bultel lui prête une paire de chaussures avant de l'emmener visiter la ville. Les aviateurs de l'Aéropostale, surtout le mécanicien Victor Bertaut, soignent son petit Klemm transformé en hydro [1], changent la boussole, réparent le compte-tours bloqué et inspectent le moteur avant de laisser repartir leur nouvelle amie et son monoplace pour la Guinée portugaise où elle va rejoindre son père, spécialiste réputé de la faune et de la flore. Le retour, par le Sahara, ne se déroule pas sous les meilleurs auspices puisqu'une panne d'essence la bloque dans le désert ; par chance, des militaires prévenus par une caravane viendront la récupérer. En 1931, elle poursuivra ses balades à travers le monde, entre l'Allemagne et l'Extrême-Orient, toujours par sauts de puce, puis, l'année suivante, elle file sur l'Australie, après avoir quitté Berlin comme pour une banale promenade. Du pays des kangourous, elle s'embarque pour l'Amérique du Sud où, à la manière d'Adrienne Bolland, elle se joue des Andes, louvoyant entre les pics à bord de son minuscule Klemm propulsé cette fois par un moteur de 80 CV.

Elly, en dépit de ses aventures et d'un talent certain, apparaît plus comme un pilote amateur, une oisive, comparée à sa compatriote Magda von Etzdorf, une jeune femme née en 1907 et issue de la noblesse d'armes. Brevetée à vingt ans, cette Allemande de bonne naissance bénéficie de passe-droits puisqu'elle peut voler sur des appareils performants, en dépit des limitations. Elle obtient même un emploi à la Lufthansa et jouit du rare privilège d'effectuer des vols sur les lignes commerciales régulières. Elle se lasse vite de cette routine, s'offre un petit Junkers « junior » de 80 CV, s'initie à la voltige et, en 1930, décolle de Berlin pour Istanbul. Une expérience réussie, donc encourageante, ne doit pas rester unique. De Berlin, encore, Magda entreprend une série de sauts de puce jusqu'aux Canaries, un vol à rebondissements qui se termine en Sicile par un accident d'où notre aviatrice sort indemne. Pas l'avion ! La voici obligée de retourner au pays par le train... Pour oublier ce dérapage, elle planifie un raid plus audacieux : un Berlin-Tokyo en solitaire qu'elle accomplit en onze jours, en 1931.

L'Allemagne qui, à l'époque, cherche à redorer son blason, en fait l'ambassadrice – de charme – de l'aviation germanique. Avec une femme, la pilule passera mieux, pense-t-on chez les ennemis d'hier, qui verraient d'un mauvais œil les aviateurs allemands reprendre trop vite du poil de la bête. Frau von Etzdorf entame une tournée de conférences mais ne tarde pas à se sentir frustrée de ciel. En 1933, elle décide de se ressourcer par un Allemagne-Australie, tentative audacieuse qu'une barrière interrompt brutalement en bout de piste à Alep, en Syrie. Humiliée, beaucoup plus atteinte dans son orgueil que blessée dans sa chair, elle estime avoir déshonoré son nom et sa patrie. Alors, sous prétexte de se reposer, elle se retire dans une pièce de l'aérodrome et se suicide d'un coup de revolver dans la tête. Hitler ordonnera des obsèques nationales : l'Allemagne venait de perdre un symbole de son redressement en cours et pouvait brandir l'exemple d'une de ces femmes qui consentaient à se sacrifier pour sa grandeur. Les enterrements de première classe constituent un chapitre particulièrement important de la propagande nazie ; il est vrai que nombre des dignitaires de cet ordre noir contribuèrent, souvent à leurs dépens, à alimenter cette sinistre chronique.

A la nouvelle de la disparition brutale de Magda, le visage d'une petite blonde aux yeux bleus se crispe : à dix-neuf ans, Hanna Reitsch voue en effet une profonde admiration à l'aviatrice qu'elle rêve d'imiter. Depuis sa plus tendre enfance, cette jeune fille née le 20 mars 1912 à Hirschberg, en Silésie [2], brûle de s'envoler comme les cigognes. En France, au même moment, Madeleine Charnaux, élève au talent prometteur [3] du sculpteur Antoine Bourdelle, languit elle aussi après le ciel et ses ivresses : *« Regarder à travers la grande verrière de l'atelier, voir passer un nuage, poser là ses outils et aller le rejoindre : c'est une aventure arrivée, je crois, à moi seule... »* Outre ce désir identique, les deux jeunes filles ont en commun d'avoir chacune un père médecin. Si Madeleine réussit à concilier les deux professions, à la fois soignante et pilote, Hanna ne trouve pas d'emblée la compréhension voulue auprès de sa famille. Son père souhaite la voir embrasser une carrière médicale ; elle transige pour devenir médecin missionnaire... volant.

Peut-être ébranlé par la détermination inflexible de sa fille, Herr Reitsch s'incline partiellement devant son désir et accepte qu'elle s'inscrive à l'école de vol à voile de Grunau, l'un des centres les plus actifs d'Allemagne. Il n'est pas évident pour une représentante du sexe faible de s'imposer dans une société qui se bâtit avant tout sur la virilité. Convaincus de leur supériorité et de celle de leur race – puisqu'on le leur répète à longueur de journée – les garçons se moquent d'Hanna, de ce poids plume dérisoire avec son mètre cinquante et ses quarante kilos. Mais les sarcasmes n'atteignent guère la jeune fille qui oublie sa quasi-ignorance du pilotage et, prise d'une impulsion subite, réussit à décoller sous le regard noir de son instructeur surpris par la manœuvre. Le planeur, désemparé entre ses mains inexpertes, hésite avant de redescendre vers le sol qu'il touche rudement. La petite troupe de mâles s'esclaffe devant l'air abattu – c'est le mot – de leur camarade. Trois jours de mise à pied pour désobéissance ne sont pas de trop pour permettre à l'impétueuse Walkyrie de mesurer la légèreté de son geste. Cependant, ses affaires ne s'arrangent pas vraiment quand elle reprend sa place dans le rang. Elle se débrouille de façon si désordonnée que le champion Wolf Hirth presse le moniteur Pit van Husen de l'écarter du stage. Il ne s'embarrasse pas de formules de politesse pour avertir Hanna : *« Nous ne voulons pas de cadavres ici. »* Une autre baisserait la tête, bouderait ou éclaterait en sanglots. Pas Hanna Reitsch, qui se rebelle, refuse de partir, s'incruste et résiste aux vexations.

Tant pis si on la cantonne dans des emplois de lest, elle attendra son heure. Cette mise à l'écart lui rend un énorme service car elle lui ménage une excellente position pour observer les autres élèves. Vient le jour où elle réalise des petits vols planés fort convenables qui amènent Wolf Hirth à se pencher sur son cas et à la prendre sous son aile. Dès lors, sous la direction du grand pilote, les progrès se multiplient. En quelques semaines d'un régime de vol draconien, l'apprentie maladroite se transforme en une aviatrice sûre d'elle-même et particulièrement douée qui domine sa classe de bons Aryens.

En 1935, ses excellents résultats lui ouvrent les portes de l'Institut de recherches du vol à voile, créé l'année précédente à Darmstadt par Goering, où elle restera jusqu'en 1945, non sans avoir fait de nombreuses escapades dans le domaine du vol moteur. Au cours de l'été 1935, année où elle peut assumer enfin sa vocation, Hanna croise la route d'Hélène Boucher et de Michel Detroyat, au Portugal, à l'occasion du meeting organisé à la mémoire de l'aviateur d'Abreu. Nationaliste sans adhérer aux thèses hitlériennes, la jeune femme n'aura pas à souffrir des mesures générales prises à l'encontre de l'ensemble des Allemandes.

En 1934, après seulement un an de pouvoir, le régime nazi a dissous toutes les associations féminines et regroupé les femmes au sein d'une seule organisation, dirigée par Gertrud Scholtz-Klink, une Aryenne type de 32 ans, solide blonde aux yeux bleus, veuve d'un S.A., et incarnation des vertus familiales avec onze enfants en trois mariages. La Reichsfrauenführerin (chef des femmes du Reich) applique scrupuleusement le mot d'ordre que son dieu Hitler a lancé à Nuremberg, peu de temps auparavant, dans un de ses discours incendiaires, à savoir que *« le monde de la femme, c'est son mari, sa famille, ses enfants »*. Selon Goering, les Allemandes se voient promues *« pouliches de reproduction »* ou *« juments de trait »*. Mais ne parlons pas de bétail pour ces filles épatantes, ces vaillantes mères destinées à fournir à la « Grande Allemagne » des bras fermes et des têtes pleines.

Hanna, en être pensant et autonome qui ne veut être la proie de personne, échappe à ce rôle de femme au foyer par obligation patriotique, en raison de ses compétences aéronautiques ; d'ailleurs, elle apporte sa contribution au rayonnement du Reich par la perspicacité dont elle fait preuve lors des tests des nombreux appareils qu'on lui confie désormais. Si son activité la soustrait aux corvées ménagères et au rôle de poule pondeuse de futurs héros du Reich, elle ne lui évite pas les accidents et les frayeurs. Insensible aux dangers, elle paraît protégée par une étonnante baraka. Les témoins de ses mésaventures tremblent, elle pas ! La première femme pilote d'essai de l'Histoire semble, tout comme les divisions casquées et bottées qui vont asservir l'Europe, forgée dans un acier indestructible. Championne de vol à voile dès 1934, elle devient ensuite, en 1938, la première femme au monde à piloter un hélicoptère, en l'occurrence un Focke-Wulf 61, et décroche le grade de Flugkapitän (commandant de bord) à la suite d'un vol au-dessus des hauts plateaux du Pamir, dans l'équipage du baron von Galsberg [4].

La guerre ne la prend pas au dépourvu : puisqu'elle n'obtient pas l'autorisation de monter au front, elle va essayer les avions militaires et même piloter les prototypes les plus secrets, preuve de la confiance absolue que lui font les autorités. Elle s'installe ainsi dans l'étroit cockpit du Me 163, un chasseur à réaction propulsé par une fusée à combustible liquide, à bord duquel elle s'écrase, mais sans dommage. Elle n'arrête pas [5] et, le 7 mars 1941, à Leipheim, elle décolle aux commandes du Me 321 V1, une petite bombe volante qui effectue là son cinquième vol après avoir tué deux aviateurs... L'acharnement et les observations judicieuses de cette calculatrice froide – observations précises dont s'emparent les ingénieurs de Messerschmitt – attirent sur elle l'attention du Führer qui lui remet en personne la croix de fer de deuxième classe [6].

En 1944, au cœur d'une période passionnelle, tandis que l'Allemagne essuie des défaites de plus en plus cuisantes et mise sur des armes terrifiantes qui en sont encore au stade des tests, Hanna Reitsch, avec quelques autres aviatrices, fonde un groupe de soixante-dix volontaires de la mort qui signent le document suivant : *« Je m'engage par ces lignes dans l'unité S.O. Selbstopfer [sacrifice de soi] comme pilote de la bombe volante. Je sais que cette entreprise se terminera par la mort. »* A ce titre, Hanna, aidée par sa petite taille, peut se couler dans l'habitacle exigu d'un V1 modifié d'abord en monoplace, puis en biplace, un avion instable, très difficile à manier et dont elle procède sans sourciller aux essais les plus poussés. L'état-major espère beaucoup de cette campagne destinée à la mise au point de la bombe volante Me 328, qui serait larguée d'un bombardier Dornier 217. La victoire des Alliés tuera heureusement dans l'œuf ce projet dément d'avion-suicide, version nazie des kamikazes japonais. Dans l'intervalle, Hanna trouve le moyen d'être la première femme à tenir pendant trente-huit minutes les commandes du planeur géant motorisé « Gigant » [7], et d'ajouter une croix de fer de première classe à la précédente. A l'instant où le Reich s'effondre et où les Russes encerclent Berlin en flammes, elle accomplit son ultime mission, l'une des plus mystérieuses de cette guerre : il s'agirait d'aller sortir Hitler du bunker que les troupes soviétiques vont prendre d'assaut.

Tout commence tard, à Munich, dans la soirée du 24 avril 1945. Le général d'aviation Ritter von Greim, commandant de la 6e flotte aérienne, lit et relit, sourcils froncés, le télégramme en provenance de son Q.G. Ce n'est pas tant la convocation au bunker de la Chancellerie de Berlin qui le surprend, que la signature : en effet, l'ordre émane d'Adolf Hitler et non pas du Reichsmarschall Goering, comme il le devrait. Von Greim ne peut pas savoir que Goering a démissionné de toutes ses fonctions, officiellement pour raison de santé. Les deux événements sont d'ailleurs liés, ainsi que le lui apprend, de Berchtesgaden, le général Koller, chef d'état-major général de la Luftwaffe : ce voyage hasardeux se justifie par le fait que lui, von Greim, va certainement être promu commandant en chef de l'aviation allemande. Certes, il lui reste maintenant à atteindre Berlin, ce qui revient à se faufiler entre les mailles de plus en plus rapprochées du filet américano-soviétique. L'aventure mérite-t-elle d'être tentée ? Les chasseurs alliés dominent désormais les airs, en dépit du harcèlement des Messerschmitt Me 262 du général Galland. Pour von Greim, décidément, l'affaire s'amorce mal : ses avions viennent d'être détruits sur deux aérodromes proches de Munich.

Après un bref passage à Berchtesgaden, von Greim gagne Rechlin à bord d'un bombardier, en compagnie d'Hanna Reitsch, une femme étonnante d'après ce qu'on lui en a dit, et qui a été la première à franchir les Alpes en planeur. Les états de service de l'aviatrice ont de quoi rasséréner le général allemand, qui lui demande de le suivre à Berlin. Un voyage que la jeune femme juge délicat : *« Je crains de ne pouvoir me poser,* estime-t-elle non sans avoir réfléchi quelques secondes. *Un hélicoptère conviendrait mieux. »* Mais il n'y a pas d'hélicoptère ! Le commandant de la base de Rechlin leur propose un chasseur Focke-Wulf 190 monoplace, susceptible d'accommoder un passager petit et souple. Von Greim hésite. Hanna se fait véhémente. Von Greim plie, et les mécaniciens aménagent une place dans l'appareil, après avoir pratiqué une ouverture dans le fuselage. Avec Hanna calée dans cette petite niche à chien, le Focke-Wulf décolle avec une escorte de quarante chasseurs, une protection qui n'est pas un luxe car l'aviation alliée intervient à plusieurs reprises. Des avions tombent, des rafales claquent partout, des obus perforent les ailes du Focke-Wulf, mais aucun ne touche les parties vitales. Pour Hanna, ballottée dans les évolutions serrées du combat, il ne s'agit pas d'une partie de plaisir. Elle entend tout, ne voit rien, subit la bagarre sans desserrer les dents et s'abandonne à l'habileté de von Greim. Ils atterrissent enfin sur le terrain de Gatow, alors sévèrement pilonné par l'artillerie russe. Au loin, Berlin brûle et les fumées du gigantesque incendie recouvrent toute la région. Démoralisés par ce spectacle dantesque, von Greim et Hanna déchantent encore davantage devant l'absence de l'hélicoptère escompté. En outre, le téléphone ne fonctionne plus. Impossible d'utiliser le Focke-Wulf : il ne parviendrait pas à se poser parmi les ruines.

Quelqu'un suggère qu'un Fieseler Storch pourrait convenir à leur entreprise. Un autre souligne les dangers du vol, même avec le petit avion de liaison difficile à repérer. *« Je piloterai »*, décide Hanna. *« Non, c'est moi »*, rétorque le général von Greim, d'autant que le Storch n'a qu'une place. Hanna insiste une fois de plus et se retrouve debout et courbée, les genoux fléchis, derrière le pilote. Voilà qui n'est guère confortable, même pour ne parcourir qu'une trentaine de kilomètres. Sa petite taille n'évite pas à l'appareil de devenir la cible de plusieurs tireurs ; or, von Greim vole bas pour échapper à la chasse alliée. Soudain, une explosion secoue l'avion et une lumière vive envahit l'habitacle. Touché au pied, von Greim pousse un gémissement et s'évanouit. Chez Hanna, les réflexes jouent aussitôt : elle se penche par-dessus le corps affaissé, s'empare des commandes et maintient le Storch dans sa ligne de vol, vers le centre de Berlin. Cependant, les Russes intensifient leurs tirs et réussissent à crever les réservoirs, heureusement sans déclencher d'explosion. La situation à bord devient critique, quand Hanna identifie la porte de Brandebourg et, sans tarder, plaque le petit avion sur une portion de rue à peu près intacte, au milieu des décombres fumants. Elle extrait du cockpit le général toujours sans connaissance, arrête un camion, ordonne au chauffeur de les mener au bunker de la Chancellerie où von Greim reçoit les premiers soins avant d'être accueilli par Hitler qui le nomme aussitôt maréchal, commandant en chef de la Luftwaffe du Reich, à la place de Goering qu'il considère comme *« un traître à l'abominable conduite »*.

Avoir déplacé un officier de haut rang pour lui annoncer cette nouvelle, alors qu'un télégramme aurait suffi, voilà qui surprend, étant donné les morts inutiles que ce voyage a provoquées. Dans l'atmosphère surréaliste du bunker assiégé, Hanna rencontre les derniers fidèles du Führer puis, dans la nuit du 26 au 27 avril, Hitler la convoque dans sa chambre, tout simplement pour bavarder. Il lui fait part de son espoir de voir l'armée de Wenck délivrer Berlin. En cas de défaite, lui confie-t-il également, Eva Braun et lui ont pris les dispositions nécessaires pour ne pas tomber vivants entre les mains des Soviétiques : ils se tueront puis les corps seront incinérés. A la fin de l'entretien, le dictateur remet à Hanna une fiole de poison pour elle et pour von Greim. L'aviatrice comprend qu'il ne faut plus s'attarder. Des coups sourds martèlent le béton, loin au-dessus de leurs têtes, indiquant que les Russes bombardent en permanence l'épais bunker, véritable forteresse enterrée. Dans l'attente d'un répit, Hanna s'occupe des six enfants de Goebbels et leur apprend quelques chansons. Des notes gaies, légères, poignantes s'élèvent ainsi à la rencontre des bombes. Étrange climat que celui qui règne dans cet espace confiné où l'on vit entre espoir et abattement, entre les colères d'Hitler et ses accès de bonne humeur. Il dégrade ou décore, selon l'humeur [8]...

Pour sa part, Martin Bormann écrit sans désemparer ce qu'il considère comme l'un des *«plus grands chapitres de l'histoire d'Allemagne»*. Le 30 avril, vers minuit dix, Hitler, qui vient de se défouler sur Fegelein, représentant personnel de Himmler, s'entretient avec von Greim et Hanna. Le nouveau maréchal doit quitter Berlin la nuit même pour aller prendre effectivement son commandement. Les deux aviateurs échangent un regard, sans trop comprendre. Comment sortir de ce piège ? Ils apprennent alors qu'un sergent pilote téméraire est parvenu, au péril de sa vie, à poser un Arado 96 non loin du bunker, près de la porte de Brandebourg. Hitler accorde une importance vitale à la mission de von Greim, lequel doit lancer une attaque aérienne d'envergure contre les Russes pour appuyer l'armée Wenck dans sa tentative de dégager Berlin de l'emprise ennemie. Ensuite, von Greim a l'ordre d'arrêter Himmler. Dès lors, Hanna et le général hâtent leurs préparatifs de départ. On les entoure, on leur glisse les dernières lettres pour la famille. Puis, les voici à l'extérieur, embarqués dans un véhicule blindé qui les protège pendant le court trajet jusqu'à la porte de Brandebourg et l'avenue Unter den Linen, où ils arrivent sans heurts à proximité du petit avion intact et gardé par la troupe. Handicapé par sa blessure, von Greim doit être hissé à bord de l'appareil tandis qu'Hanna s'installe prestement aux commandes et déclenche la mise en route à l'instant précis où s'abat une pluie d'obus. Pas question de décoller. L'équipage évacue l'appareil et se réfugie dans un entonnoir creusé par une récente explosion. L'attaque cesse, Hanna relève la tête : l'Arado n'a pas souffert. Un miracle. Il faut profiter de ce sursis. L'aviatrice et le général reprennent leur place. Le moteur tousse, tourne. Hanna met les gaz, évite un cratère.

L'appareil réagit bien et s'envole. Il semble s'échapper d'une fournaise. En réalité, c'est bien l'enfer en dessous. C'est l'enfer partout. Des canons tentent de caler leur mire sur l'Arado, mais Hanna s'esquive par une série de zigzags et file vers l'obscurité. Arrivés sans encombre à Rechlin, ils perdent leurs dernières illusions. Pour ainsi dire, la Luftwaffe n'existe plus. Von Greim ne pourra donc pas assister Wenck. Il décide de se consacrer à la seconde partie de sa mission : l'arrestation d'Himmler qui se trouve alors au Q.G. de Doenitz à Ploen, près de Lübeck. L'opération tient du suicide, surtout en plein jour : les appareils alliés infestent la région. Pour ne pas se faire repérer par ces derniers, Hanna suggère un plan hardi : *« Je pense pouvoir échapper aux Américains avec un avion plus lent qui puisse virer sec. Je volerai au ras du sol, entre les arbres. Si l'un de leurs chasseurs rapides me détecte, j'aurai bien le temps de me mettre à l'abri, hors de portée. Après tout, un avion lent manœuvre plus sec dans un rayon plus petit. »* Von Greim adopte ce plan et s'envole avec Hanna à bord d'un Bücker 181, en direction de Lübeck. A Ploen, l'ordre d'arrestation tombe dans l'indifférence générale : on pense avant tout à négocier avec Eisenhower. Par la suite, Hanna expliquera avoir violemment reproché à Himmler son attitude à l'égard du Führer, sans paraître le toucher [9]. Bientôt, plus rien n'a d'importance : la mort d'Hitler désamorce le Reich.

Arrêtée, internée aux États-Unis, Hanna intéresse au plus haut point les enquêteurs alliés, curieux de recueillir, de la bouche même des témoins directs, le récit des derniers instants du dictateur nazi. D'aucuns suspectent Hanna Reitsch d'avoir facilité l'évasion du Führer : après avoir réussi à soustraire Hitler à la tenaille ennemie qui enserrait Berlin, elle l'aurait acheminé jusqu'à Hambourg d'où un mystérieux sous-marin bourré de richesses l'aurait embarqué pour l'Argentine... L'interrogatoire de la femme pilote va durer plusieurs mois, puis elle sera finalement libérée, faute de charges suffisantes. Elle n'a commis aucun crime, sinon celui d'avoir été la seule femme engagée dans une section militaire. Ses camarades, telles Thea Rasche ou Elly Beinhorn ou encore la comtesse Melitta von Stauffenberg, qui avaient été employées comme pilotes d'essai de firmes ou de convoyage, ne furent pas inquiétées.

Au lendemain de ce grand bouleversement mondial, Hanna s'installe à Oberursel, une petite ville de la banlieue de Francfort. Si la vie reprend un cours plus normal pour la *« pilote d'essais civils et militaires, championne du monde de vol à voile »*, aura-t-elle seulement le même piment ? On la voit de nouveau dans un planeur, puis elle participe à l'organisation de l'armée de l'air ghanéenne. Il lui faut de l'action. Elle voyage. Après avoir expliqué et justifié son activité sous les nazis, elle est admise au sein de la Société des pilotes d'essais, aux côtés notamment de Jacqueline Cochran et de Jacqueline Auriol, avant d'être reçue par le Président Kennedy. Bien sûr, elle continue de piloter. L'âge n'altère pas la seule passion qui lui reste puisque son fiancé a été tué à la guerre. « *Voler, c'est ma vie,* écrit-elle en conclusion de ses mémoires. *Voler au-dessus de la terre, voici l'image qui la résume. Puisse l'aviation, dans l'avenir, servir seulement à rapprocher les uns des autres les hommes et les peuples.* [9] » Elle vole encore, et plutôt bien car elle bat son quarantième record, à bord de son planeur, en avril 1979. Elle s'envole tout à fait, trois mois plus tard, emportée par une crise cardiaque [10].

Au lendemain de la chute de Berlin, les Russes auraient certainement aimé lui poser quelques questions sur le sort d'Hitler. Après tout, ils doivent se contenter d'un cadavre carbonisé que le Kremlin présentera un peu vite comme celui du dictateur [11]. Les Soviétiques n'auraient pas négligé le témoignage de la Flugkapitänin dont ils connaissent depuis longtemps les performances, notamment lors des courses à Cleveland, en 1938. Ils la savent par expérience une femme capable du meilleur dans un avion. Leurs filles, réputées avant la guerre, n'ont-elles pas réalisé des prouesses aux commandes de leurs chasseurs et de leurs bombardiers, face aux escadrilles allemandes ? La révolution d'Octobre a instauré une relative égalité des sexes, ce qui a naturellement amené les femmes à partager les travaux les plus rudes, comme les plus nobles, avec les hommes. A l'exception du pouvoir. Il y a une limite à tout... En ce qui concerne l'aviation, les informations qui filtrent à travers le rideau de fer prouvent que la passion ignore les frontières. Que ce soit en ballon libre, en planeur, en avion ou en hydravion, les aviatrices de l'Est déploient un réel talent. A l'exemple de Catherine Mednikova qui, juste avant le conflit, à bord d'un hydravion léger, bat le record homme et femme d'altitude, avec 4 086 m, et celui de vitesse sur 100 km, à une moyenne supérieure à 197 km/h. En juillet 1939, une demoiselle Klepikova s'attaque victorieusement au record masculin de distance en ligne droite, de Moscou à Ostradamore, près de Leningrad... Décidément, cette année-là peut être considérée comme celle des demoiselles puisqu'une autre jeune fille, Mlle Zelekowa, s'octroie dans sa catégorie deux records (altitude et durée), pendant qu'une de ses compatriotes, Mlle Velikosseltzeva, établit également un record d'altitude avec passager et équipage.

Contrairement aux nations occidentales, l'armée soviétique ne repousse pas les femmes et, même, respecte en cela une tradition tsariste : Nicolas II entretenait un bataillon féminin. Dès 1917, on note ainsi la présence de femmes pilotes dans une armée de l'air embryonnaire, ce qui est déjà une première mondiale. Deux d'entre elles vont combattre effectivement contre l'Allemagne : Lioubov Galanchikova, connue pour avoir décroché un record d'altitude en 1912, à bord d'un Fokker, avec 2 200 m, assure le convoyage des avions ; la princesse Dolgoroukaïa, quant à elle, qui a appris l'art du pilotage à Chartres en 1911, sert comme pilote-observateur au sein de l'escadron aérien de reconnaissance du 26e corps d'armée du tsar. A Nathalie Bervy revient le redoutable honneur d'être le premier pilote féminin de l'Armée rouge, en 1918. De son côté, Zinaida Kokorina entre dans l'Histoire, en 1923, en tant que première femme à avoir été admise dans une école d'aviation, d'où elle passera ensuite à l'école supérieure de tir et de bombardement, avant de recevoir le titre de combattant de l'air de 1re classe. A l'époque, nombre de femmes assument un rôle de guerrières dans les divers corps d'armée. Toutefois, comme le note Pierre Mac Orlan dans un article de *Vu* daté de janvier 1934, *« elles n'apparurent dans l'aventure qu'au moment où celle-ci devint révolutionnaire (...). Elles furent pour la plupart d'origine slave ou orientale. Un lyrisme infiniment tolérant leur permettait de rompre ces formules administratives qui sont les "anciens parapets" de l'Europe. »*

En septembre 1938, l'aviation militaire soviétique comporte des éléments féminins de qualité puisque le (ou la) capitaine Paulina Ossipienko [12], le lieutenant Valentina Grisodoubova et le premier lieutenant-navigateur Marina Raskova, aux commandes d'un Sukhoï, le *Rodina* « la patrie », portent le record de distance en ligne droite, entre Moscou et Khabarovsk, à 6 450 km parcourus d'une traite. Le capitaine Ossipienko récidive à bord d'un hydravion, cette fois en pulvérisant le record de distance en circuit fermé (1 749 km). Ce festival de performances s'enrichira du record de distance du lieutenant Lomako et de sa navigatrice Marina Raskova.

L'URSS en guerre utilise volontiers ces combattantes de l'air que rien ne distingue de leurs collègues masculins. Entre les hommes et les femmes, il existe une égalité de la chair à canon... Dès l'été 1941, Marina Raskova est chargée d'organiser un groupe d'aviation féminine, composée du 586e régiment de chasseurs d'interception et de défense aérienne, du 125e régiment de bombardement de jour et du 588e régiment de bombardement de nuit. Si les deux premiers sont appelés à devenir mixtes, le régiment de bombardement de nuit demeurera entièrement féminin, depuis les pilotes, les navigateurs et les mécaniciens, jusqu'aux services d'état-major. A la mort de Marina Raskova, en janvier 1943, le commandement échoit à Evdokïa (ou Eudoxie) Berchanskaïa que ses méthodes efficaces à la tête des « Sorcières de la nuit » mèneront au grade de lieutenant-colonel. Elle n'a pas vingt-huit ans, mais quelle poigne !

Confronté à l'intensification de la guerre, Staline n'hésite pas, le 13 février 1943, à ordonner la mobilisation des hommes valides de 16 à 55 ans et des femmes aptes au service militaire, de 16 à 45 ans. Il semble qu'une idéologie si extrême soit-elle ne change rien à la mentalité masculine. La création de régiments féminins à part entière suscite des plaisanteries douteuses au sein d'une armée qui prône la virilité. Trois pilotes de bombardement nocturne, Marina Tchetchnova, auteur, avant-guerre, d'un superbe record mondial d'altitude avec 7 552 m sur Yak II, Serafina Taranenko, ancienne pilote de ligne de l'Aeroflot où elle volait depuis 1934 entre Moscou et Irkoutsk, et Irina Driaquina, se souviendront longtemps de l'étonnement suscité par la création des unités aériennes féminines. Les hommes suivent les premiers vols des guerrières ailées avec un sentiment d'ironie mêlée de méfiance. Selon les trois aviatrices [13], ils affirment *« que cela ne donnera aucun résultat, parce que c'est très différent de voler en temps de paix et d'affronter des dangers mortels en temps de guerre »*. Il est vrai que les propos du général Dimitri Popov lors de son arrivée à la tête du régiment n'ont rien d'encourageant. En effet, à la vue de la petite taille de ses pilotes, il s'exclame : *« Que ferai-je de ce jardin d'enfants ? »* L'officier supérieur et l'ensemble du personnel affecté à l'escadrille ne vont pas tarder à changer radicalement d'avis. Les Allemands aussi.

Les aviatrices de guerre se démènent comme de belles diablesses à bord de leurs appareils PO 2 relativement lents – environ 120 km/h : une aubaine pour les chasseurs ennemis – et de faible autonomie, soit moins de cent kilomètres de pénétration à l'intérieur des lignes adverses. Chaque nuit, elles effectuent quinze sorties et plus, décollant à deux minutes d'intervalle. De la sorte, Valentina Chokourova va totaliser 258 sorties au-dessus des défenses allemandes, aux commandes de bombardiers qui ne possèdent ni radio, ni instruments précis de navigation, et pas le moindre blindage. Néanmoins, le régiment se couvrira de lauriers au cours de 24 000 vols de combat, de Stalingrad au siège final de Berlin, en passant par la Crimée et la Biélorussie. Il paiera le prix fort d'un tel engagement, avec trente femmes tuées. Selon Marina Tchetchnova, l'une des rescapées de cette équipée, également l'une des vingt-trois aviatrices russes élevées à la dignité de « héros de l'Union soviétique »[14], *« les femmes ont voulu prouver que, dans cette période très difficile de l'histoire du pays, elles savaient se battre aussi bien que les hommes »*[15]. Toujours le vieil antagonisme ! En tout cas, la patrie reconnaissante honorera l'escadrille féminine de bombardement qui deviendra régiment de la garde et prendra le nom de Tamanski pour avoir participé à la libération de la presqu' île de Taman.

Appelé à devenir mixte après des débuts entièrement féminins, le 586e régiment de chasseurs ne démérite pas non plus et aligne des états de service que peuvent lui envier bien des formations masculines. Une de ses escadrilles fait merveille dans le ciel de Stalingrad, notamment en décembre 1942 : de fait, pilonnés la nuit par les bombardiers des « Sorcières » et harcelés le jour par les « Furies » de la chasse, les Allemands éprouvent des difficultés croissantes à maintenir un pont aérien avec leur 6e armée encerclée devant la ville martyre. Des filles meurent, telles la talentueuse Liva Litviak, vingt-deux victoires, qui appartenait au 73e régiment de chasse de la garde, et Katia Budanova, créditée de onze victoires, toutes deux tuées au combat[16]. D'autres révèlent un courage insensé qui force l'admiration, comme le jour où Tamara Pamyatnykh et Raissa Surnatchvokaïa, quatre victoires chacune, foncent sur un groupe de quarante-deux bombardiers qu'elles dispersent avant de revenir, la première en parachute, la seconde après un atterrissage forcé en rase campagne.

L'absence de différence dans l'emploi des hommes et des femmes à des fins guerrières fut une des surprises rencontrées par les membres de la célèbre escadrille « Normandie-Niémen », dont les appareils bénéficièrent des soins attentifs de mécaniciennes.

L'histoire de ces hommes courageux nous dit également qu'ils fraternisèrent souvent – et dans les meilleures conditions – avec ces collègues femmes qui oubliaient parfois, le temps d'une valse, la rigueur militaire...

La paix rétablie, la plupart des aviatrices devaient poursuivre une carrière aéronautique, soit comme pilotes de ligne, soit comme contrôleurs aériens. Olga Yamchtchikova, pilote instructeur à l'aéro-club de Leningrad avant le conflit, également brevetée de l'Académie des ingénieurs d'aviation militaire, sera l'une des toutes premières femmes, à la fin des hostilités, à s'installer aux commandes d'un avion à réaction comme pilote d'essai.

Pendant la Seconde Guerre mondiale, la Pologne mobilisa trois aviatrices, Anne Leska, Barbara Wotulanis et Jadwiga Pilsudska, qui opposèrent aux Allemands une belle résistance de quinze jours avant d'être contraintes à la fuite en Roumanie. Leurs tribulations devaient les conduire en France d'où elles réussirent à s'embarquer pour l'Angleterre et l'A.T.A.

L'énumération des filles de l'air aspirées par le tourbillon de la guerre pourrait se poursuivre indéfiniment ou presque. Généralement, les nations belligérantes mirent leur veto à l'enthousiasme de leurs aviatrices. En Turquie, Sabiha Gökcen, une jeune femme volontaire à tous les sens du terme, fille adoptive de Kemal Atatürk, force les barrages administratifs, non sans bénéficier d'appuis haut placés, et parvient à intégrer l'école de guerre d'Eskisehir où elle reçoit une formation de pilote militaire. Cependant, en dépit de ses protections, elle ne réussit pas à fléchir le maréchal Cokmak, chef de l'état-major, qui refuse aux candidates l'accès de l'armée de l'Air. « *Je ne puis accepter ceci car,* explique-t-il, *si les femmes restent en vie dans une nation menacée d'être décimée en grande partie, celle-ci peut renaître.* » On ne saurait lui reprocher un motif aussi noble.

En France, où les conditions ne sont plus aussi dramatiques, la Libération laisse les aviatrices sans emploi ou presque, malgré la déclaration faite en janvier 1944 par Le Trocquer, alors commissaire national à la Guerre et à l'Air : « *La bataille prochaine va exiger la participation de tous les hommes et de toutes les femmes. Certains de nos Alliés s'étonnent que les femmes n'aient pas toutes leur place dans l'armée. Leur place est, en effet, chez nous insuffisante. En Russie, les femmes sont en avant et participent au combat. En Angleterre, sept millions de femmes sont mobilisées, dans les usines, dans la défense passive, dans les services, dans les camps. (...) Ici aussi, il y a des femmes sous l'uniforme. Mais il n'y en a pas assez. Je me propose de les mobiliser, pas en bloc, mais par appels individuels*[17]. »

On pouvait espérer, après un tel appel très entendu, que, plus tard, la reconnaissance du gouvernement issu de la Résistance irait jusqu'à offrir aux femmes des postes de pilotes à divers échelons. D'ailleurs, depuis longtemps déjà, les Français libres souhaitaient ouvrir l'armée de l'Air à des éléments féminins. Mais, assez curieusement, les Britanniques n'autorisent pas le général de Gaulle à recruter des femmes pilotes. Ce qui, par la suite, ne va pas empêcher Charles Tillon, le ministre de l'Air, de prendre une initiative originale avec la création – à titre expérimental, hélas ! – d'un corps de pilotes militaires féminins sélectionnées parmi les aviatrices confirmées et uniquement parmi celles-ci. Une instruction de janvier 1945 ne laisse pas planer le doute à ce sujet : *« Seules, les femmes en possession d'un brevet du personnel navigant peuvent être autorisées par le ministre de l'Air et temporairement à faire acte de candidature au titre des Forces Françaises Aériennes, section du personnel navigant. »* C'est clair : on ne prend que des pilotes en titre. On ne les forme pas. L'opération aboutit après bien des acrobaties juridiques, mais aboutit quand même, et l'on remarque le souci de qualité apporté à l'admission des candidates, au vu de leurs noms : Maryse Bastié, Maryse Hilsz, Élisabeth Boselli, Élisabeth Lion, Yvonne Jourjon, Paulette Bray-Bouquet, Andrée Dupeyron, Suzanne Melk, Geneviève Lefebvre-Sellier, Yvette Grollet-Briand, Anne-Marie Imbrecq, Gisèle Gunepin et Françoise Marzellier. Le gratin de l'aviation française féminine.

Et de belles personnalités.

Andrée Dupeyron a déjà derrière elle une carrière peu commune quand elle repart, à plus de quarante ans, pour écrire un nouveau chapitre de sa vie, qui a d'ailleurs inspiré au cinéaste Jean Grémillon *Le ciel est à nous*, un film où Madeleine Renaud et Charles Vanel campent le couple Dupeyron. Il est vrai que l'amour tient une place essentielle dans l'existence d'Andrée et qu'il se trouve à l'origine de sa vocation de fille de l'air. L'histoire se déroule comme un roman : à la fin de la Première Guerre mondiale, Andrée Mailho, une ancienne tourneuse d'obus dans une usine d'armement, épouse Gustave Dupeyron, mécanicien à l'École d'aviation de Pau, venu à Paris pour chercher fortune, et dont elle a été la marraine de guerre. Après la naissance d'un petit garçon, René, le couple, très uni et solidaire, descend à Mont-de-Marsan, ville natale de Gustave, où il va exploiter un atelier de réparation de voitures. Pendant que grand-maman Dupeyron garde le bébé, Andrée et « Gus » travaillent dur, toujours la main dans la main, au point que leur affaire prospère, tandis que de leur amour naît un nouveau fruit : Jacqueline. Le bonheur leur sourit complètement lorsque se présente à Dax l'occasion de reprendre un garage, une affaire à ne pas laisser passer. Les Dupeyron conviennent qu'Andrée s'occupera de cet établissement et Gustave de l'atelier, ce qui implique une dure séparation.

A Mont-de-Marsan, Gus finit par s'ennuyer de sa femme et de ses enfants qu'il ne voit plus assez souvent à son goût. Alors, quand les moteurs et les carrosseries lui accordent un répit, il va se distraire sur le terrain voisin où vient d'être créé un aéro-club. Rapidement, il s'intéresse à une autre forme de mécanique – volante, celle-là –, passe des heures à regarder les avions, à les ausculter, à respirer l'haleine des moteurs, à écouter, d'une oreille avertie, le rythme rapide des pistons... Par chance, le virus va gagner Andrée, mais après une mémorable scène de ménage : lorsque Gustave avoue à la jeune femme qu'il fréquente assidûment l'aéro-club de Mont-de-Marsan – en fait, il y consacre désormais toutes ses après-midi – et qu'il apprend à piloter, elle s'emporte, tempête, l'agonit de reproches. Rien n'y fait. Gus s'accroche à ses avions comme un ivrogne à sa bouteille. Et la passion de l'air – nom de la maladie qui s'est emparée du brave homme – gagne rapidement du terrain et va contaminer Andrée.

Les amoureux de l'air acquièrent un Potez 43, sur lequel la jeune femme s'initie avec sérieux et application, avant d'être brevetée en 1933, un an après son mari. Le couple brade le garage de Dax et aménage un atelier de réparation d'avions dans un hangar de Mont-de-Marsan. Maintenant, toute la famille respire l'aviation à pleins poumons et il est amusant de voir les enfants grandir sur le terrain : leur familiarité avec le monde aérien est si naturelle que Jacqueline passera son brevet à 17 ans... Andrée ne perd pas de temps et remplace son vieux Potez par un Aiglon mieux adapté à son ambition : la compétition, seul moyen de combler le puissant appétit de cette fanatique du pilotage qu'elle est devenue. A bord de son nouvel appareil, elle veut franchir le pas qui la sépare de l'exploit, c'est-à-dire battre le record de distance en ligne droite. Andrée ne part pas sans avoir acquis de la pratique, ne serait-ce qu'au cours de sa participation à la coupe Hélène Boucher en 1936 et 1937, et au rallye international Mont-de-Marsan/Marseille/

Tours/Paris. Le 31 décembre 1937, elle a également décroché le record de distance des avions de 4 à 6,5 litres de cylindrée, sur le parcours Tunis/La Marsa– Matrouh, à la frontière égyptienne, soit 1 678 km. Pas mal pour une débutante.

En 1938, il ne déplairait pas à la « garagiste » de souffler à Élisabeth Lion le record du monde féminin de distance qu'elle vient elle-même de ravir à Amelia Earhart, laquelle, disparue quelque part dans le Pacifique, ne pourra plus relever le gant. Le 12 mai, en compagnie de Gustave, Andrée s'envole pour Oran ; de là, elle décolle le lendemain, en direction du golfe Persique. Puis, plus de nouvelles. Le silence. Au bout de deux jours, on la considère comme perdue et c'est alors qu'elle réapparaît, amaigrie et heureuse, ne gardant de sa mésaventure que quelques frayeurs. Non contente d'avoir battu le record, elle entendait pousser son avantage, voler le plus loin possible, rendre sa victoire plus éclatante encore. Elle pensait atteindre Bassora quand un pépin mécanique la bloqua dans le désert, avec quatre litres d'eau, des bananes et... du champagne !

Andrée avouera qu'elle a passé deux jours et deux nuits d'angoisse et de désespoir, non pas à cause des risques qu'elle encourait, mais à la pensée du chagrin que devaient ressentir son mari et ses deux enfants. Deux caravaniers la sauvent, cependant, et la ramènent à dos de chameau à Tel El Lahram. En France où, à l'époque, un raid se termine par une notice nécrologique dans la presse ou une Légion d'honneur, Andrée va recevoir les insignes de chevalier des mains du général Denain, le ministre de l'Air.

L'aviatrice entame une série de meetings qui s'enlise dans les eaux troubles de la guerre. Engagée en 1939, elle est démobilisée après la défaite, ce qui ne signifie pas qu'elle va sagement patienter jusqu'à la fin des hostilités. Au contraire, l'Occupation trouve les Dupeyron très employés à donner un fameux coup de main à la Résistance. Lorsque Charles Tillon entrouvre la porte de l'armée de l'Air, Andrée s'y engouffre avec quelques autres femmes du même calibre. Au fil des stages, elle arrivera à l'école de transformation de Kasba-Tadla pour être convertie sur bimoteurs légers, en compagnie d'Yvonne Jourjon, Élisabeth Lion, Gisèle Gunepin et Paulette Bray-Bouquet.

En 1946, Jacqueline met au monde un superbe garçon, Pierre-Alain, naissance qui remplit de joie Andrée, et ce d'autant plus qu'elle vient d'être démobilisée, l'armée ayant renoncé aux aviatrices. La voici grand-mère, certes, et heureuse de l'être, mais pas du tout décidée à garder les pieds sur terre. Le ciel exerce toujours sa fascination. En 1948, elle pique une tête dans les mers de nuages, avec l'intention de battre un nouveau record de distance en ligne droite puisqu'un équipage soviétique, qui comptait la femme de Staline parmi ses membres, vient de faire tomber celui de 1938. Le dimanche 8 mai, elle quitte Mont-de-Marsan aux commandes d'un Morane-Saulnier 572 et se pose trente-deux heures plus tard et 5 932 km plus loin, non loin de Jiwani, au Bélouchistan, au bord de la mer d'Oman, à environ 400 km de Karachi, sa destination initiale. Quoiqu'elle ait fait mieux que les Soviétiques, en améliorant leur performance de 24 km, elle n'empoche pas le record : la réglementation aéronautique internationale exige, en effet, au minimum 100 km de plus pour procéder à l'homologation. Déçue, malgré ce qui demeure un beau succès, Andrée n'est pas encore au bout de ses épreuves : avant de rentrer au bercail, à Mont-de-Marsan, il lui faut subir un atterrissage forcé en Iran. Enfin, c'est le retour aux sources, auprès des siens où elle va vivre le reste de son âge [18].

Les aviatrices recrutées par Tillon ont toutes suivi un parcours unique et pourtant similaire. On pourrait ainsi établir des parallèles entre la vie d'Andrée et celle de Suzanne Melk, surtout à partir de 1935, moment où celle-ci, avec son mari, découvre l'aviation à Luxeuil. Passionnés, bien sûr, mais débutants, nos aspirants aviateurs récupèrent deux Hanriot 32 délabrés, n'en font qu'un sur lequel ils prennent leurs premières leçons jusqu'au lâcher. Puis ils créent l'aéro-club de la Haute-Saône qui possèdera vingt appareils en 1939, date à laquelle Suzanne effectue un stage de planeur à Pont-Saint-Vincent et décroche son brevet C. La guerre, pour une femme d'action qui ne peut être enrôlée dans l'armée de l'Air, c'est la Résistance. Dès novembre 1942, l'aviatrice appartient au réseau Béarn, sous les ordres du Bureau central de renseignements et d'action de Londres (le B.C.R.A.). Elle progresse rapidement dans ce monde souterrain et devient chef départemental du service de renseignements des Vosges, sous le pseudonyme de Lutchine et sous les ordres du capitaine F.F.I. Vogt, alias Maurice. En septembre 1944, elle passe dans le Service de renseignements en opération (S.R.O.) de la 1re armée française, un service dirigé par le commandant Simoneau. Capturée puis relâchée, elle ne renonce pas et participe à l'évasion d'un officier de renseignements, prisonnier à Saint-Dié.

Cette activité, pour laquelle elle était volontaire, lui vaut la médaille de la Résistance. Toutefois, cette vie dans l'ombre appelait sa contrepartie de lumière : le ciel. En avril 1945, elle s'engage, avec le grade de sous-lieutenant, dans l'armée de l'Air, suit avec succès les stages de Châteauroux et de Tours où elle s'initie à toute la palette des figures acrobatiques, avec le capitaine Perier comme moniteur. Il lui revient l'honneur, en février 1946, d'être la première Française brevetée pilote militaire [19]. Malheureusement, faute de crédits et en raison d'une mauvaise volonté évidente de l'administration, l'escadrille féminine de Tours va être dissoute [20]. Suzanne retourne au vol à voile, fait un stage au fameux Centre national de la Montagne Noire, obtient le brevet D et, en septembre 1946, bat le record de durée avec un vol de 13 heures et 18 minutes, qu'elle porte à 17 heures, le 5 octobre suivant, lestée d'un peu de café et de quelques biscottes.

Pour de nombreuses femmes pilotes, l'année 1946 est une charnière dans leur vie professionnelle. Anne-Marie Imbrecq ne court pas après les records ou les performances : elle recherche l'efficacité dans l'accomplissement de son œuvre au sein de la Croix-Rouge, auprès de laquelle elle s'active depuis 1932. Affectée comme infirmière-major au service de santé, en 1940, elle part pour Stockholm, en tant que déléguée de la Croix-Rouge, pendant la campagne de Scandinavie, et revient à temps pour la campagne de France, dans une section ambulancière de la région parisienne, puis dans la région bordelaise à partir du 20 juin 1940. Elle n'arrête pas, ne se plaint jamais, toujours dévouée. Expédiée en Afrique du Nord en qualité de déléguée de la section aviation de la Croix-Rouge (les I.P.S.A.), elle crée les services sociaux des bases aériennes, avant de s'engager dans les corps-francs d'Afrique, dès le 20 novembre 1942. Elle conduit des ambulances, affronte tous les dangers, risque la mort à plusieurs reprises, que ce soit au cours des opérations d'Algérie, de Tunisie où elle sauve des familles d'aviateurs, ou encore de Corse. La prochaine poussée guerrière l'envoie en Syrie, chargée d'une mission de rapatriement jusqu'en octobre 1944.

Si l'aviation semble ne tenir qu'une place marginale dans ces péripéties, elle hante néanmoins Anne-Marie qui, vers la fin de la guerre, s'inscrit à un stage féminin de vol sans moteur à l'aéro-club de Sidi-bel-Abbès. Revenue en France, cette femme étonnante se joint au petit groupe des aviatrices à Châteauroux et Tours. A sa démobilisation, elle offre les qualités suffisantes pour frapper à la porte de n'importe quelle compagnie aérienne – mais les femmes ne sont toujours pas admises dans le poste de pilotage des avions commerciaux – ou encore dans toute branche active de l'armée de l'Air: elle possède en effet les brevets civils de vol avec et sans moteur, et de parachutisme, ainsi que les brevets militaires de pilote et de parachutiste.

Pour sa part, le lieutenant Maryse Hilsz paraît se satisfaire de son sort au Groupe de liaisons aériennes ministérielles, à Villacoublay: elle vole et c'est cela qui compte. Le 30 janvier 1946, quand elle monte avec les sous-lieutenants Georges Merlin, Paul Bétou et Paul Rosset, à bord du Siebel 204 qui doit les mener de Paris à Marignane, elle sait que les conditions atmosphériques vont les chahuter. Un haussement d'épaules: elle en a vu d'autres! En réalité, l'avion entre dans une vilaine tempête, à haute altitude. Là-haut, il fait froid, très froid. Les commandes givrent, ne répondent plus. Maryse se bat. En vain. A Bony, dans la campagne, non loin de Bourg-en-Bresse, des hommes entendent l'appareil, malgré le vacarme provoqué par les éléments furieux. Certains voient même le Siebel se disloquer à la hauteur de la dérive et, comble de l'horreur, assistent impuissants à l'éjection dans le vide de ses quatre membres d'équipage, malheureusement sans le parachute qui les aurait sauvés. La mort de Maryse porte encore un coup à la communauté aéronautique, pas seulement féminine. Des journalistes des *Ailes*, intrigués par les circonstances du drame et surtout par la faible résistance de l'appareil, découvriront que le Siebel avait déjà été impliqué dans trois accidents similaires [21]. Du côté de l'armée, on déplore (sincèrement) la perte de la grande aviatrice et des trois occupants du cercueil volant, et, en même temps que les victimes, on enterre une affaire gênante.

La vie continue, avec l'autre Maryse, elle aussi militaire, elle aussi touchée par la disparition de cette sœur rivale qui lui ressemblait tant, sans avoir d'autre point commun avec elle que l'aviation. Démobilisée le 2 avril 1946, avec 3 000 heures de vol dans son carnet, Maryse Bastié rêve de se réfugier dans le midi de la France et de regarder à son tour passer les avions. Elle plaisante, évidemment, car une telle femme de passion ne saurait vivre sans voler. Le 14 juillet 1947, on s'en souvient, elle a été la première femme à recevoir la cravate de commandeur de la Légion d'honneur sur le terrain d'Issy-les-Moulineaux. Après cette cérémonie solennelle où des photos nous la montrent émue et fière, Maryse a fêté «ça» au Clos Normand avec ses camarades des Vieilles Tiges et ses complices des bons et mauvais jours, Adrienne Bolland et Marie Marvingt. Ce soir-là, elle a regagné tard son studio de la rue Froidevaux où tout parle d'aviation: la mappemonde surmontée d'un Caudron 109, réplique du sien, et une vitrine pleine de décorations françaises et étrangères, dans laquelle elle dépose la cravate.

Maryse apprécie en particulier le trophée Harmon International sur lequel elle a été la première Française à graver son nom, à la suite de Lady Mary Bailey, première titulaire, de Winifred Spooner et d'Amy Johnson. Avec tous ses lauriers, le capitaine aviateur de réserve Maryse Bastié pourrait légitimement raccrocher ses ailes et se reposer. Surtout se reposer. Car la petite femme brune, pétillante d'humour, au regard toujours brûlant, sent de plus en plus souvent une chape de fatigue s'abattre sur ses épaules. Elle souffre de la vésicule biliaire. Les douleurs sont revenues quelques mois plus tôt, alors qu'elle travaillait comme attachée à la direction de l'Office français d'exportation du matériel aéronautique (O.F.E.M.A.). Ce mal la handicape toujours au Centre d'essais en vol de Brétigny où, à partir de 1951, elle assure les relations sociales entre la direction et les différents groupements et amicales d'anciens aviateurs. Elle assiste également à la plupart des manifestations aériennes, meetings et expositions, bien droite dans son uniforme de l'armée de l'Air ou vêtue de sa petite robe grise. *«Je ne suis plus une vedette»*, dit-elle simplement, gênée, quand le public ou les journalistes l'abordent, puis elle s'esquive. Sans doute n'est-elle plus une vedette, mais elle reste chère au cœur des Français, qui la submergent de courrier lorsqu'elle doit être opérée d'urgence de la vésicule, une intervention chirurgicale devenue délicate à force d'avoir été reportée.

Très malade, affaiblie, Maryse surmonte cette épreuve comme elle s'est jouée des autres. Mais elle ne pourra plus piloter: les médecins le lui interdisent. En revanche, elle volera, à l'occasion, avec l'un ou l'autre de ses amis. A Brétigny, au C.E.V. où elle a repris ses activités sociales, elle connaît tout le monde et chacun: pilotes, navigateurs, mécaniciens et, en particulier, le commandant Georges Penninckx, le mécanicien navigant Albert Tisseur et le radio Albert Gries, qui conduisent les essais du bimoteur prototype Nord 2105 fabriqué par la Société nationale de constructions aéronautiques du Nord (S.N.C.A.N.) et bientôt célèbre sous le nom de Noratlas. Penninckx s'apprête à faire une démonstration éblouissante des qualités de l'appareil, au cours du meeting aérien qui va se tenir à Lyon-Bron en juillet 1952. L'avion n'était pas prévu dans le programme et a été inscrit à la dernière minute.

Invitée par ses camarades, joyeuse de l'aubaine qui lui est offerte de voler, Maryse saute sur l'occasion. Précisons que la fête aérienne de Lyon n'entrait pas dans ses obligations officielles : elle s'y rend pour le plaisir, par amitié. En ce 6 juillet 1952, le voyage du Noratlas se transforme en une virée bon enfant : à Lyon, capitale de la gastronomie, on rit, on mange – bien –, on boit – trop, peut-être – et l'on retourne au terrain de Bron. Il fait encore très chaud quand l'équipage grimpe dans l'avion-cargo. Outre les trois hommes du C.E.V. et Maryse, le prototype emporte aussi trois techniciens de la S.N.C.A.N., Alcide Lequien, Jean-Louis Frignac et Pierre Landeau.

Première d'une cascade de négligences : le chef de bord a omis de remplir une feuille de vol. Lorsque Penninckx lance les moteurs, la tour de contrôle, stricte sur le minutage des mouvements d'appareils, s'inquiète : ce n'est pas son tour. Pourtant, malgré les injonctions des contrôleurs, le Noratlas s'engage sur la piste, toujours en bousculant l'ordre des décollages et au risque de déranger les règles de sécurité. A ce moment, en effet, un Vampire évolue devant le public. Avant de mettre le cap sur Paris, en cette belle fin de journée, Penninckx aurait décidé de montrer les capacités de son avion et, avant tout, sa maniabilité. Le comportement du pilote a de quoi surprendre, notamment le général Soubestre, commandant de la 4e Région aérienne : Penninckx va décoller le vent dans le dos, une erreur que ne commettrait pas un débutant, et il donne un coup de frein brutal sur l'aire cimentée, juste avant l'envol laborieux. L'appareil s'éloigne à basse altitude vers Lyon dont il survole les toits en rase-mottes, puis il revient sur Bron, un moteur arrêté, l'hélice en drapeau, et, devant l'assistance stupéfaite, amorce une chandelle, hésite une seconde, figé dans le ciel, bascule lentement et plonge vers le sol en une vrille verticale qui l'entraîne au lieudit La Poste, à Saint-Priest, où il se disloque.

Tandis que les premiers secours se précipitent vers le lieu du crash, les spectateurs muets du drame voient une épaisse fumée s'élever, suivie d'une grande lueur rougeoyante. Des témoins parvenus près de la carcasse en flammes affirmeront avoir entendu des hurlements s'en échapper. La chaleur terrible du brasier ne permet pas aux plus courageux des sauveteurs de faire un pas de plus. Quand ils pourront pénétrer dans la carlingue que la vie a désertée, ils découvriront un spectacle horrible de corps en lambeaux. Seul, celui de Maryse est encore identifiable, affalé sur le siège, près du pilote, le visage écrasé contre le hublot avant et la tête encore recouverte de ses longs cheveux bruns. Autour du cou, elle porte encore l'aigue-marine, cadeau de ses amis après son exploit sur l'Atlantique sud, et dont elle ne se séparait jamais.

La mort de Maryse provoque l'affliction et la colère. Les journalistes se déchaînent, après cette faute de pilotage, cette imprudence incontestable qui portait en elle sa punition. Georges Houard laisse exploser son indignation dans *Les Ailes* et fustige les conditions inconcevables de la disparition brutale de Maryse « *tombée stupidement, bêtement dans un de ces meetings officiels que,* rappellera-t-il vivement, *nous réprouvions mais dans la condamnation desquels nous n'avons été ni assez fermes, ni assez persévérants. (...) L'esprit meeting, l'excitation qu'il provoque parmi les pilotes (...) sont à l'origine de cet immense malheur* »[22].

La colère crée un vide où s'engouffre une peine infinie. « *Il reste,* écrit Houard à propos de Maryse, dite affectueusement "l'obstinée", *qu'elle n'est plus, que nous ne la verrons plus, que nous avons perdu en elle une grande et charmante amie de l'aviation française, une véritable ambassadrice. De cela, on ne peut pas se consoler et on ne se consolera pas* »[23].

Le jour des obsèques, en l'église Saint-Louis des Invalides, une petite femme maigre et triste se tient à l'écart, plongée dans une sorte de recueillement songeur. Adrienne Bolland n'oubliera jamais Maryse Bastié. L'aviation non plus [24].

D'autres femmes regardent le ciel avec la même intensité qu'elle, avec les mêmes yeux brillants, et vont s'y distinguer aux commandes de machines plus rapides, plus extraordinaires.

Jacqueline Auriol entre en scène. La lignée des grandes aviatrices aborde l'ère du jet. Aux hommes de bien se tenir !

13

FEMMES À RÉACTION, RÉACTIONS DE FEMMES

C'est lorsqu'il doit abandonner son œuvre
que l'artiste a besoin de courage.
Élisabeth Boselli

Une fois encore, l'aviation de la paix a récolté les progrès imposés par les nécessités de la guerre. L'effort industriel sans précédent accompli par les belligérants a donné plus d'autonomie et plus de capacité d'emport aux avions. Les bombardiers réaménagés vont faire d'excellents avions de ligne. Ainsi, l'hélice entre dans son âge d'or tandis qu'une technique, développée elle aussi pendant le conflit, se profile à toute vitesse dans le paysage aérien : la réaction, maîtrisée par le Britannique Franck Whittle au début des Années Folles et objet d'une compétition impitoyable entre Anglais et Allemands pendant la guerre : en témoignent les chasseurs Me 163 et le Me 262, heureusement mis en service trop tard, ainsi que le Gloster Meteor britannique.

Mais dans le ciel de la décennie 40 finissante, la plus belle invention depuis l'hélice n'est pas technique : blonde, brune ou châtain, elle possède une silhouette gracieuse, un regard enchanteur, des gestes précis, des paroles douces et une attitude rassurante : l'hôtesse de l'air, par sa seule présence qui chasse terreurs et dangers, contribue au développement du transport aérien. Si une femme aux commandes risque de faire peur, elle rassure dans un rôle d'hôtesse, à la fois compagne et mère. On parle peu en général de ces filles assimilées à des serveuses de luxe. Erreur ! A défaut de savoir piloter – quoique certaines d'entre elles volent en aéro-clubs et montrent des qualités certaines, voire une virtuosité que pourraient leur envier bien des hommes – elles n'en suivent pas moins un entraînement intensif, de façon à savoir affronter toutes les situations sans être prises au dépourvu : secouriste, médecin accoucheur, psychologue, sauveteur... Ce qui implique une réelle maîtrise de soi, du sang-froid et des connaissances. Bien sûr, on les voit sous la facette la plus routinière et agréable – du moins aux yeux des passagers – de leur travail. Parce que tout va bien à bord.

L'idée, géniale, revient à une jeune infirmière passionnée d'aviation, Ellen Church, une Américaine. Les débuts, en 1929-1930, s'apparentent à une croisade menée tambour battant car Ellen, qui n'a pas froid aux yeux, n'hésite pas à s'introduire dans le bureau du président de la compagnie United Airlines pour tenter, profitant de l'effet de surprise créé par son intrusion, de le convaincre qu'il faut soigner les passagers. La jeune fille parvient, par sa force de conviction, à capter l'attention du patron qui, une fois revenu de ses émotions, l'écoute avec un intérêt croissant. Auparavant, elle a dû faire tomber un préjugé – un de plus : la présence d'une femme à bord fait sourciller les dirigeants mâles de la compagnie Boeing Air Transport qu'elle a contactés. L'un d'eux s'est fait toutefois son avocat auprès des autres. Ellen sait se montrer persuasive : une femme à bord, argumente-t-elle, peut être un élément rassurant, positif. Le président de la compagnie, las de ce harcèlement, se laisse fléchir mais pour un essai de trois mois.

Outre Ellen, huit infirmières intègrent la compagnie pour « soigner » le passager. Elles répondent toutes à des critères draconiens : elles ne mesurent pas plus de 1,58 mètre, en raison du plafond bas du Boeing B80 et de l'étroitesse du couloir central. De plus, on ne retient que les filles âgées de moins de vingt-cinq ans. Ellen, décidément active, rédige la première bible-guide à l'usage des navigantes, dessine leur uniforme, une grande cape vert foncé dont les larges poches peuvent accueillir tournevis et horaires, une veste à boutons d'argent et une jupe en laine vert clair. Contrairement à la légende qui en fait des têtes de linotte, elles ne manquent pas de responsabilités et, souvent, n'ont pas la tâche facile : entre autres vérifications préalables au bon déroulement d'un vol, elles doivent s'assurer du bon arrimage au plancher des fauteuils d'osier, organiser un service impeccable, quelles que soient les circonstances, prendre garde à ce que les passagers ne jettent rien par

« les fenêtres » (*sic*), les renseigner au mieux, par exemple en leur évitant de confondre la porte de sortie avec celle des toilettes... Ensuite, après l'atterrissage, et après avoir raccompagné les voyageurs jusqu'à la sortie, elles doivent nettoyer l'avion, puis aider les mécanos à le pousser jusqu'au hangar... Travail multiple et fastidieux, certes, mais bien payé puisqu'elles reçoivent un salaire mensuel de cent vingt-cinq dollars pour cent heures de vol.

Le 15 mai 1930, Ellen Church devenait ainsi la première hôtesse de l'air de l'Histoire, sur le parcours San Francisco-Chicago. La formule plaît, puisque la compagnie American Airlines décide à son tour de joindre le charme à l'efficacité et embauche quatre hôtesses sur la ligne Chicago-Newark, à bord de ses Curtiss Condor : dès leur premier vol, Velma Maul Tanger, Agnes Novaha Hincks, Mae Bobeck et Mary Allen Sullivan ne chôment pas : en plus d'un emploi du temps chargé, elles doivent vérifier que de l'alcool n'a pas été embarqué en fraude. Prohibition oblige. Dès lors, le mouvement ne fait que s'amplifier, et les responsables des compagnies se frottent les mains devant les retombées de cette réclame. Le 6 décembre 1935, T.W.A. engage un escadron de charme de trente hôtesses, des filles recrutées après une sélection parmi 1 600 candidates qui devaient impérativement répondre à deux conditions : être infirmières, ce qui est une constante, et porter avec élégance et en toute saison l'uniforme de serge grise [1]. En outre, il leur faut connaître par cœur le nom de tous les passagers. A l'époque, précisons-le, les appareils n'emportent pas des fournées de touristes comme de nos jours...

La fièvre gagne l'Europe en 1934. Si depuis 1928, la Deutsche Lufthansa, sur les lignes Berlin-Paris, en Junkers, et Imperial Airways font appel à des stewards, l'arrivée des femmes crée l'événement. En 1934, Nelly Diener prend son service à bord du tout nouveau bimoteur Curtiss-Condor de seize places, un biplan récemment acquis par Swissair qui fait là d'une pierre deux coups. Les Suisses ont décidé d'imiter United Airlines avec laquelle ils entretiennent des rapports étroits. Pour la circonstance, Balz Zimmermann, l'un des codirecteurs de Swissair, rencontre l'une des Américaines et rentre conquis : *« Ça marche en Amérique, pourquoi pas chez nous ? »* se dit-il. Nelly, jeune et jolie, le cheveu blond bouclé, accompagnera donc les passagers entre Zurich et Berlin. Il est vrai que son apparence a de quoi faire oublier les trous d'air et les appréhensions. Séduisante, elle porte une jupe-culotte et une espèce de casquette d'étudiant posée de guingois, qui lui donne un petit air canaille renforcé par un nœud papillon que n'aurait pas renié Maurice Chevalier. Tout se déroule bien et, en juillet, les quinze passagers du vol inaugural entre Zurich-Bâle-Genève et Berne ont l'agréable surprise d'être dorlotés par une Nelly en beauté, particulièrement attrayante dans sa longue jupe-culotte bleue. Si l'avion est le moyen le plus rapide pour relier deux points, un sourire gracieux est le chemin le plus court entre deux êtres humains. Hélas, peu de temps après, au cours d'une liaison Zurich-Berlin, le Curtiss-Condor s'écrase près de Tuttlingen (Wurtemberg). Des neuf passagers à bord ce jour-là et des membres d'équipage, parmi lesquels Nelly, on ne retrouve que les corps sans vie.

Loin de freiner les vocations, cette catastrophe accentue l'intérêt des jeunes filles à tel point que la revue *Zürcher Illustrierte* écrit que « *le plus moderne des métiers féminins attire tant les jeunes femmes que les candidatures s'accumulent. S'il ne tenait qu'à elles, en un rien de temps on pourrait constituer une flotte si importante qu'elle noircirait les cieux.* » Chaque jour, écrit de son côté le magazine *Schweizer Illustrierte* du 1er avril 1935, « *elles parcourent des centaines de kilomètres et ont le monde à leurs pieds* ». Ces stewardesses deviennent de véritables légendes en leur temps, à commencer par Heidi Oberholzer, Amalie Weber, Paula Bruggmann, Johanna Vögeli, les pionnières des années 30, auxquelles succéderont Margaretha Faust [2], Heidi Plancherel-Oberholzer, laquelle résume l'impression générale : « *Nous nagions dans l'improvisation, mais c'était le bon temps* ». Certaines, comme Edith Bütikofer, regretteront de n'avoir pas été pilotes : « *J'aurais aimé être un garçon pour pouvoir devenir pilote. Je n'avais à l'époque que de vagues notions de ce métier, mais il me semblait que celui qui arrivait à faire voler un avion était presque un dieu.* »

Si le pilote revêt une aura quasi divine, les hôtesses inspirent vite à leurs passagers poètes la rime « déesses ». Ce qui ne tarde pas à poser quelques problèmes. Ces jeunes filles équilibrées, gracieuses et souriantes, chargées d'apporter le maximum d'agrément aux passagers, font mieux que remplir leur mission. Parvenus au terme d'un vol, certains messieurs souhaitent prolonger le voyage sur les lignes du septième ciel. La réputation de l'hôtesse bonne à marier finit par inquiéter les responsables des compagnies car ces jeunes femmes, sollicitées de tous les côtés, ne restent pas plus d'un an en fonction, en moyenne, ce qui n'arrange pas les finances des transporteurs quand on sait que leur formation revient à sept cents dollars. Pour remédier à ces désaffections pour cause d'affection, puis de mariage, il existe quelques solutions originales, comme le suggère l'*Aviation Française* dans son n° 89 daté du 23 octobre 1946 : il faut, et dans l'ordre : *« n'employer que des stewards hommes »* (mais interdire l'avion aux femmes ?) ; *« n'engager que des hôtesses peu attirantes »* (et risquer de transformer un voyage en cauchemar !) ; *« n'accepter à bord que des hommes mariés »* (ce qui, vu la nature humaine, ne résout pas forcément le problème...) ou *« capituler et laisser les choses comme elles sont »* (ce qui est la sagesse même).

Le célibat pourrait être un des critères de sélection. Néanmoins, en 1936, United autorise ses hôtesses à convoler, à condition de ne pas interrompre leur carrière. En revanche, Air France, qui lance son premier concours de recrutement en 1946 et qui embauche ses premières *« maîtresses de maison volantes »* en avril de la même année, interdira en décembre 1956 à ses hôtesses de se marier. Ce qui n'a pourtant pas empêché la compagnie nationale d'imposer les talons hauts à ses femmes stewards, dès 1954. Le rôle de mère de famille cadre mal, estime-t-on, avec la définition de leur mission. Licenciée en 1961 pour cause de mariage, une hôtesse sera d'ailleurs déboutée par un tribunal qui estime que son mariage est assimilé à une rupture de contrat de son fait. A Air France, on ne badine pas avec l'amour... officialisé. Qu'on se rassure : tout finit par rentrer dans l'ordre. Une hôtesse peut désormais se marier (à partir de 1963) à une condition : elle démissionne si elle ne peut honorer une rotation susceptible de la tenir éloignée deux semaines.

Solange Catry, l'une des premières hôtesses d'Air France, rapportera ce détail amusant [3] : son premier vol, un Paris-Londres sur DC3, le 17 juillet 1946, fut également son baptême de l'air. De plus, elle ne portait au départ aucun vêtement distinctif, détail singulier qui étonna les passagers. Un peu plus tard, la Chambre syndicale de la haute couture parisienne sera chargée d'étudier les tenues d'une couleur gris bleu R.A.F. A cette époque, comme le précise M. Jordan, chef de la division hôtelière d'Air France, les *« hôtesses ont la responsabilité complète de toutes les opérations administratives au cours des voyages, tels que le contrôle du fret et de la poste, et les liaisons avec les services terrestres*»[4].

Au cours de plusieurs décennies d'une activité banalisée par la popularisation du transport aérien, les hôtesses feront tout de même la preuve, à plusieurs reprises et dans des circonstances souvent dramatiques, de leur courage, de leur esprit de sacrifice et de leur sens de l'initiative. Par exemple, on se souviendra toujours avec émotion de Monique Poulet qui, lors d'un vol New York-Paris, évite la panique à bord d'un Constellation dont les deux moteurs tribord sont hors service. L'avion se pose de justesse à Casablanca et Monique recevra la médaille de l'Aéronautique [5]. Mais plus que cette distinction, rien ne saurait remplacer le collier de louanges que lui ont tressé les passagers après cette épreuve. On pourrait citer Évelyne Deschamps et Paulette Vasseur, tombées en service en 1946, sur les lignes Paris-Copenhague et Paris-Londres. Et encore Simone Rospars qui, le 3 août 1953, après que son Constellation eut effectué un amerrissage forcé non loin de la côte turque, a sauvé une mère et son bébé de cinq mois, réussissant à leur tenir la tête hors de l'eau. Cet acte de bravoure fut récompensé par la Légion d'honneur. Elles sont ainsi des milliers, depuis Ellen Church et Nelly Diener ou Joanne Fletcher – Joni pour les amis –, la première hôtesse de couleur engagée par Eastern Airlines le 1er juillet 1967, à avoir donné à l'aviation un visage accueillant et rassurant. Simples potiches pour les imbéciles ou les ignorants, elles n'offrent en effet aux passagers qu'un visage détendu, reflet de la quiétude d'un voyage aérien sans problèmes. Elles n'en possèdent pas moins d'autres facettes que l'on n'aura peut-être jamais l'occasion de découvrir. En tout cas, une chose est sûre : on peut faire confiance à ces « anges du ciel »...

L'une d'elles, Alix d'Unienville, eut d'ailleurs une carrière peu ordinaire : parachutée en France le 6 juin 1944, arrêtée, elle réussit à s'évader d'un « train de la mort » le 16 août suivant. Elle devient journaliste, voyage en Inde et au Moyen-Orient avant d'entrer à Air France en 1948. En 1950, cette fille de l'air dotée de la plume de l'écrivain reçoit le Prix Albert Londres pour son article « En vol » publié dans le magazine *Elle,* récit d'un vol mouvementé entre Paris-Le Bourget et Marseille, alors que l'avion traverse un orage. Certains extraits de ce papier écrit sur le vif en disent long sur l'état d'esprit de ces femmes confrontées parfois à la mort et toujours à leur devoir : « *A certains moments culminants de l'existence, il suffit d'un mot pour que nous options pour l'héroïsme ou la lâcheté (...) Mais ce mot, personne ne le dit. Amour-propre, sans doute, mais aussi courage, simple courage.* » Ce prix eut pour effet de priver la compagnie d'une excellente hôtesse et d'enrichir le quotidien *L'Aurore* d'une collaboratrice de talent.

Le formidable développement du transport aérien n'a altéré en rien l'éventail de qualités réclamé aux hôtesses et cette aura qu'elles conservent malgré la banalisation de leur travail, une aura que les compagnies exploitent autant que possible à des fins publicitaires pour exprimer la qualité de leurs services.

Toutefois, entre la cabine et le poste de pilotage des avions commerciaux, il existe une cloison plus hermétique – du moins pour les femmes – que celle qui protège les lingots de la Banque de France. Dans les années 50, une éventuelle association des femmes pilotes de ligne ne rassemblerait pas assez de membres pour entamer une partie de poker. La catégorie féminine apparaît plutôt pauvre depuis l'expérience malheureuse de l'Américaine Helen Richey, première femme pilote d'un avion de ligne embauchée par une compagnie, en l'occurrence Central Airlines, et qui assure le courrier entre Washington DC et Detroit, à bord d'un Fokker trimoteur, dès le 31 décembre 1931. En dehors de cette aviatrice à caractère unique, on sait qu'Eugénie Eichenwald devint la première commandante de bord en 1933 et que l'Anglaise Yvonne Pope avait eu l'honneur (sans suite) d'être la première à recevoir la qualification de pilote de ligne. Et c'est tout !

En règle générale, et plus que jamais, les femmes se heurtent à une opposition persistante, malgré la Charte des Nations Unies du 26 juin 1945 [6]. La ténacité des filles demeure intacte, néanmoins. Reléguées dans les autres disciplines de l'aviation, tels le parachutisme, la voltige, le pilotage d'avions légers ou le vol à voile, elles parviennent à se distinguer, dans l'attente de la consécration : un emploi. Bien peu se sortent d'affaire. Marcelle Choisnet-Gohard règne sur le monde aérien de l'après-guerre, multiplie les records nationaux et internationaux jusque dans les années 50 pour ne laisser finalement qu'un souvenir ému au sein de la famille des vélivoles [7]. Pour les femmes, ça plane d'ailleurs très bien, à en juger par les performances accumulées pendant la même période par Denise Trouillard, Suzanne Souchet, Marinette Garbarino ou Jacqueline Mathé [8]. On pourrait compléter ce tableau avec Yvonne Jourjon, première femme, dès 1945, à faire du remorquage de planeurs...

En dépit de ces performances feutrées, les femmes sont condamnées, pour survivre et pratiquer quelque peu leur art, à réussir dans l'aviation légère, comme Andrée Dupeyron, la « grand-mère volante » qui, en 1949, bat ainsi le record féminin de distance. Et empoche, par la même occasion, le vieux record d'André Japy, inaccessible depuis 1937 [9]. En août 1953, Marion Hart, une passionnée de 61 ans, se lance seule sur le parcours Terre-Neuve-Irlande, à bord d'un modeste Beechcraft Bonanza. Au cours de ces années 50, décidément fertiles et qui semblent le juste pendant des Années Folles, la Brésilienne Ada Rogato, cantonnée elle aussi dans les petits appareils, va accomplir une impressionnante série de voyages à bord de son Cessna. En 1951, elle s'offre le circuit des Trois Amériques, soit 51 064 km en 364 heures de vol. Pas mal ! En 1956, année Santos-Dumont, elle s'engage sur le circuit du Brésil, soit 25 057 km qu'elle parcourt en 161 heures, toujours avec une facilité déconcertante. Pour se reposer, elle accomplit le raid de la Terre de Feu, une « petite » distance de 12 800 km avalée en un peu plus de 82 heures. Ces balades lui vaudront de recevoir un diplôme Paul-Tissandier remis en 1954 par la Fédération aéronautique internationale.

Plus tard, en 1964, l'Américaine Géraldine Mock boucle à Columbus (Ohio) le premier tour du monde en solitaire jamais mené à son terme par une femme, à bord d'un petit Cessna 180. La Britannique Sheila Scott lui donne aussitôt la réplique [10], en 1965, et s'offre le tour de la terre dans le temps record de 189 heures...

Bref, on ne les arrête pas. Elles vont même de plus en plus vite. Plus vite, parfois, que les hommes ! Cette fois, on commence à les regarder autrement. Leurs records donnent le vertige et, malheureusement, effacent les performances des autres aviatrices de l'époque, si talentueuses soient-elles. En quelques mois, leurs joutes aériennes s'apparentent à un réel bras de fer entre les États-Unis et la France, à une course poursuite infernale où chacune gagne à son tour. Il y a eu les deux Maryse pendant les Années Folles. Place maintenant aux deux Jacqueline : Auriol et Cochran. Sans ordre.

Les deux femmes à réaction s'imposent dans un monde dur qui implique une incroyable dépense d'énergie nerveuse et une résistance physique peu commune. On pourrait s'attendre à des femmes carrées, d'aspect viril. Or, elles transpirent la féminité par tous les pores de la peau. En particulier Jacqueline Auriol, une femme superbe que l'on ne saurait suspecter d'avoir joué de ses relations privilégiées – au premier plan desquelles son beau-père, Vincent Auriol, premier président de la IVe République, entre 1947 et 1954 – pour réaliser son désir : voler ! Son goût pour l'aviation n'est pas *« le caprice momentané d'une jolie femme »*, fera remarquer un connaisseur.

Née le 5 janvier 1917 à Challans, en Vendée, Jacqueline Douet, fille d'Edmond, industriel du bois installé aux Sables-d'Olonne, amorce ses études à Nantes, les poursuit à Paris et s'oriente vers la peinture à l'École du Louvre. Elle en conservera toujours un penchant prononcé pour l'art et renouera avec celui-ci, sa carrière aéronautique achevée, en devenant une décoratrice particulièrement recherchée. Si l'état civil fait d'elle Madame Paul Auriol, en 1938, bientôt mère de deux garçons, Jean-Claude et Jean-Paul, l'aviation va porter d'ici peu un nouveau nom : Jacqueline Auriol. Quand son beau-père entre à l'Élysée, au lendemain de son élection en 1947, Jacqueline et son mari le suivent au palais.

Toutefois, les mondanités élyséennes lassent la jeune femme qui, pour y échapper, décide d'écouter sérieusement la suggestion du colonel Pouyade, as du Normandie-Niémen : pourquoi n'apprendrait-elle pas à piloter ? Eh oui ! Pourquoi pas ? L'idée la séduit au point qu'elle va focaliser son ambition sur cet objectif. Lorsqu'elle démarre dans ce domaine, se pose d'emblée la question de sa possible admission dans l'armée de l'Air.

Comme le rapporte Raymond Caire [11], une note (n°408/SPA) résout le problème le 28 mai 1948 : *« L'intégration dans les F.F.A. de Madame P. Auriol présente un caractère normal en ce qui concerne un engagement au titre de stagiaire (2e classe). Mais son admission dans les cadres F.F.A. soulève plusieurs objections : le personnel d'encadrement est en voie de licenciement ; des mesures dans ce sens ont déjà été prises. Un décret, obligatoirement publié au B.O. et nommant Madame P. Auriol même à titre exceptionnel provoquerait des réactions justifiées de la part d'officiers qui ont subi avec succès les épreuves de l'école des cadres et qui maintenant se voient contraints d'abandonner cette spécialité.»* L'une de ces femmes officiers brillera elle aussi dans le même ciel que Jacqueline Auriol: Élisabeth Boselli. Pour l'heure, Jacqueline Auriol vole au G.L.A.M., à Villacoublay, décroche son brevet en 1948, effectue un stage à l'école d'acrobatie de Morane-Saulnier où elle surprend ses moniteurs par ses aptitudes, notamment son initiateur Raymond Guillaume, un ancien de la prestigieuse patrouille d'Étampes. Le moniteur n'en revient pas.

Quand la «petite» grimpe pour la première fois dans le Stampe pour une séance d'acrobaties, il ne donne pas cher de l'état de son estomac. Au terme d'une heure de démonstration vertigineuse, la petite en question, fraîche et excitée, n'a qu'un mot à la bouche: *«Encore!»* Comment ne pas la satisfaire avec plaisir? Elle passe ensuite, avec un égal succès, les épreuves du brevet militaire et les examens du brevet de pilote de transport public. En juillet 1949, la voici fin prête pour participer à une manifestation aérienne, en l'occurrence une opération de propagande de l'aéro-club de l'Yonne, à Auxerre. Le drame survient huit jours plus tard, le 11 juillet 1949, sur la base des Mureaux, non loin de Paris, alors qu'elle vole comme passagère, assise près du pilote, à bord d'un petit amphibie SCAN 30. L'appareil, un quadriplace, effectuait un «rase-flotte» sur la Seine quand il touche soudain l'eau, se retourne et se désintègre.

Pour Jacqueline, littéralement défigurée, handicapée également par trois fractures du crâne, commence un calvaire dont les étapes sont marquées par de nombreuses interventions chirurgicales, souvent douloureuses. L'inventaire des blessures n'a rien d'encourageant: nez, mâchoires, clavicules et côtes cassés. De plus, les yeux sont littéralement tombés par le plancher des orbites. «Gueule cassée» à 31 ans, la jeune femme perd son visage, écrasé par le choc, mais pas la tête, et montre une détermination puisée peut-être dans la souffrance, au fil de ces opérations qui accompagnent sa renaissance. En un an, les médecins réussissent à lui restituer une autre beauté qu'elle mettra douze ans à accepter, une beauté qui éclate d'ailleurs dans ses yeux bleus. Toutefois, pas question de marivaudage: marquée dans sa chair par l'aviation, Jacqueline décide de laisser son empreinte – durable – dans l'aviation. Cette fille élancée, aux attaches fines, attire la comparaison avec Hélène Boucher. Elle en sera la version à réaction, le prototype de la femme la plus rapide du monde.

Hospitalisée aux États-Unis où les chirurgiens redoublent de savoir-faire pour lui redonner un visage, elle n'en poursuit pas moins son apprentissage du pilotage, en particulier lorsque le constructeur Lawrence Bell lui propose, entre deux coups de bistouri, des leçons sur ses appareils. Vingt-cinq heures plus tard, Jacqueline décroche son brevet à Buffalo, sur un hélicoptère Bell-47. Au général Lechère, chef d'état-major de l'armée de l'Air, qui lui rend visite à l'hôpital, à New York, la jeune femme confie son souhait de devenir pilote au C.E.V. de Brétigny et ne cache pas qu'il lui plairait bien de battre un record sur le nouveau Vampire, seul intercepteur monoplace à réaction de l'armée française.

Après une remise en forme sur le biplace d'entraînement Morane-Saulnier 472, sous la houlette du fidèle Raymond Guillaume, dans le courant de 1951, elle s'initie au réacteur à Istres, sur Gloster Meteor Mk-VII, chaperonnée par Roger Charpentier, un expert. Puis, avec le concours de la S.N.C.A.S.E. (Société nationale de construction aéronautique du Sud-Est), elle grimpe dans le cockpit du Vampire V, un chasseur britannique construit sous licence, et, le samedi 12 mai 1951, établit un record féminin de vitesse en atteignant plus de 818 km/h. Mais il y a plus important que ce record, puisque Jacqueline Auriol est la première femme au monde lâchée sur un jet, si l'on exepte, bien sûr, le cas très particulier de Hanna Reitsch. Le 25 juin, la section féminine de l'AéCF fête l'aviatrice la plus «vite» du monde : Madame Paul Auriol reçoit l'accolade de Madame de Clermont-Tonnerre, présidente de la section, et de Mesdames Louis Blériot, présidente d'honneur, Maurice Farman, vice-présidente, Maryse Bastié et Adrienne Bolland. Sans oublier Élisabeth Boselli, Andrée Dupeyron, Marcelle Choisnet, Yvonne Jourjon, bref, celles qui servent le mieux l'aviation. Le 13 novembre 1952, le Président Truman lui remet, à la Maison-Blanche, le Harmon Trophy, la plus haute distinction aéronautique internationale.

Comme pour le remercier, Jacqueline la miraculée améliore son record en décembre, à bord d'un Mistral, et atteint 855 km/h. Cette avalanche de performances provoque la surprise chez Jacqueline Cochran, dépossédée de son record en mai 1951. Mais l'Américaine, vieille routière du ciel, ne manque pas de ressource, ni d'expérience par rapport à sa jeune rivale française. En outre, ses aventures guerrières n'ont absolument pas calmé son appétit de pilotage. Il faut dire aussi que cette femme incarne à sa façon la pionnière américaine qui, partie de rien, accède à la fortune. En fait, Walt Disney ou Victor Hugo auraient pu s'inspirer de la vie de cette enfant abandonnée par des manœuvres miséreux au bord d'une route de Floride et dont les premières années ressemblent à celles de Cosette chez les Thénardier : l'adolescente, adoptée par de « pauvres Blancs », vivote dans de petites villes forestières établies le long des rivières, doit travailler de nuit dans des usines de coton, puis on la retrouve apprentie coiffeuse, aide médicale et représentante. Sans instruction. Sans attaches familiales.

Cette fille sans racines voyage de ville en ville sans laisser de souvenir particulier. Elle ne sait rien sur elle-même, ayant seulement appris à l'âge de huit ans que l'ivrognesse sale et méchante qui s'acharnait sur elle n'était pas sa mère. Elle a erré ainsi dans un monde intermédiaire, marginal, habitant ces petits villages yankees coupés en deux par l'inévitable voie de chemin de fer. Or, dira-t-elle sans amertume, *« ceux qui vivent du mauvais côté de la voie ne comptent pas ! »* Jacqueline croupit dans une cabane délabrée montée sur pilotis, dans un bayou de Louisiane, près d'un canal immonde infesté de crocodiles. Ce qu'elle résumera ainsi : *« une existence de castors »*, sans plus de détails... La nature n'a pourtant pas été pingre avec elle puisque Jacqueline a fini par s'épanouir en une grande et jolie femme *« dépourvue de préjugés »*, selon Élisabeth Boselli [12]. Elle s'installe enfin comme esthéticienne, à Miami, chez un artiste capillaire.

Au cours d'un de ses voyages solitaires à travers le Sud, au volant de la vieille Ford qu'elle a achetée pour vendre des patrons de robes, cette grande fille nature et sans instruction, mais intelligente, attire l'attention du financier Floyd Odlum. L'homme, brillant, remarque la femme et admire l'autodidacte qui apprend l'orthographe sur les panneaux indicateurs et complète cet enseignement personnel par une lecture approfondie du dictionnaire, le soir, à l'hôtel. Floyd, impressionné, l'invite à dîner le jour qu'elle a choisi pour son anniversaire. Choisi ? Le terme surprend Odlum qui l'interroge : en réalité, Jacqueline ignore sa date de naissance ! Tous deux se découvrent des points communs, dont un en particulier : lui aime l'aviation, elle vénère Amelia Earhart. Il l'oriente vers l'aviation privée et met à profit ses dons commerciaux pour allier les deux disciplines. Ce qui permettra à la jeune femme de représenter les produits de beauté à travers les États-Unis, et pas seulement en se traînant sur les routes de ce bon vieux Sud.

Quand elle s'inscrit à Roosevelt Field, Long Island, pour ses premiers cours, Jacqueline avoue tout ignorer de la différence entre un monoplan et un biplan. Pourtant, au grand étonnement de son instructeur, il ne lui faut pas trois jours pour voler seule et trois semaines pour décrocher sa licence, en 1932. Le brevet en poche, Jacqueline Cochran connaît la révélation, à travers le pilotage, de sa réelle nature de battante. De plus, elle se trouve enfin en harmonie avec elle-même, après ces années d'adversité, même si subsistent encore des zones d'ombre, résultat d'une frustration sociale et affective venue de son enfance de sauvageonne sans identité. La jeune aviatrice de vingt-cinq ans prouve qu'à défaut de culture, elle possède de bonnes dispositions puisqu'en 1938, elle remporte la transaméricaine Los Angeles-Cleveland, devant neuf concurrents masculins acharnés, et s'octroie le trophée Bendix.

Jusqu'à la guerre, elle enchaîne les records de vitesse sur avion à hélice, dont un de 553 km/h. Elle ne cache pas son intention d'affronter les hommes sur ce terrain délicat, discours viril qui, à l'époque, tranche nettement sur une affirmation trop répandue, selon laquelle les femmes seraient incapables de maîtriser des appareils de vitesse pure. C'est oublier les performances de la Française Hélène Boucher. La guerre ne relègue pas Jackie dans sa cuisine et son foyer : la jeune femme dirige les Women Auxiliary Service Pilots, devient en 1941 la première femme à piloter un bombardier au-dessus de l'Atlantique et mène l'instruction des aviatrices militaires avec une poigne d'adjudant. Le conflit achevé, elle change de cockpit et, à bord d'un Mustang P51, l'un des chasseurs les plus nerveux du moment, moissonne les performances entre 1947 et 1951 : à des vitesses moyennes de 693 et 755 km/h, elle ajoute à son palmarès cinq records masculins et six autres féminins.

Cette femme débordante d'énergie n'abandonne son avion que pour mener de front plusieurs carrières commerciales intenses : Cosmetic Jacqueline Cochran Inc., parfums, bagages, instituts de beauté, plus une compagnie de transport aérien, la Northeast Airlines. Pour sa part, Floyd brasse des affaires de plus en plus importantes : désormais, il contrôle, entre autres, des studios de cinéma, des chaînes d'hôtels de luxe et une gigantesque entreprise agricole de la taille d'un département français. Ces réussites pluridisciplinaires ne détournent pas Jacqueline de sa passion la plus violente : voler. D'autant qu'elle veut s'essayer aux avions à réaction, aux commandes desquels elle avait déjà éprouvé des sensations nouvelles en 1944, mais pas assez longtemps à son goût. Par prudence et par crainte d'une réaction en chaîne, le gouvernement américain refuse de mettre un appareil à sa disposition. Heureusement, l'ange gardien veille, en l'occurrence Floyd qui, coïncidence amusante – mais en est-ce bien une ? –, vient tout juste d'acquérir une participation importante chez Canadair, le constructeur canadien du Sabre F-86, firme dont Jacqueline est aussitôt bombardée pilote conseil, avec prêt d'un appareil...

Dès 1953, l'Américaine entreprend une véritable danse du... Sabre et, la première, franchit le mur du son dans le ciel californien, au mois de mai. Elle frôle, en effet, les 1 050 km/h, un record qui ne sera jamais homologué. Il est vrai qu'elle dispose des conseils d'un expert dans ce domaine de vol encore à peine exploré, en la personne de Chuck Yeager, premier homme à avoir poussé son avion au-delà de ce seuil mythique. Enfermée dans l'étroit habitacle, Jackie n'oublie pas qu'elle dirige une société de cosmétiques, particularité qui lui permet de varier les parfums dont elle asperge son cockpit, avant chaque vol, pour ne pas être importunée par les odeurs de kérosène brûlé. Sa compagnie d'assurances éprouve de l'inquiétude devant les risques encourus par cette satanée femme, qui dirige tout de même une entreprise. Par conséquent, elle exige une prime de 10 000 dollars par heure de vol, un détail au regard de son aisance financière.

Tout irait bien s'il n'y avait cette Jacqueline Auriol, qui entre dans son ciel comme un chien dans un jeu de quilles. Certes, elle lui a repris – et de loin – le record de vitesse, mais pour combien de temps ? Son intuition ne la trompe pas car la Française ne reste pas inactive et, première aviatrice en Europe, passe à son tour de l'autre côté du mur fatidique, le 15 août 1953, à Brétigny, à bord d'un Mystère II, avec la ferme intention de ne pas s'asseoir sur ces lauriers. N'en déplaise à ses détracteurs qui imputent sa facilité déconcertante à ses hautes relations, Jacqueline Auriol rassemble les qualités rares indispensables au pilotage fin. Ce qui lui permet d'accéder au Centre d'essais en vol, d'abord comme pilote détaché de l'aviation légère, puis comme pilote professionnel, après avoir appris à maîtriser tous les appareils utilisés par le Centre.

Elle réussit ensuite dans l'épreuve la plus délicate : se faire accepter par ses homologues masculins, lesquels ne voient pas d'un bon œil l'arrivée de cette «protégée» pourtant admise en raison de son seul travail et de ses capacités. Jacqueline poursuit sa progression, se joue du concours d'admission à l'École des pilotes d'essais où, pendant huit mois, elle ingurgite théorie et pratique en vue de se présenter à l'examen de sortie. La voici enfin pilote d'essai officiel, seule femme parmi huit hommes dont trois polytechniciens. Entre-temps, les aviateurs ont dépassé Mach 2, comme Scott Crossfield qui, le 20 novembre 1953, après avoir été largué d'un B29, pousse son Douglas Skyrocket à 2 078 km/h. Yeager surenchérit le 12 novembre suivant, avec 2 655 km/h, à bord du Bell X-1A.

Aux yeux de Jackie l'Américaine, ces performances n'ont rien d'impossible pour une femme entraînée ; l'unique obstacle vient de l'administration en général, et de l'armée en particulier, qui refuse de confier ses prototypes à des mains féminines. Les pilotes d'essai de l'époque sont de «vrais» hommes, bien machos, tous taillés dans l'étoffe des futurs héros de la conquête de l'espace. Dans ce milieu conservateur où il est de bon ton de siffler sur de jolies jambes fuselées ou des courbes prometteuses, on ne veut pas imaginer une femme dans un avion à réaction. A la maison, oui ! Pas sur un terrain.

Mais les Jacqueline s'obstinent, chacune à sa façon, à vouloir se dominer, se surpasser, dans un duel aérien qui va durer de 1951 à 1964. L'Américaine établit ou pulvérise six records aux commandes de son Sabre, avant d'accélérer la cadence dès 1961, à bord d'un Northrop T38 Talon, et de s'octroyer huit nouveaux records. Le 22 avril 1962, elle relie La Nouvelle-Orléans à Bonn, avec escales à Gander et Shannon, et chronométrage officiel sur neuf aéroports dont Londres et Paris, avec un Lockheed Jet Star baptisé *Scarlett O'Hara.*

De plus en plus rapide, elle réussit un tiercé de records de vitesse en 1964, dont celui de vitesse pure avec 2 095 km/h, le 28 mai 1964, à bord d'un Lockheed F-104G qu'elle a poussé à 2 300 km/h. Ce sera la dernière démonstration éclatante des talents de cette femme incroyable qui ne paraît pas du tout ses cinquante-sept ans ! Son palmarès laisse songeur : la Distinguished Service Medal en 1946 pour ses missions de convoyage pendant la guerre, environ 200 trophées, dont le Harmon Trophy à deux reprises, en 1954 et 1962, *«pour faits exceptionnels et remarquables dans le domaine du pilotage»*, et des records à la pelle, parmi lesquels seize records féminins sur jet, un record du monde absolu de vitesse en circuit fermé, et une distinction enviée aux États-Unis où, en 1953, Madame Cochran-Odlum a été désignée femme d'affaires de l'année en raison de sa réussite dans le domaine de l'industrie des produits de beauté. Une superbe trajectoire, en vérité.

Qui pourrait résister à cette tornade ? Jacqueline Auriol, bien sûr. L'Américaine redoute sa rivale qui, avec une sage impatience, grignote ses performances. Au printemps de 1955, Jacqueline Cochran, alors vice-présidente de la F.A.I., annonce qu'à partir du 1er juin, les records féminins sont abolis. Elle ne précise pas que cette mesure – un vrai coup bas – va faire d'elle l'ultime détentrice d'un record de vitesse homologué le 18 mai 1953, avec plus de 1 031 km/h sur Sabre.

Jacqueline Auriol relève le gant et, malgré le mauvais temps, mais grâce à la complicité géniale de l'ingénieur Bonte, elle pulvérise in extremis le fameux record que, le 31 mai 1955, elle porte à 1 151 km/h sur son Mystère IV N. Ce coup de théâtre relance un duel largement commenté et peut-être accentué par les médias. Et fait réfléchir l'Américaine qui, devenue présidente de la F.A.I., fait rétablir les records féminins. Cependant, la Française n'a guère besoin de cette publicité pour imposer sa réputation de sérieux et de sang-froid. Elle le prouve le 13 octobre 1956, à Brétigny, tandis qu'elle effectue son troisième essai de la journée : une panne de la commande de profondeur fait culbuter son Mystère IV dans une spirale infernale.

Soumise à des tensions à la limite du supportable, sur le point de perdre connaissance, Jacqueline, dans un sursaut de volonté, parvient à rétablir la situation et redresse l'appareil, grâce à une manœuvre hardie qui la sort du piqué. Le lendemain, comme si de rien n'était, elle participe à une séance de voltige à Munich. Le développement de l'industrie aéronautique française lui permet de voler sur des appareils sophistiqués, tel le Mirage, qui n'ont rien à envier à leurs concurrents américains. La maison Dassault se félicite des succès de Jacqueline Auriol qui font, pour sa notoriété à l'exportation, autant ou presque que ses délégations de généraux... Ainsi, le 22 juin 1962, aux commandes d'un Mirage III C, Jacqueline améliore de 597 km/h le précédent record du monde établi par Jacqueline Cochran : elle atteint près de 1 851 km/h. A Istres, ce jour-là, des hommes exultent devant la victoire de cette femme d'acier : Gallières et Rouillon, ses mécaniciens, Jean Arnaud, chef du C.E.V. de Brétigny, les ingénieurs Claude Durand et Francis

Lionnet, et surtout Raymond Guillaume, incarnation du bonheur impassible. Victoire d'une femme servie par des hommes ? Non. Triomphe d'une équipe. Avec Jacqueline, on ne raisonne déjà plus en termes de femme ou d'homme lors d'un essai : le pilote est un professionnel [13].

Entre les deux Jacqueline, la joute reprend donc, à l'avantage de la Française, mais l'Américaine s'empresse de le lui ravir à nouveau en avril 1963 avec plus de 2 048 km/h... Toutefois si, le 1er mai 1963, Jackie bat le record féminin de vitesse en circuit fermé de 100 km avec plus de 1 937 km/h, elle va déchanter, en juin, lorsque sa rivale française le lui reprend... Jacqueline Auriol déclarera par la suite qu'elle éprouvait de l'enthousiasme chaque fois que Cochran la battait, tout simplement parce que la victoire de cette sœur ennemie la stimulait dans sa volonté de faire mieux. Elle révélera aussi que l'Américaine sombrait dans le désespoir quand elle, Jacqueline Auriol, lui reprenait un record. Preuve que Madame Floyd B. Odlum possédait une belle détermination car elle repartait immédiatement en quête de « son » bien.

Le duel va tourner court : à force de dépasser les limites de tous les domaines aériens, Jacqueline Cochran a fini par franchir celle de l'âge, pour entrer dans le ciel plus calme de la sagesse : elle se retire avec Floyd en Californie, dans leur ranch d'Indio. C'est là que cette aviatrice hors pair s'éteint le 8 août 1974, dans sa soixante-quatorzième année.

Quant à elle, Jacqueline Auriol s'adjuge encore un record de vitesse sur 1 000 kilomètres, le 20 juin 1965, à l'occasion du Salon du Bourget, cette fois aux commandes du Dassault Mystère 20 et avec 859 km/h. Cette femme surprenante, qui s'intéresse à tout et va désormais se consacrer à la décoration, aura volé sur près de cent types d'appareils, souvent à l'état de prototype : notamment le Mystère IV, le Super Mystère, le Vautour, les Mirage III A et C, la Caravelle, le Communauté ou le Super Broussard. Son palmarès, unique en son genre, vaut celui de sa rivale Jackie Cochran : la médaille de l'Aéronautique en 1949, la Légion d'honneur (officier en 1956, Grand Officier en 1993), trois fois titulaire du Harmon Trophy, en 1951, 1953 et 1956, sans parler des autres distinctions et décorations obtenues en France et à l'étranger.

De tels exemples contribuent à entrouvrir un peu plus aux femmes la porte des carrières aériennes, en dépit d'une obstruction masculine plus forte que jamais. Mais la route est encore longue jusqu'au poste de pilotage d'un avion de ligne...

14

ENTRE CIEL ET ÉTOILES

A quoi bon la publicité,
Puisque j'appartiens à l'éternité ?
Marc Daucun,
Les Dames d'en haut.

Une dame. Une des plus grandes aviatrices. Une personnalité attachante qu'on devine secrètement meurtrie et trop fière pour l'avouer. Élisabeth Boselli refuserait cette description d'elle-même. Il est vrai qu'on ne résume pas une telle femme en quelques lignes, et qu'on ne saurait brosser son portrait à la hâte. Or, sa pudeur lui interdit de révéler que sa passion du vol commence par un coup de foudre, au cœur des Années Folles, dans une chapelle désaffectée où se pratique une religion nouvelle : l'aviation. Entraînée là par son frère cadet, Élisabeth succombe, se convertit aussitôt et, peu de temps après, achète le douzième d'un Leopoldoff, sans toutefois perdre le fil de ses études puisqu'elle décroche son diplôme de Sciences Po. Enfin, elle obtient son brevet de pilote, à l'insu de sa famille, qui apprendra la nouvelle dans des conditions amusantes, au cours d'un repas : Élisabeth qui, jusque-là, avait su tenir sa langue et se gardait bien de parler de ses cours de pilotage, intervient soudain dans une conversation qui ne la concerne pas, rectifie avec aisance un détail technique lié à l'aviation et apporte des précisions, sans se rendre compte qu'elle se trahit. *« Comment sais-tu cela ? »*, l'interroge-t-on. *« Eh bien, j'ai mon brevet de pilote ! »* répond-elle, à la stupéfaction générale. L'affaire ne se termine pas trop mal puisqu'elle continue, ouvertement cette fois, revend sa part de « Leo » pour acquérir le sixième d'un Zlin 12 que les Allemands, de passage pour quatre ans en France, vont réquisitionner.

Dans l'intervalle, Élisabeth songe à s'engager dans l'armée de l'Air et se casse le nez sur la porte du bureau de recrutement où le personnel ne fait pas preuve d'un enthousiasme débordant devant sa candidature, comme en témoigne la réponse : « *On vous préviendra quand on aura besoin de vous.* » Bref, laissez-nous votre adresse, etc. Une histoire connue. Mais cette petite femme tonique, faite d'un alliage de douceur et de ténacité, va attendre son heure. Avec cette certitude : elle volera ! Comment une jeune fille, que ses études promettent à une belle situation, peut-elle aimer d'amour un avion ? A l'âge des bals et des émois, à l'âge où l'avenir semble encore un horizon indistinct dans une brume dorée, Élisabeth préfère les odeurs puissantes de cuir, d'huile chaude et d'essence. Avant elle, souvenez-vous, il y a eu Hélène, Léna, Adrienne, les Maryse, Amelia – elles présentaient des symptômes identiques. A l'âge où ses camarades égrènent le chapelet de la passion et rêvent d'inscrire leur nom, sur la liste des amantes célèbres, Élisabeth Boselli murmure amoureusement des mots bizarres : stratus, cumulus, badin, palonnier, pente, bord de fuite, bord d'attaque, dérive. Elle devient aussi savante que ses instructeurs, capable de tenir la dragée haute aux ingénieurs, d'aborder avec eux les sujets les plus complexes, capable également de patienter, telle une Pénélope moderne...

La récompense se présente en 1944 sous la forme d'un engagement, avec le grade de sous-lieutenant, au sein du groupe de douze aviatrices militaires formé à l'initiative de Charles Tillon, qui réunit les meilleures femmes pilotes du moment, parmi lesquelles les deux Maryse, Yvonne Jourjon, Andrée Dupeyron, Élisabeth Lion, Suzanne Melk et Anne-Marie Imbrecq. Élisabeth Boselli ne perd pas de temps : à Châteauroux, elle passe avec succès les épreuves du brevet militaire de pilote d'avion et, à Tours, suit le cycle complet des élèves moniteurs. Tandis que ses aînées volent essentiellement sur des appareils de liaison, Élisabeth s'installe aux commandes du Dewoitine 520, un superbe monoplace de chasse qu'il ne viendrait jamais à l'idée des militaires de placer entre les mains d'un novice, surtout quand il s'agit d'*une* novice. Mais Élisabeth n'a rien d'une débutante : elle dompte cet étalon nerveux avec une maîtrise que d'anciens pilotes de guerre, rompus à toutes les manœuvres sur ce type d'appareil, saluent en professionnels rigoureux... On oublie vite qu'une femme est assise dans le cockpit, sauf quand elle s'en extirpe avec une grâce et une légèreté que ne possèdent pas ces lourdauds de garçons...

Entre ces filles de l'air se tissent des liens amicaux que la jalousie, née d'une quelconque rivalité, ne viendra pas ternir. La disparition brutale de Maryse Hilsz, qu'Élisabeth considère comme supérieure à Hélène Boucher dans le domaine du pilotage, renforce cette complicité qui, il est vrai, n'aura pas le temps d'être éprouvée puisque le groupe va bientôt éclater, en 1946. Lors de l'enterrement de Maryse Hilsz se situe d'ailleurs une anecdote tragi-comique : figées dans un garde-à-vous impeccable, les aviatrices émues forment, depuis un bon moment, une haie d'honneur à leur camarade quand Élisabeth entend comme un bruit de castagnettes, incongru en cette circonstance. Elle prête mieux l'oreille : pas de doute, ce sont des castagnettes, et même un véritable concert. Un petit coup d'œil curieux autour d'elle lui révèle qu'en fait de castagnettes, le bruit provient des mâchoires de ses amies qui, transies de froid, claquent des dents. Cette découverte a pour effet de déclencher un fou rire irrépressible autour du cercueil.

Le rire ne devait pas dissiper un malaise croissant, même après que le silence se fut refermé sur la tombe. En effet, la mort de Maryse en service commandé provoqua comme un signal car, à partir de ces jours de deuil, l'aventure militaire au féminin va tourner court : d'abord, l'administration décide de supprimer les grades, puis invoque des restrictions de budget pour réduire le personnel et, enfin, mettre un terme à l'expérience...

Démobilisée, mais avec son brevet de pilote militaire en poche, Élisabeth s'empresse de passer le brevet de transport public, s'intéresse au vol à voile, une discipline qu'elle veut approfondir jusqu'au monitorat. D'où un brevet supplémentaire obtenu en six semaines et cent heures ! Décidément, cette fille tient à l'aviation et réciproquement. En décembre 1947 et en 1948, elle n'hésite pas à s'immiscer dans le territoire des reines de la glisse sur le vent et leur souffle le record d'altitude ; elle bat un record international alors qu'elle s'attaquait au record de France. Le 21 mai 1949, à Brétigny-sur-Orge, elle récidive à bord d'un Piper : elle grimpe à 5 791 m et établit ainsi le record national d'altitude pour avion de 500 à 1 000 kilos. Un décret de 1951 lui rouvre en 1953 les portes de l'armée de l'Air, qui ne la lâchera pas de sitôt et va même lui dérouler un tapis rouge jusqu'à l'habitacle d'un avion à réaction.

L'armée prouve là qu'elle ne manque pas de flair parce que ce transfert de l'aviatrice sur appareils à réaction va rapporter à la France plusieurs records du monde. Le 26 janvier 1955, Élisabeth s'envole sur un M53 Mistral et bat le record de vitesse féminin sur 1 000 km avec plus de 746 km/h. Le 21 février suivant, sur le parcours Mont-de-Marsan-Oran-Mont-de-Marsan, soit près de 1 840 km, elle pulvérise le record du monde de distance en circuit fermé pour avion à réaction, toujours à bord de son Mistral, puis, le 1er mars 1955, ajoute le record du monde de distance en ligne droite, entre Creil et Agadir : Mademoiselle Boselli franchit les 2 331 km en 3 h 30 mn, à la vitesse moyenne de 660 km/h. Voilà un beau quinté, en vérité, puisque, le 21 février et le 1er mars, Élisabeth a aussi battu les records féminins dans les disciplines concernées.

Assez curieusement, les Français ne réagissent que mollement à ces performances et montrent plus d'engouement si c'est Jacqueline Auriol qui signe un succès équivalent. Comment expliquer cette différence de notoriété ? Réservée malgré sa nature passionnée, entièrement vouée à son art et respectueuse du règlement militaire, Élisabeth Boselli ne recherche pas les projecteurs de l'actualité ou la gloire des médias : elle n'en accepte les servitudes qu'après s'être élancée dans le ciel pour une nouvelle victoire. Jacqueline Auriol, pour sa part, bénéficie, malgré elle, de ses liens privilégiés avec Vincent Auriol et de tout un réseau de relations politico-mondaines dont la presse guette les faits et gestes. L'aviatrice ne semble guère priser l'ambiguïté de cette situation et fait la démonstration, par ses seules qualités, de sa capacité à monter sur la plus haute marche du podium céleste. Sans aucune aide. Parallèles pendant quelques années, les carrières des deux femmes pilotes vont diverger au moment où il devient évident que l'Algérie des années 50, en proie aux premières convulsions qui vont la conduire à l'indépendance, se prépare à rejeter le vieux greffon français.

Pendant que Jacqueline Auriol accélère sa trajectoire, aux commandes d'appareils sans cesse plus sophistiqués, tels le Mystère IV ou le Mirage III, Élisabeth aborde l'autre rive de la Méditerranée, munie des papiers qui font d'elle un pilote volontaire pour accomplir, notamment, des missions d'évacuation sanitaire. L'aviatrice sait qu'on la traitera comme un homme, sans régime de faveur, qu'elle devra tenir un rythme parfois élevé, de jour comme de nuit, pendant des périodes de trois mois d'une permanence mouvementée et sans trêve, et qu'il lui faudra voler à l'occasion dans des conditions météo détestables. Qu'elle devra oublier samedis, dimanches, repos, qu'il lui faudra peut-être redécoller quelques instants après avoir achevé un vol épuisant. Élisabeth Boselli devient l'indicatif Renfort 22, une petite fourmi ailée qui multiplie les missions, dont certaines, ingrates, l'entraînent au-dessus des régions les moins sûres. Elle transporte le courrier, les blessés ou les personnalités, effectue des vols nocturnes de reconnaissance pour tenter de repérer les bandes rebelles, participe à la calibration de radars, réalise quarante-sept vols d'essai en deux ans. Et accumule les citations, qui soulignent *« un allant et une volonté tout particulièrement remarquables »* au cours d'une mission dont la promptitude d'exécution a permis de sauver un blessé grave, ou louent les *« hautes qualités morales et professionnelles »* de ce *« pilote de grande classe aimant passionnément le vol »* qui, lors d'une mission postale difficile, menée vers des postes isolés, a contribué *« ainsi à maintenir le moral du personnel »* affecté là.

En tout, elle réalise 335 missions, dont 254 dites de « maintien de l'ordre », totalise 900 heures de vol, 150 000 kilomètres à travers l'Algérie et cinq traversées de la Méditerranée, et a subi plusieurs pannes sans endommager les appareils [1]. Elle rentre en France à sa demande, rapatriée avec une amibiase et une invalidité permanente. Le pilote de 1re classe Élisabeth Boselli a bien mérité de la nation ; assurément, l'attribution de la Légion d'honneur, qu'elle reçoit des mains d'Adrienne Bolland en 1965, est plus que justifiée. Attachée comme rédactrice au cabinet du ministre, boulevard Victor à Paris, elle quittera l'armée en 1969, sans regret pour cet engagement sous les drapeaux qui, à l'en croire, a été pour elle *« le plus sûr moyen de voler régulièrement et de faire une carrière de pilote plus intéressante »* [2].

Un état d'esprit identique anime Valérie André, Strasbourgeoise de naissance, qui, dès son plus jeune âge, proclame non pas une mais deux passions : l'aviation et la médecine. *« J'ai toujours voulu être pilote,* se souvient-elle, *mais on croyait à une toquade d'enfant. »* Cependant, l'envie de voler n'a rien d'une passade pour cette gamine de sept ans car, moins de dix ans plus tard, Valérie prend ses premiers cours et réussit à concilier son activité aérienne avec ses études de médecine, obtenant son doctorat en novembre 1948. A l'époque, la France bataille dans les rizières d'Indochine et la pénurie de médecins se fait cruellement sentir. Lorsque le directeur des services de santé en Extrême-Orient propose aux jeunes praticiens un engagement de dix-huit mois, Valérie se porte volontaire et intègre en 1949 un service de neurochirurgie – sa spécialité – à Saigon. Vu les particularités de sa mission, elle prend des cours de parachutisme, décroche son brevet, effectue plusieurs sauts en zone hostile, notamment sur le poste isolé de Huong-Ngat (Haut-Laos) où elle sauve un blessé, avant de rejoindre les lignes françaises après six jours de piste en territoire ennemi. A quelque temps de là, elle procède seule, sans escorte, à l'évacuation sanitaire de treize blessés sur une route soumise au feu du Viêt-minh.

Femme de cœur autant que de caractère, elle progresse dans ses deux passions très complémentaires sur le terrain : médecin-chef de l'infirmerie de la base de Saigon, chef de l'antenne chirurgicale de l'hôpital Coste, elle demande à s'inscrire au stage de pilotage d'hélicoptères puisque l'annonce vient d'être faite de l'intervention de ce type d'appareil sur le théâtre des combats. En 1950, de fait, deux petits hélicos Hiller arrivent en Indochine, destinés spécialement à l'évacuation des blessés. Avec eux, deux pilotes dont l'un va être blessé dans un accident de la route. Il faut un pilote de secours, un volontaire : Valérie répond immédiatement, encouragée dans sa démarche par le médecin-général Robert, qui l'autorise à rentrer en métropole pour suivre l'enseignement nécessaire à l'École d'Hélicop-Air de Cormeilles-en-Vexin.

Détentrice en septembre 1950 du premier brevet civil de pilote d'hélicoptère [3], elle retourne en Indochine le mois suivant, pour un deuxième séjour, en tant que chef de section d'hélico à Gia-Lam, au Nord Viêt-nam, où elle amorce aussitôt une incroyable série d'évacuations sanitaires héliportées (E.V.A.S.A.N.), qui arrachent à une mort certaine des dizaines de blessés graves. C'est dans ces conditions dignes d'un film d'aventures, aux épisodes palpitants, qu'elle retrouve l'un des premiers pilotes de Hiller, le capitaine Santini, appelé à devenir son mari... Mais Valérie ne dispose pas de beaucoup de répit pour roucouler : escortée ou non par la chasse, parfois parachutée, elle enchaîne les missions les plus risquées sur des postes souvent encerclés et bombardés. Elle va même participer, comme médecin, à des opérations périlleuses dans le golfe du Tonkin. A plusieurs reprises, les Viets prennent son hélico pour cible, notamment au cours de l'opération Mercure. Un jour, elle réussit à poser en autorotation, près de Nam-Dinh, son appareil sérieusement endommagé.

Détachée ensuite à Na-San, elle fait l'objet de trois citations à l'ordre de l'Armée et, le 14 août 1952, reçoit la Légion d'honneur. Napoléon lui-même aurait affectueusement tiré l'oreille de cette femme peu ordinaire dont légionnaires et parachutistes, des combattants endurcis, admirent le courage et la bonne volonté. Son arrivée opportune au beau milieu d'une bagarre ne signifie-t-elle pas la fin des misères pour les blessés ? « Mademoiselle Ventilateur », de son nom de code, ou « quekat » en vietnamien, tombe du ciel toujours au bon moment et dans les situations les plus invraisemblables, se pose dans les endroits les plus exposés, à l'image de cette clairière, au creux d'un entonnoir d'arbres, d'où elle va extraire deux légionnaires sévèrement touchés. Tout se conjugue contre cette mission impossible : le poids des blessés, la vitesse ascensionnelle relativement lente et les tirs nourris que l'ennemi invisible concentre sur le petit appareil. Valérie joue son va-tout pendant que les légionnaires rescapés déchaînent une riposte destinée à faciliter son envol. Le médecin volant passe de justesse, une fois encore...

Elle va clore le chapitre indochinois sur un bilan qui justifie amplement le respect que lui voue maintenant le corps expéditionnaire : 129 missions, 300 heures de vol, 22 sauts en parachute et surtout le sauvetage de 165 blessés. Pour récompenser ces brillants états de service, le général de Lattre de Tassigny en personne la décore sur le front des troupes. Un honneur rare qui précède son intégration dans le corps militaire du service de Santé. De retour en métropole, elle profite de sa mutation au C.E.V. de Brétigny pour se faire initier au pilotage de l'Alouette par Jean Boulet : elle va passer alors ses brevets de pilote d'hélicoptère professionnel, de pilote d'hélicoptère de l'Aviation légère de l'armée de terre (A.L.A.T.) et de pilote d'avion. On ne saurait rêver meilleures qualifications pour le médecin des pilotes d'essai !

Si on ne lui permet pas de retourner en Indochine, dans la nasse mortelle de Diên Biên Phû [4], le capitaine Valérie André sait se rendre utile. C'est elle que l'ingénieur général Bonte désigne quand un besoin se fait sentir dans le monde, à la suite d'une catastrophe. On l'embarque dans un gros Nord 2 501, avec hélico et matériel médical, pour la conduire d'urgence à pied d'œuvre. Elle intervient ainsi à Orléansville, en Algérie, à la suite du tremblement de terre de 1954, avant de gagner la

Côte-d'Ivoire où, dans une lagune, vient de s'écraser un avion... En janvier 1959, au terme de cinq années de service à Brétigny, Valérie débarque en Algérie comme médecin-chef et pilote au sein de la 23e escadre d'hélicoptères, d'abord à Boufarik, puis à Reghaïa, non loin d'Alger. Contrairement à sa période indochinoise, Valérie ne fait plus cavalier seul : elle pilote désormais des Alouette II et des Sikorski H-19 ou H-34, plus gros mais aussi plus maniables que le Hiller. De plus, outre les missions sanitaires, elle doit également transporter des troupes et leurs équipements. Là encore, elle force l'admiration des hommes, tant par son courage que par un sang-froid mis à rude épreuve en plusieurs circonstances, en particulier lorsqu'elle échappe de justesse à un crash, aux commandes d'un H-34 : elle réussit à maîtriser la chute du lourd hélico et atterrit au fond d'un oued asséché, saine et sauve.

Madame la Providence, comme la baptisent quelques-uns de ceux qui lui doivent leur salut, va réaliser 356 missions de maintien de l'ordre avant de repartir pour la France, en 1962, et poursuivre une carrière plus tranquille : médecin-chef et pilote d'hélicoptère à Villacoublay, avec le grade de commandant, lieutenant-colonel en 1965, conseillère technique en matière de transports aériens militaires, et colonelle en 1967, général (ou générale) de brigade en 1976, et directeur du service de Santé de la 2e région aérienne, soit du quart nord-ouest de la France.

En 1981, ce bout de femme énergique accède au titre de médecin-général inspecteur, une promotion logique pour l'héroïne aux 4 200 heures de vol et aux 496 missions de guerre. Modeste, gentille, séduisante avec ses boucles brunes, fille merveilleuse aux dires du général Bigeard, mais tenace, Valérie confesse avoir eu la hantise de devoir refuser une mission et de s'entendre dire par le responsable : *« Après tout, vous n'êtes qu'une femme ! »* Elle a donc tenu bon. *« J'ai eu à combattre la misogynie,* reconnaît-elle toutefois [5]. *Je l'ai fait pour moi et pour les autres femmes. Non pas par féminisme – je n'aime pas ce mot – mais pour que chacune ait sa chance dans tous les métiers et que les meilleures puissent émerger hors toute ségrégation sexiste. Cette séparation en deux clans – hommes, femmes – me semble stupide. »*

Mariée sur le tard avec le colonel Santini, Valérie André ressemble à cette description d'elle que donne l'une de ses citations : sous une frêle apparence féminine, elle cache, en effet, *« une énergie peu commune, un courage à toute épreuve, un dévouement sans limite et la plus froide audace».* Autant de qualités que bien des hommes peuvent lui envier et pour lesquelles nombre de baroudeurs la vénèrent encore aujourd'hui... Avec raison.

Une autre femme a suivi une trajectoire indochinoise similaire: après avoir servi dans la Résistance de l'est de la France, pendant les années sombres de l'Occupation, Suzanne Jannin [6] fut la deuxième aviatrice à voler sur le théâtre des opérations en Indochine. D'abord engagée comme chirurgien dentiste, elle revint comme pilote, détachée à l'escadrille de liaison aérienne n° 52, au cours d'un second séjour durant lequel, à bord d'un Morane 500, elle effectua des évacuations sanitaires. Rentrée en France, cette femme pleine de ressource et non dépourvue d'une expérience solide acquise sur le terrain, voulut créer une aviation militaire féminine calquée sur l'organisation des convoyeuses de l'air. Elle reprenait là le vieux rêve de Marie Marvingt et de Claire Roman. Sans plus de chance que ses illustres aînées car, si un projet de décret fut bien élaboré, ce programme généreux demeura à l'état d'ébauche. Une fois de plus !

De même, la présence de femmes pilotes dans l'armée de l'Air provoque des grincements de dents dans cette confrérie très masculine. En 1992, au cours d'une conversation à ce propos, un jeune instructeur militaire de Cognac, un garçon marié, équilibré et charmant, résuma vivement l'opinion générale en deux mots brefs: *«Pas question !»* trancha-t-il, reprenant ce cri du cœur poussé en 1890 par l'architecte Charles Garnier, père de l'Opéra de Paris, à l'occasion d'un débat mouvementé où l'on discutait de la possible admission des femmes à l'École des Beaux-Arts. Une telle intrusion *«mettrait le feu aux poudres... et produirait une explosion dans laquelle l'art* (ou l'aviation) *serait complètement annihilé.»* Une telle flambée d'intolérance ne pouvait rester sans réponse, laquelle vint du sculpteur Guillaume, une réponse ferme qui s'adapte parfaitement – là aussi – au rôle positif des femmes dans le domaine aérien: *«Vous ne savez pas ce que vous dites,* lança-t-il. *Lorsqu'un artiste travaille, pense-t-il à autre chose qu'à l'étude en laquelle il est passionnément engagé ? Dans l'école que nous envisageons, il n'y aura ni hommes, ni femmes, mais seulement des artistes animés par un esprit noble et pur.»* La sagesse, finalement, l'emporta. Il faudra encore du temps pour qu'elle s'infiltre à tous les niveaux de l'état-major de l'armée de l'Air où l'on distribue aux candidates les postes de pilotes militaires avec parcimonie.

En 1982, la situation s'assouplit quelque peu lorsque l'Aviation légère de l'armée de terre accueille enfin des femmes pilotes : le vendredi 19 novembre, le sergent-chef Annette Dugaleix et le sergent-chef Rena Fone-Tchoura reçoivent à Dax le brevet de pilote d'hélicoptère léger, au cours d'une cérémonie présidée par le général Navereau, commandant de l'A.L.A.T. Cette première fait suite à une déclaration de Charles Hernu, ministre de la Défense, qui, en 1981, avait annoncé son intention de créer un détachement d'intervention parachutiste féminin et d'autoriser les femmes à accéder à des emplois spécialisés comme, par exemple, le pilotage d'hélicoptères de liaison. Pour la brune Rena, Landaise pure souche, c'est la logique même : *« Il n'y avait que des militaires dans la famille. Pour moi, c'était la voie normale. »* Pour sa part, la blonde Annette suit une vocation qui remonte à sa plus tendre enfance. Le mouvement va bientôt se généraliser avec l'arrivée de Martine Gaillard, de Sylvie Rougeoreille et du lieutenant Nicole Riedel. Puis, au début de 1985, le lieutenant Isabelle Boussaert obtient à Avord le premier brevet de transport militaire jamais remis à une femme. Ces filles modernes se montrent les dignes successeurs des aviatrices de naguère et prouvent, notamment à l'occasion de la guerre du Golfe, en 1991, que la vaillance et la détermination n'ont pas disparu avec Maryse Bastié, Maryse Hilsz ou Hélène Boucher. D'ailleurs, deux d'entre elles, le sous-lieutenant Anne Genty et le lieutenant Isabelle Debaux se verront attribuer le Trophée de la Femme, le 18 décembre 1991 [7].

A l'époque, la Royal Air Force britannique décide de former des femmes pilotes de combat. Aux États-Unis, les premiers pilotes féminins de l'armée de terre ont amorcé leur instruction à Fort Lauderdale, durant l'été 1973, tandis que l'aéronavale accueillait ses premières élèves pilotes sur la base de Pensacola, en vue d'un stage de quatorze mois [8]. Cinq ans plus tard, trente-cinq femmes achevaient leur entraînement comme pilotes d'hélicoptère et quatre allaient effectuer un complément de stage sur avion à voilure fixe, de façon à pouvoir prendre les commandes de bimoteurs de liaison de type U21. Précisons que les dix premiers pilotes militaires de l'U.S. Air Force ont été formées sur la base aérienne de Williams (Arizona). Ces amazones hyperspécialisées ne doivent pas, en principe, voler sur des appareils susceptibles de constituer une cible directe pour un ennemi potentiel. On leur confie néanmoins des avions lourds, tels le C141 Starlifter ou le ravitailleur en vol KC-135 (quadriréacteur qui a donné naissance au Boeing 707), ou encore le C9, version « hôpital » des biréacteurs civils DC9. Chez les Américains, on ne fait pas les choses à moitié puisque l'U.S. Air Force n'a pas hésité à revoir l'ergonomie des postes de pilotage pour adapter ceux-ci à leurs occupantes (hauteur des yeux, place des manettes et contrôles à portée de petits bras, confort en position assise et autres détails destinés à faciliter l'installation de ces dames...).

Un peu partout dans le monde, les femmes se glissent dans le cockpit d'appareils militaires et même, comme en Libye, à bord d'avions de chasse, ce qui paraît en conformité avec le Livre vert de Muammar al-Kadhafi : *« La femme est un être humain, l'homme est un être humain,* écrit le leader libyen. *Il n'y a en ceci ni doute ni divergence. Par conséquent, il est tout aussi sûr que la femme et l'homme sont égaux. »* Tout le monde ne partage pas cet avis, surtout dans nombre de pays occidentaux où, comme le remarque la sociologue Évelyne Sullerot, *« à compétences égales, les filles s'engouffrent le plus souvent dans des carrières dites féminines qui sont de véritables goulets d'étranglement, tandis que les garçons choisissent les métiers d'avenir ».* Fille du progrès, fruit des technologies les plus en pointe, l'aviation éprouve parfois les plus grandes difficultés à s'extirper de son corset de préjugés machistes. Et ce n'est pas le film intitulé *L'égalité dans les transports, ça avance...* qui va changer les mentalités. Réalisé en 1987 avec le concours d'entreprises publiques (Aéroports de Paris, Air France, Air Inter, la S.N.C.F. et la R.A.T.P.), présenté à la presse par Jacques Douffiagues, ministre des Transports, et Hélène Gisserot, déléguée à la Condition féminine, ce court-métrage bourré de bonnes intentions tente de promouvoir la femme dans les métiers du transport. Aériens, notamment.

Pourtant, on n'apprécie toujours pas que des femmes laissent *« le balai pour le manche... »*[9]. Le commandant de bord Danielle Decuré peut en parler en connaissance de cause, elle qui connaît tous les obstacles dressés sciemment par des messieurs entre la vocation d'une jeune fille et le poste de pilotage d'un avion de ligne [10]. Elle appartient à cette génération d'aviatrices dures à cuire qui forcent la citadelle masculine et paient très cher leur audace, essuyant brimades, quolibets et autres

« crasses ». Au début des années 60, quand Danielle veut suivre la filière des pilotes de ligne, on lui refuse l'entrée à l'E.N.A.C. (École nationale de l'aviation civile), un établissement alors interdit aux femmes et qui ne leur ouvrira ses portes que dix ans plus tard. On pourrait penser, comme l'écrit la jeune femme, que *« toute occasion est bonne pour faire prendre conscience aux Françaises qu'elles ne sont pas des membres à part entière dans le monde de la profession »*. Danielle persiste, passe sa licence de pilote professionnel, devient instructeur et pilote professionnel de première classe puis, en mai 1969, entre comme copilote à Europe Falcon Service. Elle tient enfin sa chance en 1973 lorsque la compagnie nationale Air France lance un concours de recrutement où sont admises les femmes. Danielle figure parmi les sept reçus. Entre-temps, l'aviatrice a fondé l'Association des pilotes françaises avec Marie-Josèphe de Beauregard qui en sera la première présidente en 1971, Hélène Lacour-Frankel, Jacqueline Golay, chef pilote au C.E.V. de Melun, Jacqueline Malézieux et Nicole Perceval. Parmi les adhérentes qui vont se faire les dents dans des compagnies aériennes, on peut citer Brigitte Lescop (qui deviendra Brigitte Motte), d'abord à T.A.T. puis à Air Inter, Jacqueline Camus, Patricia Brezun (Mme Haffner), seule femme pilote issue de l'E.N.A.C., toutes deux à Air France, et Suzanne Oberlin qui volera sur A.O.M.

Danielle Decuré gravit un à un les échelons de la compagnie Air France : d'abord lâchée sur bimoteur Fokker 27, elle se hissera comme commandant de bord dans le poste de pilotage de la perle des Airbus : l'A 320. Ce qu'elle a vécu tout au long de ces années explique sans doute la rogne et la grogne qui alimentent ses propos. Elle emploie un ton incisif et des mots qui font mouche à tous les coups. Et que d'autres aviatrices plus jeunes dans le métier pourraient reprendre à leur compte, telle Martine Tijague, pilote de Falcon 10, qui, en 1980, alors qu'elle préside l'Association des pilotes françaises, ne cache pas qu'il existe *« une certaine jalousie chez des pilotes masculins »* à l'égard de leurs collègues féminins. Elle rapporte même le propos d'un de ses amis : *« Quand j'entends une femme à la radio, ça déconsidère mon métier. »* Et elle de conclure : *« Beaucoup le pensent mais n'arrivent pas à passer le cap de le dire... »* A ces femmes résolues et capables, on ne cède rien, on refuse le droit à l'erreur. Jolie brune à l'accent chantant, Dominique Verdier, qui accède au poste de copilote sur DC10 chez U.T.A., en novembre 1976, se contente d'un laconique: *« On ne m'a pas fait de cadeau ; ça, non ! »*

Selon Danielle Decuré, l'idée de la femme installée à un poste jusque-là exclusivement réservé à des hommes mettra du temps à faire son chemin dans l'opinion. *« Je pilote un gros avion de ligne,* explique-t-elle dans son livre [10]. *Ce n'est pas un exploit en soi... L'exploit, c'est de le faire quand personne au monde ne peut l'imaginer, croire que c'est possible. »* Malgré une libéralisation à travers le monde, les femmes pilotes de ligne restent minoritaires, sauf peut-être chez American Airlines où, en 1988, on recensait 166 commandants de bord et copilotes, soit 10 % du personnel navigant technique. Cette position singulière dans un milieu viril indispose plus d'une aviatrice. Comme le déclare Patricia Haffner: *« Être la bête curieuse d'une promotion et s'entendre dire que vous êtes une exception, c'est plus qu'énervant. »*

Danielle, Patricia, Brigitte ou Suzy créent pourtant les précédents qui tracent la voie du ciel à d'autres filles. La Libye possède aussi ses femmes pilotes de ligne, notamment Aïcha, la première d'entre elles, conséquence de la révolution de 1969 qui a inversé les valeurs traditionnelles du monde arabe en ce qui concerne la condition féminine. En 1984, cinquante ans après avoir introduit les hôtesses de l'air en Europe, Swissair admet les premières femmes en cockpit, avec Gabriela Lüthi, puis Brigitte Girardin, laquelle, qualifiée sur MD80 en 1990, reçoit ainsi la récompense d'une longue patience: la compagnie l'avait éconduite en 1982 et, faute d'accéder à un poste de pilotage, la jeune femme avait opté pour le métier d'aiguilleur du ciel... On pourrait citer encore – et entre autres – Ines Frick, première femme ingénieur de bord à Swissair. Assurément, la compagnie helvétique vole au-dessus de la misogynie. A travers l'Europe, les compagnies aériennes se mettent au diapason: en avril 1986, les Allemandes Evi Lausmann et Nicola Lunemann effectuent un stage au centre de formation de la Lufthansa de Brême. En 1987, British Airways embauche ses premières pilotes.

Aux États-Unis, la promotion des femmes s'organise à tous les niveaux. Ainsi, en 1978, United Airlines compte, parmi ses navigants, le père et la fille: Art Powers, commandant de bord sur DC8, et Debra Ann Powers, ingénieur mécanicien copilote sur Boeing 737. Le transporteur américain emploie aussi une autre femme mécanicien copilote sur B737, en l'occurrence Gail

Gorski, précédemment pilote pour la F.A.A. où elle s'occupait des contrôles en vol. De son côté, toujours en 1978, Texas International signe leur lettre d'engagement à six femmes, dont Jill E. Brown, première aviatrice noire promue sur une ligne commerciale et appelée comme ses camarades à voler comme copilote sur DC9. A cette époque décidément favorable à l'élément féminin, Western Airlines s'assure les services de la blonde Valérie Jane Walker, en tant qu'ingénieur mécanicien navigant. Auparavant, la jeune femme effectuait des missions de surveillance aérienne pour la police. Le 19 juillet 1984, l'Américaine Lynn Ripplemeyer effectue la liaison Newark (New York)-Gatwick comme première femme commandant de bord d'un B747, après une évolution de carrière surprenante : d'abord hôtesse de l'air chez T.W.A., mécanicien navigant puis pilote pour People Express, elle avait fini, en 1980, par rassembler les qualifications nécessaires pour devenir copilote sur B747. Ce parcours fera d'elle la femme de l'année, fêtée à l'occasion d'un bal de charité donné à Londres en présence de la famille royale [11].

Bref, l'installation des femmes s'accomplit, certes laborieusement, mais sûrement. Une par-ci, une autre par-là. Pilote, copilote, ingénieur navigant. Souvent séparées, quelquefois ensemble, comme ce 8 février 1985, à bord du Mercure d'Air Inter qui assurait la ligne Paris-Nîmes. Un passager, journaliste aéronautique, se pencha vers son voisin, homme d'affaires sérieux, et l'apostropha avec cette aisance que rendent possible les voyages aériens :

– *Vous avez vu le pilote ? C'est une femme !*

Le journaliste ne manquait ni d'humour ni de culture.

– *Ah !* s'exclama l'autre passager, un peu nerveusement, *et qu'en pense le copilote ?*

Ricanement du journaliste :

– *Vous voulez dire* la *copilote ?*

– *Parce que...*

– *Oui, monsieur, deux femmes ! Au fait, j'allais oublier : jamais deux sans trois.*

– *Alors ?*

– *Le troisième homme, en réalité, c'est une femme. Si vous préférez, l'officier mécanicien navigant est une mécanicienne.*

– *Ciel !!!*

– *Justement, nous y sommes. Avouez que ça ne se passe pas si mal et que notre avion se comporte de façon plutôt docile entre les doigts experts de nos dames...*

Ce jour-là, dans le poste de pilotage du biréacteur construit par Marcel Dassault, Anne-Marie Peltier occupait le siège de gauche, avec Brigitte Lescop (aujourd'hui Brigitte Motte) à sa droite et Colette Vibert, l'officier mécanicien, installée en arrière, face au panneau de contrôle. A en juger par l'enthousiasme que les passagers manifestèrent après l'atterrissage, nul doute que les responsables de la programmation d'Air Inter pourraient maintenant rééditer ce qui avait été seulement le fruit du hasard et réunir de nouveau un tiercé féminin. En effet, *« trois femmes aux commandes d'un appareil commercial, n'est-ce pas le plaisir de voler multiplié par trois ? »*

On ignore ce que répondit l'homme d'affaires au représentant de la presse qui venait de lui poser cette question, mais visiblement il paraissait plus détendu. Assurément, la compétence n'a pas de sexe, même s'il est encore des hommes – voire des femmes – pour s'en étonner. Et la passion des premiers temps de la conquête de l'air, celle qui enflamma Élise Garnerin ou la baronne de Laroche ou encore Hélène Boucher, continue de brûler avec intensité dans les prunelles de Brigitte Motte, de Suzanne Oberlin, de Catherine Maunoury, chef de cabine à Air France et championne du monde de voltige [12] ou de Véronique Schlienger [13].

Cette même passion se retrouve chez les hommes et les femmes de l'espace, pionniers d'une autre conquête, ambassadeurs d'une humanité en quête de rêve autant que d'une nouvelle frontière. En juin 1963, deux ans après le saut de puce de Youri Gagarine dans le cosmos, six ans après la mise en orbite du premier Spoutnik, une Soviétique prenait le chemin de la banlieue terrestre. Pendant 70 h 50 mn, Valentina Tereschkova, première femme à s'affranchir de la pesanteur, tourne 49 fois autour de la planète, à une altitude de 231 km : à bord du vaisseau *Vostok VI*, « la mouette » – c'est son surnom – bat ce qui pourrait passer pour le record de distance en circuit fermé avec 1 milliard 970 millions de kilomètres parcourus. Nikita Khrouchtchev, le premier secrétaire du Parti, lui parle en direct et se félicite de voir *« une jeune fille de chez nous »* être la première à voler dans l'espace. Sur ce, il salue le *« triomphe des idées de Lénine »*. La presse communiste loue, d'ailleurs à juste titre, la vaillance de « Valia », à propos de laquelle *La Femme Soviétique* écrit qu'elle *« incarne la volonté et le courage des premières révolutionnaires, la persévérance et la volonté d'aboutir des bâtisseurs de la nouvelle société »*. Pour Valentina, toutefois, ce voyage fantastique vers le paradis a un avant-goût d'enfer tant elle supporte mal les conditions de vol. Malgré son retentissement mondial et des retombées positives pour la cause des femmes, ce succès technique n'encourage pas les responsables du programme spatial à rééditer de sitôt l'expérience féminine. On se dit que la jeune cosmonaute, en dépit d'une résistance physique réelle, ne présentait peut-être pas le profil idéal pour ce type de mission.

Issue d'une famille modeste, la future cosmonaute commence par travailler dans une usine de pneumatiques et va entrer ensuite dans une filature. Son horizon professionnel n'a rien d'exaltant mais, après tout, son seul diplôme, obtenu au terme de sept années de cours du soir, en fait une spécialiste du dévidage du coton. De constitution robuste, elle échappe à une existence terne par le sport, traverse la Volga à la nage, ce qui n'est pas à la portée de tout le monde, pratique le parachutisme au point de totaliser cent vingt-six sauts. Après l'exploit de Gagarine, elle se porte volontaire, est sélectionnée et intègre l'école des cosmonautes pour une année d'entraînement intensif. Gagarine la trouve *« très travailleuse, désireuse de bien faire, appliquée et très gaie »*. Deux jours avant le tir de *Vostok VI*, les Russes ont placé en orbite *Vostok V*, qui emmène Valeri Bukovski. Les deux vaisseaux vont se jumeler et, main dans la main, serait-on tenté d'écrire, se lancent dans une ronde autour de la Terre.

La présence d'un homme et d'une femme dans l'espace va permettre aux Soviétiques de comparer leur comportement et leurs réactions. Pour *Le Monde*, *« les Russes apportent la preuve que la femme peut rivaliser avec l'homme dans les exercices les plus difficiles auxquels nous convie l'évolution de la technique »*. Le quotidien du soir ignore cependant que *« la première Ève de l'espace »* [14] vient d'endurer une épreuve pénible, ce mal dont souffriront d'autres astronautes entraînés dans les meilleures conditions.

En tout cas, Valentina ne repartira plus, ni les autres femmes sélectionnées à l'époque. Elle épouse le cosmonaute Adrian Nicolaïev, fait un bel enfant – une fille – en 1964, naissance qui rassure ceux qui craignaient une influence négative des « radiations cosmiques » sur les capacités de procréation. Promue lieutenant-colonel en 1967, elle est appelée, dix ans plus tard, à présider le Comité des femmes soviétiques, puis va accéder au Comité central du Parti et au présidium du Soviet suprême.

Belle trajectoire, mais grosse déception aussi car la percée féminine de l'espace n'a été qu'un feu de paille, et il faut attendre dix-neuf ans pour remettre les femmes sur orbite, à tous les sens du terme.

Le 19 août 1982, Svetlana Savitskaya, 31 ans, s'envole pour plus d'une semaine. Cette fois encore, il y aura rencontre au sommet puisque son *Soyouz T7* va s'arrimer à la station orbitale *Saliout 7* où l'attendent Anatoli Berezovoï, Valentin Lebedev, Leonid Popov et Alexandre Serebrov, ravis de cette visite. Huit jours plus tard, le 27 août, à 22 h 04, la jeune femme regagne la terre ferme. D'emblée, il apparaît aux médecins qu'elle a mieux supporté que Valentina l'apesanteur et la rentrée dans l'atmosphère, une descente éprouvante.

Les spécialistes occidentaux s'interrogent: pourquoi les Russes ont-ils réexpédié une femme dans l'espace presque vingt ans après la première expérimentation décevante ? L'explication tient sans doute au fait que les Américains ont annoncé, en janvier 1978, la sélection de six candidates: Anna L. Fisher, Shannon W. Lucid, Judith A. Resnick, Sally K. Ride, Margaret R. Seddon et Katryn D. Sullivan, plus deux autres en mai 1980 : Mary L. Cleave et Bonnie J. Dunbar. Le choix s'arrête sur Sally Ride, 32 ans, une « astronette » agréablement proportionnée – 1,63 mètre pour 53 kilos – et au joli visage. Elle vient d'obtenir son diplôme d'astrophysicienne, en 1977, quand elle entend l'appel aux candidatures d'astronautes. A la fois pilote d'essai et ingénieur aéronautique, Sally découvre rapidement que l'existence d'une future femme de l'espace laisse peu de place à la vie de famille, ce que comprend d'ailleurs fort bien son mari, l'astronaute Steven Hawley, spécialiste des étoiles.

L'Amérique envoie donc sa première femme dans l'espace le 18 juin 1983, vingt-deux ans après John Glenn. Sally s'envole à bord de *Challenger*, la fameuse navette spatiale, en compagnie de Robert Crippen, commandant de la mission STS-7 [15], Frederick Hauck, le pilote, John Fabian, spécialiste responsable du satellite qui va être largué au cours du vol, et Norman Thagard, un médecin qui doit se pencher sur les mystères du mal de l'espace. Sally doit, quant à elle, commander le long bras manipulateur pour extraire le satellite de la soute, avant de le récupérer neuf heures plus tard. Il s'agit d'une « *manœuvre extrêmement délicate, capitale pour l'avenir du système, lorsqu'il y aura nécessité de prendre ainsi des satellites opérationnels afin de les réparer sur place ou de les ramener sur terre...»* Consciente de l'importance de son rôle, Sally déclare également que cette première, à savoir la place d'une Américaine dans la navette, *«doit beaucoup au mouvement féministe»*.

Il convient tout de même de préciser que la NASA étudiait depuis 1960 la possibilité d'inclure des femmes dans le programme de formation des astronautes. Treize aviatrices expérimentées avaient d'ailleurs passé avec succès les mêmes tests que les hommes. Si Jerrie Cobb fut l'heureuse élue, elle ne fut pas appelée pour autant à chevaucher une fusée: il n'y eut pas de suite ni d'explication. Il semble que les Américains se font tirer l'oreille à cause de Christopher Craft, surnommé «Chris Craft», un éminent spécialiste très respecté à la NASA et dans les milieux mondiaux de l'astronautique: en effet, ses travaux ont accéléré le développement des vols habités américains.

Pour des raisons connues de lui seul et apparemment liées à des considérations d'efficacité, cet homme génial mais traditionaliste refuse les compromis spectaculaires, les premières menées à des fins uniquement médiatiques et susceptibles de générer des problèmes. Par conséquent, il a décrété qu'il n'y aurait dans l'espace ni Noir, ni Européen, ni Jaune. Et pas de femme ! Ronald Reagan remet les pendules à l'heure le 17 juin 1983, veille du départ de Sally. Le Président américain voit dans cette participation du sexe dit faible à l'équipée spatiale *«un nouvel exemple des grandes réalisations que les femmes ont accomplies dans le pays; elles travaillent aussi dur que les hommes, leur travail recevant la récompense qu'il mérite»*.

Sally ne doit pas regretter de n'avoir pas suivi son amie, la championne de tennis Billie Jean King qui, impressionnée par son talent, la pressait d'abandonner ses études scientifiques pour entrer dans le cercle des professionnels de la raquette. Mais Miss Ride persévère dans les sciences car *«avec elles la logique est beaucoup mieux respectée»*. Ainsi, la voici dans l'espace, avec un cadeau : prévoyante, aux petits soins pour son «astronette», la NASA a imaginé que Sally éprouverait l'envie de se maquiller. D'où une trousse de cosmétiques préparée à son intention et adaptée à son environnement particulier. L'Américaine s'était contentée d'emporter coton, ciseaux et barrettes pour les cheveux, délaissant le rouge à lèvres, le mascara, le fard à paupières, la poudre de riz et le lait démaquillant. De toute façon, le voyage ne s'éternise pas et Sally va avoir le loisir de se refaire une beauté, le 24 juin, après un atterrissage impeccable, pour affronter la presse et le regard des autres femmes, des milliers d'autres femmes... Elle retrouvera le chemin des étoiles en 1984, encore une fois à bord de *Challenger* et en compagnie de Katryn Sullivan, sur le point d'être la première « piétonne » américaine de l'espace.

La NASA sent que la dimension féminine de ces missions relance l'intérêt du public pour un domaine qui a tendance à se banaliser et à sombrer dans la routine. Depuis le 12 avril 1981, date du premier lancement d'une navette, les tirs se succèdent sans incident notable. Si le décollage n'a rien perdu de son caractère grandiose et majestueux, au milieu des gerbes de flammes, l'atterrissage, guère plus exaltant que celui d'un bon 747, ne déplace plus les foules d'autrefois. De fait, jusqu'au mardi 28 janvier 1986, la navette réussit vingt-quatre voyages. La sûreté du système amène les autorités américaines à favoriser le départ d'un passager non professionnel de l'espace. Un enseignant, par exemple.

Sur les 11 000 candidats qui se bousculent au seuil d'une aventure unique, Christa McAuliffe se classe dans les dix premiers. Professeur d'économie, de droit et d'histoire à Concord, dans le New Hampshire, où elle dispense aussi un cours sur la femme américaine, elle va être retenue en juillet 1985, sans doute parce qu'elle souhaite *« revaloriser le statut des enseignants aux yeux de l'opinion »*. En dehors de cette louable intention, elle reçoit pour mission de rédiger le journal de bord et de faire, depuis l'espace, deux conférences : la première consacrée aux conditions de vie à bord, la seconde destinée à exposer les raisons et les avantages de la conquête spatiale. Pour ce nouveau vol de *Challenger*, Christa ne sera pas seule puisqu'elle va profiter des conseils de Judith Resnick, 37 ans, ingénieur en électronique, une astronaute qui possède déjà à son actif un séjour de 144 heures à bord de la navette [16]. Avec les deux femmes, la nouvelle mission emmène le commandant Francis Dick Scobee, le copilote Michael Smith, les ingénieurs Ronald McNair et Ellison Onizuka, ainsi que Gregory Jarvis, chargé par la Hughes Aircraft de procéder à des études de physique des fluides en apesanteur.

Que ressent Christa lorsqu'elle s'assied sur le siège incliné vers le ciel ? Les 120 heures d'entraînement suivi à Houston n'empêchent certainement pas une pointe d'appréhension de percer un court instant sous l'enthousiasme. Ensuite, la joie reprend le dessus. En cette circonstance peu ordinaire, la pensée de ses deux enfants et de son mari ne la quitte pas non plus : ils doivent avoir les yeux littéralement collés sur l'avion vertical, adossé à un énorme réservoir et flanqué de deux autres moins volumineux, mais impressionnants tout de même. Les paroles des instructeurs reviennent également à son esprit ; pourtant, les sensations d'aujourd'hui ne ressemblent pas vraiment à ce qu'ils expliquaient. Aujourd'hui, il y a l'émotion en plus.

Allez, tout ira bien ! La première « citoyenne de l'espace » imagine sa classe studieuse et fière. Un puissant grondement lui parvient alors, suivi d'un frémissement de la machine : le décollage. D'autres, avant Christa, ont éprouvé cela. Et ont eu à ce moment précis la réponse à la question posée par Tom Wolfe dans *L'Étoffe des héros* : « *Qu'est-ce qui fait qu'un homme est prêt à s'asseoir en haut d'un gigantesque pétard (...) et à attendre que quelqu'un vienne allumer la mèche ?* » Quoi qu'il en soit, il faut un sacré courage pour se retrouver très loin au-dessus de l'océan Indien seulement dix minutes après s'être arraché de Floride. Hélas ! *Challenger* ne connaîtra pas ces fameuses dix minutes : exactement soixante-treize secondes après la mise à feu, la navette et son équipage se transforment en une énorme boule orange et s'éparpillent en une multitude de morceaux incandescents, dont certains mettront plusieurs minutes avant de retomber. Au sol, l'incrédulité le dispute à l'hébétude. On entend même des applaudissements et des cris de joie, puis un silence horrifié gagne les rangs des spectateurs, comme une contagion de malheur.

Quelque part, une jeune fille, bouche ouverte, le visage levé vers le ciel, serre la main de son père encore presque souriant, un béret sur la tête. Derrière eux, une belle femme blonde paraît se figer. Tous trois viennent d'assister en direct à la mort de leur sœur et fille. Il fait très froid, en ce mardi maudit de janvier 1986.

L'enquête [17] révélera que la catastrophe repose sur la défectuosité d'un simple joint et mettra surtout en lumière le relâchement qui affecte la NASA.

La consternation frappe l'Amérique et la douleur se mesure à la hauteur des titres qui barrent la une des journaux du monde entier. Cependant, plus que toutes les déclarations solennelles, plus que tous les discours officiels, il est un message qui dut assurément apporter le repos à l'âme de la malheureuse astronaute et à celles de ses compagnons d'infortune, dans la mesure où l'on croit à ces choses-là, un message simple écrit par un petit garçon de dix ans: *«Merci pour avoir essayé d'atteindre une étoile, même si vous n'avez pas pu l'attraper. Nous vous aimons Sharon Christa McAuliffe.»*

Mais il en faut plus pour briser l'élan d'une nation. Déjà, en février 1986, Barbara Morgan, la doublure de Christa, acceptait l'offre de William Graham, administrateur intérimaire de la NASA, de participer à une future mission de la navette: *«Des millions d'étudiants ont besoin de voir que les défis peuvent être relevés avec succès, et je veux y contribuer.»*

Psychologiquement atteinte par une explosion qui a révélé les carences et le laisser-aller de son industrie spatiale, l'Amérique va auparavant entrer dans une longue et douloureuse période de convalescence. Si l'orgueil d'une administration assoupie a causé la mort de tout un équipage et un traumatisme planétaire, la peur et l'hésitation ne doivent pas prendre le pas: il faut aller de l'avant, continuer encore et toujours. Les astronautes reprennent l'entraînement; les ingénieurs vérifient le matériel dix fois plutôt qu'une. Le mercredi 5 juin 1991, l'angoisse au ventre, des spectateurs attendent l'envol de *Columbia*, déjà retardé à deux reprises en raison de problèmes d'ordinateurs ou parce qu'il fallait remplacer des sondes thermiques sur les moteurs. Désormais, on ne prend plus de risques. La moindre anomalie signifie l'annulation de la mission. Autant la NASA a fait preuve d'insouciance jusqu'à la désintégration de *Challenger* – insouciance qui découlait d'une trop grande certitude du succès –, autant elle est devenue soudain maniaque, à la limite de la paranoïa, en matière de sécurité. Un joint suspect, et l'on arrête tout.

En ce cinquième jour de juin, le public retient son souffle au moment de la mise à feu des énormes tuyères, à 15 h 25, heure française, et lorsque la navette s'élève, comme hésitante, majestueuse, chacun compte mentalement les secondes, sent son cœur se serrer au chiffre 73, lâche un soupir, passé ce cap, tandis que là-haut quatre hommes et trois femmes commencent une mission qui va durer 9 jours et 3 h 30 mn. Trois femmes dans l'espace, voici une sacrée première. Margareth Rhea Seddon, 43 ans, Millie Hughes Fulford, 45 ans, et Tamara Jernigan, 32 ans, ainsi que leurs compagnons [18] apportent une nouvelle sérénité aux Américains ébranlés par le désastre de 1986.

Les Européens, ancrés dans la certitude que leur donne *Ariane* d'expédier un jour un être humain dans l'espace, assistent en témoins avertis à ces péripéties russes ou américaines, auxquelles, à l'occasion, on les invite. Si l'on parle beaucoup des hommes, Jean-Loup Chrétien, Michel Tognini et Patrick Baudry, et d'une poignée de volontaires européens, les femmes ne semblent pas avoir la part belle, même si l'on sait qu'en 1991 elles représentaient 43 % des astronautes spécialisés aux États-Unis. La Belge Marianne Merchez, médecin généraliste depuis 1985, copilote sur Falcon 20 et Boeing 737, est une spationaute potentielle. En France, l'affaire a pris, dès l'origine, une allure délicate quand on abordait la question d'une femme dans l'espace. En 1979, dans le cadre de la 33e édition du Salon de l'aéronautique et de l'espace, le président de la République Valéry Giscard d'Estaing s'était enquis de la possibilité de faire voler une Française dans l'espace, à l'heure où les Soviétiques venaient de proposer d'embarquer un astronaute français dans l'un de leurs vaisseaux. A l'époque, la France préparait déjà plusieurs spationautes à cette aventure, dont une femme, Madame Anny-Chantal Levasseur-Regourb. Giscard va également placer une autre femme, Suzanne Oberlin, sur la liste des candidats européens, avant de l'étouffer sous des brassées de louanges. Ce geste-prétexte apaisait la revendication féministe du moment, un électorat à ne pas négliger. Il était donc dit qu'une Européenne dans l'espace, ce ne serait pas pour demain. *«J'en ai pris plein la gueule»*, avouera Suzy, sans amertume. Pour elle, commençait une autre aventure, celle de l'aviation commerciale. La Ligne !

Depuis ces vicissitudes, la Française Claudie André-Deshays, responsable des programmes de physiologie et de médecine spatiales au C.N.E.S., a été désignée à son tour, en 1993, pour passer quelques jours en banlieue terrestre avec les Russes.

Que ce soit en montgolfière ou à bord d'une cage à poules, aux commandes d'un avion à réaction ou d'un vaisseau spatial, les femmes ne renoncent jamais. Présentes – ô combien – à chacune des étapes de l'évolution de l'aviation, elles ont souvent été associées aux progrès dans ce domaine turbulent. Elles volent par passion, et elles voleront toujours, actrices de toutes les épopées ! Il ne saurait d'ailleurs en aller autrement.

Assurément indissociables, égaux dans leurs différences et unis par une identique soif de savoir, l'homme et la femme emporteront demain vers les étoiles la plus formidable des ambassades : une graine d'humanité.

ÉPILOGUE

« J'aimerais voler ! »

Du haut de ses dix-sept ans, la jeune fille ne doute de rien. Elle s'appelle Maryse, Hélène, Jacqueline... Je ne sais plus très bien, et peu importe. Mais son regard brille de la lumière du ciel qu'elle veut épouser.

Je la renseigne sur les filières à suivre, puis lui demande quel métier elle souhaite exercer « plus tard ».

D'une voix vibrante d'enthousiasme, tandis que ses joues s'empourprent, elle me répond : *« Eh bien, voler ! Je vous le répète, monsieur, je voudrais tellement voler... »*

Dormez en paix, Maryse Hilsz, Maryse Bastié, Léna Bernstein, Edmée Jarlaud, Hélène Boucher : votre passion brûle toujours dans de jeunes veines et votre cœur bat déjà dans l'avenir.

NOTES

1

1. La famille Montgolfier sera anoblie en décembre 1783.

2. Légende rapportée par Jean Anglade dans *Les Montgolfier*, Librairie Académique Perrin, Paris, 1990.

3. Selon un témoin, l'ascension eut lieu à bord d'un ballon *« dans la galerie duquel se trouvait M. Fleurant accompagné d'une dame vêtue en homme »*. Ce qui paraît tout de même mieux convenir à un vol que des froufrous, des dentelles et des bijoux...

4. Également artiste sur cire, Thible aurait présenté à Lyon un cabinet de figures de cire sur le modèle de Curtins à Paris. On sait par ailleurs, notamment par une estampe de Charles Boily, que *le Gustave*, héros du fameux 4 juin, fut réalisé par Fleurant, sous la direction conjointe du comte de Laurencin, également commanditaire, et de M. Thible, lequel, contrairement à une méchante légende qui en fait *« un homme qui n'en était pas un »*, ne semblait pas en froid avec sa jeune femme.

5. Lire dans *Icare* n° 124 l'article consacré à Élisabeth Thible par Élisabeth Boselli.

6. Quand il ne se livre pas à sa passion aérienne, Lunardi se partage entre ses fonctions de secrétaire du prince de Caramanico et d'ambassadeur de Naples à Londres, des postes où voyager tient déjà de la vocation.

7. Extrait de l'article de Marie-Josèphe de Beauregard, membre consultant de l'Aviation Cultural Center, publié dans *Historia* n° 389, avril 1979.

8. Aujourd'hui parc Monceau, dans le huitième arrondissement de Paris.

9. Né aux Andelys en 1753.

10. Pour Blanchard, c'est un remariage.

11. Très exactement au n° 16 de la rue de Provence, domicile du général Lafont.

L'aéronaute Gilbert connut une mésaventure identique, le 9 septembre 1894, mais eut plus de chance que son illustre aînée. Parti de l'usine à gaz de La Villette, son ballon, *L'Aérocycle*, alla heurter le toit d'une maison, au n° 58 de la rue Marcadet, toujours à Paris. Quoique gravement blessé, il dut néanmoins la vie sauve à l'intervention des pompiers. La chronique rapporte une information qui n'a rien d'étonnant : en effet, au cours de ce sauvetage spectaculaire qui attira une foule immense, les voleurs s'en donnèrent à cœur joie : ils dépouillèrent pas moins de cinquante-six personnes. La petite histoire ne nous dit pas s'il en fut de même au moment de l'accident de Sophie Blanchard.

12. L'affaire, rocambolesque, commence en 1793, lorsque Garnerin propose au Comité de salut public un projet d'aérostation militaire. On lui confie alors la mission de se rendre aux frontières pour y sonder l'esprit des troupes et des populations. Le jeune homme se bat avec les soldats, tombe entre les mains des Anglais, puis des Autrichiens qui veulent l'échanger (ainsi que d'autres prisonniers, parmi lesquels Jean-Baptiste Drouet, fils du maître des postes de Sainte-Menehould, qui fut responsable de l'arrestation de Louis XVI), contre la fille de ce dernier. Mais les captifs songent à s'évader et pensent y parvenir grâce à l'ingéniosité de leur compagnon aéronaute qui leur expose un plan original. Drouet, le premier, saute dans le vide, accroché à une poche constituée de draps. Il tombe ainsi de soixante mètres, mais se réceptionne mal et se casse le pied. Voici Garnerin condamné à ronger son frein pendant trois ans dans les geôles de Bude, la vieille cité hongroise.

13. Voir à ce propos la Série F21 : documents en provenance du ministère de l'Intérieur et versés par l'administration des Beaux-Arts, parmi lesquels figurent des lettres d'Élisa Garnerin, du ministre de l'Intérieur et du préfet de Police, notamment au sujet des demandes de dégrèvement formulées par Élisa en raison des impôts qui frappaient ses recettes, à la suite de ses ascensions.

14. On sait, d'après Tissandier, que les hommes perdirent connaissance à 8 600 m. Ils n'ignoraient pourtant pas les risques qu'ils encouraient à une telle altitude. En effet, en 1862, les Anglais Glaisher et Coxwell avaient tenté de déterminer jusqu'où l'on pouvait monter sans causer de troubles à l'organisme humain. Cette expérience les avait conduits à près de 9 000 m. Et non sans mal car, à 7 000 m, l'un d'eux découvrit qu'il ne pouvait plus bouger les bras et s'évanouit. L'explication fut fournie par le physiologiste Paul Bert : la cause des défaillances était le manque d'oxygène par diminution de pression. En 1874, Crocé Spinelli et Sivel emportèrent deux ballons d'oxygène pour parer à toute éventualité et atteignirent ainsi 7 400 m. L'expédition suivante, en 1875, devait leur être fatale...

15. Outre un capitaine (Duruof), cette compagnie, dans sa définition initiale, comprenait un lieutenant, un sous-lieutenant, un sergent, deux chefs d'équipe et douze aérostiers.

16. Fonds Nadar/Bibliothèque historique de la Ville de Paris.

17. *L'Aérophile*, 1er-15 avril 1923.

18. *Je sais tout*, édition du 15 avril 1905.

19. Sarah Bernhardt (de son vrai nom Rosine Bernard) rompit brutalement avec la Comédie-Française en 1880, ce qui lui valut d'être condamnée à verser 100 000 francs de dommages et intérêts, mais n'interrompit pas pour autant sa carrière. Artiste « merveilleusement douée », à en croire la critique unanime, elle alliait le charme de sa voix à la grâce délicieuse de son physique androgyne. A cela s'ajoutait une diction admirable. Ses créations géniales ont été ovationnées à Paris, Londres, en Amérique et en Russie. Partout, la magie opérait. Femme énergique et courageuse, elle devait être amputée d'une jambe, en 1915, après avoir souffert plus de dix ans des suites d'une blessure. Elle n'en continua pas moins à jouer, mais allongée, et à multiplier ses interventions au théâtre, et même au cinéma. Née à Paris en 1844, elle devait s'y éteindre en 1923. Mais si les étoiles se dérobent un jour à la vue des mortels, disparaissent-elles pour autant ?

2

1. Jusqu'à sa mort survenue en 1905, Charles Renard, devenu colonel, devait travailler au perfectionnement de l'empennage, calculer ses dimensions idéales et son emplacement exact, afin de garantir la stabilité longitudinale. Il n'était pas le seul à être préoccupé par ce sujet crucial : les Britanniques et les Allemands allaient se montrer rapidement à la hauteur, au point, surtout pour les derniers, de représenter une concurrence redoutable à la veille de la Grande Guerre.

2. *L'Aérophile*, 1er-15 juin 1920.

3. *Ibid.*

4. Née à Angers en 1893 et morte à Nice en 1964, Blanche Fumoleau devait devenir Gaby de Morlaix, grâce au large choix de pseudonymes que lui offrait l'indicateur des chemins de fer. Son nom évoluera en Gaby Morlay et signera le succès de plusieurs interprétations. En effet, Gaby sert à merveille, au théâtre, Henry Bernstein et Sacha Guitry. Après des rôles de « grue acidulée » dans ses premiers films (où elle joue avec Max Linder), elle va se glisser dans des rôles de personnages à la psychologie plus complexe, notamment pour Jacques Feyder (*Les Nouveaux Messieurs* en 1928) et Marcel L'Herbier (*Le Bonheur* en 1935 et *L'Entente cordiale* en 1939). Puis elle tournera, entre autres, *Le Voile bleu* de Jean Stelli, en 1942, un mélodrame qui fera couler des flots de larmes dans les salles françaises. Gaby y apparaît en gouvernante au grand cœur âgée de 75 ans, alors qu'elle n'en a que 49. C'est là un rôle conforme à la morale pétainiste qui exalte la maternité. Ce film lui vaudra des reproches à la Libération, tout comme à Mistinguett.

5. Assez curieusement, l'Aéro-Club de France, qui est aussi le plus ancien au monde, tarde à « décoller ». Un homme va lui donner l'impulsion, dans des circonstances curieuses et, en tout cas, amusantes : Henry, comte de La Vaulx, l'un de ses fondateurs, trouve une excellente méthode pour remplir les caisses désespérément vides. Chez Maxim's, où il dîne souvent, en compagnie de Paul Tissandier, Santos-Dumont, Archdeacon et le comte de La Valette, autres pionniers de la conquête de l'air, il sait que se réunissent également industriels ou hommes d'affaires susceptibles de s'intéresser à sa passion et de lui apporter l'appui sonnant et trébuchant nécessaire. Grâce à un ami complice, en place dans le célèbre restaurant, la « victime » est placée judicieusement et, bien sûr, par hasard, à une table où se trouvent des membres de l'Aéro-Club qui lui chantent les louanges de l'aérostation, tout en veillant à ce que son verre ne soit jamais vide... A l'aube qui suit ces joyeuses agapes, l'infortuné, souvent assez pâteux, se voit convié à une promenade digestive en ballon. Le scénario va se révéler... payant car, généralement, cette randonnée débouchait sur la signature d'une adhésion à l'Aéro-Club de France et celle, très attendue, d'un chèque généreux... On peut affirmer, par conséquent, que l'aviation doit en partie son essor à la descente de quelques ballons de rouge et à l'ascension de quelques ballons libres ! Les dames de la Stella feront preuve de plus de finesse pour persuader les éventuels mécènes.

6. Le 10 février 1909, l'assemblée générale constitutive de la Stella rassemble Mmes Surcouf, Max-Vincent, Desfossés-Dalloz, Charpentier (et Mlle Charpentier), Blériot, Blanchard, Griffié, Bougard, de Mellanville et Le Barazer, ainsi que Mlle Tissot et la comtesse de La Valette. Sont excusées, en ce jour exceptionnel, Mmes Dumas, Abulfeda, Déchelette et Renard. Voici la liste des membres fondateurs, telle qu'elle fut enregistrée au moment de leur admission :

Mmes Surcouf et Airault, Mlle Tissot, Mme et Mlle Charpentier, Mmes Griffié, Sangnac, la comtesse de La Valette, Abulfeda, Dumas, Desfossés-Dalloz, Max-Vincent et Blériot.

7. Le plaisir de voler est contagieux. On en jugera encore à travers les impressions de Marie Tissot, lors de sa première ascension avec Marie Surcouf, le 28 septembre 1908 : *« Quel rêve ! Il semblerait qu'une aimable fée vient de nous toucher de sa baguette magique pour nous emmener avec elle dans les pays enchantés où règnent le calme, le silence, le recueillement. La terre que nous avons laissée au-dessous de nous s'est transformée : les bois, les prairies, les villages, les châteaux, les fleuves d'une beauté, d'une perfection inconnues, s'harmonisent gracieusement... Autour de nous, l'immensité des lieux ; devant, de blanches montagnes de nuages. Que tout cela est joli et reposant ! Je ne me lasse pas de contempler ces spectacles admirables et me livre tout entière au charme enivrant de l'atmosphère qui nous enveloppe. Plus de chagrins, ni d'inquiétudes ; j'ai quitté la terre pour m'en aller vers des régions plus hautes, où l'âme goûte le bonheur et semble s'être rapprochée de Dieu... »*

On peut être lyrique et conserver les pieds sur terre. Encore éblouie, Marie Tissot ajoute : *« Voilà pour moi toute la poésie du sport aéronautique, mais non pas tous ses charmes et ses attraits. N'est-il pas aussi passionnant et intéressant, en effet, de surveiller et de comprendre les mille caprices de son aérostat ? Je veux à mon tour devenir pilote et, comme telle, mon rôle ne se borne pas à goûter les joies exquises réservées aux aéronautes. Je dois encore m'initier complètement à la conduite du ballon ; j'accable de questions mon amie et pilote qui, heureuse de former une élève, me donne avec douceur et clarté toutes les explications possibles. Elle me dit même que je serai pour elle une bonne élève et qu'elle fera de moi un vaillant petit pilote ; j'en suis déjà toute fière. »*

8. Lettre reproduite dans le n° 61 de *L'Aéro*, édition du 28 octobre 1909.

9. « La Femme dans les airs », article de Fafiotte paru dans le n° 42 de *L'Aéro* daté du 17 juin 1909.

10. Ce récit sera publié dans *L'Aérophile* du 1er janvier 1910.

11. Édition du 15 juillet 1912.

12. Dans le nouveau Larousse de cette Belle Époque, aviatrice n'est encore qu'un adjectif. On dit une machine *aviatrice*. Quant au nom, à savoir *aviateur*, il n'a pas d'équivalent féminin. Il désigne une machine volante ou l'ingénieur qui s'occupe de l'aviation *(Nouveau Larousse illustré*, tome I, p.623).

13. Léon Delagrange se tue à Bordeaux, aux commandes d'un Blériot. Quand elle apprend la tragique nouvelle, Thérèse Peltier décide d'abandonner l'aviation et met un terme aux cours de pilotage où elle se montrait une élève douée. Après avoir mené, dès lors, une vie moins tumultueuse, elle devait s'éteindre le 18 février 1926.

3

1. Déclaration faite en 1954, lors de la sortie du film de Claude Autant-Lara, *Le Blé en herbe*.

2. Consulter à ce propos l'ouvrage de E.J. Lassalle : *Les 100 Premiers Aviateurs brevetés au monde et la naissance de l'aviation*. Ce guide précieux et précis, riche en anecdotes et illustrations sur les pilotes présentés, a été publié par les Éditions Nautiques et Aérospatiales (NAUTICAERO), sans mention de date.

3. Edmond Petit est l'auteur, entre autres, de *La Vie quotidienne dans l'aviation en France, au début du XXe siècle*, un livre publié chez Hachette et d'où est tirée la citation reproduite dans le présent ouvrage.

4. *L'Aérophile* du 1er décembre 1911.

5. On ne saurait résumer en quelques lignes l'existence passionnée de Mata-Hari, de son vrai nom Margaretha Geertruida Zelle, superbe danseuse d'origine hollandaise, que les femmes comparaient à « une orchidée éclatante ». Quant aux hommes... Avant de connaître le destin d'une espionne, la belle Mata fit des ravages parmi les officiers qu'elle préférait, même pauvres, à de riches banquiers. Elle ne ressemblait pas aux jeunes filles blondes de sa Frise natale : pourvue d'une chevelure brune, qui encadrait un visage à l'ovale parfait, elle possédait en outre un corps troublant et sensuel. Surtout, elle se déplaçait avec une grâce naturelle qui devait s'épanouir dans la danse à laquelle elle fut initiée à Java, Sumatra et en Inde où elle accompagnait son mari, le capitaine écossais Rudolph Mac Leod, rencontré par petite annonce. Passons sur les aventures du couple, ses déchirures, l'enfer des disputes, la séparation et le personnage mystérieux que se crée Mata-Hari et qui va séduire l'Europe, les hommes et des femmes comme Nathalie Clifford Barney. L'admiration confine à l'idolâtrie et fait écrire à un critique de théâtre, un certain Lepage : *« Tout à coup surgit Mata-Hari, l'œil du jour, le Soleil glorieux, la Bayadère sacrée que les prêtres et les dieux seuls peuvent se vanter d'avoir vue. Elle est longue et mince et souple, comme les serpents déroulés que balance en mesure la flûte des charmeurs ; son corps flexible épouse parfois les ondulations de la flamme et parfois se fige en ses contorsions, comme la lame flamboyante d'un kriss... Alors Mata-Hari, d'un geste brutal, arrache à la fois ses ornements, déchire ensemble tous ses voiles. Elle jette au loin les ornements qui cachent ses seins. Puis nue, démesurément grande et blanche, elle s'allonge immensément, toute droite dans les ténèbres. Ses bras tendus la soulèvent sur la pointe crispée de ses pieds : elle chancelle, tournoie, bat le vide de ses bras désemparés, fouette l'impassible nuit de ses longs cheveux lourds... et tombe. »*

On imagine sans mal que les messieurs, pilotes et constructeurs, invités par les Stelliennes, aient couvé d'un œil gourmand cette incarnation de la sensualité sauvage... Bien des membres de cette honorable assemblée auraient été stupéfaits si on leur avait prédit l'avenir de Mata-Hari, une sombre histoire au cœur de la Première Guerre mondiale. Accusée sans véritables preuves d'être l'agent H 21 au service de l'Allemagne, inculpée « d'espionnage, complicité, intelligences avec l'ennemi dans le but de favoriser ses entreprises », celle qui disait : *« ma danse est un poème »*, tombe à Vincennes sous les balles du peloton d'exécution, le lundi 15 octobre 1917. Il semble que la jeune femme, un peu légère, voire insouciante dans ses contacts internationaux, amicaux et amoureux, ait été la victime des circonstances. En 1917, l'armée était secouée par des mutineries : il fallait donner un exemple ferme. Précisons que Mata-Hari, danseuse au talent reconnu, eut une fin courageuse, digne des morts de l'Antiquité : elle refusa le bandeau des condamnés et affronta les fusils, la tête haute.

6. En page 16 de son n° 113 daté de juillet 1992, le trimestriel *Pionniers*, une revue éditée par l'association Les Vieilles Tiges, publie la liste des femmes pilotes brevetées avant le 2 août 1914. Il s'agit de Raymonde de Laroche (brevet n° 36 du 8-3-1910), Marthe Niel (n° 226 du 20-8-1910), Jane Herveux (n° 318 du 7-12-1910), Marie Marvingt (n° 281 du 8-11-1910), Mme Driancourt (n° 522 du 15-6-1911), Laurence Sentoni (n° 568 du 27-7-1911), Béatrice de Rik ou Deryk (n° 652 du 10-10-1911), Winnie Buller (n° 848 du 3-5-1912), Jeanne

Pallier (n° 1012 du 6-9-1912), Mme Richer (n° 1369 du 27-5-1913), Hélène de Plangine (n° 1399 du 4-7-1913), Florencia Madera (n° 1421 du 5-9-1913), Carmen Damedoz (n°1449 du 5-9-1913), Hélène Caragiani (n° 1591 du 6-2-1914) et Gaétane Picard (n° 1653 du 10-7-1914).

7. *Le Canard*, un hydravion ou plutôt un hydroaéroplane de 475 kg, propulsé par un moteur Gnome de 50 CV, s'élève après avoir glissé sur près de 300 mètres à la surface de l'étang. Pour authentifier cette première, qui sera d'ailleurs contestée en vain par les Américains, Henri Fabre, très lucide, fait appel au service d'huissiers et, toujours le 28 mars 1910, quelques heures après son vol initial, il parcourt une distance de 800 mètres à 5 mètres d'altitude. Ce qui constitue plus qu'un exploit – un maillon capital de l'évolution de l'aéronautique mondiale. Les hommes découvrent une forme originale du mariage de l'air et de l'eau, qui modifie quelque peu les conditions de pilotage. On ne peut donc que saluer la performance réalisée par Hélène Dutrieu à peine deux ans plus tard.

Il faut rappeler également que, le 21 mars 1910, soit juste une semaine après le décollage de Fabre, le célèbre illusionniste Harry Houdini, initié à l'aviation depuis seulement six jours, est enfin lâché sur *Voisin* pour son premier vol en solo.

8. En cette occasion, Henry Farman, qui fut aussi l'un des plus brillants élèves de l'École des beaux-arts, devait empocher les 50 000 francs du prix remis par Henry Deutsch de la Meurthe et Ernest Archdeacon.

9. Article de C. Cozanne, publié dans *L'Aéro* n° 66 du 2 décembre 1909.

10. Il s'agit de Carmen Damedoz, Hélène Dutrieu, Mmes de Ryk, Driancourt, Pallier, Richer, et de Plagino. Il convient de préciser que toutes les femmes pilotes ne sont pas membres de la Stella.

11. Parmi ces femmes remarquables, il convient de distinguer la marquise de Noailles, future présidente en 1935 de la section féminine de l'Aéro-Club de France et épouse du duc de Gramont, physicien de renom, président de la Commission scientifique de l'AéCF. Véritablement vouée à la charité, présidente d'une vingtaine d'œuvres pendant la guerre de 14-18, elle va sillonner le globe, un peu à la façon du comte Henry de la Vaulx, parcourir l'Amérique du Sud en avion, se rendre à Naples, en Tunisie, à Constantinople, en Mandchourie, en Corée, au Japon et en Chine pour porter la bonne parole des Ailes de la Paix. Elle va surtout s'efforcer d'améliorer l'efficacité de l'aviation sanitaire.

12. Dès 1910, le docteur Teste et le sénateur Reymond se font les apôtres de l'aviation sanitaire et plus particulièrement de l'AéroChir (de *Aéro*plane et *Chir*urgie). Le premier appareil qui réponde à leurs critères est improvisé en Serbie, en 1915, puis au Levant et au Maroc, en 1916, et, l'année suivante, sur le front français, grâce à l'initiative du docteur Chassaing. En 1918-1919, Voisin construit le premier avion vraiment conçu pour le transport des blessés. Après 1922 apparaissent des modèles conçus pour embarquer deux brancards dans une cabine spéciale.

13. Première femme à établir un record officiel de durée et de distance en avion, le 27 septembre 1910, avec 45 kilomètres parcourus en 53 minutes, Marie Marvingt pilotera encore jusqu'en 1936, avant de se reconvertir en conférencière, avec un thème : l'éducation de la volonté par les sports, en particulier l'aviation. Elle suit en cela l'exemple de Jean Mermoz qui, membre du Parti social français présidé par le colonel de La Rocque, prône l'émulation des jeunes de toutes conditions au travers d'activités aériennes.

Bien sûr, cette touche-à-tout, cette jusqu'au-boutiste dans chacune des disciplines où, par ailleurs, elle excelle, continue d'épater son entourage par un tonus intact, se maintenant sur la crête de toutes les nouvelles vagues, toujours avide de sensations fortes. Marie ne cherche nullement à paraître pour exister. Elle agit loin des discours et des réceptions assommantes, apparemment insensible aux assauts de l'inévitable machisme. Elle se contente de laisser libre cours à sa curiosité comme d'autres poussent la manette des gaz. Il en découle une avalanche de décorations, avec lesquelles elle aurait pu ouvrir une bijouterie. Mais cette sportive universelle, amoureuse de l'action, ne se calme pas. En 1961, elle roule de Nancy à Paris sur sa bicyclette, descendante de sa fameuse *Zéphyrine*. A l'heure de la conquête spatiale, elle s'inscrit comme candidate-passagère au premier voyage vers la Lune et, âgée de quatre-vingts ans, entreprend d'apprendre à piloter un hélicoptère Djinn 21 ! Joie suprême, l'aéroclub de Nancy renouvelle sa licence de vol en 1961.

Cette femme extraordinaire, qui, au lendemain de la guerre, s'était installée à l'hôtel Lotti, un établissement situé près de la place Vendôme, à Paris, et appartenant à Armand Lotti, pionnier de l'Atlantique nord, a même reçu, en 1949, un premier prix pour le meilleur récit aéronautique et une mention pour ses poèmes, lors du concours international organisé par la Women's Association of Aeronautics, association dont elle est nommée déléguée pour la France, à cette occasion. Ses œuvres littéraires, *La Fiancée du danger* et *Ma Traversée de la mer du Nord en ballon*, font vibrer la fibre américaine, à tel point que l'Amérique voit en elle la femme la plus extraordinaire depuis... Jeanne d'Arc !

Finalement, après avoir défié l'impossible et traversé le siècle au pas de charge, Marie Marvingt quitte le monde le plus simplement, en 1963, dans son lit. C'est là son ultime pied de nez à la grande Faucheuse.

14. Marthe Richard essaiera de prendre le contre-pied des positions qu'elle avait défendues avec l'emportement d'une pasionaria. En 1973, elle ira jusqu'à proposer l'ouverture d'Eros Centers afin de mettre un terme à la prostitution affichée. Joël Le Tac, député R.P.R. de Paris, reprend l'idée et, en décembre 1978, dépose un projet de loi annulant la loi Marthe Richard. Il suggère que les maires, « *sous leur autorité et dans des conditions définies par voie réglementaire, autorisent certains établissements à recevoir habituellement des personnes se livrant à la prostitution.* »

4

1. *Louise Brooks par Louise Brooks*, Éditions Pygmalion/Gérard Watelet, Paris, 1983.

2. C'est le lieutenant russe Nesterov qui, le premier, le 9 septembre 1913, réussit à boucler la boucle (« *looping the loop* »), talonné par le Français Adolphe Pégoud, le 21 septembre 1913.

3. Cette Belge de Tournai – elle y a vu le jour en 1877 – commence par remporter un championnat du monde cycliste, en 1898, puis accomplit une brillante carrière d'acrobate sur deux roues avant de se lancer dans l'aviation – plus excitante –, d'effectuer quelques vols d'observation et de diriger une antenne d'ambulances pendant la Première Guerre mondiale. Après avoir remporté la première coupe Femina à Étampes, en 1910, parcourant une distance de 167 km à la moyenne record de 34 km/h, elle gagne le concours international de vitesse de Florence, l'année suivante. Une activité aussi trépidante

n'empêchera pas Hélène, devenue journaliste, d'épouser Pierre Mortier, député de Seine-et-Marne et directeur du *Gil Blas*, et d'acquérir ainsi la nationalité française. Elle quittera ce monde discrètement, à Paris, le 20 juin 1961.

4. Brevet n°115.

5. A la même époque, Marie-Louise Paris fonde l'École polytechnique féminine. En 1925, preuve du dynamisme féminin dans tous les domaines, Louise Delingette est la première femme à traverser le Sahara en voiture.

6. Homme fin et racé, originaire de Facunda Quiroga, en Argentine, une bourgade endormie au pied même de la Cordillère, Vicente Almandos de Almonacid tombe très tôt amoureux de la France où il obtient son brevet de pilote, le 3 octobre 1913. Lorsque la guerre éclate, il s'engage dans la Légion étrangère afin de pouvoir servir son pays d'adoption. D'abord engagé dans l'aviation comme observateur-photographe, il se fait remarquer par ses réflexes et son esprit de décision. Affecté dans une escadrille de bombardement de nuit, il sème la pagaille chez l'ennemi, grâce à un lance-bombes de son invention, notamment certaine nuit du 29 juillet 1915 quand il réduit en cendres l'usine de Dornach, en Alsace occupée, qui fabriquait des gaz asphyxiants. De tels états de service lui font gravir rapidement les échelons de la hiérarchie, au point qu'il termine la guerre avec le grade de capitaine et reçoit des propositions qu'il décline pour retourner à Buenos Aires. Là, il va aider à l'implantation de l'Aéropostale, la plus formidable compagnie aérienne française des Années Folles. Il deviendra d'ailleurs le directeur technique de la compagnie Aeroposta Argentina, filiale de la Compagnie générale aéropostale créée par Marcel Bouilloux-Lafont en 1927, après la reprise par ce dernier des Lignes Latécoère. Il entretiendra des amitiés solides avec Mermoz, Reine, Guillaumet, Saint-Exupéry, bref, toute une phalange de pilotes légendaires.

7. Cette anecdote charmante figure parmi les nombreux souvenirs rassemblés par Willy Coppens de Houthulst dans ses mémoires intitulés *Jours envolés* publiés à Paris, en 1932, par les Nouvelles Éditions Latines.

8. Assez curieusement, Jean Mermoz connaîtra une situation identique. Littéralement adulé par les foules sud-américaines, à la suite de ses nombreuses aventures, notamment de son extraordinaire évasion des Andes et de ses vols de nuit, il demeure pourtant longtemps un parfait inconnu en France. Il faudra attendre sa traversée historique de l'Atlantique sud, en mai 1930, pour que le public français découvre ce pilote, ainsi que le travail considérable déjà accompli par ses compagnons au départ de Toulouse, à travers les Pyrénées, l'Espagne, les cieux d'Afrique du Nord et au-dessus des côtes tourmentées du Brésil.

5

1. Le samedi 8 février 1919, c'est-à-dire la veille du départ manqué de Colette, Lucien Bossoutrot emporte les douze premiers passagers entre Paris et Londres, à bord d'un Goliath Farman. Il s'agit du premier transport aérien commercial international du monde.

2. Outre *Les Chevaliers du Ciel*, un ouvrage édité en 1923 et loué par René Fonck, Nungesser, Bossoutrot et Brocard, l'ancien chef de Guynemer, Louise Faure-Favier écrit, avec Bossoutrot, *La Belle Aventure du Goliath*, un récit tiré des carnets de vol du pilote et relatif à l'un des premiers grands raids entrepris

après la guerre vers l'Afrique occidentale. Viennent ensuite *Bernard de Guyros, pilote-aviateur*, puis des recueils de poèmes, en particulier *Visages de la Seine*, une série de textes sensibles, illustrés par Marie Laurencin et écrits par Louise dans son appartement à la proue de l'île Saint-Louis. Son œuvre comporte également une brassée de *Souvenirs sur Guillaume Apollinaire* (1945), autre grand défenseur de l'aviation, mais surtout des poèmes, encore des poèmes, avec *De mes fenêtres sur la Seine* paru en 1956 et illustré par Cheriane, ou *Notre île Saint-Louis*, petit trésor de tendresse sur un Paris aimé, dans lequel elle conjugue son talent avec celui de l'illustrateur Jacques Ferrand.

3. D'après Georges Houard, *Les Ailes* n° 1645 du 7 septembre 1957.

4. *Nos égales*, de Victor Margueritte, Flammarion, Paris, 1933.

5. Le texte de cette lettre, repris dans plusieurs revues féminines de l'époque, est cité par Margueritte dans *Nos égales*.

6. Restauré et en parfait état de vol, l'appareil figure parmi les nombreux trésors exposés au musée de l'Air et de l'Espace, au Bourget. Quiconque connaît les Andes, monstrueuse chaîne de montagnes démesurées, ne peut s'empêcher de frissonner à la seule évocation du minuscule Caudron et de son pilote, tous deux lancés, pratiquement sans repères, dans une course insensée à travers turbulences et autres périls d'un monde inviolé. On se demande même comment il est possible de prendre place dans ce qui ressemble plus à une cage à poules qu'à un avion...

7. La création de la Commission internationale de la navigation aérienne (Cina) par quinze États remonte au 11 juillet 1922.

8. Extraits de l'article « Le Féminisme aérien » paru dans *L'Aérophile* du 1er-15 octobre 1924.

9. C'est le 12 novembre 1912 que Madeleine Tissot, qui épousera le lieutenant Jaffeux en 1917, obtient le brevet (n°212) de pilote de ballon libre. Toutefois, elle se consacrera complètement à l'aviation après la disparition de son mari, tué le 27 mai 1918. Devenue secrétaire du Roland-Garros, le groupement d'aviation privée de l'Aéro-Club de France, en 1930, elle se spécialise dans l'organisation des manifestations sportives. La guerre ne l'empêche pas de poursuivre son activité, sans tenir compte des menaces de l'occupant ou des collaborationnistes. Malgré son intransigeance, elle échappe de justesse à la déportation qui frappe Amaury de la Grange, président de l'AéCF. Secrétaire générale de l'Aéro-Club de France, après la mort de Georges Besançon, titulaire de ce poste très masculin, elle accédera à la vice-présidence d'honneur quelque temps avant sa disparition, survenue le 20 septembre 1956.

10. Pilotés respectivement par Massot et Pierre Debroutelle.

11. Laurent André Victor Eynac dit Laurent-Eynac, radical socialiste, né au Monastier (Haute-Loire) le 4 octobre 1886 et mort à Paris le 16 décembre 1970, a joué un rôle important dans la mise en place des premiers ministères chargés de l'Air : sous-secrétaire d'État aux Travaux publics, chargé de l'Aéronautique et des Transports aériens, du 16 janvier 1921 au 28 mars 1924, du 14 juin 1924 au 17 avril 1925, du 20 avril 1925 au 10 mars 1926 et du 23 juin au 18 juillet 1926. Haut-commissaire aux Travaux publics, chargé de l'Aéronautique et des Transports aériens, du 17 au 20 avril 1925. Ministre de l'Air du 14 septembre 1928 au 12 décembre 1930 et du 21 mars au 16 juin 1940.

12. Louis de Goys (1874-1967), créateur du premier groupe homogène de bombardement, à partir de trois escadrilles, pendant la Première Guerre mondiale, est fait prisonnier après que son Voisin ait été abattu lors d'une mission menée par dix-huit appareils sur les usines de la Badische Anilin à Ludwigsha-

fen et d'Oppau. Il s'évade et prend le commandement de la première brigade de bombardement constituée en 1917. Après la guerre, il participe activement à l'exploration des airs, en Afrique notamment. On peut citer, entre autres, le vol d'étude qu'il fit vers ce continent, en janvier-février 1925, à bord du quadrimoteur Blériot 115 Roland Garros, avec Georges Pelletier-Doisy, Besin, Laversin et Dely.

13. Le 2 mars 1928.

14. L'année 1929 fut donc celle de l'endurance. En janvier, un groupe d'hommes, les cinq membres du Fokker *Question Mark*, réussit à tenir l'air sans escale pendant 150 h 46 mn. Parti le 1er janvier, l'avion se pose le 7 janvier suivant, suite à une décision du commandant Spatz.

15. L'association des Ninety-Nine comptait plus de 5 000 adhérentes en 1992.

16. A cette fête exceptionnelle, placée sous la présidence de Laurent-Eynac, ministre de l'Air, avec Charles Lindbergh, le maréchal Lyautey et Étienne Flandin au comité d'honneur, participaient également le capitaine Carretier, qui pilotera *l'Arc-en-Ciel* avec Mermoz lors d'un vol record sur l'Atlantique sud, René Couzinet, constructeur du célèbre trimoteur, les aviateurs Arrachart, Marcel Doret, Bozon-Verduraz, Detroyat et Labouchère.

17. Née le 25 novembre 1895 à Arcueil, dans la partie de la Seine-et-Oise qui deviendra le Val-de-Marne, Adrienne Armande Pauline Bolland s'éteindra à Paris, le 18 mars 1975, au terme d'une vie intense, non sans avoir passé ses dernières années dans une petite maison paisible, proche de la Seine, entourée d'oiseaux. En dépit des dangers rencontrés et des défis relevés au cours de sa longue carrière, elle partage un réel record de longévité avec Hélène Dutrieu et Marie Marvingt, autres trompe-la-mort, du moins jusqu'au 14 décembre 1963... Adrienne a laissé tous ses biens à la Fondation de la vocation afin d'encourager, par l'octroi de bourses, les jeunes gens qui se destinent à la carrière aéronautique. Signalons encore à son actif la création de cinq aéro-clubs en province. Depuis le 22 mars 1975, l'aviatrice repose à Donnerie, dans le Loiret.

6

1. Desanti (Dominique), *La Femme au temps des années folles*, Stock/Laurence Pernoud, Paris, 1984.

2. Bastié (Maryse), *Ailes ouvertes*, Fasquelle, Paris, 1937.

3. Desanti (Dominique), *La Femme au temps des années folles.*

4. *Ibid.*

5. Maryse Bastié donne de sa vocation un récit à sa manière dans *L'Aérophile* du 1er-15 octobre 1925 : « *Or, donc, il était une fois – comme on dit dans les contes de fées –, une petite fille – limousine, par-dessus le marché – qui, dès son plus jeune âge, ne cessait de rêver d'aviation, de manche à balai, de double commande, etc. et que ses parents grondaient fort de délaisser ses études pour avoir toujours l'esprit en l'air... Ce qui devait arriver arriva. Il y a quelques années, résidant à proximité du terrain d'aviation de Mérignac, je m'y rendais aussi souvent que possible ; et, là, ma vocation se précisa. Entourée d'amis, notamment de l'intrépide et infortuné pilote Ronserail, je décidai de devenir pilote, à mon tour. Mon apprentissage fut rapide et, le 1er septembre, j'exécutais mon premier vol.* »

On connaît la suite...

6. Né peu après la disparition de son père, Germain, le fils de Maryse, s'engage très tôt dans la marine et meurt à Bizerte des suites d'une fièvre thyphoïde mal soignée. Il avait seize ans.

7. Selon Maryse Bastié dans le chapitre « Espoirs... Éclaircies... Premiers records... » de son ouvrage *Ailes ouvertes – Carnet d'une aviatrice.*

8. Sachant que Maryse Bastié acquierrait la cellule du C109 dès que ses possibilités financières l'y autoriseraient, Jean Heinrich lui fournit gracieusement le Salmson de 40 CV et nomma très officiellement la jeune femme « pilote des essais en vol du moteur 9 AD ».

9. D'abord pilote chez les frères Farman, puis chez Levine pour la traversée de l'Atlantique nord, Maurice Drouhin passe chez René Couzinet, ingénieur aussi jeune et doué que génial, et participe à la mise au point de *l'Arc-en-Ciel* n° 1, à bord duquel il s'écrase en août 1928. Quoique condamné par ses terribles blessures, il encourage Couzinet à persévérer. Conseil que le constructeur suivra avec l'aide de Jean Mermoz et avec succès...

10. Immatriculé F-AHFE, le Caudron C109 a déjà été utilisé par Max Knipping lors d'une tentative de record en circuit fermé, le 26 octobre 1927. Ce jour-là, après avoir tourné pendant 17 h 09 mn, l'aviateur battait de 45 km le record établi par Delmotte, le 25 août précédent, avec 1 581,840 km. Max Knipping aurait pu s'en tenir à une carrière aéronautique plus qu'honorable, mais pendant la Seconde Guerre mondiale, il assume un rôle plus trouble en devenant l'adjoint de Joseph Darnand comme délégué général au maintien de l'ordre en zone nord pour la Milice. Arrêté en 1944, il fut condamné à mort. Pour sa part, le Caudron C109 du tandem Drouhin-Bastié allait passer entre les mains d'un nouveau propriétaire, en l'occurrence Guy Bart, ami de Louise, sous le nom de *Quand même !*

11. Confidence recueillie par Dominique Desanti dans *La Femme au temps des années folles.*

12. Elle est née le 7 mars 1903 à Levallois-Perret.

13. Maryse Hilsz sera la première femme à décrocher le brevet de pilote d'hydravion.

14. En mai 1930, lorsque Mermoz, Dabry et Gimié s'envolent de Dakar pour Natal avec le premier courier aérien, ils emportent également l'autorisation du ministère de l'Air. Le calcul est simple : si la traversée réussit, l'Administration aura bien donné son feu vert ; en cas d'échec, elle dégage sa responsabilité... Précisons tout de même que, dans le cas de Léna Bernstein, le ministre avait approuvé le projet de record en direction de... la Scandinavie.

15. D'après un témoignage paru en 1969 dans le n° 51 de la revue *Icare* consacré aux meetings.

16. Il s'agit en l'occurrence du record international de distance en ligne droite pour les monoplaces de 3e catégorie.

17. Entre le 7 et le 10 juin 1931, ils dépassent 10 000 km en circuit fermé sur le Dewoitine *Trait d'Union.*

18. Lors de son passage à Alger, Léna joue de malchance : une tentative de décollage avortée indispose un certain M. Pourchez, homme certainement influent car son intervention auprès du Gouverneur général amène ce dernier à alerter le Service technique, qui ordonne à l'aviatrice de ne pas quitter Biskra jusqu'à nouvel ordre.

7

1. Déjà, les 28 et 29 juin 1927, le Fokker piloté par les lieutenants Lester Maitland et Albert Hegenberger avait réussi le vol entre San Francisco et Honolulu, ce qui représente un parcours de 3 890 km au-dessus du Pacifique. Un mois plus tard, Emory Bronte et Ernest Smith leur donnaient la réplique sur le même trajet, mais pour atterrir, à court d'essence, sur une plage de l'île Molokaï. Dans les semaines qui vont suivre, on assiste malheureusement à une véritable hécatombe : sur les douze équipages engagés dans une course entre Oakland et l'île d'Oahu – compétition dotée de 35 000 dollars par James D. Dole, planteur à Hawaï – trois devaient périr pendant les essais et trois autres disparaître en mer. Seulement deux parvinrent à destination : Goebel et Davis, ainsi que Jensen et Schulter.

2. Notamment Hervé Lauwick dont le reportage sur cette école est publié dans le n° 101 de *Vu* daté du 19 février 1930.

3. *Ibid.*

4. Il s'agit en fait d'un nom d'emprunt pudiquement créé pour le jeune homme par Constance Babington Smith, biographe d'Amy Johnson.

5. Parfois orthographié Humphreys.

6. Elle rentre à Londres en soixante-huit heures.

7. L'enquête révélera que l'avion de Marvel Crosson volait trop bas dans la région tourmentée de Gela River, en Arizona. Dès lors, la catastrophe était inévitable : l'appareil a percuté une montagne, choc terrible qui eut pour effet d'éjecter la malheureuse aviatrice.

8. Selon le bon mot de l'humoriste Will Rogers. Les aviatrices sont encore les «*pilotes en jupons*», les «*coccinelles*» ou les «*mômes volantes*».

8

1. Il s'agit d'une confidence faite par Amelia au journaliste Hervé Lauwick, qui devait la rapporter dans son ouvrage, *Conquérantes du ciel*, publié par les Presses de la Cité en 1958.

2. Née Amy Phipps.

3. Un certain *captain* Hilton H. Railey aurait également recommandé Amelia Earhart au *promoter* Putnam.

4. En mars 1929, notamment, cette ressemblance saute aux yeux des nombreux invités à l'inauguration de l'aéroport de Brownsville, à une quarantaine de kilomètres du golfe du Mexique : Lindbergh, qui ouvrait la première liaison postale Mexico-New York, à bord du Ford trimoteur *Mexico*, y fait escale et se retrouve ainsi en présence de Miss Earhart. A l'évidence, il ne s'agit pas d'une invention des journalistes... Le 5 mai suivant, la jeune femme allait parcourir la distance Newark-Mexico en 14 h 19 mn, à bord d'un Lockheed Vega.

5. On lui devra plusieurs ouvrages, dont *David au Groenland*, écrit avec son fils David Binney et qui deviendra un fantastique succès de librairie. Il rédigera également une biographie d'Amelia Earhart.

6. Le 25 juin 1930, soit dix jours seulement avant ce 5 juillet riche en surprises, Amelia avait battu à Detroit deux records féminins de vitesse sur 100 km, atteignant jusqu'à 281,470 km/h.

7. En 1930.

8. Information rapportée par *L'Excelsior* du 22 mai 1932.

9. Auteur de *Mission double – La fin du mystère Amelia Earhart*, Argus/Flammarion, Paris, 1967.

10. Très exactement le 24 août 1932.

11. D'après la journaliste Suzy Mathis, à propos d'Amelia Earhart, dans le n° 73 de *l'Aviation Française* daté du 26 juin 1946.

12. Hélène Boucher est née à Paris le 23 mai 1908.

13. Il s'agit du brevet de tourisme n° 182.

14. Brevet n° 1 434.

15. C'est le Farman 358 de Langlois et Burtin qui remporte cette compétition ouverte aux avions – au moins biplaces – dont la cylindrée n'excède pas 8 litres. Il s'agissait pour les 17 concurrents de parcourir la plus grande distance pendant ces douze heures. L'équipage vainqueur a totalisé 2 463 km, contre exactement 1 645,864 km à Hélène Boucher aux commandes de son Zodiac Mauboussin.

9

1. A la suite de ces quelques mots prononcés à Genève, le 10 septembre 1891, peu avant son assassinat, Sissi ajouta ces paroles prophétiques : « *Je m'en irai comme la fusée s'envole, mon âme s'enfuira par une toute petite ouverture du cœur.* » Elle mourut ainsi, comme elle l'avait dit, sans même se rendre compte du coup qui venait de lui être porté. Une petite blessure...

2. Jean Mermoz et René Couzinet ont d'abord été honorés à l'Élysée, le 23 mai 1933.

3. Le 6 février 1934, les ligues de droite, composées surtout d'anciens combattants de la Grande Guerre, se rassemblent sur la place de la Concorde pour protester contre les scandales à répétition qui agitent la France et dont l'affaire Stavisky marque le dernier épisode. La goutte d'eau qui fait déborder le vase... De son côté, l'association des Croix-de-Feu du colonel de La Rocque défile en bon ordre rue de Bourgogne, sur la rive gauche, séparée de la Chambre des députés seulement par un mince cordon de gardes mobiles. Opposé à toute violence, La Rocque, qui souhaite le départ du gouvernement Daladier, refuse cependant d'investir le Palais-Bourbon et de provoquer un coup d'État. « *Nous* (voulions) *servir le pays non pour nos associations, mais par nos associations* », expliquera-t-il par la suite. Le colonel évite ainsi le gaspillage de vies humaines, sans empêcher l'émeute qui gronde sur l'autre rive de la Seine. Une grande partie de la droite ne lui pardonnera jamais sa non-intervention, une décision pourtant sage qui écartait le spectre de la guerre civile. Cette volonté de La Rocque de ne pas lancer son mouvement dans des actions anti-républicaines va lui attirer une haine farouche des autres droites. « *Si La Rocque avait marché, nous aurions réussi* », soulignera, le lendemain, le royaliste Xavier Vallat, non sans amertume. Pour sa part, Maurice Pujo, autre animateur d'Action française, accusera La Rocque de trahison. Précisons, afin de rendre à l'Histoire ses nuances, que les Croix-de-Feu se tiendront à l'écart du front national créé fin février, qui regroupait les associations de droite et d'extrême droite, de l'Action française à la Fédération républicaine. La Rocque, qui sera d'ailleurs soutenu par Jean Mermoz, rejette le fascisme, le communisme et le nazisme « *qui écra-*

sent les individus sous une sorte de religion d'État». Enfin, la gauche ne sort pas grandie de la Journée des Ligues, laquelle vaudra notamment à Pierre Cot, alors ministre de l'Air, le surnom de Galopin sanglant.

4. Très exactement 235,100 km/h.

5. Précisément 250,086 km/h.

6. Témoignage rapporté dans la revue *Historia* n° 271 datée de juin 1969.

7. Bien des années après la tragédie, Hélène Boucher continue de provoquer des vocations – pas seulement chez les filles – et d'inspirer des auteurs. Citons, par exemple, ce poème écrit en 1984 :

Vous aviez vingt-six ans, Hélène,
Vingt-six ans !
L'âge où la Vertu s'accommode
De l'Innocence,
L'âge des projets et de toutes
Les espérances,
De la Vie, le printemps...
Par une sublime métamorphose,
La jeune modiste
Avait su dire : «J'ose»
Et devint une grande aviatrice.
Hélas, le Destin réclame toujours son dû,
Exigeant comme le plus pressé
Des amants.
Plus vite il donne, plus tôt il reprend.
Mais, vous Hélène, qui l'eut cru ?
Qu'importe alors la Chance,
Et même qu'importe une fière assurance.
Le Rafale serait votre Croix
Et le bois maudit un nouveau Golgotha.
Ce jour-là,
Tandis que la Mort épargnait
Votre visage,
Mermoz, Saint-Ex et tant des nôtres
S'inclinaient sur votre passage
Dans l'Au-Delà.

B.M.

8. Citation tiré de *Rue de l'Odéon* (Albin Michel, 1989), un ouvrage écrit par Adrienne Monnier, une autre passionnée, mais dans un domaine différent : en effet, elle fut amoureuse de la littérature au même titre qu'Hélène Boucher l'était de l'aviation. La jeune femme, qui tenait une librairie rue de l'Odéon pendant les Années Folles, fut aussi le premier éditeur d'un écrivain débutant, Antoine de Saint-Exupéry, qu'elle publia dans sa revue *Le Navire d'Argent*.

9. Alexandre Collenot vécut, entre autres, la terrible aventure des Andes où, avec Mermoz, il se retrouva prisonnier sur un plateau entouré d'à-pics, à plus de 4000 mètres. Son génie du bricolage, malgré une température de - 20°C, et le courage de Mermoz leur permirent de redécoller dans des conditions invraisemblables et de s'évader de la montagne. Homme simple, très attaché à Mermoz, Collenot devait disparaître en février 1936, à bord du *Ville de Buenos-Aires*, de retour d'un vol en Amérique du Sud. Mermoz, assombri par ce deuil, le suivra le 7 décembre suivant. Pour sa part, Marcel Reine sera abattu par la

chasse, en novembre 1940, au-dessus de la Méditerranée, alors qu'il secondait Henri Guillaumet aux commandes d'un avion désarmé.

10. Lire à ce propos *Il était une «foi»... Mermoz* de Bernard Marck (Éditions Jean Picollec, Paris, 1986), dont un chapitre donne le détail des causes (personnelles, politiques et techniques) de la disparition du «Grand», comme l'appelaient ses camarades.

11. Impression recueillie au cours d'une des nombreuses conversations avec l'auteur. Charles Bultel fut l'un des amis de Mermoz et de Saint-Exupéry.

12. Olive Ann Beech succédera tout naturellement à son mari, à la mort de ce dernier en 1950. Sous sa férule, la société Beech continue son extraordinaire progression internationale dans le domaine de l'aviation de tourisme et d'affaires, jusqu'à devenir le leader du marché. Pareille réussite mérite sa récompense : le 30 mai 1951, elle est élue femme de l'année par la Women's National Aeronautical Association.

13. Littéralement : *«puits de l'espoir»*.

14. L'aviation de l'époque ne dispose pas encore de moyens sophistiqués pour s'orienter dans le ciel ; par conséquent, elle calque ses méthodes sur celles de la marine. Ceci explique l'embauche de capitaines au long cours par les compagnies aériennes. Ce sera le cas, entre autres, de Jean Dabry, le fameux navigateur de Mermoz lors de leur traversée de l'Atlantique sud.

15. En fait, sur cet atoll riche en guano, qui recélerait aussi un trésor de pirates, il existe un petit aérodrome créé en 1935 par les États-Unis afin de faciliter la circulation aérienne dans le Pacifique.

10

1. Décidément, les océans n'aiment pas les femmes pilotes, et l'année 1937 ne leur réussit pas. Le 22 mars 1937, la duchesse de Bedford, organisatrice du premier meeting d'aviatrices en Angleterre, s'envolait de Woburn, aux commandes de son Moth, avant de disparaître dans l'Atlantique. Une semaine plus tard, les enquêteurs repêchaient un bout d'aile, découverte qui confirma la tragédie. Il semble bien, cependant, que ce ne soit pas un accident : brevetée à 65 ans, la Flying Duchess redoutait les ravages de l'âge et dissimulait mal sa hantise à mesure que filaient les années. La crise atteint son paroxysme quand elle se sent décliner. Alors, plutôt que d'assister à sa propre déchéance, la duchesse de Bedford aurait préféré finir en apothéose. Elle avait 71 ans.

2. Dans son article consacré à Amelia et publié dans *Historia* n° 150 de mai 1959.

3. Tous ces renseignements figurent dans un ouvrage passionnant paru en 1967 chez Flammarion : *Mission double : La fin du mystère Amelia Earhart.* Fred Goerner y relate par le menu tout le déroulement de son enquête et indique chacune de ses sources d'information. Pour avoir recoupé plusieurs d'entre elles, nous pouvons partager sa conviction : Amelia Earhart effectuait bien une mission de reconnaissance, qui s'inscrivait dans la dernière partie de son tour du monde. En outre, les autorités américaines, généralement très compréhensives à l'égard de la presse et, le cas échéant, des écrivains, adoptent une attitude de repli à la seule évocation du nom d'Amelia et se ferment dès que l'on cite les travaux de Goerner... Cette attitude incite, bien sûr, à en savoir plus, et, d'une certaine manière, peut passer pour un aveu : en l'occurrence, Goerner a raison !

4. Il faut préciser qu'à l'époque, avant le déclenchement de la guerre, les services de renseignements américains relèvent plus de l'amateurisme que de la catégorie professionnelle où le désastre de Pearl Harbor les contraindra à se hisser. Jusqu'à la veille du 7 décembre 1941, le développement de réseaux secrets structurés ne semble pas utile à l'Amérique confiante...

5. Entre février 1913 et le 24 novembre 1919.

6. La première coupe Deutsch de la Meurthe, créée le 25 août 1906, comportait un parcours de 190,400 km, de Saint-Germain-en-Laye à Saint-Germain via Senlis, Meaux et Melun.

7. En fait, les rapports se dégradent entre les deux hommes, surtout à cause des procédés tortueux employés par les services techniques du ministère, procédés pour le moins étranges qui n'échappent pas à la presse. Les services officiels en question, aiguillonnés par certains fournisseurs, d'Air France notamment, mettent tout en œuvre pour empêcher le développement par Couzinet de son superbe trimoteur *Arc-en-Ciel* et favorisent les hydravions lents et lourds, aux performances nettement moindres, dont Mermoz dénoncera les dangers après une série inquiétante d'incidents puis de drames, avant d'en être lui-même la victime. Tous les éléments de cette affaire sordide, véritable honte de l'aviation française, figurent dans un ouvrage rédigé par Alexandre Couzinet, frère cadet de René : *Mermoz-Couzinet ou le rêve fracassé de l'Aéropostale*, paru aux éditions Jean Picollec en 1986. Le texte, en réalité une minutieuse compilation de lettres et de documents officiels inédits, donne le vertige tant les magouilles semblent alors de rigueur dans un pays d'ailleurs déchiré par les scandales en tous genres. Les Années Folles portent bien leur nom !

8. Fort opportunément, la création de la Caisse nationale des marchés de l'État (loi du 19 août 1936) contribuera à assouplir la situation de la trésorerie de l'avionneur qui, le 23 novembre, peut enfin informer Mademoiselle Deutsch de la Meurthe du remboursement au Crédit national du solde de l'avance consentie avec sa garantie.

9. L'aviation britannique peut aussi s'enorgueillir d'avoir bénéficié des largesses du mécénat féminin. Par exemple, en 1931, Lady Houston verse 100 000 livres à Rolls Royce pour que l'Angleterre, deux fois victorieuse dans le cadre de la prestigieuse coupe Schneider – une compétition de vitesse –, puisse remporter une troisième victoire, condition indispensable pour décrocher définitivement le trophée. Cette manne relance l'enthousiasme dans les milieux aéronautiques car, après la victoire à Venise du Flight Lieutenant Webster, en 1927, et celle, en 1929, du Flight Officer H.R. Waghorn, respectivement sur Supermarine S5 et Supermarine S6, le ministre de l'Air de Sa Majesté avait décidé de ne plus financer la course à cause de la crise économique mondiale. Déçue par ce renoncement, Lady Houston, veuve d'un riche magnat du transport maritime, vole au secours de Rolls Royce qui peut ainsi mettre au point son moteur de 2350 CV. Quant au ministère, cette aide financière inespérée le fait revenir sur sa position. Par conséquent, en 1931, le Flight Lieutenant John Boothman remportait seul la fameuse compétition, parcourant les sept tours de 50 kilomètres à la vitesse de 547,305 km/h. Signalons que le Supermarine utilisé pour la circonstance servira de base au célèbre Spitfire, roi des chasseurs pendant la Seconde Guerre mondiale. Là, encore, la volonté d'une femme a sans doute modifié le cours de l'Histoire...

10. Installée depuis l'âge de quatre ans en Afrique orientale britannique (aujourd'hui le Kenya), Beryl Markham a découvert l'aviation à trente ans et vite rattrapé le temps perdu : elle totalise mille heures de vol en dix-huit mois.

Puis elle obtient son brevet de pilote commercial et gagne sa vie comme pilote de brousse : de jour comme de nuit, elle assure le service entre Nairobi et les postes avancés de l'hinterland est-africain. Elle transporte le courrier et des passagers, achemine d'urgence les médicaments, et les hommes – des mineurs et des broussards –, ravitaille les safaris et repère le gros gibier pour le compte de riches chasseurs américains, tel Alfred Vanderbilt. A quatre reprises, pour se sortir de cette routine et pour le plaisir, elle effectuera le parcours Afrique orientale-Londres.

11. Ce record tiendra quarante-quatre ans.

12. Le départ a lieu le 1er avril 1933. A bord d'un Farman 291, en compagnie du mécanicien Lemaire, Maryse rallie d'abord Hanoi en exactement 5 jours 20 heures et 13 minutes, après avoir parcouru 12 000 kilomètres. Ensuite, le 13 avril, elle s'envole pour Tokyo où elle se pose le 16 avril, puis elle met le cap sur Pékin, le 26 avril, avant de revenir sur Hanoi, le 1er mai, pour repartir le lendemain sur Saigon. Elle retrouvera Paris le 14 mai suivant.

13. Peint en bleu très foncé et reconnaissable, entre autres, à la bande tricolore tracée sur son fuselage, le C460, doté d'un radiateur d'huile agrandi, a vraiment réalisé des tours de force, notamment avec Detroyat aux commandes. On retiendra surtout l'étonnante moisson de performances obtenues, tout d'abord, lors du Greve Trophy du 6 septembre 1936, dans le cadre des National Air Races, à Minesfields, près de Los Angeles. Detroyat l'emporte haut la main à la vitesse moyenne de 431,230 km/h, ce qui relègue assez loin le second, Harold Neumann, avec ses 363,700 km/h. Ensuite, le 7 septembre, au Thomson Trophy, et malgré la brume, le pilote français domine l'épreuve avec une vitesse moyenne de 425,288 km/h. Les Américains tolèrent mal ces victoires, au point que Roscoe Turner, le plus fameux de leurs champions de vitesse, va prétendre que le Caudron Renault bénéficie de l'appui financier de l'État français. Bien sûr, les accusés apporteront la preuve du contraire. Tous les efforts entrepris par Renault depuis quatre ans reposent sur des fonds privés. De la sorte, le triomphe des Français – en particulier, de l'ingénieur Marcel Riffard – était total. Quant aux succès de Michel Detroyat, inutile de préciser qu'ils s'en trouvèrent confirmés.

Le 4 septembre 1936, les Américains sont aussi de la fête. Première femme au monde, avec sa coéquipière Blanche Noyes, à remporter le trophée Bendix, après avoir couvert le trajet Los Angeles-Cleveland en un temps record de 15 heures 55 minutes et... 1 seconde, Louise Thaden déclare, avec un sourire mutin : *« Les femmes sont naturellement meilleures que les hommes. »* Non seulement, elle ose le dire haut et fort, mais elle le prouve et gagne du même coup la récompense de 7000 dollars.

14. Se reporter à la série d'articles publié par Harry Robinson dans les nos 146, 147 et 148 du *Fana de l'Aviation*, et intitulée : *« Les Caudrons coupe Deutsch de Marcel Riffard. »*

11

1. Extrait d'un article paru dans l'édition du 1er-15 août 1922 de *L'Aérophile* et consacré à Louise Faure-Favier.

2. Ces pilotes dépendaient de la division avions de liaison de l'Administration centrale.

3. Cette équivalence de grade donne aux aviatrices des droits similaires à ceux des lieutenants en titre pour les frais de déplacement, de logement et

pour l'accès au mess. En outre, en cas de maladie, de blessure ou de décès, elles bénéficient des dispositions arrêtées par la loi du 31 mars 1919. Les concerne en particulier l'article 49 modifié par un décret du 20 janvier 1940, avec effet à partir du 2 septembre 1939 : ce texte permet d'ouvrir droit à la pension d'invalidité militaire aux fonctionnaires, aux agents et aux ouvriers civils ainsi qu'à leurs ayants cause.

4. Robert Morane a inscrit ces mots en annexe d'une lettre datée du 29 octobre 1941, adressée à Georges de Mayenbourg.

5. A l'époque, il était interdit aux infirmières de voler : trop dangereux !

6. Alix Lucas-Naudin, qui fut la doyenne des pilotes françaises en 1981, à 87 ans, avait été une des Infirmières de l'air, une section de la Croix-Rouge née en 1934 et essentiellement composée de soignantes parachutistes. En 1945, cette organisation dynamique devenait le corps des Infirmières parachutistes et secouristes de l'air, les fameuses I.P.S.A.

7. Pour l'altitude, Claire Roman grimpe à 2 801 m, le 22 octobre 1937, et décroche le record féminin dans la catégorie 2 litres de cylindrée ; elle récidive le 5 décembre 1937 avec 5 345 m puis, plus tard, avec 6 241 m. Le 9 décembre, sur sa lancée, elle atteint 6 782 m, ce qui lui permet d'ajouter à son palmarès le record féminin d'altitude pour avion de 4 à 6 litres de cylindrée. Le 30 décembre 1937, sans doute pour terminer l'année en beauté, Claire s'offre le record féminin de vitesse sur 2000 km à la moyenne de 245 km/h.

8. Presque tous les types d'avions anglais ou américains allaient, nerveux ou lents, passer entre les mains expertes de Margot Duhalde : Spitfire, Typhoon, Blenheim, Mitchell, Mustang, Mosquito, Wellington, B-25. Avant d'être démobilisée, en septembre 1947, elle donnera des cours de vol à voile à la Montagne Noire, l'un des centres vélivoles les plus actifs. Par la suite, on la retrouvera instructeur sur les lignes de transport chiliennes et, à partir de 1951, contrôleur militaire de transit des forces aériennes chiliennes.

9. Il faudra néanmoins attendre une loi de janvier 1949 pour que soient créés trois nouveaux corps totalement intégrés dans leurs armées respectives : la Women Royal Army Corps, le Women Royal Navy Service et la Women Royal Air Force. Cependant, les femmes concernées ne pouvaient prétendre à des postes de combattants.

10. Citation extraite de *Lady in the Navy*, de Joy Bright, et reprise dans le livre de Raymond Caire, *La Femme militaire des origines à nos jours*, éditions Lavauzelle, Paris-Limoges, 1981.

11. *Les Étoiles du midi*, de Jacqueline Cochran, France-Empire, Paris, 1955.

12. Du fait de ces antagonismes, les W.A.S.P. ne furent pas démilitarisées en tant que corps distinct. Le Congrès appuya son refus sur le fait que les pilotes de l'Air Transport Command n'avaient, eux aussi, qu'un statut civil. Il faut préciser que certaines femmes pilotes donnaient la préférence à cette formule qui leur permettait de résilier plus facilement leur contrat. Cependant, cette absence de statut militaire leur interdisait d'obtenir une pension en cas d'invalidité. En fait, elles auront du mal à se faire entendre, notamment à la Libération, quand les Américains s'efforcèrent de renvoyer les femmes au foyer. En juin 1945, le magazine *Atlantic* osait même titrer : « *Débarrassons-nous des femmes...* »

Pour la petite histoire, il faut encore savoir que le 9 mars 1979, grâce à une loi de 1977, le secrétaire d'État à l'Air Force décidait que les services des W.A.S.P., pour la période du 10 septembre 1942 au 20 décembre 1944, seraient considérés comme militaires. Cette reconnaissance, quoique tardive, était méritée.

13. Le film est tiré d'un roman de Virginian Cowles.

12

1. Le Klemm bénéficiait en fait d'une astuce qui sera réutilisée : il disposait aussi de flotteurs placés légèrement plus haut que les roues. Même si les pneus crevaient, le système était conçu de façon à ce que les flotteurs ne touchent jamais le sol. Par conséquent, Elly Beinhorn pouvait indifféremment se poser sur une piste ou amerrir près de l'une ou l'autre des îles de Guinée que son père explorait alors, en quête de nouvelles espèces de plantes et pour étudier la faune.

2. La Pologne actuelle.

3. En 1934, après avoir passé six mois au Maroc, elle doit envisager d'acquérir un nouvel avion, le sien étant fatigué. Elle pense alors tirer une somme suffisante de la vente de certaines de ses œuvres : cent dessins et huit sculptures. Hélas, le résultat ne correspond pas à son attente. Le public salue l'exposition et loue le tour de main à la Camille Claudel. Mais n'achète pas !

4. En réalité, le raid du Pamir sert de prétexte à Ernst Udet pour la faire nommer à ce grade. L'ancien adversaire de Guynemer pendant la Première Guerre mondiale a su apprécier la valeur de la jeune femme pendant les expérimentations de freins aérodynamiques qu'ils ont conduites ensemble.

5. C'est à elle encore que l'on doit les essais qui ont débouché sur le développement du Dornier 17 à la configuration très particulière : pourvu d'un pare-chocs spécial, cet avion avait en principe pour mission de cisailler les câbles des ballons disposés à la périphérie et à la verticale des villes anglaises pour entraver la progression des bombardiers et chasseurs ennemis.

6. Une autre aviatrice, la comtesse Melitta von Stauffenberg, fut également décorée de la croix de fer de deuxième classe.

7. Ce planeur monstrueux, qui pesait 12 tonnes à vide et 34 tonnes au décollage, possédait une voilure de 55 m d'envergure pour une surface de 300 m^2. Il ne pouvait s'arracher du sol que tiré par un Ju 290 ou trois Messerschmitt Bf 110, avec l'appoint de huit fusées capables, chacune, d'une poussée de 500 kilos.

8. Fegelein, le représentant personnel de Himmler au Q.G. du Führer, en fera notamment les frais : il est dégradé sur-le-champ parce qu'il souhaitait sauver sa vie. Le malheureux n'est pas au bout de ses peines car il va être fusillé sans autre forme de procès. En effet, Hitler reporte sur lui la fureur dans laquelle l'ont plongé les tractations secrètes entamées par Himmler auprès du comte Bernadotte, à son insu.

9. Hanna Reitsch a décrit les derniers jours de l'empire maudit dans son livre : *Aventures en plein ciel*, Éditions de la Palatine, Paris-Genève, 1952.

10. Elle a été inhumée à Salzbourg, en Autriche, le 29 août 1979.

11. Une équipe de médecins légistes français révélera, en mars 1993, que le squelette impliqué dans cette histoire sordide ne correspond absolument pas à celui du Führer : les anomalies apparaissent en particulier au niveau de la dentition...

12. Déjà, alors qu'elle n'était que jeune lieutenant, Mlle Ossipienko avait hissé le record d'altitude à 8 864 mètres.

13. Témoignage paru dans la revue *T.A.M. (Terre Air Mer)* du 1er septembre 1975.

14. Cette distinction les récompensait pour avoir accompli plus de mille missions chacune au-dessus des lignes allemandes. L'une d'elles, le lieutenant Eugénie Gigolenko, n'en a effectué, pour sa part, que 890... et non des moindres car la jeune aviatrice a combattu lors des violentes campagnes de Koubagne, Tamagne et de Crimée, avant de remonter sur la Pologne et d'être jetée dans l'offensive sur Berlin. Entre autres héroïnes du ciel soviétique, citons encore le major de la garde Eudoxie Nikoulina et le lieutenant Nathalie Merklen, une charmante blonde au regard clair et à la bouche agréable, dont la poitrine se couvrira vite de décorations.

15. Environ 600 aviatrices furent réparties entre les trois régiments. Mais l'URSS aligna par ailleurs plus de 200 000 femmes dans la guérilla et 800 000 dans l'Armée rouge, dont 500 000 montèrent au front (tireuses d'élite ou artilleuses dans la D.C.A.). Précisons que la moyenne d'âge des femmes pilotes se situe entre 18 et 22 ans. A signaler aussi que certaines d'entre elles seront affectées dans des formations masculines que, parfois, elles commanderont. Ce fut le cas, entre autres, d'Anna Egorova Timofeeva, d'abord pilote de liaison puis, au printemps 1942, recyclée sur avion d'assaut IL 2. Seule femme de son régiment, elle fut commandant adjoint d'escadrille.

16. Abattue le 1er août 1943, la très populaire Liva eut droit à des funérailles nationales.

17. Déclaration à l'assemblée consultative provisoire d'Alger, supplément au *J.O.R.F.*, Alger n°25, Bibliothèque nationale, folio L 2 C 3190.

18. Andrée Dupeyron s'éteindra en 1988 dans une clinique de Mont-de-Marsan. Elle était âgée de 86 ans.

19. Brevet n° 32 938.

20. Avant sa démobilisation, Suzanne allait être aussi, avec Élisabeth Boselli, l'une des rares femmes à piloter le Dewoitine 520, un avion de chasse capricieux, à ne pas mettre entre des mains inexpérimentées. Aux commandes de ce pur-sang, les deux aviatrices révéleront l'étendue de leur virtuosité.

21. Dans *Les Ailes* n° 1046, édition du 2 février 1946.

22. *Les Ailes* daté du 12 juillet 1952.

23. *Ibid.*

24. Par décret du 23 février 1953, chaque 6 juillet, la citation à l'ordre de la Nation décernée à Maryse Bastié est lue devant les formations de l'armée de l'Air comptant dans leurs effectifs du personnel militaire féminin. En voici le texte :

« Aviatrice ayant conquis une renommée mondiale en dix records au cours desquels, seule à bord, elle a fait preuve d'une rare maîtrise servie par un total mépris du danger.

A inscrit à son palmarès, parmi d'autres exploits, en 1930 : le record de durée féminin international en 37 h 55 mn ; en 1931 : le record féminin international de distance avec 2 976 km ; en 1936 : la traversée féminine de l'Atlantique sud en 12 h 5 mn.

Souriante messagère de paix, a profondément contribué au resserrement des liens qui unissent à la France les grandes nations latines. Pendant la Seconde Guerre mondiale, est restée fidèle à son idéal de liberté en luttant avec une foi opiniâtre contre l'envahisseur.

Est tombée à Lyon le 6 juillet 1952 au soir d'une grande journée aéronautique, avec un équipage d'essais qui présentait un avion prototype.

Capitaine de l'armée de l'air, 3000 heures de vol, commandeur de la Légion d'honneur à titre militaire, Maryse Bastié lègue à la postérité l'admirable leçon d'une victoire constante de la volonté sur la fragilité.

Son nom restera parmi les plus grands et les plus purs de l'Histoire des ailes françaises. »

13

1. L'uniforme est un élément-clé. On apprend ainsi que les hôtesses-infirmières de la compagnie canadienne Trans-Continental Airlines, si elles gagnent 140 dollars par mois, doivent payer leur uniforme, soit 40 dollars...

2. Qui deviendra par la suite Madame Berchtold-Faust, après son mariage avec l'ancien président de Swissair, Walter Berchtold. C'est à elle que l'on doit, en 1952, le remplacement du terme « stewardess » en « hôtesse de l'air ».

3. Dans son ouvrage *Sur les ailes de l'hippocampe.* C'est elle qui, à deux reprises, parviendra à faire reculer l'âge de la retraite.

4. Propos recueillis par *L'Aviation Française*, n° 63 du 17 avril 1946.

5. La première hôtesse de l'air à recevoir la médaille de l'Aéronautique s'appelle Jeanne Fontaine.

6. Cette Charte, qui part d'une intention louable, essaie de remettre les pendules à l'heure en proclamant l'égalité des droits des hommes et des femmes. Il est dommage de constater que pour instaurer une égalité entre les êtres humains, une société ait besoin de recourir à la loi... mais sans se donner les moyens de son application. Peut-être conscientes de cette lacune, les Nations Unies adoptaient, en date du 31 mars 1953, une convention dont l'article 3 stipule que « *les femmes auront droit à tenir les offices publics et à exercer toutes les fonctions publiques sur un pied d'égalité avec les hommes, sans discrimination* ». Malheureusement pour les intéressées, le dictionnaire comporte toujours le mot misogynie...

7. En novembre 1948, par exemple, elle porte le record de durée à 18 h 59 mn sur planeur Air 100. Le 27 juin 1949, Marcelle s'octroie le record national et international féminin de distance en circuit fermé sur Fès-Sedibou-beker et retour, avec 146 km, sur un planeur Nord 2000. En mai 1954, à bord d'un Air 102, elle bat le record féminin de distance à but fixé, avec 510 km. Ce ne sont là que des épisodes, pris au hasard, d'une carrière exceptionnelle, surtout entre 1945 et 1955.

8. Le 12 janvier 1954, Marinette Garbarino et Jacqueline Mathé enlèvent le record féminin de durée (38 h 41 mn), tandis que le 11 décembre 1961, Denise Trouillard et Suzanne Souchet hissent le record féminin d'altitude à 8 630 mètres, à bord de leur Wassmer W.A.30 Bijave.

9. Sur Caudron Aiglon, André Japy avait réalisé d'un coup d'ailes un Istres-Djibouti le 30 novembre 1937, ce qui représente exactement 5 099,300 km et un record de plus pour le grand pilote, déjà auteur d'un remarquable Paris-Saigon en 1935.

10. Sheila Scott fait partie des grandes aviatrices de l'Histoire, malgré la relative discrétion de ses exploits, car exploits il y eut. Elle fut ainsi, en 1966, la première Anglaise à faire le tour du monde, un voyage de 46 670 km effectué à bord de son Piper Commanche 260, le *Mith Too.* Au terme d'un vol de 33 jours, elle devait atterrir à Heathrow le 20 juin 1966. Quelques années plus

tard, en août 1971, elle repartait pour un circuit étonnant qui, par le pôle Nord, devait la conduire de l'équateur à l'équateur à bord d'un bimoteur Piper Aztec dépourvu de pilote automatique. A bien des points de vue, ce vol de 54 700 km en 65 jours fut riche en émotions avant de devenir un record féminin : Sheila dut, en effet, affronter un froid intense malgré les épaisseurs de vêtements et la combinaison de survie. En outre, son corps était couvert d'électrodes destinées à transmettre au centre spatial Goddard, à Washington, des paramètres physiques et psychiques. Au moment où elle passait à la verticale du pôle, l'aviatrice britannique s'exclama, enthousiaste : *« J'y suis. Je survole le dessus du monde. »* Elle devait conserver une passion intacte pour l'aviation jusqu'à sa mort, le 20 octobre 1988.

11. Lire à ce propos l'ouvrage complet de Raymond Caire : *La Femme militaire, des origines à nos jours.*

12. Dans un article paru dans *Pionniers*, la revue de l'association Les Vieilles Tiges, n° 66 du 15 octobre 1980.

13. Non contente de battre momentanément sa rivale américaine, Jacqueline Auriol faisait mieux que Gérard Muselli qui, le 18 juin 1959, avait établi le record de France masculin avec 1 771 km/h.

14

1. En Algérie, les femmes, devenues personnel féminin de l'armée de l'Air avec statut particulier en 1951 (par application du décret du 15 octobre 1951), transportèrent plus de 50 000 blessés entre 1956 et 1964. Il convient de noter le rôle joué en particulier par huit I.P.S.A. qui se portèrent volontaires pour servir en qualité de convoyeuses au groupe n° 2 de l'Aviation légère de l'armée de terre (A.L.A.T.), stationné à Sétif. Elles assuraient le sauvetage des blessés de la région, donnant les premiers soins en vol, et se rendaient dans les metchas et les campements nomades pour y soigner les enfants musulmans malades. Inutile de préciser que ces missions les exposaient aux plus grands dangers et leur coûtaient parfois la vie : ce fut malheureusement le cas de Jaic Domergue tuée net par une balle qui lui traversa la tête, au moment où elle installait son blessé sur le brancard de l'hélicoptère.

2. Depuis cette époque, Élisabeth Boselli consacre une part non négligeable de son temps à l'Aéro-Club de France ; elle est particulièrement active au sein de la commission Arts et Lettres et de la commission Histoire. Elle écrit également des articles dans diverses revues spécialisées, notamment *Pionniers*, organe des Vieilles Tiges, et *Icare*, une publication éditée par le syndicat national des Pilotes de ligne, qui rassemble, au fil de ses numéros, des témoignages et des documents souvent inédits sur l'histoire de l'aviation.

3. Brevet n° 33 du 1er septembre 1950.

4. Diên Biên Phû tombe le 7 mai 1954 après de terribles combats : 4000 tués ou blessés chez les Français, 8 000 prisonniers dont Geneviève de Galard, l'une des sept infirmières parachutistes qui a atterri là le 29 mars 1954 et qui sera libérée le 3 septembre suivant. En Indochine, pas moins de trente-deux convoyeuses de l'air devaient accomplir un travail remarquable. Basées à Saigon et Hanoi, elles n'hésitaient pas à se hasarder jusque dans les endroits les plus exposés, souvent au péril de leur vie. Ce qui, en sept ans, leur permit de convoyer et de sauver 46 700 blessés, dont 23 000 pendant la dernière année, en 1954.

5. *France-Soir*, édition du samedi 20 décembre 1980.

6. Suzanne Jannin est également pilote de voltige, monitrice, fondatrice et présidente d'honneur de l'Amicale des anciens de Saint-Yan.

7. Même en temps de paix, les aviatrices militaires peuvent frôler le désastre. Comme en ce jour d'août 1992 où le maréchal des logis Anne Suchotski, une jeune femme de vingt ans, est blessée à l'épaule au cours d'un vol d'entraînement. Importunée par le bruit des hélicoptères de l'École de l'A.L.A.T., une bergère du Var, Anne de Bodart de la Jacopière, armée d'une carabine munie d'une lunette de visée, a tiré sur l'un d'eux qui venait de se poser. Stagiaire pilote au 5e régiment d'hélicoptères de Pau, Anne s'en sortira avec une blessure douloureuse mais pas dangereuse.

8. Les six premières brevetées ont été affectées : deux sur hélicoptère, deux sur avions de transport (DC9) et deux sur avions météo ou de recherche et sauvetage en mer (P3 Orion et S2 Tracker). De son côté, Judy Nauffer, lieutenant de la marine, fait partie des « chasseurs d'ouragan ». En 1979, on comptait 21 pilotes féminins confirmés et 25 à l'instruction. A signaler que les Coast Guards possèdent aussi leurs aviatrices (hélicoptères et avions), et que les deux premiers médecins pilotes de l'aéronavale ont été admises en décembre 1973, non sans avoir suivi un entraînement en vol rigoureux avec 21 postulants. Enfin le corps des Marines forme ses pilotes féminins depuis 1977.

9. Expression charmante tirée de *L'Union* du 24 juillet 1984.

10. Lire son ouvrage : *Vous avez vu le pilote ? C'est une femme !* Laffont, Paris, 1982.

11. Il convient de préciser que c'est une autre Américaine, Betsy Caroll, originaire de Buffalo (New York), chef des opérations de la compagnie People Express, qui a été la première femme pilote à voler en service régulier transatlantique sur appareils à fuselage large.

12. C'est à Red Deer, Alberta, lors des 14e Championnats du monde de voltige organisés au Canada, que l'équipe de France entraînée par Jean Eyquem rafle neuf médailles, dont quatre en or. Catherine Maunoury va grimper sur la plus haute marche du podium, et accéder à la première place au classement général. D'aucuns murmurent que cette maîtresse de la troisième dimension est le meilleur pilote d'Air France...

13. Après une formation à l'aéro-club de Charleville, Véronique Schlienger devient pilote de ligne en octobre 1977 et, âgée de 24 ans en 1980, assure la ligne pour la compagnie régionale Brit Air, aux commandes d'un Bandeirante. Sans doute le grand Mermoz est-il quelque peu à l'origine de sa vocation. En effet, Alain Schlienger, le père de Véronique, a été médecin à Aubenton, ville natale de Jean, et s'est fait l'ardent défenseur de la mémoire de l'aviateur. C'est lui qui, en juin 1986, a fondé le musée Jean Mermoz, avec le maire de la ville, avant de mener une quête quasi quotidienne à travers la France pour mettre la main sur des documents et des objets ayant appartenu au plus célèbre des hommes volants de l'entre-deux-guerres. Passionné comme son modèle, érudit à en juger par ses ouvrages consacrés à l'histoire locale, le docteur Schlienger s'est éteint en janvier 1992.

14. Surnom romantique donné à Valentina par Thérèse de Saint-Phalle.

15. Cela signifie qu'il s'agit là de la septième mission de la navette spatiale.

16. Judith Resnick, née à Akron (Ohio) le 5 avril 1949, est devenue la deuxième astronaute américaine à l'occasion du premier vol de la navette *Discovery* en août-septembre 1984.

17. Avec pour président William Rogers, ancien secrétaire d'État de Nixon, et pour vice-président Neil Armstrong, le premier homme à avoir foulé le sol de la Lune, la commission d'enquête comprenait treize membres, parmi lesquels Chuck Yeager et Sally Ride.

18. James Bagian, Bryan O'Connor, Sydney Gutierrez et Andrew Gaffney. Sans oublier 29 rats et 2 478 bébés méduses !

Bibliographie

I. ELLES ONT ÉCRIT LEUR HISTOIRE

ANDRÉ Valéry, *Ici, ventilateur !* Calmann-Lévy, Paris, 1954.
AURIOL Jacqueline, *Vivre et voler*, Flammarion, Paris, 1968.
BASTIÉ Maryse, *Ailes ouvertes*, Fasquelle, Paris, 1952.
BERNHARDT Sarah, *Dans les nuages*, dessins de Georges Clairin, G. Charpentier, Paris, 1878.
BOLLAND Adrienne, « Souvenirs irrévérencieux », in *Icare*, n° 51, Paris, 1969.
CATRY Solange, *Sur les ailes de l'hippocampe – Carnet de vol d'une des premières hôtesses de l'air, 1946-1966*, Buchet-Chastel, Paris, 1983.
CHARNAUX Madeleine, *La Passion du ciel – Souvenirs d'une aviatrice*, Hachette, Paris, 1942.
COCHRAN Jacqueline, *Les Étoiles du midi*, France-Empire, Paris, 1955.
DECURÉ Danielle, *Vous avez vu le pilote ? C'est une femme !* Laffont, Paris, 1982.
EARHART Amelia, *Plaisir des ailes*, Gallimard, Paris, 1932.
LINDBERGH Anne MORROW, *Le Monde vu d'en haut – D'Amérique en Chine par le cercle polaire*, Plon, Paris, 1936.
PALU Marie-Thérèse, *Convoyeuses de l'air*, Éditions du Siamois, Paris, 1957.
REITSCH Hanna, *Aventures en plein ciel – Du planeur à l'avion-fusée*, La Palatine, Paris-Genève, 1952.
UNIENVILLE Alice d', *En vol – Journal d'une hôtesse de l'air*, Albin Michel, Paris, 1950.

II. OUVRAGES SUR LES AVIATRICES

AMANRICH Vice-amiral, *Une Française, Maryse Bastié*, Éditions Baudinière, 1953.
BEAUREGARD Marie-Josèphe de, *Femmes de l'air*, France-Empire, Paris, 1993.
BRIAND Paul, *Amelia Earhart, fille du ciel*, France-Empire, Paris, 1960.
CHAMBE René, *Hélène Boucher, pilote de France*, France-Empire, Paris, 1964.
CLÉMENT Virginia, *Maryse Bastié*, Les Flots Bleus, Monaco, 1956.
FOURNIER Christiane, *Filles du risque*, Fayard, Paris, 1958.
GOERNER Fred, *Missions double – La Fin du mystère Amelia Earhart*, Flammarion, Paris, 1967.
LAUWICK Hervé, *Conquérantes du ciel – La vie vaillante et secrète des plus grandes aviatrices*, Presses de la Cité, Paris, 1958.
MIGEO Marcel, *La Vie de Maryse Bastié*, Seuil, Paris, 1952.
MOOLMAN Valérie, *Les Femmes aviateurs*, Time-Life (Collection « La Conquête du Ciel »), 1982.

MORTANE Jacques, *Hélène Boucher, aviatrice*, Plon, Paris, 1936.
PALUEL-MARMONT, *Princesses de l'air : d'Adrienne Bolland à Jacqueline Auriol*, Éditions G.P., Paris, 1954.
RODIER Antoine, *Hélène Boucher, jeune fille française*, Flammarion, Paris, 1935.
ROMEYER Jean, *Aviatrices aux destins tragiques et glorieux*, J. de Gigord éditeur, 1946.
TESSIER Roland, *Hélène Boucher*, Flammarion, Paris, 1943.
TESSIER Roland, *Femmes de l'air*, Flammarion, Paris, 1948.

III. AUTRES OUVRAGES DE RÉFÉRENCE

CAIRE Raymond, *La Femme militaire*, Lavauzelle, Paris-Limoges, 1981.
CASTEX Louis, *L'Age de l'air – 25 ans d'aviation commerciale dans le monde, 1920-1945*, Chiron, 1945.
CASTEX Louis, *De Clément Ader à Gagarine*, Hachette, Paris, 1967.
CHAMBRE René, *Histoire de l'aviation*, Flammarion, Paris, 1987.
CLÉMENT Pierre-Louis, *Les Montgolfières – Leur invention, leur évolution du XVIIIe siècle à nos jours*, Tardy, 1983.
CLERC Georges, *L'Aéropostale*, Éditions de Minuit, Paris, 1954.
COLLIN Ferdinand, *Parmi les précurseurs du ciel*, Peyronnet, 1948.
COPPENS de HOUTHULST Willy, *Jours envolés – Mémoires*, Nouvelles Éditions Pierron, 1991.
CORDIER Marcel, MAGGIO Rosalie, *Marie Marvingt, la femme d'un siècle*, Éditions Pierron, 1991.
COULSTON GILLIPSIE Charles, *Les Frères Montgolfier et l'invention de l'aéronautique*, Actes Sud, Arles, 1989.
DEAN Anabel, *Up, up, and Away ! The Story of Ballooning*, The Westminster Press, Philadelphie, 1980.
DEPAGNAT Roger, *Les Martyrs de l'aviation*, E. Basset, Paris, 1912.
DESANTI Dominique, *La femme au temps des années folles*, Éditions Stock/Laurence Pernoud, Paris, 1984.
DETROYAT Michel, *Tu seras aviateur*, Éditions de France, 1938.
DOLLFUS Charles, BEAUBOIS Henri, ROUGERON Camille, *L'Aviation, son histoire, des origines à 1960*, Baschet et Cie, 1979.
DOLLFUS Charles et BOUCHE Henri, « Histoire de l'aéronautique », *L'Illustration*, Paris, 1932.
DOLLFUS Charles, *En ballon*, France-Empire, Paris, 1962.
DORET Marcel, *Trait d'union avec le ciel*, France-Empire, Paris, 1954.
DUPUY René, *Le Grand Siècle du Bourget, 1870-1970*, France-Empire, Paris, 1970.
EMDE Heiner, *Les Conquérants de l'air – L'évolution de l'aviation, 1903-1945*, Édita, Lausanne, 1968.
FAURE-FAVIER Louise, *Les Chevaliers de l'air*, Renaissance du Livre, Bruxelles, 1923.
FLEURY Jean-Gérard, *La Ligne de Mermoz, Guillaumet, Saint-Exupéry et de leurs compagnons*, Gallimard, Paris, 1939.
GASTAMBIDE Robert, *L'Envol*, Gallimard, Paris, 1939.
GRAEFF WASSINK Maria, *La Femme en armes*, Armand Colin, Paris, 1990.
HEBRARD Général, *L'Aviation des origines à nos jours*, Laffont, Paris, 1954.
HIRSCHAUER L., *Histoire de la locomotion aérienne*, édité par la Fédération aéronautique de France, Paris, 1935.

HOOREBEECK A. VAN, *La Conquête de l'air*, 2 tomes, Marabout Université, Verviers (Belgique), 1967.
HOOREBEECK A. VAN, *L'Épopée de l'Atlantique nord*, Flammarion, Paris, 1965.
HOUART Victor, PETIT Edmond, *Dictionnaire illustré de l'aviation*, Seghers, Paris, 1964.
JACKSON Donald Dale, *Les Aéronautes*, Time-Life (Collection « La Conquête du Ciel », Paris, 1981.
JULLIAN Marcel, *Gens de l'air*, Presses de la Cité, Paris, 1963.
LANOY Henry, *L'Aviation de ses origines à 1914*, Imprimeries Réunies, Lyon, 1939.
LASSALE E.J., *La Navigation aérienne*, Librairie Nony et Cie, Paris, 1903.
LÉOTARD Pierre, *200 ans de montgolfières, ballons à gaz et dirigeables*, Solar, Paris, 1983.
LEVIS-MIREPOIX C.H. DE, BEAUBOIS H., *Le Siècle de l'avion*, Fayard, Paris, 1949.
MAGNERON Paul, *Michel Detroyat, Écuyer du ciel*, Éditions André Martel, Givors, 1957.
MARCK Bernard, *Il était une « foi »... Mermoz*, Éditions Jean Picollec, Paris, 1986.
MÉRAND Jacques, *Les Premiers Aéronautes*, Éditions de l'Accueil, Paris, 1966.
MICHEL Andrée, *Le Féminisme*, P.U.F., « Que sais-je ? », n° 1782, Paris, 1966.
MONSARRAT Jean, *Pilotes de record*, Plon, Paris, 1939.
MONTREYNAUD Florence, *Le XXe siècle des femmes*, Nathan, Paris, 1988.
MORTANE Jacques, *La Vie des hommes illustres de l'aviation, depuis les origines jusqu'au 3 août 1914*, Roche d'Estrez, 1926.
NANSOUTY Max DE, *Aérostation-Aviation – Les merveilles de la science*, Boivin et Cie, Paris, 1911.
NOETINGER Jacques, *Histoire de l'aéronautique française-Hommes et événements, 1940-1980*, France-Empire, Paris, 1983.
NOETINGER Jacques, *Rigueur et audace aux essais en vol*, Nouvelles Éditions Latines, Paris, 1991.
PETIT Edmond, *Les Aviateurs*, Le Livre Contemporain, 1960.
PETIT Edmond, *La Vie quotidienne dans l'aviation en France au début du XXe siècle, 1900-1935*, Hachette, Paris, 1977.
PETIT Edmond, *Nouvelles Histoire mondiale de l'aviation*, Albin Michel, Paris, 1991.
PILATRE Emmanuel, *Aventures et exploits des montgolfières*, Éditions Aela, 1983.
PONIATOWSKI Michel, *Garnerin, le premier parachutiste de l'histoire*, Albin Michel, Paris, 1983.
POYDENOT Henri, *Quand le ciel était français*, 1783-1913, Amiot-Dumont, 1956.
PRINET Jean, DILASSER Antoinette, *Nadar*, Armand Colin (Collection « Kiosque »), Paris, 1966.
RIABCHIKOV Eugeny, *Les Russes dans l'espace*, France-Empire, Paris, 1972.
RIEMER Eleanor S., FOUT John C., *European Women : a Documentary History, 1789-1945*, Schocken Books, New York, 1980.
RIVERAIN Jean, *Dictionnaire des aéronautes célèbres*, Larousse, Paris, 1970.
RIVERAU Jean, *Aviateurs français*, Larousse, Paris, 1970.
ROMEYER Jean, *L'Aviation civile française*, De Gigord, 1938.
SAHEL Jacques, *Henry Farman et l'aviation*, Grasset, Paris, 1936.
SCHROEDER Urs VON, *Hier Hong-Kong, demain New York*, Oesch Verlag, Zurich, 1987.
THOENE Peter, *La Conquête du ciel de l'Antiquité à nos jours*, Payot, Paris, 1938.
TREFUSIS Violet, *Instants de mémoires*, Christian de Bartillat éditeur, 1992.
WYKEHAM Peter, *Santos-Dumont*, Éditions de Trévise, Paris, 1964.

IV. REVUES ET JOURNAUX

Icare
–n° 51, «Les Meetings» et «Souvenirs irrévérencieux», par Adrienne Bolland, Paris, automne-hiver 1969.
–n° 58, «Costes et Bellonte – Adrienne Bolland – Max Hymans», Paris, été 1971.
–n° 105, «Le Bicentenaire de l'aérostation – le Salon 1983»,
–n° 127, «Les I.P.S.A. et les convoyeuses de l'air», Paris, 1988.

L'Illustration. Numéro spécial de l'Aéronautique, 14 novembre 1936.

L'Aérophile du 15 novembre 1909, «Aéronautes contemporains: Marie Marvingt».
L'Aérophile du 15 décembre 1910, «Les records féminins d'aviation».
L'Aérophile 1er-15 juillet 1916, «Il y a cent ans... l'aéronautique en 1816».
L'Aérophile 1er-15 avril 1920, «Mlle Adrienne Bolland», «Mlle Andrée Farman».
L'Aérophile 1er-15 août 1922, «Louise Faure-Favier».
L'Aérophile 1er-15 avril 1923, «Sarah Bernhardt aéronaute».
L'Aérophile 15 mars 1931, «Maryse Hilsz».
L'Aérophile juin 1933, «Mlle Suzanne Deutsch de la Meurthe».

Pionniers (revue de l'association des Vieilles Tiges).
–n° 17, «Les Coupes Deutsch de la Meurthe», par Marcel Riffart et «Mon apprentissage au Crotoy», par Adrienne Bolland.
–n° 65, «Il y a quarante ans, Claire Roman», par Élisabeth Boselli.
–n° 66, «Jacqueline Cochran», par Élisabeth Boselli.
–n° 71, Spécial Marcel Riffard (ingénieur des avions d'Hélène Boucher et Maryse Hilsz).
–n° 81, «Marie Marvingt (1875-1963), la fiancée du danger», par Élisabeth Boselli.
–n° 82, «Hélène Boucher», par Élisabeth Boselli.
–n° 86, «Yvonne Jourjon», par Élisabeth Boselli.

Aéroports Magazine n° 109 «Les femmes dans l'aviation».

Aviation Française
–n° 47 (26 décembre 1945), «Il y a neuf ans Maryse Bastié vengeait Mermoz», par Jo Denfendini.
–n° 57 (6 mars 1946), «Hélène Boucher», par Suzy Mathis.
–n° 59 (20 mars 1946), «Le sort leur fut cruel: Léna Bernstein, Edmée Jarlaud», par Suzy Mathis.
–n° 60 (27 mars 1946), «Sébastienne Guyot, Madeleine Charnaux», par Suzy Mathis.
–n° 61 (3 avril 1946), «Adrienne Bolland, un garçon manqué», par Suzy Mathis.
–n° 63 (17 avril 1946), «Élisabeth Lion», par Suzy Mathis.
–n° 64 (24 avril 1946), «Yvonne Jourjon» par Suzy Mathis.
–n° 66 (8 mai 1946), «Andrée Dupeyron et Marie Marvingt», par Suzy Mathis.
–n° 67 (15 mai 1946), «Madame Jaffeux», par Suzy Mathis.
–n° 69 (29 mai 1946), «Amy Johnson», par Suzy Mathis.
–n° 71 (12 juin 1946), «Jean Batten, la girl au sourire de soleil», par Suzy Mathis.

–n° 73 (26 juin 1946), « Amelia Earhart », par Suzy Mathis.
–n° 89 (23 octobre 1946), « Suzanne Melk ».

Aviation Magazine n° 657, 1er mai 1975
« Adieu et merci, Adrienne Bolland », par Marcel Bleustein-Blanchet.

Les Ailes n° 1400, 29 novembre 1952
« Suzanne Deutsch de la Meurthe »
A propos de Marcelle Choisent-Gohard, un véritable suivi de la carrière de la championne a été publié par *Les Ailes* et *Aviation Française* entre 1945 et 1958. Il en a été de même durant cette période pour Mmes Jacqueline Auriol, Élisabeth Boselli, Andrée Dupeyron, Jacqueline Herbinière, Monique Lecouvreur, Berthe Lorrette, Jacqueline Mathé-Laffargue, Andrée Mattern, Hrissa Pelissier, Janette Poujade, Jeanne Taron, Paulette Weber et Regina Wincza.

Historama
–n° 158, « Un duel aérien au-dessus de la Manche... en 1785 », par Robert Chaussois. « Une amazone du ciel : Hélène Boucher », par Géraldine Gérard.
–n° 274, « Le premier survol de Paris en montgolfière », par André Castelot.

Histoire pour tous
–n° 32, « Au temps des ballons », par Marcel Jullian.
–n° 70, « Le mystère de la disparition d'Amelia Earhart », par Roger Delorme.

Historia
–n° 81, « L'équipe d'une aviatrice nazie : Hanna Reitsch », par Georges Blond.
–n° 138, « Une jeune fille de France, Hélène Boucher », par Roland Tessier.
–n° 139, « Seule contre l'Atlantique, Amelia Earhart », par Robert de la Croix.
–n° 150, « Une escadre contre un mystère », par Robert de la Croix.
–n° 271, « Hélène Boucher, conquérante du ciel », par Hervé Lauwick.
–n° 389, « Ces merveilleuses folles volantes », par Marie-Josèphe de Beauregard.
–n° 426, « Amelia Earhart a-t-elle disparu en mission d'espionnage ? », par Marina Grey.
–n° 444, « L'air triomphe de l'air », par Sabine Beauséjour.
–H.S.12, « Une lueur d'énergie et de pureté : Hélène Boucher », par Xavier de Régie.

Flight International, 27 octobre 1979, « Doing justice to Hanna Reitsch ».

V. DOCUMENTS DIVERS

« L'année aéronautique 1926-1927, par L. Hirschauer et Charles Dollfus »
" 1929-1930 "
" 1931-1932 "
" 1933-1934 "
" 1934-1935 "
Les Cahiers Français n° 171, « Vivre au féminin ».

INDEX DES PRINCIPAUX NOMS CITÉS

Remerciements

Un homme qui se penche sur une femme, quoi de plus naturel. Que cet homme s'intéresse à plusieurs dizaines de femmes, leur consacre ses jours et ses nuits, des mois et des années, on le traite d'obsédé. Je suis donc un obsédé ! Cependant, de cette union multiple et insolite est né un enfant : ce livre. Pour mères, il a des aviatrices, parmi lesquelles je citerai Suzy Oberlin, Brigitte Motte ou Élisabeth Boselli. Mais elles sont si nombreuses qu'un nouvel index serait indispensable pour les répertorier.

A toutes, merci.

Un homme seul, aussi bien entouré soit-il, n'aurait pu mener un tel travail à son terme sans l'aide efficace d'amis informés, acteurs ou simples témoins de l'aventure aérienne, parfois écrivains eux-mêmes de cette formidable geste, et dont certains ont croisé le chemin des filles de l'air, à des époques diverses. Je retrouve avec plaisir Charles Bultel, camarade de Mermoz et de Saint-Exupéry, qui a eu des mots simples et tendres pour évoquer Maryse Bastié et Maryse Hilsz ; Gilbert Louis, filleul de Mermoz, touché à son tour par la grâce aéronautique ; Guillemette de Bure Bouilloux-Lafont, laquelle possède une documentation riche et une culture non moins impressionnante sur les grands événements de l'aviation des Années Folles ; Anne-Catherine Souchon, une des rares femmes journalistes spécialisées dans l'aérien, une fille tenace dont les efforts pour s'imposer dans un milieu essentiellement viril vaut bien les difficultés des aviatrices face aux hommes. Aucune de ces pages n'aurait vu le jour sans leur aide souvent compréhensive et toujours déterminante. Je salue également au passage les conservateurs des archives consultées à travers la France et même au-delà, hommes et femmes de grande qualité et d'une patience infinie, auxquels je demande encore pardon pour les mille questions posées, les mille détails demandés, les mille vérifications réclamées. Ils se reconnaîtront assurément.

Merci encore à ma sœur Marie-Christine pour sa gentillesse et à son mari, Daniel le bricoleur, à Priscilla de Montaigne pour son dévouement (surtout pour l'informatique), à Frédérique Dufourc, Valérie Leniept et Stéphanie Duransaud pour leur soutien. Merci toujours à mes amis, Mireille et William Ydrac, Thierry et Viviane Delmotte, Richard et Danièle Leblond : ils ont été présents dans les moments de doute...

Enfin, un ouvrage ne s'écrit pas sans tendresse ni passion. Il aura fallu beaucoup d'indulgence et d'amour à mes proches pour accepter mon indisponibilité chronique et tolérer pendant des mois et des mois mes escapades dans les coulisses de l'Histoire, en ballon, en dirigeable, en aéroplane, en jet, et jusque dans l'espace.

Enfin, je ne cacherai pas que je me sens redevable, d'abord, à toutes les femmes qui animent les présents chapitres de cette épopée. Si, comme je l'espère, le lecteur tire plaisir et information de son parcours sur plusieurs décennies, je dois pour ma part à cette aventure de porter aujourd'hui un regard nouveau sur nos compagnes.

Bravo, mesdames !

Et merci.

TABLE DES ILLUSTRATIONS

Cahier hors-texte :

Page I : d.r. – Page II : d.r. – Page III : d.r. – Page IV : d.r. – d.r. – ph. Dengremont – Page V : d.r. – Page VI : d.r. – Page VII : d.r. – Page VIII : Swissair – Page IX : Air Canada – Page X : d.r. – Page XI : d.r. – Page XII : ph. Harcourt – Page XIII : d.r. – Page XIV : d.r. – Page XV : ph. Dengremont – d.r. – Page XVI : Swissair – D.N.A.

Page 4 de couverture : d.r.

Cet ouvrage composé
par D.V. Arts Graphiques 28700 Francourville
a été achevé d'imprimer sur presse Cameron
dans les ateliers de Brodard et Taupin
à La Flèche (Sarthe) en mai 1993
pour le compte des Éditions de l'Archipel

Imprimé en France
N° d'édition : 26 – N° d'impression : 6043H-5
Dépôt légal : mai 1993